愿以本系列丛书敬献每一位关注并践行“建筑中国60年”历程的朋友

愿以本系列丛书敬献每一位关注并践行“建筑中国60年”历程的朋友

建筑中国六十年

图书卷

天津大学出版社

图书在版编目(CIP)数据

建筑中国六十年·图书卷/《建筑创作》杂志社编。天津：天津大学出版社，2009.9

ISBN 978-7-5618-3190-8

Ⅰ.建… Ⅱ.建… Ⅲ.建筑–图书–简介–中国

Ⅳ.TU-092

中国版本图书馆CIP数据核字（2009）第152710号

策划编辑 金 磊 韩振平

责任编辑 赵淑梅

版式设计 胡珊瑚 李飞宇

封面设计 胡珊瑚

出版发行 天津大学出版社

出 版 人 杨 欢

地　　址 天津市卫津路92号天津大学内（邮编：300072）

电　　话 发行部：022-27403647

邮 购 部 022-27402742

网　　址 www.tiup.com

印　　刷 北京华联印刷有限公司

经　　销 全国各地新华书店

开　　本 185mm×250mm

印　　张 23

字　　数 552千

版　　次 2009年9月第1版

印　　次 2009年9月第1次

定　　价 86.00元

“建筑中国六十年”系列丛书编委会

《建筑中国60年·图书卷》

执行主编：刘江峰

执行编辑：刘江峰

美术编辑：胡珊瑚　李飞宇

图片提供：杨永生　刘锦标　王欣斌　等

编　　务：刘　佳　王晓蓉　等

序：建筑设计历甲子

今年是我们共和国的60华诞，干支轮回整整一个甲子。我们是这60年历程的亲历者，我们亲眼目睹，并亲身感受了这60年中国家所发生的天翻地覆的变化，中国从一个满目疮痍、百废待兴的落后穷国，建设成一个生机勃勃、繁荣富强的新兴大国。这里有一组简单的对比数据，或许可以简略地反映出这一巨大变革：

总人口：5.42亿（1949年），13.2亿（2007年）；

国内生产总值：1 015亿元（1952年），300 670亿元（2008年）；

人均GDP：119元（1952年），22 674元（2008年）；

粮食总产量：1.1亿吨（1949年），5.28亿吨（2008年）；

固定资产投资额：43.6亿元（1952年），137 239亿元（2007年）；

城镇化水平：10.64%（1949年），43.9%（2006年）；

城镇人口：0.576亿（1949年），5.77亿（2006年）；

高等学校在校生人数：11.7万（1949年），2 005万（2007年，包括在校本科生和研究生）；

……

这些数字充分说明了这60年是全国人民同甘共苦的60年，攻坚克难的60年，硕果累累的60年。利用60年大庆的契机，各行各业也都要回顾盘点一下自己行业、部门的奋斗史、发展史。在中国建筑学会建筑师分会的指导和北京市建筑设计研究院的大力支持下，《建筑创作》杂志社经过精心策划，和天津大学出版社通力合作，推出了"建筑中国六十年"系列丛书（以下简称"建筑60"）。这套丛书是以全新的视角对建筑行业、建筑文化诸领域的全面回顾和审视，具有其重要的时代意义、社会意义和历史意义。

严格说"建筑60"系列可称为中华人民共和国国史（简称"国史"）研究的一个小小组成部分。尽管史学界对于国史、当代史、现代史的许多理论问题还有争论，但自十一届三中全会以后，国史研究逐渐开展起来，并作为中国史研究的一个分支而日趋成熟。1990年成立了当代中国研究所、中华人民共和国国史学会，创办了《当代中国史研究》刊物。此后各省市、各部门相继成立了相关机构，相关的通史、专题史、地方志、年谱、汇编等陆续问世。其中有代表性的就是由胡乔木同志倡议、中共中央书记处批准、中宣部部署、中国社会科学院组织实施的"当代中国"大型丛书，从1983年启动，经过十余年的努力，在1999年完成了24大类152卷的鸿篇巨制，为国史研究提供了系统翔实的资料。又如北京市从1988年启动地方志的编写，最后完成35卷107册，全面深入地记述了北京自然与社会的历史和现状。但上述各丛书有关事件的叙述和史料的收集也多止于20世纪90年代。

与官方主编的大型丛书、志书相比，民间或个人的传记、年谱、回忆、汇编也随国史研究的开展不断问世。历史学家们认为历史应尝试从更多的角度、用更多样的方法来加以复原和阐释，历史应是众多合力作用的结果。官方修史比较看重把政治层面的因素看做推动历史发展的关键动力，或按照一定通史框架限定而决定取舍，但自下而上的民间视角，把一些过去人们比较容易忽略的民间的、普通底层的思想和记忆纳入研究范畴，扩展了反映的深度和广度，使历史的复原更为全面。生活在时间之中的人们有讲述历史的权利和能力，也能够对过去发生的事实表达自己的认知，“建筑60”就是这样一部由有责任心和使命感的建筑媒体自下而上策划的建筑设计行业的大型丛书，就行业来说恐怕也是空前的一次总结、回顾和传播活动。在编选过程中传来消息，在中宣部、新闻出版总署的组织下，经过充分论证，“建筑60”丛书选题已入选“庆祝新中国成立60周年百种重点图书”选题，表明这一民间活动完全与主流活动合拍，这对丛书的主编、出版单位，都是极大的鼓励和支持。

法国著名作家维克多·雨果说：“人类没有任何一种思想不被建筑艺术写在石头上。”人类创造的建筑和城市是当之无愧的人类文明纪念碑。经过建筑行业全体员工60年的栉风沐雨，建筑业已经成为我国国民经济的重要支柱产业，大量投资通过建筑业的转化，形成了促进国民经济长期发展的固定资产和现实生产力，并极大地改善了城市面貌，提高了人民居住水平。所以在“当代中国”丛书的24大类中，专门列出了基本建设和建筑两大类。北京地方志中也有城乡规划卷（4册）、建筑卷（1册）、市政卷（13册）。即便如此，对于为共和国发展作出巨大贡献的建筑业的宣传和表彰还很不够，社会上对这一行业的认识也有待提高。最近中央有关部门联合组织开展评选“100位为新中国成立作出突出贡献的英雄模范人物和100位新中国成立以来感动中国人物”活动，经组委会审定，推荐公布了300名候选人的事迹，但其中没有一名从事建筑业的先进人物，也没有从事建筑设计的先进人物，更没有从事建筑设计的代表人物，这不能不说是很大的遗憾。

至于建筑业中的建筑设计行业，是一个充满活力、推崇原创的创意产业，建筑设计的龙头和引领作用已越来越为人们所认识。据2006年统计，全国有工程勘察设计单位14 264个，企业全年营业收入3 714.42 亿元，从业人员112.07万人。由于建筑作品本身是技术与艺术的综合，是物质与精神的载体，是观念和价值的体现，建筑创作既要研究和表现技术、艺术、材料方面的综合性和普遍性，又要因时、因地、因势而表现出本身个性和特殊性，由于要表现和维护特定的价值观念和社会利益，也常常带有意识形态的色彩。如何表现长达60年跨度的这一跌宕起伏的行业，也是对丛书编者、策划者的极大挑战。我国各类史书，主要采取编年体、纪传体和本末体三大体裁，近代以来又增加了章节体，这些体裁各有个性也有其局限性。如《北京志·城乡规划卷》中的建筑工程设计志则按建筑设计、建筑技术、建筑科研、建筑管理四章加以叙述，许多方面没有涉及。"建筑60"在策划过程中经过多次研讨，最后决定用事件卷、机构卷、作品卷、人物卷、评论卷、遗产卷、图书卷共七卷的内容来表现这一行业的60年历史。从内容上看，它已包含了这一行业的主要方面；从体裁体例上看，它综合了前述各种体裁形式的特点。它因事制宜，其中既有时序明晰的编年体，也有人物回忆口述的纪传体，更有跨越专题、综合表现的章节体，叙述来龙去脉的本末体。这样，既有纵向的发展，也有横向的沟通；既有专题上的深入，也有多方位的视角；既有创作者的坎坷道路，也有建筑师的精神档案。总之，多样化的形式都围绕着如何更有利于建筑设计这一行业的学术传播，更有利于社会对建筑和建筑师的了解，更有利于读者的广泛化和非专业化。梁启超先生在提出新史学时，强调要努力"使国民察知现代之生活与过去、未来之生活息息相关"，亦即我们研究的视线要下移，要广拓。丛书的编辑强调"不去寻找60年与建筑设计相关的最喜之事、最痛之事、最悲之事、最无端之事、最扑朔迷离之事，而要总结那些60年来最可引发思考之事，最可代表建筑界社会贡献及影响力的事件，并从中汲取今日方向"，希望社会上各行业更关注建筑，扶植建筑，爱护建筑，传播建筑，从而为我国的建筑设计行业在国内外争得更多的话语权。

史学和建筑学都是知识最密集的学科，因此在较短时间内编辑这样一套大型丛书的难度是可想而知的。记得在此前的一次策划研讨会上我曾半开玩笑地说，这套丛书中的任一个子课题都可以作为博士论文的极好题目。但由于年代的久远（至少已是两代人），因时代和形势的影响，许多档案和资料并未完整地保留下来；因许多重要当事人的故去，也失去了宝贵、鲜活的第一手口述史料或回忆。此前在许多史实上造成事实不清，以讹传讹，再加上本丛书的编写人员大都相对年轻，缺乏对60年当中一些重要时段的亲身感受，诸多困难不言而喻。但他们有年轻人的激情和干劲，最后在这个年轻团体的通力合作下，在各界的大力支持下，终于较好地完成这一工作。这里也需要提及当代建筑史学的一些先行者，像资深老编审杨永生先生，一直关心建筑史料、人物的钩沉，尤其自1979年《建筑师》创刊后即关注资料的积累，在1998年后又策划推出了"建筑百家丛书"，从言论、史料、回忆、评论、书信诸方面做了大量工作。又如以清华大学陈志华教授、天津大学邹德侬教授等人为代表的治中国现代、当代建筑史的史家（杨永生先生主编的《建筑史解码人》中列出了我国治中外建筑史的学者、教授共77人，但研究现代、当代建筑史的人不多），尤其是邹教授积二十余年的功力，完成了《中国现代建筑史》巨著，填补了国内有关现代建筑史的空白。此外中国艺术研究院近年也有《中国建筑艺术年鉴》出版。策划编辑"建筑60"这套丛书的《建筑创作》杂志社自1989年6月成立以来，即注意建筑历史和文化方面的文字和资料的积累，出版了建筑界人物和作品方面的系列书籍，如"新设计作品100丛书"、"设计文化丛书"、"建筑学人自选系列丛书"、

“BIAD设计作品丛书”、《中国青年建筑师188》、《创作者自画像》、《石阶上的舞者》等。从2005年起陆续推出了《中国建筑设计年度报告》，在2008年，为纪念我国改革开放三十年，又策划并组织了百余位建筑界人士撰文，出版了《1978~2008 中国建筑设计三十年》，积累了大量史料和文图，并对重要事件、作品、人物进行了一定深度的梳理和盘点，为“建筑60”丛书的出版打下了较好的基础。

盛世修史。历史关系到民族之生存、治国之需要，以至明辨是非，惩恶扬善；历史又是精神的宝库、智慧的源泉。但历史认识本身又具有时代性、间接性、相对性，人们依靠自己的经历理解历史，对历史有选择地吸收，所以列宁说：“认识是思维对客体的永远没有止境的接近。”在60年中，我们取得了巨大的成就，但在前进道路上也充满了曲折、反复和挫折，我们正是在不断总结经验的道路上前进的。孔子说：“六十而耳顺。”历史的回顾也不应回避我们的失误，忽视取得的教训。记得1989年国务院经济技术社会发展研究中心在总结新中国前30年发展的历史教训时，提出了三点：频繁的政治运动延误了我国的发展进程；经济建设急于求成，反而欲速则不达；人口迅速膨胀成为经济发展的负担。近30年从城市和建筑的发展看，也不断受到权力和利益的干预和干扰，党和国家也在不断加以警示，如针对价值观和发展观上的问题提出科学发展观；针对浮躁心态、急功近利强调全面、协调、可持续；针对表面文章、“政绩工程”提出要关注民生；针对铺张浪费、奢华排场提出要勤俭节约、精打细算；针对崇洋逐外，唯“新”唯“奇”提出要弘扬先进文化，注重地方特色和历史文化。总之，要结合国情，务实求真，这些对建筑设计行业同样具有指导意义。在未来的岁月里，尽管还会有新的问题，会遇到新的矛盾，但“以史为鉴”，通过对60年的回顾，我们的城市和建筑在科学、理性、求实的道路上定能更健康地发展和壮大。

严格说，对这样一套表现60年建筑行业的大型丛书而言，我并不是作序的适宜人选，因为自参加工作至今我才经历了44年，只了解一些事物的表面和局部，所以此文只能说是就“丛书”的出版发表自己的一点感想罢了。

马国馨

中国工程院院士

中国建筑学会副理事长

全国工程建设勘察设计大师

2009年7月

目录

建筑图书发展综述

从古代建筑著述说起/近代建筑著述的评述/从新中国成立到“文革”的建筑图书/中国建筑工业出版社的成立和发展/改革开放带来建筑图书出版的繁荣/1999年以来多元并存、全面繁荣/结语

建筑图书发展综述

杨永生　刘江峰　崔卯昕

新中国成立以来，特别是随着现代印刷技术和摄影照相技术的发展，中国建筑图书伴随着20世纪世界新兴的建筑学学科从无到有，从小到大逐步发展起来。图书作为文献成果，集中展示了一个学科的研究历程和发展脉络，建筑图书出版的历史也是一部建筑业发展和建筑学研究史。

1949年以来的建筑图书60年出版历程，从时间上分可以分为前后两个30年，后30年又可以分成前15年和后15年。建国初期30年（1949～1979年）的学术成果奠定了中国建筑学科的基本史料及发展框架，后30年（1979—2009年）是逐步丰富的阶段，很多领域和方向都有极大的丰富和拓展。建筑图书的出版单位也从中国建筑工业出版社一枝独秀发展到多家出版社共同繁荣。特别是最近15年，由于计算机的普及使用大大提高了工作效率，图书出版业日新月异，图书门类众多，品种齐全，真正达到了百花齐放、百家争鸣的局面。

新中国成立以后，首先从整理古代建筑著述开始了新中国建筑图书的出版事业。

从古代建筑著述说起

在世界古代建筑诸体系中，以木构架建筑为主体的中国古代建筑独树一帜，独成一派。时至今日，这已被世人所公认，但在百年前却不然，正如我国当代建筑学家刘敦桢教授所说："我搞中国建筑史的念头，虽在四十年前学生时期，因读弗莱彻的建筑史，把中国建筑列入非系统范围之内，感觉是一种侮辱，心想有朝一日，需写一本中国建筑史。"

虽然在漫长的历史演进中，木构架建筑"正统一享了三千多年的寿命，仍还健在"（林徽因语）。虽然发生过无数天灾人祸，木结构容易损坏，但至今我们仍可见到唐代的原构建筑（如山西的佛光寺大殿和南禅寺主殿），而更早的古代建筑虽然地面上已无存，但我们的祖宗还给我们留下了不少画像砖、壁画、石刻、界画以及"清明上河图"那样的美术作品，在相当程度上弥补了地面建筑的缺失。此外，虽然原构不多，但至今我们仍可以读到古人留下的一些建筑学重要专著。

《考工记·匠人篇》。这部讲述奴隶社会官府手工业制造工业和质量规格的官书，总结了营造城廓和宫室的经验。成书年代大约是在春秋末期战国初期，由齐国人编著。它是迄今为止发现的最早的一部涉及建筑技术的文献[1]。

1　张静娴：《〈考工记·匠人篇〉浅析》，杨永生、王莉慧编，《建筑百家谈古论今——图书编》，中国建筑工业出版社，2008年。

《三辅黄图》。这部书何时出版，作者何人，均不详。现在通行的版本，是唐代中期前后完成的。该书主题是汉长安及京畿地区宫观、坛庙、苑囿，因此实际上是一部弥足珍贵的中国建筑史学典籍[1]。

《营造法式》。关于这部书，我在2003年10月及11月，即《营造法式》出版900周年之际，《中国建设报》上连续发表了五篇《营造法式》系列科普文章[2]，现摘要编入此书，供读者参阅。

在《宋〈营造法式〉是怎样一部书？》（系列谈之一）写道：

北宋元符三年（1100年），朝廷里主管建筑工程的将作监少监李诫奉皇帝徽宗之命编修完《营造法式》一书。并于崇宁二年（1103年）出版发行。

梁思成先生在上个世纪几乎用了半生的精力研究这部书，他说：“《营造法式》是北宋官订的建筑设计、施工的专书。它的性质略似于今天的设计手册加上建筑规范。它是中国古籍中最完善的一部建筑技术专书，是研究宋代建筑、研究中国古代建筑的一部必不可少的参考书。”

这部巨著正文有34卷，加上“目录”和“看详”两卷，共有36卷，357篇，3 555条规定。其内容除前有“总释”、“总例”，后有各种工程图样及彩画图案外，主体内容包括工程做法、劳动定额和材料消耗定额三大部分。

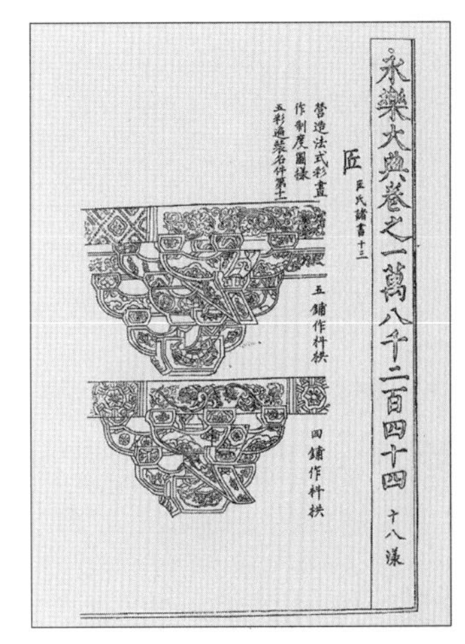

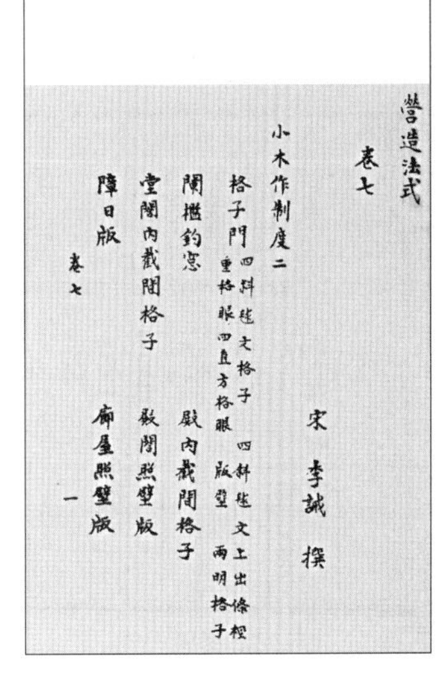
營造法式
卷七
宋 李誡 撰
小木作制度二
格子門 四斜毬文格子 四斜毬文上出條桱重格眼 四直方格眼 版壁 兩明格子
闌檻鉤窗 殿內截間格子
堂閣內截間格子 殿閣照壁版
障日版 廊屋照壁版
卷七 一

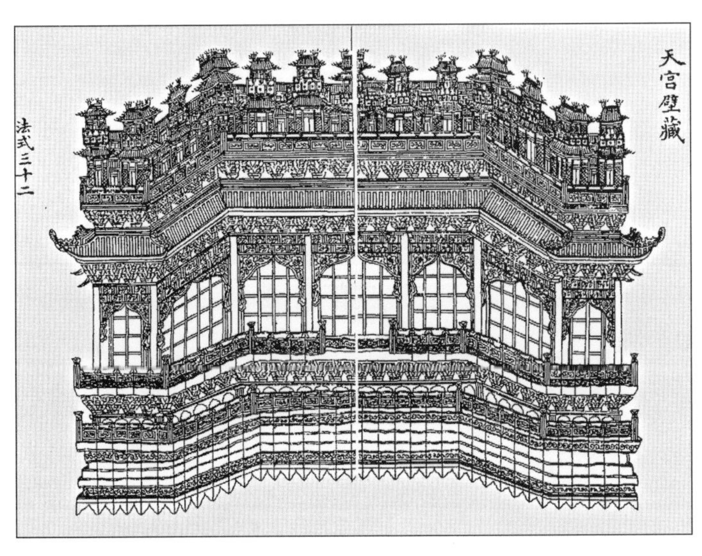

1 朱永春：《〈三辅黄图〉的建筑史解读》，杨永生、王莉慧编《建筑百家谈古论今——图书编》，中国建筑工业出版社，2008年。

2 该系列谈主要参照梁思成《〈营造法式〉注释序》，《梁思成全集》卷7，中国建筑工业出版社，2001年。

工程做法共有13卷，包括土石方工程、砖石工程、木工（房屋结构及装修）、彩画、瓦作等制度。劳动定额书中称“功限”，共有10卷。材料消耗定额，书中称“料例”，共有3卷。

《营造法式》这部书虽都有明确的规定，但并不死板，可根据具体情况灵活运用。书中总结前人的经验，规定立柱的柱头都要向内倾约1%，称作“侧角”。同时，柱的高度由中间向两侧都要逐渐加高，称作“升起”。从而形成整体木构架向内倾，增强稳定性。

关于这部书的编修经过，正如编者李诫在书中劄子（即非正式公文之意）中所说：“臣考究经史群书，并勒人匠逐一讲说，编修海行（普遍通用之意——编者注）《营造法式》，元符三年成书。送所属看详（“看详”大意是指对别人著作的读后感或审读意见——编者注），别无未尽未便，遂具进呈，奉圣旨：依。”

《李诫是谁？》（系列谈之二）一文写道：

宋《营造法式》一书的作者李诫，字明仲，郑州管城县人，逝世于宋大观四年（1110年）。关于他的出生年月，没有确切的记载。据梁思成先生推测，他可能生于1060年至1065年间，即享寿不过45～50岁。

据梁思成先生考证，在将作监任职年限，如果减去母忧父忧各二年（？），知虢州一年（？），共计5年，那么实际在任不会少于13年。他的业绩除了编修《营造法式》之外，还主持了11项工程的设计施工，它们是五王邸、辟雍、尚书省、龙德宫、棣华宅、朱雀门、景龙门、九成殿、开封府廨、太庙、钦慈太后佛寺等。

除建筑工程学之外，他还通小学，工篆籀章隶，善绘画，懂音乐，知棋类游戏。他画的五马图，得到被后人称为“艺术家”的宋徽宗的赏识。他撰写的《重修朱雀门记》，以小篆书丹以进，“有旨勒石朱雀门下”。他的著作有研究地理学的《续山海经》10卷，研究历史人物的《续同姓名录》2卷，研究文字学的《古篆说文》10卷，研究音乐的《琵琶录》3卷，还有关于游戏类的图书《马经》3卷、《六博经》2卷。可惜，这些著作都没有流传下来。

梁思成先生说：“他是一位卓越的建筑师，书画兼管的艺术家和渊博的学者。”

《为什么要编修〈营造法式〉？》（系列谈之三）一文写道：

现在，我们所看到的《营造法式》一书是北宋年间第二次编修的版本。实际上，在北宋元祐六年（1091年）就已经编修过《营造法式》，并由皇帝下诏颁布实行。之所以徽宗又下令重新编修《营造法式》是由于“以元祐《营造法式》只是料状，别无变造用材制度，其间工料太宽，关防无术”（见李诫“劄子”）。意思是说，元祐年间编修的《营造法式》只有控制材料使用的规定，没有在不同情况下使用材料的制度，而且工料定额订的又太宽，无法防止贪污盗窃。

当然，编修这部法式是在北宋统一中国后，大兴土木，建造了大量宫室、官署、庙宇、苑囿等，客观上需要制订一些供全国贯彻执行的法规定额。但主要是因北宋晚期，特别是王安石变法失败之后，政治上打击异己，思想上尊仙崇道，对人民群众大肆搜刮勒索，宫廷及官员尽情侈靡，挥霍无度，贪污盗窃成风，朝廷无法控制，所以想通过颁布全国统一的施工设计规范和用工、材料定额来防止贪污盗窃国家基本建设投资。这一举措到底对防止贪污盗窃起了多大作用，还有待研究。

至于此书的另一层历史价值，正如中国营造学社社长朱启钤先生于1930年所说："李氏生当北宋。去有唐之遗风未远。其所甄录。固粗可代表唐代之艺术。由此以上溯秦汉。由此以下视近代。"[1]

《〈营造法式〉的重要版本》（系列谈之四）一文写道：

根据梁思成先生和傅熹年院士的研究成果，《营造法式》的版本重要的有：北宋崇宁二年（1103年）奉旨用小字镂版刊行的版本，称崇宁本。南宋绍兴十五年（1145年），秦桧妻弟的重刊本。南宋后期平江府复刻绍兴十五年刊本，为现存明清内阁大库旧藏残本（见赵万里《〈中国版刻图录〉解说》）。

从而，宋代有北宋刻本一，南宋刻本二，共三种刻本。明代除永乐大典本外，还有抄本三种，镂本一种，即钱谦益绛云楼所藏南宋刊本。清代亦有若干传抄本，至于翻刻本有道光杨墨林刻本，即《连云簃丛书》本。此本流传极罕。叶定侯曾见，云有文无图。

1919年，朱启钤先生在南京江南图书馆发现丁氏抄本，后由商务印书馆影印出版，简称丁本。此丁氏抄本自清道光元年张蓉镜抄本出，张氏本文自影写钱曾述古堂藏抄本出。张蓉镜抄本原藏翁同龢家，2000年4月藏于上海图书馆。关于此版本发现前后情况，朱启钤于1930年说过一段话，兹录如下："民国七年。过南京。入图书馆。浏览所及。得睹宋本营造法式一书。于是始知吾国营造名家。尚有李诫其人者。留书以诒世。顾其书若存若佚。将及千年。迄无人为之表彰。遂使欲研究吾国建筑美术者。莫知问津。启钤受而读之。心钦其述作传世之功。然亦未尝不于书中生僻之名词。讹夺之句读。兴望洋之叹也。于是一面集赀刊布。一面悉心校读。"[2]

1925年出版陶本。这个版本是由陶湘以四库文溯阁本、蒋氏密韵楼本和丁本互相校勘，按照宋本残页（第八卷首页之前半，是上个世纪20年代由内阁大库散出的废纸堆中发现的）版画形式，重新绘图镂版的。

1932年陶湘在当时的北平故宫殿本书库中发现抄本，简称故宫本。此抄本版面格式与宋本残页相同，卷后有平江府（今苏州）重刊字样，与绍兴本的许多抄本相同。

此后，中国营造学社梁思成、刘敦桢等人以陶本为基础，与其他各本和故宫本互校，并有所校正，我们可以简称为学社本。然后，梁思成、刘敦桢等人即以此版本为依据进行研究工作。由梁思成注释的《营造法式》上卷注释本于1980年由中国建筑工业出版社出版。参加此卷梁遗稿整理、校补工作的有楼庆西、徐伯安、郭黛姮，莫宗江担任学术顾问。

2001年在出版《梁思成全集》时，将《营造法式注释》卷上和卷下全部编入第七卷。卷下梁遗稿的整理和校补工作由徐伯安、王贵祥、钟晓青、徐怡涛完成。

在《梁思成全集》出版过程中，清华大学教授徐伯安先生在上述三位先生的协助下，在病床上坚持于2000年11月完成了第七卷《营造法式》全文的编校工作，不久病逝于北京。我们应该学习他，怀念他，感谢他。

1 朱启钤：《中国营造学社开会演词》，朱启钤著《营造论》，天津大学出版社，2009年。

2 朱启钤：《中国营造学社开会演词》，朱启钤著《营造论》，天津大学出版社，2009年。

《梁思成与〈营造法式〉》（系列谈之五）一文谈到：

梁思成先生首次见到《营造法式》是1925年在美国宾夕法尼亚大学读书的时候，那是在陶本《营造法式》出版后不久，是他父亲梁启超寄给他的。近40年后，梁思成在《营造法式注释》序中回忆说："当时在一阵惊喜之后，随着就给我带来了莫大的失望和苦恼——因为这部漂亮精美的巨著，竟如天书一样，无法看得懂。"

梁先生1931年从东北大学转到中国营造学社工作之后，就开始系统而深入地研究《营造法式》这部"天书"，力求诠释并绘制插图，使今人都能看懂。由于历史久远，缺少实物印证，再加上许多建筑上的名词术语亦多有变化，在研究工作中不得不采取由近及远的办法。于是先从弄懂清工部颁发的《工程做法》着手。好在清代建筑在北京有实物可以考察，同时还可以就近向老匠师求教。这样，于1932年梁先生写成了《清式营造则例》一书，为深入研究《营造法式》打下了坚实的基础。

为了弄懂《营造法式》，他从1932年春天开始外出调查，寻找宋代建筑的实物，加以印证。在此后的10余年间，营造学社同仁调查了约2 000余项古代建筑，其中唐、宋、辽、金木结构建筑将近40座。通过对这些实物的测绘，对《营造法式》有了比较深入的理解。

抗战期间，在西南大后方那样艰苦的条件下，他也没有停顿对《营造法式》的研究工作。这项工作主要是对文字做考订、注释，力求将难懂的宋代文字译成今人能懂的语体文。再就是对《营造法式》的研究成果，梁先生在《营造法式注释》序中说："必须体现在对从个别构件到建筑整体的结构方法和形象上，必须用现代科学的投影几何的画法，用准确的比例尺，并附加等角投影或透视的画法表现出来。"

抗战胜利后，由于其他工作（如清华建筑系及北京城建工作等）十分繁重，梁思成将研究《营造法式》的工作搁置起来，直到1961年又重新拾起。此前，时任国务院副总理的陈毅元帅曾指示，让梁思成把《营造法式》的注释工作继续做下去。那时，清华大学为他配备了楼庆西、徐伯安、郭黛姮三位青年教师当助手。

这样，经过一年多的努力，到了1963年已完成"壕寨制度"、"石作制度"和"大木作制度"的绘图工作以及文字注释工作，正当《营造法式》注释本上卷稿接近完成的时候，"文化大革命"于1966年开始了，梁先生被游街批斗，不幸于1972年病逝。这项研究工作从此又中断下来。

直至1978年才开始由梁先生的助手楼庆西、徐伯安、郭黛姮继续，又经过两年的努力，才由中国建筑工业出版社出版梁思成著《营造法式注释》上卷。

梁思成从1928年回国担任东北大学建筑系主任，到1972年病逝于北京，一直从事建筑教育、古建筑研究达38年（去掉"文革"期间的6年），其中直接从事《营造法式》研究及相关工作达19年之久，整整占去他半生学术生涯。

仅此一项对《营造法式》的研究成果，即无可争辩地证明，梁思成先生是我国古代建筑研究工作的开拓者、学术奠基人。

《鲁班经》。该书是一部流传于民间木工匠师的建筑著述，有多种版本。现在，我们见到的主要有明代的《鲁班营造正式》、清代的《鲁班经》以及民国时期的《绘图鲁班经》。此外，还有民间流传的手抄本等。这是一部关于民间房屋营造及家具制作的专著，主要内容涉及施工程序、建筑样式、图样、家具尺度样式以及建筑文化习俗等。它在内容上涉及的建筑类型有：住宅、皇殿、王府、司天台、寺庙观宇、祠堂、营寨、凉亭水阁、钟楼、宝塔、门坊、仓廒、桥梁、畜栏等，在木构架方面涉及三架屋、五架屋、七架屋、九架屋等常用的构架，比较实用。而其突出的特点是许多营造技艺及口诀方式叙述，便于流传记忆[1]。

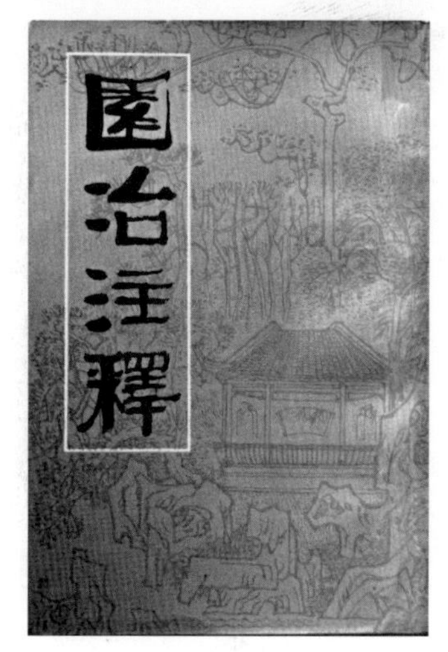

《园冶》。该书由明末造园学家计成著，成于明崇祯四年（1631年）。它是一部论述园林规划营造的专著，在我国造园史上占有不可动摇的重要地位。其主要内容为相地、立基、屋宇、装折、门窗、墙垣、铺地、掇山、造石、借景等十个部分。相地部分之前还专有造园论和园说两篇。全书用骈体文撰写，并杂陈当时苏州土话，当代人难以读懂。故此，南京林学院陈植（养材）教授对该书加以注释，由中国建筑工业出版社于1981年初版，并于1985年出版第二版《园冶注释》一书。关于此书的版本，陈植教授在第二版序中说：

《园冶》一书，以其初版附有明末时期声名狼藉为人不齿的阮大铁铖序言而致殃及池鱼，与阮氏著作同被列为禁书，终有清一代绝迹于国内，而为国人所淡忘。直至民国二十年（1931年）前后始由原在北洋政府任要职的董康及朱启钤两氏先后从日本设法获得《园冶》残本，补充问世，前者即《喜咏轩丛书》内之《园冶》，后者即中国营造学社之《园冶》是也……1956年城市建设出版社拟将该书重印，嘱余代为设法探觅原书，经丁老友陆费执教授处借获。“营造版”一册举以付印，即所谓“城建版”是也。

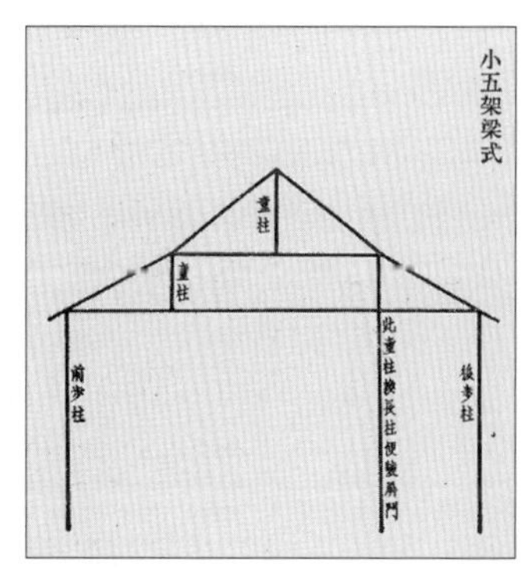

缘年来因注释《园冶》及近日从事订正之故，在接触版本问题中出现《园冶》保存原名及在日本已予改名的两种情况，而保存原名者

1 程建军：《〈鲁班经〉评述》，杨永生、王莉慧编建筑百家谈古论今——图书编，北京：中国建筑工业出版社，2008年。

除国内所印三种外，在日本保存者亦已共出现五种版本：即一为最近由建工出版社寄供参考的三卷俱全的照片，该书于阮叙之前钤有圆形楷书阳文‘安庆阮衙藏版，如有翻印千里必治’及方形篆书阳文‘扈治堂图书记’章各一……”

关于这建工出版社寄供参考的三卷俱全的日本版本，我必须加以补充说明的是：

大约是在1983年，我曾商请当时在日本进修的哈尔滨建工学院崔荣秀先生设法找寻日本保存的《园冶》版本，交我转陈植先生参阅。随后，崔先生不辞辛劳多方探询，终于找到交我。我于1984年奉命调离建工出版社，遂将这些资料交出版社有关人员转呈陈植先生。在此，我们应该感激崔先生的无私奉献。

《闲情偶寄·居室部和器玩部》。该书作者李渔（笠翁）是明末清初的一位文化名人。首次印刊于1671年。书中的居室部、器玩部和种植部有关房舍、山石、家具、陈设、竹木、花卉的论述，被视为中国园林美学的重要文化遗产。古建筑学家侯幼彬教授说：“他的讲述构成了17世纪的响当当的贫士建筑学。”[1]

清工部《工程做法》。清代雍正十二年（1734年）允礼编著的清工部《工程做法》这部经典的建筑技术专著与宋《营造法式》一样是我国古代建筑文献中两部重要著作。

古建筑专家蔡军先生说：“清工部《工程做法》有许多版本，国内一些大图书馆（中科院图书情报中心、北京图书馆、北大图书馆）等均有传抄本或通行本等不同版本的收藏，其存帙情况不尽相同，据考证应盖源于武英殿刊本。由此可见，武英殿刊本被认为是清工部《工程做法》的祖本。”

该书的主要内容包括“奏疏”、“目录及正文”，正文主要分为“做法”与“估算”两大部分。全书共74卷[2]。

此外，关于土木建筑工程的记述在浩瀚的古籍文献中存有多多，且分散在古籍中，查阅十分不便。幸而于20世纪80年代后期，由李国豪任主编，喻维国、张纪衡、汪应恒任副主编组成编委会，历时十载，查阅《古今图书集成》，阅读资料近4 000万字，收集史料4 000余条，共约300万字，编著《建苑拾英》一书，共三辑四册（第二辑分上下两册），由同济大学出版社先后于1990、1997、1999年出版。

该书内容涉及城乡规划、房屋建筑、造园、道路、桥梁、建筑材料、水利以及工程测量等方面，还涉及历代工部机构设置、职能及名臣等史料。

而至于历代建筑方面的人物事迹，经朱启钤编辑，梁启雄、刘敦桢校补的《哲匠录》，于1932年至1936年陆续在《中国营造学社汇刊》杂志上发表。关于《哲匠录》，朱启钤在《序·叙例》中写道：

“本编所录诸匠，肇自唐虞，迄于近代；不论其人为圣为凡，为创为述，上而王侯将相，降而梓匠轮舆，凡于工艺上曾著一事，传一艺，显一技，立一诺，以其于人类文化有所贡献。悉数裒冣，而以‘哲’字嘉其称，题曰：《哲匠录》。实本表彰前贤，策励后生之旨也。”[3]

1 侯幼彬：《17世纪的贫士建筑学——读〈闲情偶寄·居室部和器玩部〉》，杨永生、王莉慧编《建筑百家谈古论今——图书编》，中国建筑工业出版社，1988年。
2 蔡军：《清工部〈工程做法〉的成书原委》，中国建筑工业出版社，2008年。
3 朱启钤：《〈哲匠录〉·序·叙例》，朱启钤辑本，梁启雄、刘敦桢校补，杨永生续编《哲匠录》，中国建筑工业出版社，2005年。

鉴于当年发表在学社汇刊上的这些史料分散多期，难于查询，我于2004年将《哲匠录》中有关营造、叠山的历代人物300余人的史料加以编辑并对正文所附史料逐一断句标点，又编写了民国以来建筑学界已故专家人物志稿，收录了60余人。这样，于2005年由中国建筑工业出版社出版《哲匠录》一书。

还有，中国历代文学家、史学家、美学家和建筑学家有关建筑的文章，几千年来，为数甚多。为便于读者查阅，王明贤、戴志中于1997年主编了《中国建筑美学文存》一书，于1997年由天津科技出版社出版，可惜只印了1 000册，流传不广。在该书“小引”中，他们二位主编说：“本书编选了……有关建筑的文章，取材自古今建筑理论著作、美学著作、史籍、散文、笔记、小说等。所谓‘建筑’，并非指纯物理意义的建筑物，而是包括‘人—环境—建筑’这样的综合系统，本书选录了有关风景环境、人与建筑的文字，与此建筑观之影响有关。”书中选入的古代编包括班固以下至沈复的近50篇，而近现代部分则只有10余篇。

尽管这些文字中的文学语言并非像建筑师所要求的精确度，但它们所涉及范围之广以及关于人文的描述也是建筑师必不可或缺的体验。因为文人的视角往往是建筑师难于发现的，对建筑师不无启迪。比如，老舍先生1936年在《宇宙风》杂志上发表的《想北平》一文中写道：

“北平的好处不在处处设备得完全，而在它处处有空儿，可以使人自然地喘气；不在有好些美丽的建筑，而在建筑的四周有空闲的地方，使它们成为美景。每一个城楼，每一个牌楼，都可以从老远就看见。况且在街上还可以看见北山和西山呢！”

今天的北京给老百姓还留下多少“空儿”呢！难道，老舍先生这些话对做城市规划的规划师没有任何启示？

如果把这些典籍及记述摆在历史的时空中去审视，即从时间上看4 000多年的文明史，空间上看辽阔的土地上建造了无以计数的各种类型的优秀建筑，而先人留下的专著和不够详尽的记述就显得数量不够多。这是为什么？

主要的应该说是，历朝历代道器分途、重士轻工固习的影响，以致科举考试从不测试科技知识，而历代工匠学习技术只能靠师徒相

袭，口传心领。再加上几千年一贯制的工官制度，不仅影响了建筑技术的发展，也影响了人们创造力的发挥。而有技艺的工匠，又历来没有社会地位，只能唯命是从。历代工部尚书多为官吏。

至此，关于古代我国建筑传媒的状况，大体上介绍了一个概况。

近代建筑著述的评述

这里所说的近代大体上是自19世纪末叶至1949年。

一般地说，史学家都把1840年作为近代史的开端，因为帝国主义列强入侵后所带来的欧洲近代建筑，还远在那之后的几十年，且主要仍在沿海地区，所以从建筑上来说，我把它推迟到清末。

由于历代都重士轻工，直至清末在高等学校里讲授建筑课最早的是农工商部所属高等实业学校，那是辛亥革命的前一年1910年。授课先生是张锳绪先生（1876-？）。他于1905年7月殿试及第，进士出身，曾留学日本东京帝国大学，学的是机械专业，但他自己说“稍治建筑之学”。由他编著的《建筑新法》一书也是在1910年由商务印书馆出版发行。这部书是我们中国人用现代科学技术原理写成的第一部建筑学专著[1]。

如果不计外国人在中国创办的建筑系（如1911年日本人在大连办的伏见宫专科学校，1920年俄国人在哈尔滨办的中俄工业学校铁路建筑科），由中国人自己首创的建筑教育，应属于1923年刘士能、柳士英、朱士圭（人称建筑学界三士）在苏州工业专门学校办的建筑学专业。

而在意大利早在14世纪中叶即已开办艺术设计学校；在法国，1648年（比中国早275年）在巴黎开办建筑雕刻学院；在德国，1790年（比中国早133年）在柏林艺术科技学院开设建筑课；在美国，1846年（比中国早77年）在波士顿大学设建筑系；在日本，1886年（比中国早37年）在东京帝国大学设建筑科。

没有建筑教育，哪有建筑师？盖房子靠工匠，工匠学习技术靠师徒口传相袭。客观上缺少建筑书刊的需求。

从清末到1930年之前，沿海地区虽也盖了不少西方各种风格的所谓“洋房子”，但其设计基本上是外国建筑师，而施工则由中国工匠操作。从而，那几十年建筑图书的确是屈指可数。

朱启钤于1919年将丁氏抄本（宋）李诫著《营造法式》一书委托商务印书馆影印出版。

而《营造法式》之刊行不仅使“启钤治营造学之趣味乃愈增。希望乃愈大，发现亦渐多”，而且，“自法式印行后不及十年。中外学者不独顿增研究营造之兴趣。且多引用此书，以解决向来之疑问”[2]。

由此，朱启钤于1925年创立了营造学会并开始辑《哲匠录》，遂于1928年在中央公园（今中山公园）展示历年收集、整理之书籍、图纸、模型等，引起了社会各界对古建筑研究的重视。

1930年，得中华教育文化基金会补助，组建了中国营造学社，邀集各方面专家学者从事中国古建筑调查研究工作，如梁思成任法式部主任，刘敦桢任文献部主任。

1 赖德霖：《近代哲匠录——中国近代重要建筑师、建筑事务所名录》，中国水利水电出版社、知识产权出版社，2006年。

2 朱启钤：《李明仲八百二十周忌之纪念》，朱启钤著《营造论》，中国建筑工业出版社，2006年。

1934年由中国营造学社出版并于1941年再版的《清式营造则例》是梁思成先生30年代初的研究成果。1980年由中国建筑工业出版社再版时，清华大学建筑系在该书前言中说：“当时梁思成先生以清工部《工程做法》为课本，以参加过清宫营建的匠师们为老师，以北京故宫为标本，还收集了工匠世代相传的秘本，对清代建筑的营造方法及其则例进行了考察研究，以生动的文字加以阐释，并用建筑投影图和实物照片将各部分构造清晰地表达出来。因此，这部书自出版以来近半个世纪中，一直是中国建筑史界一部重要的教科书。”

梁先生在该书的序中开头第一句就说：“这部书不是一部建筑史，也不是建筑的理论，只是一部老老实实，呆呆板板的营造则例——纯粹限于清式的营造则例。”

该书包括绪论（林徽因著）、平面、大木、瓦石、装修、彩色等六章，并附有清式营造辞解和清式营造则例各件权衡尺寸表。

学社除了从1930年开始至1945年10月共编辑出版22期《中国营造学社汇刊》（其中有一期是抗战期间1944年在四川出版的）之外，还出版各种建筑图书31种，其中有梁思成《营造算例》、（明）计成《园冶》、刘敦桢《牌楼算例》、梁思成《清式营造则例》、刘敦桢《同治重修圆明园史料》等。这31种书是从1932年至1935年三年期间出版的，实属不易。

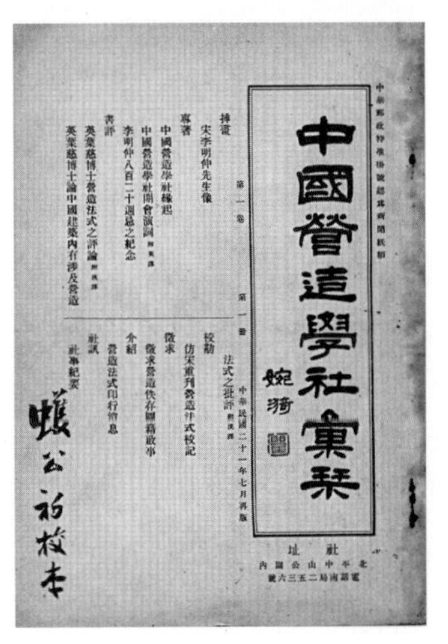

值得一提的是1933年6月在贵州出版的乐嘉藻撰《中国建筑史》，线装3册一函。这部书是我国第一部关于建筑史的著作。

该书文字只有6万余字，插图170幅，分三编：第一编为屋盖、庭园建筑；第二编（上）为平屋、台、楼观、阁、亭、塔、桥、坊、门等；第二编（下）为城市、宫室、明堂、苑囿、园林、庙寺观等；第三编为“中国建筑上之美”、“中国建筑今日改良宜经过一仿古时期”、“北平旧建筑保存意见书”等文章。

该书作者不是学建筑的，也不是从事建筑工作的，只是凭个人爱好，用毕生精力搜集建筑资料，绘制插图，终于在晚年60岁时完成这部著作。乐先生曾在贵州艺术学院任教。

梁思成先生曾于1934年3月3日在《大公报》文艺副刊上发表《读乐嘉藻〈中国建筑史〉辟谬》一文，指出该书中一些错误和不足。

该书曾于1977年由台北华世出版社重印，此后大陆的出版社亦重印，但均未附梁先生评析该书的文章。

1936年在上海出版的由庄俊、董大酉、杨锡镠、杜彦耿等人编纂的《英华·华英全解建筑辞典》是一部重要的工具书。为编纂此辞典，这些专家用去了三年时间，他们的分工是庄俊负责建筑材料名词，董大酉负责装饰名词，杨锡镠负责地位名词，杜彦耿负责依英文字母排列之名词。

此外，在期刊方面，还出版两本建筑杂志，一是《建筑月刊》，另一杂志是《中国建筑》。

《建筑月刊》是由1931年成立的上海市建筑协会主办的，主编杜彦耿是该协会的执行委员，杂志创刊于1931年11月，至1937年4月停刊，共出版了6卷46期。这46期杂志中共发表24篇文章介绍国外的新建筑，介绍新技术、新材料、新设备的文章有18篇，介绍建筑动态和发展趋势的文章有21篇，而介绍新技术实际应用的文章达22篇之多。

《中国建筑》杂志是1931年在上海出版的。为了向社会传播普及古代建筑知识，提高全民族的建筑文化意识，学社还在1936年2月在北平万国美术会陈列室举办了中国建筑展览会，陈列自汉代以来历代建筑图片200幅。

同年4月在上海市博物馆举办了中国建筑展览会，展出历代建筑图片300余幅，观音阁模型、历代斗拱模型10余座，古代实测图60余张，梁思成在会上还作了以《我国历代木建筑之变迁》为题的报告。

如前所述，学社不仅做了大量的古建筑调查研究工作，且做了大量编辑出版工作，除编辑出版《中国营造学社汇刊》之外，还出版发行了大量图书并多次举办建筑展览会。学社是我国上个世纪唯一从事建筑传媒工作的群众性学术团体，功在千秋。

这样，可以说，我国建筑书刊的编辑出版发端于上个世纪30年代。

从新中国成立到“文革”的建筑图书

这个时期是指从1949年中华人民共和国成立到“文化大革命”中的1970年，中国建筑学界走过了一条坎坷崎岖的道路，建筑书刊编辑出版也是从建立、发展到衰败乃至消亡的时期。

经过八年抗日战争又经过三年解放战争，新中国是在国民党政府遗留下的一个烂摊子、一穷二白的基础上建立的。那11年战火期间，整个中国辽阔的土地上几乎没有什么新的建筑，除了少数人（如营造学社在梁思成、刘敦桢二位前辈领导下）在大后方坚持调查研究工作并出版一期《中国营造学社汇刊》之外，只有中央大学、重庆大学与沦陷区的北京大学、天津工商学院和上海的之江大学等少数几所大学还在日伪统治下坚持办学培养为数甚少的建筑师之外，整个建筑园地几乎荒芜不堪。至于建筑图书的出版，在那11年的战火期间，则几乎一片空白。

新中国成立后的前三年，我们一直称作三年恢复时期。这期间，还倾全力打了一场抗美援朝战争。

直至1954年才有可能在毫无任何基础上，在建筑工程部直接领导下创建建筑工程出版社，开始出版建筑图书以及《建筑》杂志、《建筑译丛》杂志和《建筑学报》杂志。随着大规模经济建设的开展，特别是随着苏联援助的156项重大工程陆续动工，在新成立的国家建设委员会和城市建设部又相继于1956年建立了基本建设出版社和城市建设出版社。

这三家出版社都是随着政府机构的建立而建立的，到了1958年又随着政府机构的撤销合并而撤销合并，人员也是随着政府机构的精简下放而下放。1958年，三合一，都合并到建工出版社。当时，合并进来的还有建筑材料出版社。

1958年建筑图书的出版工作也随着“大跃进”强调多出书，快出书，强调编辑出版配合“大跃进”的国内编著图书，结果是出书品种增加了，质量却下降了，并导致1959年停业检查。

1959年5月，中宣部、文化部指示出版社停止工作，检查出版物内容质量，随之建筑图书也停摆，全力检查质量。刘致平先生重要著作《四川民居》（后在2000年出版时改称《四川住宅建筑》）就是那次检查再次（1957年首次被查）定为有“问题”的书稿，而被搁置至60年代初决定不予出版。

在2000年由中国建筑工业出版社出版，刘致平著、王其明增补《中国居住建筑简史——城市、住宅、园林（附：四川住宅建筑、云南一颗印）》（第二版）的出版说明中只说了一句：“四川民居所附照片在原稿付印而未完成时全部遗失。”至于怎么遗失的，谁遗失的，都没有交代，作者也未交代。关于该书稿给刘致平先生退稿时的具体情形及图片遗失的情况，我在1990年《华中建筑》杂志首次发表的《苍凉的记忆——记刘致平》一文中曾写道：

“初识刘老是20世纪60年代初，恰是‘阶级斗争，一抓就灵’的年代，刚刚组建的中国工业出版社建筑图书编辑室（本人时任该室副主任）迎头碰上一项棘手的工作——审处50年代积压下来的稿件，其中包括刘致平的著作《四川民居》一稿。其实，这部书稿早已打出二校样，只是因为1957年在校对过程中发现书中照片上还残留着抗战时期的标语和国民党党徽，才被扣下未付印。据说，主管编辑还为此检讨不休，最后导致下放。记得，我在审处这部清样时，此稿经历了两次大的政治运动（“反右派”和“反右倾”）和两次干部下放，有关编辑下放，不知去向。原稿已经遗失。经过反复讨论，还是没有胆量出版。于是，我同刘老谈此书不能出版，并反复讲，若出书，大家都会挨批，何苦呢！放一放再说吧！刘老没说什么，只是点首笑笑，也没追究原稿。幸而，后来在王其明教授帮助下，此稿编入刘致平著《中国居住建筑简史——城市、住宅、园林（附：四川住宅建筑、云南一颗印）》一书，于1990年由中国建筑工业出版社出版，了却我一桩心事，挽救于万一，值得庆幸，也多少减轻了我的内疚。”

干了大半辈子书刊报（建筑方面的）的编辑工作，到了晚年，引发内疚的事还不止这一件。写到这里，我又想起，也是20世纪60年代初，在那次清理建筑书稿时，我还当面将陈占祥50年代翻译的维特鲁威著《建筑十书》书稿，以译文不够顺畅为由（此因并非无据），实际主因是在当时政治氛围之下怕挨批而不敢出版，把这部书稿退还了陈占祥先生。他当时没有说什么，只是默默地拿走了译稿。此后，在与刘致平和陈占祥的多次接触中，大家都没有提及这些不愉快的往事，心照不宣，免得难堪。

1959~1960年质量检查过后，1961年中央一级出版社整顿领导小组（由国家计委和国家经委牵头）又决定中央八家工业方面的出版社会合并为一家——中国工业出版社。因该社划归建工部领导，建工方面的编辑人员也合并到该社，成立建筑图书编辑室。两年后，1963年由于该社划归国家经委领导，遂又将该编辑室调回建工部，归属办公厅编辑部。一年后，1964年又划归由建工部情报局领导。又是一年过后，1965年由于情报局撤销，合并到建筑科学研究院情报所，图书编辑部也随之被合并到情报所。

又过了一年，“文化大革命”开始了，整天搞“斗、批、改”，工作停摆，直到1969年冬大部分人员下放到河南修武“五七”干校，只留下少数业务班子人员备战到河南武陟县。终于在1970年冬，全部人员下放基层，出版社彻底消亡。

从1954年建立到1970年消亡，这16年间，机构从无到有，从大到小，从小到无，总算起来，折腾达6次之多；而因为各种政治运动和停业检查，总算起来，失去的工作时间，约占一半之多。如此反复折腾，不能不说是重灾，当然不是天灾。

我们从下面各个不同年份书刊出版状况也可以察觉到政治运动和整个社会经济状况对建筑书刊的重大影响。

《建筑学报》是由中国建筑学会主办的。开始那年编委会主任是梁思成，具体主管的是学会秘书长汪季琦。

据在学报当了15年（1955~1969年）编辑的彭华亮先生回忆[1]，《建筑学报》创刊于1954年6月，是年年底出了第二期，因为在全国范围内掀起了批判以梁思成为代表的复古主义思想，于1954年底刚刚出版完两期就被迫停刊整顿，直到1955年8月才复刊。

1957年初改组学报编委会，梁思成被除名。

紧接着1960年又经过三个月的整顿后，与《土木工程学报》合并，1962年又分开，改为双月刊。

1　彭华亮：《〈建筑学报〉片断追忆》，杨永生编《建筑百家回忆录》，中国建筑工业出版社，2000年。

1965年由于开展设计革命运动，第二次被迫停刊，直到1966年1月又第二次复刊，改为月刊。

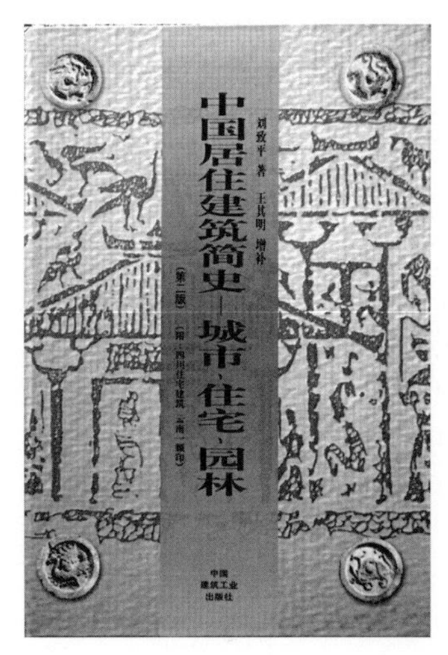

1966年“文革”开始后，建工部党委给国家建委的报告（建党办字第9号文）写道：

“中国建筑学会长期以来，在建筑界一批资产阶级‘专家’、‘权威’和混进党内的资产阶级代理人的把持下，已经成为一个反党、反社会主义的阵地。建筑学会主办的《建筑学报》已经成为资产阶级‘专家’、‘权威’宣扬封建主义、资本主义、修正主义，反党、反社会主义、反毛泽东思想的工具。”

该报告还说：“对建筑学会、《建筑学报》的错误必须彻底清算，对《建筑学报》必须彻底改组。”

这一份“死刑判决书”，使学报不得不第三次停刊，直到1973年才又复刊为季刊，直至1982年才恢复为月刊。

《建筑学报》命运如此多舛，12年间经历三次停刊一次合并，真正可谓三起三落。

1966年建工部党委给学会、学报强加上的种种罪名，直到1979年才由国家建委作出平反决定，给学会、学报恢复了名誉。

在“文革”之前，另一个长期办的杂志是《建筑译丛》，主要刊登从苏联多种建筑科技期刊上翻译过来的文章。

至于从苏联翻译过来的建筑图书，比较有影响的理论著作当属于1955年出版的《论苏联建筑艺术的现实主义基础》。该书在形式主义、教条主义方面的负面影响，直到80年代才被摒弃。从20世纪50年代出版的下列图书中，我们即可以看出全面学习苏联，“一边倒”方针对建筑图书出版的决定性作用。

1957年出版了整套的“苏联建筑法规”，同时还出版了整套的“苏联设计标准及技术规范”。

1956年由城建出版社出版了全套（共30册）“苏联第二次建筑师代表大会文件集”。

1955年和1956年在建工出版社建立初始的那两年就出版了《苏维埃建筑史》、《俄罗斯建筑史》、《建筑艺术与建筑技术》、《俄罗斯古典遗产与苏维埃建筑学》、《住宅及公共建筑在工业化大量修建条件下的建筑艺术问题》、《苏联居住和民用建筑的组织形式及其主要发展概况》、《古典建筑形式》等。

国内建筑学方面的图书，在1954年至“文革”前这12年期间，数量不多，且多是新中国成立前多年研究的成果。引起我们注意的有如下图书。

1954年建工出版社成立后出版的第一本建筑方面的书是1954年10月出版的由建工部设计总局工业及城市建筑设计院编绘的《窗格》（中国古建筑参考图集）。该书包括菱花窗、民间窗格及透花窗三个部分，计有716张墨线图和104张照片。

刘敦桢著《中国住宅概说》于1957年由建筑工程出版社出版。中国建筑史著名专家陈薇教授评论：“《中国住宅概说》，乃现代最早关于中国古代住宅研究的学术专著，其筚路蓝缕以启山林之功，不没于天下。”[1]

该书主要分作三个部分，即发展概况、住宅类型和图版。“发展概况”部分说明该书的重点是以研究汉族住宅为重点，对新石器时代以来的汉族住宅发展作了纵向的论述。在“住宅类型”部分将明中叶以来的住宅分属九类，并明确交代研究的目的是“不仅从历史观点想知道它的发展过程，更重要的是从现实意义出发，希望了解它的式样、结构、材料、施工等方面的优点和缺点，为改进目前农村中的居住情况，与建设今后社会主义的新农村以及其他建筑创作提供一些参考资料”。图版部分达80页，远远多于53页的正文。如此大量的图版涉及青铜器、画像砖、明器、石碑、古画、志书，还有大量测绘图。从而，此书具图文并茂的显著特点，使读者容易读懂。此书曾由法国巴黎贝尔格出版社翻译出版了法文版，在国际上产生了相当影响。

刘致平著《中国建筑类型及结构》由建筑工程出版社于1957年出版，是一部研究中国建筑类型的拓荒之作（吴良镛语），它从建筑的不同类型和结构做法分析设计和结构特点、历史渊源、发展演进过程。虽是历史研究著作，方法体例上却与建筑设计理论有相通之处，显示了他独树一帜的研究方法和方向（傅熹年语）。

该书除绪论外，正文分作三章。第一章分类论述，计分为城市、宅第、园林、陵墓、佛教建筑、伊斯兰建筑等八大类；第二章单座建筑，分楼阁、宫室殿堂、门阙等；第三章各种作法，分作大木作、柱础、墙壁、屋顶瓦作、彩色等十种作法。最后是总结，对中外城市、建筑作了比较。这书另一个特点是手绘草图多，照片多，达500余幅。

它不仅是一部建筑史著作，还是一部我国建筑技术的案头工具书。

张仲一、曹见宾、傅高杰、杜修均合著《徽州明代住宅》一书于1957年由建筑工程出版社出版。

该书实际上是一份民居调研报告。1952年，刘敦桢受华东文化部委托，亲赴安徽歙县调查，发现20余处

1 陈薇：《筚路蓝缕，以启山林——概论〈中国住宅概说〉》，杨永生、王莉慧编《建筑百家谈古论今——图书编》，中国建筑工业出版社，2008年。

明代住宅、祠堂，此后派出中国建筑科学研究院与南京工学院合办的中国建筑研究室上述四位专家赴歙县再作深入调研测绘，工作了40余天，对27座住宅作了实证研究，分析了其总体布局、平面、外观、结构、装饰等，并附有90幅图版。恰如其分地说，此书对于从那时开始的我国民居调研工作起到了提供规范文本的作用[1]。

姚承祖原著、张至刚增编《营造法原》。我国著名古建筑专家潘谷西教授在《〈营造法原〉读后感》一文中说："《营造法原》是苏州香山著名匠师姚承祖的传世之作。原著是作者于20世纪20年代授课于苏州工业专科学校建筑科时作为讲稿而编写的，后经中国营造学社社长朱启钤和刘敦桢两位先生辗转相托，由时任教职于中央大学建筑系之张至刚（镛森）先生增编，遂成江南建筑营造技术与工艺之经典著作。由于战乱原因，书稿于1937年杀青后未能及时面世，直至1959年方由建筑工程出版社出版，并于1982年再版。"[2]

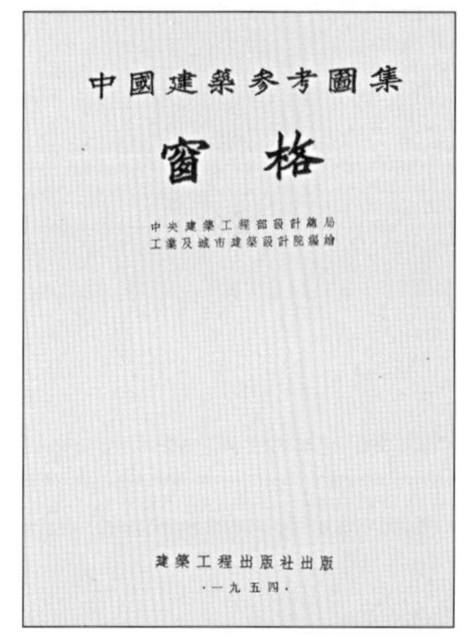

全书共分16章，其中最为精彩的是第五章厅堂建筑。各章节除样式叙述外，还述及构造材料、施工以及用工用料等。

陈志华《外国建筑史（19世纪末叶以前）》。这部教材是著名建筑学家陈志华教授在那个政治风云变幻无常的年代完成并于1960年由建工出版社出版，作者在"文革"中因此书而受了无妄之灾，以各种罪名被造反派痛加斥责。

此书由公元前3 000年的古埃及讲起，时间跨度达5 000年，空间跨度涵盖亚欧美各洲，尤以公元1 000年以后欧洲建筑为核心，一直讲到现代建筑前夕。

林鹤先生评述说："细读陈先生《外国建筑史》，一个突出的特点是，他在每一章节里都要先用很多篇幅讲述相应历史时期的文化、宗教、政治、经济和技术背景，即便等到后来讲到了建筑的内容，也多是与社会分析结合在一起，夹叙夹议。"[3]

童寯《江南园林志》于1963年由中国工业出版社初版，1984年由

1 朱永春：《中国民居研究标志性著作——〈徽州明代住宅〉》，杨永生、王莉慧编《建筑百家谈古论今——图书编》，中国建筑工业出版社，2008年。
2 潘谷西：《〈营造法系〉读后感》，杨永生、王莉慧编《建筑百家谈古论今——图书编》，中国建筑工业出版社，2008年。
3 林鹤：《我们为什么需要建筑史？》，杨永生、王莉慧编《建筑百家谈古论今——图书编》，中国建筑工业出版社，2008年。

中国建筑工业出版社再版。

关于童寯这本书，当年朱启钤和梁思成以及著名古建筑学者郭湖生教授、童寯的研究生方拥教授都给予了很高的评价。

中国营造学社社长朱启钤在1963年12月15日致童寯先生信中写道：

“尊著《江南园林志》出版消息，此事关系三十年前由营造学社担任刊行。为卢沟桥事变所遭浩劫，以致贻误进展。商务印书馆在京分行如此放弃责任，印未及耳，退回原稿，已属意外打击。在学社南迁之后，此稿又遭洪水浸坏，我之负君委托，惶惶不知所出，至于收拾残存文物中，细加检点，托人携往南溪，交士能兄（刘敦桢——编者注）设法保留，得便奉赵。士能后负回金陵，函告已经将原稿奉还之间，照片被水浸，已有模糊者，将由作者重加整理，加□纂述。而老朽于九十残年，竟得再览。新刊其质量已比三十年前之稿本，增加倍蓰，而印刷新颖，尤为珍视，惜老眼昏耄之括目细读一番认为大器晚成，无任兴奋，爱不释手也。”

梁思成在1937年读到《江南园林志》原稿之后，于当年5月17日致童寯信中说：

“先读大作（指《江南园林志》——编者注）。拜读之余不胜佩服。（一）在上海百忙中，竟有工夫做这种工作；（二）工作如此透彻，有如此多的实测平面图；（三）文献方面竟搜寻许多资料；（四）文章简洁，有如明人笔法；（五）.字里行间更能看出作者对于园林之爱好，不仅仅是泛泛然观观，而是深切的赏鉴。无疑是一部精心构思之杰作。”

《江南园林志》出版后，梁思成于1964年5月10日致童寯信中又写道：

“日昨诗白（童寯长子童诗白，时任清华大学教授——编者注）转下《江南园林志》，高兴极了。诚如你所题，这书之可贵，就在这些图都是你亲笔画的，而且其中许多今天或已被破毁，或改走了样，许多照片也是难得的史料了。

当年尊稿正将付梓，而七·七事变，旋经水灾，今天能见到它出版，实在令人高兴。当年虽曾匆匆拜读，但没有切身体验，领会不深。解放后，虽然已经到过苏锡扬两三次，每次也仅仅‘走马’，毕竟算是亲眼见过，有了一点感性认识，所以重读就比较懂些，深佩精辟之见，但以我这样对园林一无所知的人，尚有待进一步精读细读，才能尽其中奥妙也。”[1]

当代散文家黄裳先生2000年3月17日在《文汇报》发表《读〈江南园林志〉》一文，详尽地记述了他与此书的渊源关系并在结尾处写道：

“一卷《江南园林志》，不只可见作者的观点议论，为研究中国传统园林艺术开山经典著作，更能欣赏作者的美文，如读《洛阳伽蓝记》，绝非后出的说园诸作可比。作者任教于南京工学院。1983年游金陵，本拟往谒，而先生已逝，不禁怅然。先生生于1900年，卒于1983年3月28日。辽宁沈阳人。”[2]

已故童寯先生弟子著名古建筑学者郭湖生教授生前曾盛赞：

“童寯先生是近代研究中国古典园林的第一人……当前，研究园林艺术在中国已经成为热门、显学，号称专家者比比，但是，依愚所见，具备有如童寯先生的渊博知识，足以胜任这样复杂课题的，目前似无第二人。”[3]

北大教授方拥先生在《笃旧的至理——〈江南园林志〉》一文中说，书中造园、假山、沿革、现状、杂说等五个部分，“文字不超过五万，可是溯源钩沉，夹叙夹议，中西并举。较之当今行文惯常的冗长堆砌，堪称披沙拣金，字字珠玑”[4]。

书中图片共达340余幅，由于若干实物已濒于废圮，其史料价值更显珍贵。

虽然这本书在三年困难时期“钻了个空子”出版了，但到了“文革”，作者挨了批斗，此书也是“罪状”之一，我们这样的编辑人员也在有关会上作了检讨。不过，那时候像这样的问题做些检讨，挨批判，自己给自己扣些大帽子，上纲上线，臭骂自己一顿倒也是“家常便饭”，挨一顿整，也就过去了。

除了这些专著外，还出版了《建筑设计资料集》等工具书。

《建筑设计资料集》第一辑于1964年由中国工业出版社出版。20世纪60年代初，由于国民经济处于三年困难时期，建筑锐减，当时的建筑工程部工业建筑设计院（今中国建筑设计研究院前身）因设计任务不多，院领导集中了一批有经验的技术骨干专职投入编写《建筑设计资料集》（第一辑）。由于内容全面，适用严谨，编排得当，查阅方便，资料丰富，印刷精良，与国际上同类图书比较属上乘之作，多次重印，成为每位建筑设计人员的案头必备工具书。在林乐义总建筑师的主持下，紧接着又着手编写第二辑。这部《建筑设计资料集》第二辑刚印完尚未及装订，“文革”开始了。不仅主编及设计院领导因此书而挨批斗，同时还勒令印刷厂不准装订出厂 。

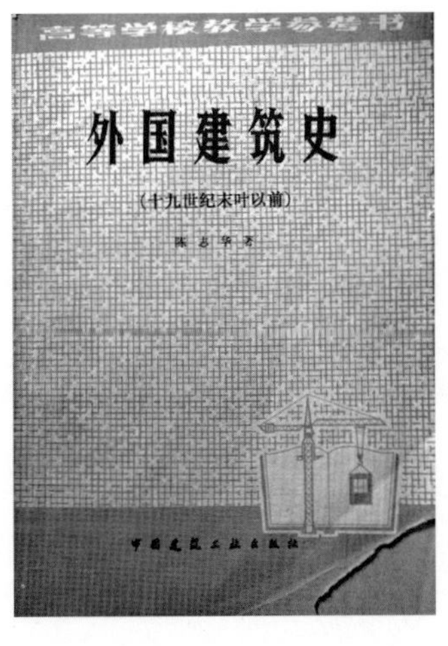

“文革”之后，于70年代又开始编辑《建筑设计资料集》第三辑，主编仍是林乐义，并于1978年正式出版。从第一辑于1964年开始出版至1990年，这三辑资料集前后共印了6次，第一辑总印数达237 165册，第二辑达244 325册，第三辑达261 795册。这是当时我国建筑专业工具

1 朱启钤及梁思成信件均参见《童寯文集》卷四，中国建筑工业出版社，2006年。
2 黄裳：《读〈江南园林志〉》，杨永生编《建筑百家回忆录》，中国建筑工业出版社，2000年。
3 郭湖生：《〈东南园墅〉序》，童寯著《东南园墅》，中国建筑工业出版社，1997年。
4 方拥：《笃旧的至理——〈江南园林志〉》，杨永生、王莉慧编《建筑百家谈古论今——图书编》，中国建筑工业出版社，2000年。

书创纪录的印数。

在这套工具书出版过程中，一件可叹、可悲又有趣的事情是：1970年3月这资料集第一辑再版时，在书中加印了一张今天看来还有些可笑的出版说明（其原件复制如右）。

毛主席語录

备战、备荒、为人民。

抓革命，促生产，促工作，促战备。

說　　明

《建筑設計資料集》第一集，系无产阶級文化大革命以前編輯出版的，由于高举毛泽东思想偉大紅旗，突出无产阶級政治不夠，所以在某些章节中有貪大求洋及封、資、修的地方。但因目前新的版本还不能出版，而各地来信又急需此书作参考，为了满足抓革命，促生产的需要和讀者的要求，现将此书改为内部发行，凭单位介紹信供应。仅供参考，批判使用。并希望各地讀者在批判使用的过程中，将您們发現的問題和意見寄給我們。

1970.3.21.

建筑科普图书及文章，在20世纪50年代中期至60年代初期曾风行一时。先是林徽因于1952年上半年在《新观察》杂志上连续发表了11篇科普文章介绍首都的古代建筑，如故宫、颐和园、天宁寺塔等。此后，梁思成于1954年在中央科学讲座上以《祖国的建筑》为题作了科普报告，并由中华全国科普协会出版。1959年，梁思成还在《旅行家》杂志第9期发表了科普文章《曲阜孔庙》。1962年，梁先生又在《人民日报》连续发表了五篇《拙匠随笔》。吴良镛先生回忆说：“这些文章在当时就受到社会注意，我记得梁先生告诉过我，某日在机场，会到周恩来总理，因为各有不同的客人，还是总理发现了他，从他身后走上来，拍拍他的肩膀说：‘你的《建筑师是怎样工作的？》一文，我看了，写得很好，这类文章，以后不妨多写，提高人们对建筑的认识。’”[1]梁先生和林先生的科普作品一向是立论清新，深入浅出，文字隽永，辅以图解，易读易懂。

各种教材，尤其是高等专业教材和中等专业教材的出版是建筑出版的一个重要方面。20世纪50年代出版的参考教材，多是翻译苏联的。经过1958年的“大跃进”，吸取教训，在1961年中央书记处对专业教材作了重要指示：要有教材，好纸铅印，人手一册，课前到手。自此，专业教材的编写出版才走上了正轨。在1961~1964年间，一批适应我国教学需要的教材陆续问世。其中，颇得好评并填补了空白的教材有《中国建筑简史》（古代和近代两册）、《外国建筑史（19世纪末叶以前）》、《水彩》、《素描》、《建筑构图原理》、

1　吴良镛：《〈拙匠随笔〉的随笔》，梁思成著《拙匠随笔》（杨永生编“建筑文库”之一册），中国建筑工业出版社，1996年。

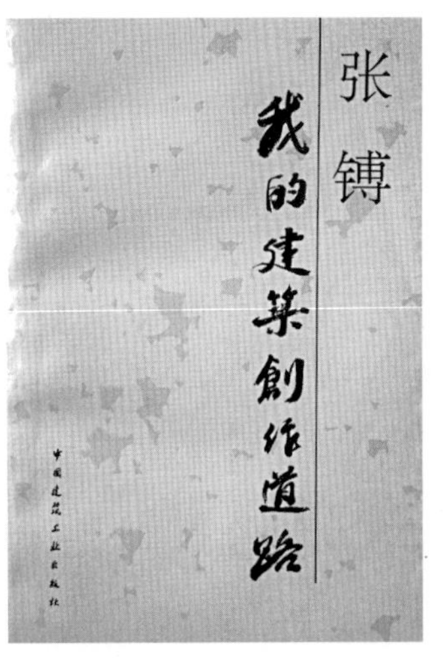

《建筑画的构图与技法》等。

那个年代，建筑传媒主要是书刊，没有电视，至于电影也是新闻纪录片中的若干施工现场为多。专题片只有两部，一部是《古建精华》，另一部是批判建筑上铺张浪费的。

《古建精华》是一部由中央新闻电影制片厂摄制的介绍我国古代著名建筑的彩色专题纪录片，由建工部技术情报局总工程师夏行时撰文，经实地拍摄，于20世纪60年代初发行。据我所知，这是我国第一部向广大群众介绍古代建筑的影片。

为配合建筑上的反浪费运动，20世纪50年代后期中央新闻电影制片厂曾在北京拍了一部纪录片，批评建筑上的浪费现象和不合理设计，其中以张镈大师设计的北京友谊宾馆为典型，批判主题是华而不实。将近40年后，1993年张镈在《我的创作道路》一书中对那次批判曾说：

“我对这次的批判，从正面上接受教训，不计较那些尖酸刻薄，言过其实的词句。话越难听，记得越牢，改的越快。因此，我认为‘华而不实’的批判是及时的、有效的。也承认追求形式而牺牲实用是错误的，但对‘复古主义’的帽子，表示沉默，尚有保留，仍未申辩。”

到底华而不实，存在哪些问题？在同一本书里，张镈还写道：

“经过初步实践，外专局的张行严、夏振西因为不断接触，友情日深。所以，风趣地送我有四条病之称。上水不灵（热水管结碱很快，粗干管变细孔，通水不畅），下水不畅（污水管道坡降不够；污水倒灌）是‘肾脏病’。暗浴厕通风排气不畅，空气污浊、臭气不除。专家无奈，通知服务员点上奇香薰之。又香又臭产生怪味，是‘肠胃病’。强电、弱电产生干扰，暖气供热南向热，朝北冷，认为室温是春、夏、秋、冬，忽冷忽热，是‘神经病’。动力中心、变电间、锅炉房环境不良，不断因锅炉结碱，供热量小，是‘心脏病’。这个比喻的确刺痛我心。试想一个健康、健美的人，而在内科病上具备上述四病时，终将难于永葆青春，无法维持现状，自然难以为继。”[1]

1 张镈：《我的建筑创作道路》，中国建筑工业出版社，1994年。

中国建筑工业出版社的成立和发展

从1971年11月15日中国建筑工业出版社成立至1978年十一届三中全会吹响了改革开放的号角，这7年是建筑书刊又一次从无到有，重新起步的时期。

在那场“文革”浩劫中，我国出版事业同样遭受摧残，机构撤销，人员下放，以致书店里只剩下马恩列斯毛的著作，没有其他任何书籍。周恩来总理审时度势，抓住机遇，在1971年初指示召开全国出版工作座谈会。由会议起草的文件经毛主席批示同意，并以“中共中央一九七一年43号文件”下发，各省市及各部门的出版社才得以逐步恢复工作，且是在文化部门中最早恢复工作的部门。今天，当我们为出版事业日益繁荣发达而欣喜的时候，谁也不应忘记周恩来总理的这一历史功绩。

1970年冬，建工部和建材部都已经撤销，合并到国家建设委员会。于是，建工部和建材部在京的科研设计机构都合并在一起，连个名称都没有，索性称作“新机构”。到1971年早春3月，突然接到军管会通知，要我代表国家建委到国务院第一招待所参加以国务院名义召开的全国出版工作座谈会。这个会实际上是周恩来总理指示毛主席著作办公室（那时出版主管机构已撤销）主持召开，并派总理办公室主任吴庆彤同志参加会议领导工作。未料，这次会竟成了马拉松会，从3月开到7月才在总理接见后结束。如果把这个会摆在当时政治的大背景下审视，就不难理解为什么这个会开得长达4个月之久。出版工作涉及的问题太多太大，周总理又太忙，一时顾不上听汇报作结论，别人又代替不了。就连李先念副总理都说，别的会我可以代替总理作结论，出版座谈会一定要等总理亲自来结束。到了那年初夏，本来总理打算结束这个会，把我们找到人民大会堂东大厅，准备接见全体代表，作结论。我们在东大厅从下午3点等到晚上7点，会议领导小组几位同志从小会议室出来告诉我们，今天总理不接见了，第二天才知道，总理觉得出版工作问题太大，他一个人不便做结论，需要经政治局开会讨论。这样，一直拖延到7月，由总理召集中央召开的几个会议全体代表在人大会堂一并接见讲话，才结束座谈会。要知道，那时，别说“四人帮”，就连林彪反革命集团也还十分活跃。可以想象，总理当时的处境是多么艰难。那次会议，总的基调是要恢复出版工作，各方面的书都要出。

会后，拿到中央文件这么个尚方宝剑，再加上总理的指示，我及时向军管会做了全面汇报。军管会负责同志当场同意成立出版社，并给了15人的编制。会上，我据理力争要30人编制。军管主任怎么也不同意，散会时，建委业务班子几位局长都劝我别再争了，给15人也不算少，以后人手不够，再增加嘛！

此后不久，经我多方努力，把抗战时期在太行的老出版杨俊同志从干校留守组调来主持出版社的重建工作。我们两个人带着三个人，总共5个人，两手空空，随即开始筹办新的出版社。

经过两个多月的筹备，在1971年11月13日国家建委正式发文，决定从11月15日起启用公章，建立了中国建筑工业出版社。

因为这个新的出版社还是要依照国家建委主管的业务范围来出版建工、建材和城建三个方面的图书，起个什么名称贴切呢？经过大家讨论，最后还是赖际发部长说了句，叫建筑工业出版社吧！这样，可以包罗全一些。

怎么又多了“中国”两个字呢？当我们把建立出版社的报告送国家建委领导会签时，任朴斋副部长给加上了“中国”两个字。当时，我们还觉得累赘，多余。未料，到了20世纪80年代，许多家新成立的中央一级出版社效法我们，也加上了“中国”二字，甚至有的出版社把“人民”两字改成了“中国”两字。

应当说，“文革”期间新成立的这家出版社开启了建筑书刊出版事业的新篇章。从1971年到如今2009年，将近40年，这家出版社机构没有任何变化，唯一的变化是人员，现在的领导班子是第五代，编辑出版人员也发生了重大变化。当然，随着社会经济的发展、科学技术的进步，建筑传媒种类、数量、质量、码洋也都有了显著的发展和繁荣。机构人员的稳定必然带来事业的稳定发展。只要不折腾，我们的

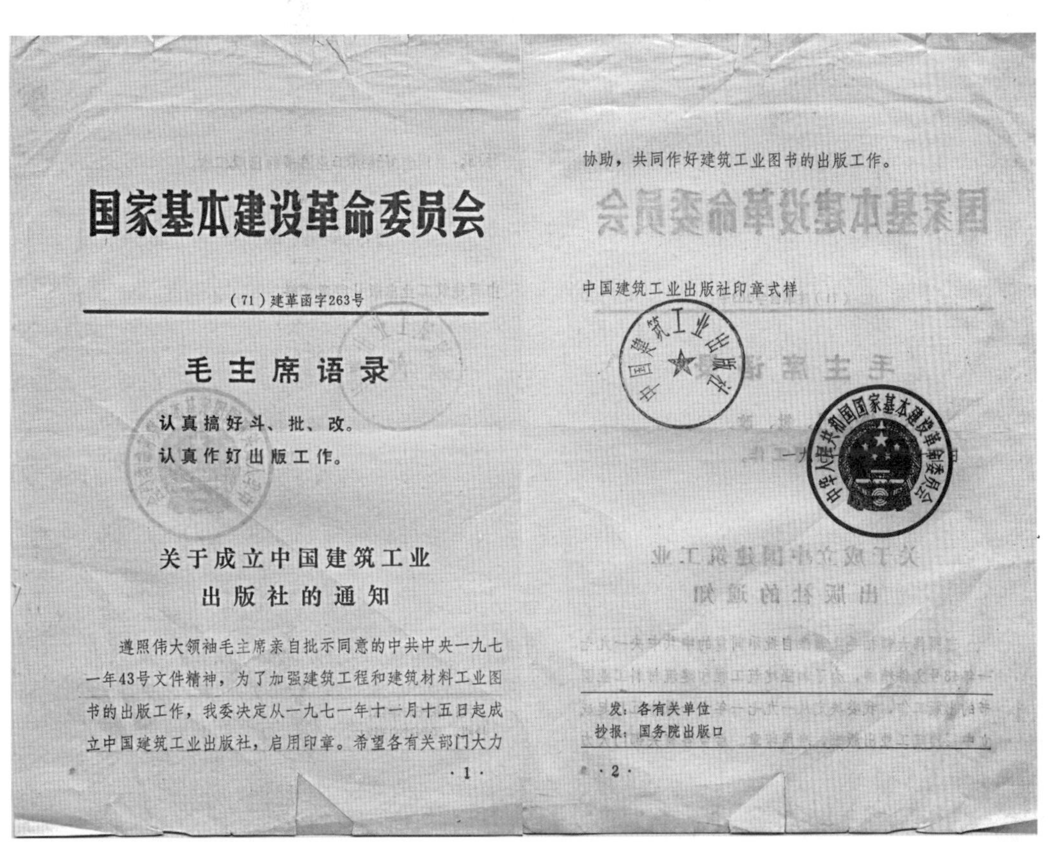
国家基本建设革命委员会

（71）建革函字263号

毛主席语录

认真搞好斗、批、改。
认真作好出版工作。

关于成立中国建筑工业出版社的通知

遵照伟大领袖毛主席亲自批示同意的中共中央一九七一年43号文件精神，为了加强建筑工程和建筑材料工业图书的出版工作，我委决定从一九七一年十一月十五日起成立中国建筑工业出版社，启用印章。希望各有关部门大力

·1·

协助，共同作好建筑工业图书的出版工作。

中国建筑工业出版社印章式样

发：各有关单位
抄报：国务院出版口

·2·

事业就会蒸蒸日上。

如果把这家新建的建筑出版社与“文革”前的那家老的建工出版社加以比较，仅就编辑工作来说，有两个变化是突出的，而且延续到今。一是编辑人员的组成由原来以俄文人才为主，转变为以科技人才为主；另一个变化是原来不敢碰建筑学方面的书刊转变为重视建筑学书刊。在编辑人员构成方面，如果说，建新社伊始即千方百计调来有经验的、文字能力较强的、政治思想一贯（特别是“文化大革命”中没带头搞“打砸抢”）表现好的工程技术人员为主。时至今日，出版社的编辑人员则以招聘具有高学历（如博士、硕士）的青年专业人员为主。

新的出版社建立后，出版的第一部重要建筑图书是《建筑设计资料集》第二辑。刚刚成立不久，我们发现这第二辑在“文革”期间已印完，未及装订即被勒令停止出版。散页被遗弃在车间里，无人问津，工人们还当废纸随便拿用。经与“新机构”的负责人袁镜身（“文革”前任中国建筑科学技术研究院院长）研究，写报告并写了这么几句批判性的说明：

“本书系无产阶级文化大革命前编印，在内容上有大、洋、全和高标准等方面的问题，但许多资料仍有一定的参考价值，故改为内部发行，供有关设计人员结合其情况批判地使用。”

上报时任国家建委副主任宋养初，获准内部发行。不到几个月就售完，不仅为出版社赚了一笔可观的流动资金（40余万元），还挽救了这份“文化遗产”。

此后，建筑设计院又组织编写第三辑并于1978年出版。这一套第一版《建筑设计资料集》至今仍被建筑师们称赞不已。

鉴于新中国成立后建筑学方面的图书出版甚少，建筑工业出版社在调查研究的基础上制订了长远的选题规划，注重实用技术图书，并提出要成龙配套。比如，民用建筑设计丛书，即包括《综合医院建筑设计》、《单层厂房建筑设计》、《铁路旅客站建筑设计》、《图书馆建筑设计》等。开始引进国外建筑实例图集丛书，其中包括《医院》、《旅馆》、《博览建筑》、《科技建筑》等10余种。

此前，建筑画册是一项空白。为了对外宣传，于1976年还出版了《新中国建筑》。中文版印了15 803册及英文版印了8 197册。

1979年编印了《人民大会堂》画册，印数达100 200册。

《毛主席纪念堂》画册，在1978年和1979年连续出版了特、精、简三种版本，总共发行了近10万册。后因画册内有部分照片问题而被勒令停止发行，就地销毁。

建筑普及方面图书也是当时关注的重点，印数大的有：

由清华大学编著的《建筑制图与识图》自1974年出版后至2003年近30年间重印达32次之多，总印数近150万册，可见受到建筑工人和大专院校学生的欢迎程度，这主要是因为内容浅显易懂且又非常精练。

由天津大学彭一刚先生编著的《建筑绘画基本知识》（后增订再版时更名为《建筑绘画与表现图》）于1976年出版后，被誉为新中国成立后最佳建筑学专业基本功训练普及读物，也印了10余万册。

再一本总印数超过百万册的普及读物是由劳智权、黄建才和陈增弼编的《家具设计图集》，从1975年出版后到1980年修订曾多次重印，总印数达1 338 670册。这主要是由于适应了社会广大读者的需求。那时，城市居民很多人为了改善生活，自己动手做家具，正需要这种图册。

这几年，中国建筑工业出版社除了从零开始逐年增加编辑人员和出书品种之外，还侧重调查研究，组建作者、译者队伍，拟定长远的选题规划，为后来的建筑书刊出版打下坚实的基础。

改革开放带来建筑图书出版的繁荣

这个阶段大约是从1978年到1990年这12年，建筑书刊出版仍是中国建筑工业出版社一统天下，其他出版社几乎没有涉及建筑书刊的出版，这主要是因为各家出版社的出书范围仍然不得突破，只能出版国家主管部门批准的专业范围之内的书刊。

应当说，这12年间是建筑书刊的繁荣时期。其主要的标志有如下几点：建筑书刊拓展了一些新的领域，门类趋于齐全；重点突出了国内建筑专家的著述，着力提高建筑师的知名度，提高建筑师的社会地位；开展多种学术活动，从而培养和扩大著译者队伍；努力开展国际交流活动，有选择地译介国际名著，并向海外推介国内有关著作等。

下面，我们将通过一些书刊的出版，来具体说明上述这个繁荣阶段的若干标志性特点。

刘敦桢著《苏州古典园林》这部蜚声海内外的学术专著的出版过程折射出改革开放前后的社会思想状况。

这部书于1978年，由中国建筑工业出版社精印出版。由于该书有许多珍贵的园林黑白照片，为了印出层次感，采用了当时唯有北京新华印刷厂保留下来的凹印工艺，由于是玻璃版，至今已无法重印。可以说，当时仅售30元的铜版纸本，现在已成为珍本。

对苏州遗存下来的古典园林的调查测绘工作，在刘敦桢组织领导下，始于1953年，此后先后参与此项工作的有数十位教师和学生，历经20年，其间刘先生撰写、补充、修改了三次，直至1973年，经潘谷

西、刘先觉、乐卫忠、郭湖生、叶菊华、刘叙杰等整理成书稿。

1975年时任东南大学建筑系主任的齐康先生来京，同我谈及出版该书一事。当时，尽管“四人帮”还在垂死挣扎，不时地使出各种坏招，摧残多项事业，我们还是遵照周总理的指示决定出版，并筹划当年12月在苏州召开一次审稿会。应出版社之邀，参加审稿会的专家有：杨廷宝、陈明达、陈从周、郭湖生、潘谷西、刘先觉、刘祥祯、喻维国、刘叙杰、乐卫忠、黄晓鸾，苏州园林处的处长和专家。苏州园林处对出版社召集的这次会给予了全力的支持，会议可以免费在怡园开，还可以免费参观任何一座位于苏州的园林，包括一些不开放的私家园林。

与会的专家当中，有的还是“文革”期间第一次被派出参加学术会议，而同济大学的“五七”公社除了派出陈从周和喻维国之外，还派了一位工人宣传队队员每天跟随陈从周，形影不离，监视他的一举一动。至今我们也不明白，为什么上海园林局派来的一位技术干部每天还要奉命向他们局领导（不知是军宣队还是工宣队）电话汇报当天会议情况。

本来经过一场浩劫，能活下来并一起开会，大家都十分开心。未料，恰在开会的头一天，《人民日报》发表了“四人帮”炮制的“关于教育革命的社论”。这无疑给审稿会当头一棒，弄得大家都十分紧张，不知该怎么办？细想，你教育革命同苏州古典园林并不搭界，没啥关联。那时，还处于“文革”之中，人们的神经都非常敏感，也非常紧张。于是，有的协作单位领导在会上就表示，不再参与该书的编写工作，无非是免得再度挨批斗。会上会下，包括北京来电，都有人主张暂时休会，观察一下形势再说。而多数与会者主张继续开会，争取出书。

怎么办？既然审稿会是出版社召开的，本应由出版社党的核心小组组长杨俊主持。考虑到当时的处境，我作为主管编辑工作的核心小组成员自告奋勇，自始至终由我一人来主持。这样做，万一出什么问题，既可以保护杨俊，也可以间接地保护自己，即使打倒我，批斗我，也会有杨俊替我说话，暗中设法保护，以免出版社的领导全军覆没。当然，这主意是出于我对杨俊20多年来相处的信任，我相信他是好人，在历次政治运动中从不积极主动整人。记得，我曾对时任出版社编辑的吴小亚、王伯扬说，千秋功罪，在此一举。

最后，经大家讨论，特别是得到杨廷宝的支持，决定还是要出版，除原稿再加以整理外，要请潘谷西牵头写一篇批判性的前言再出版，至于公开发行还是内部发行，再议。这就是人们常说的，明修栈道，暗度陈仓。

到了1976年10月，“四人帮”被一举粉碎，所谓批判性前言，当然也就没必要写了。

1978年正式出版后，受到国内外重视。中国国际图书发行公司有订货，但为数不多，以致不久即不得不改用“外汇券”购书。80年代初，台湾一家出版社还发行了盗版本，至今我也不明白，他们为什么只留下刘敦桢一个人的姓名，其他人姓名，对不起，统统被删掉。日本和美国的出版商也都看中此书，经过译者多年努力，先后出版了日文版和英文版，在国外发行。

关于这部《苏州古典园林》的作者署名问题也是经过了一番讨论的。当时，有人提出应把前面提及的自始至终参与苏州园林调查测绘乃至整理书稿的一些专家也列入作者名单。经大家讨论，最后一致同意只署刘敦桢著，其他人所做过的工作一律在前言中交代清楚，这主要是考虑到大家虽都为这书做了不少贡献，但归根结底，都是刘先生的弟子，都是在刘先生的指导下做的，况且刘先生已经过世。否则，若刘先生在世，那就不必讨论了。

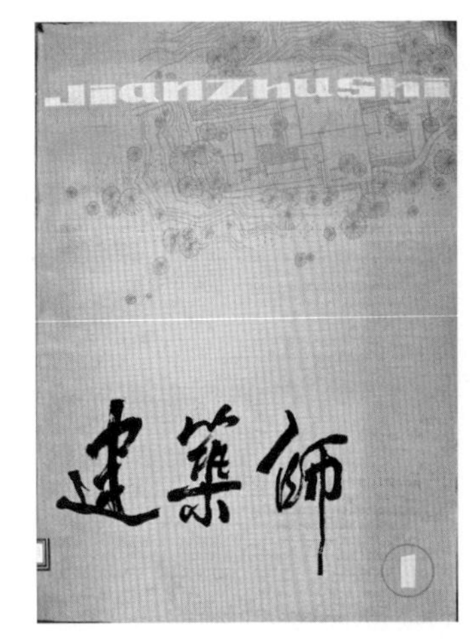

东南大学陈薇教授对这书的主要特点和成就概括为如下三点：首先是它资料的真实性和完整性，图版工作突出；其次是实例的经典性和系统性；再则是研究的融汇性和贯通性[1]。

杨廷宝和童寯则评价说："对我国园林艺术精极剖析，所论虽仅及苏州诸园，然实中国历代造园史之总结。"[2]

作为一家专业科技出版社，自办刊物，是一件破天荒的事。

《建筑师》丛刊是1978年三中全会之后，继1954年首创《建筑学报》至1979年这25年间，我国建筑学界创办的第二个杂志。第一期出版于1979年8月，由中国建筑工业出版社以"丛刊"名义编辑出版，各地新华书店发行，为不定期出版物。直至2005年才以期刊名义编辑出版，并可在邮局订购。

熟悉这本杂志的老读者，现在已有许多人成为著名建筑师、专家、学者。30年来，他们不断地问我：

为什么这么受欢迎的杂志，长期没有刊号？当初为什么以丛刊名义出版？为什么在杂志上长期只有编委会名单，而没有主编，也没有编委会主任？为什么第一期只印5 000册，从第二期开始一跃而印了2万多册？

我想借此机会以对历史负责的态度，老老实实对这些问题做出认真交代。

那时，《建筑学报》虽然已经复刊，但人们并没忘记20多年来，学报几度停刊，有关人员检讨不休，办刊艰难，如履薄冰，战战兢兢。三中全会虽已经开过，人们的思想仍被禁锢着，思想解放实并非一朝一夕之事。

记得，办刊伊始，我曾托齐康代向陈植老前辈组稿，未料，陈植

1 陈薇：《〈苏州古典园林〉的意义》，杨永生、王莉慧编《建筑百家谈古论今——图书版》，中国建筑工业出版社，2008年。

2 杨廷宝、童寯：《〈苏州古典园林〉序》、《童寯文集》第二卷，中国建筑工业出版社，2001年。

竟说，一个学报还没办好，为啥还要再办刊物？我还通过晏隆余先生代向童寯老先生组稿，童寯只拿出一篇文章试试，并说等等看这杂志的内容情况，再说。第一期出版之后，第二年陈植老与齐康相遇，又托齐康转告我们，他去年说的关于《建筑师》杂志的话，是说错了，收回。从这件事，我们可以体察到陈植老的风范，令人肃然起敬。此后直到2002年病故，陈植老对我们的任何请求，都认真对待，可以说，有求必应，每信必复。直到今日，我还时不时地回忆起老人家认真求实的作风、惊人的记忆力、谦虚谨慎的为人等优秀品德。童老自从看到前两期《建筑师》之后，几乎每期都送一篇他积存多年的研究成果，一泻千里，直至1983年逝世，他晚年的研究成果，几乎每篇都是在《建筑师》上发表的。

《建筑师》完全由改革开放的春风吹起来的。要知道，那时建工出版社归属国家建委领导，若上报申请办刊，需要层层审批，说不准哪层主管领导就给扼杀在摇篮里。如果通不过，那就多少年之内，别想再起炉灶。出版社有权审批出书，利用书号出丛书，不需经任何人审批，可以自己做主。第一期出版后，获得社会好评，5 000册很快售完。同时，还得到主管建筑学会和出版社的老领导阎子祥好评，他表示支持办《建筑师》。那时，《建筑学报》以刊登建筑实录为主，受篇幅限制往往不能登长篇文章。《建筑师》则以刊登学术理论文章为主，很少登建筑实录，且因为不受篇幅限制，还可以刊登长篇文章，并刊载一些连载译文。如此，这两本刊物，就相辅相成了。

因为担心稿源不足，又人手不够，所以才搞了个不定期出版，我们内部是按季刊掌握的。创刊时，我是出版社革委会副主任，主管编辑工作，《建筑师》只是我全部工作的一小部分，编辑刊物的工作主要是靠王伯扬一个人担任。他除了编刊之外，还要担任一些书稿的编辑工作。我直接主管这刊物，实际上是主编，也是编委会主任。从第二期开始组建了编委会，成员有：王伯扬、邓林翰、刘宝仲、刘管平、白佐民、吕增标、范守中、晏隆余、彭一刚、喻维国；从1981年第五期开始，又增补了徐镇、庄裕光和杨君武。这样，一直到1984年建设部调我去组建中国环境科学出版社，编委会名单里一直没有上我的名字。到1990年，我又重新调回出版社，自愿申请不再担任出版社行政领导工作，只管《建筑师》，才公开署名主编。后来，离休后又改为编委会主任，直至2003年编委会主任、主编、编辑全班人马易人。

当年，是自作主张创办这刊物，未经上级审批，不管是出于何种考虑，人们都不免会认为你在建筑学界既没有学术地位，也没有任何社会影响，一句话，不是什么人物，自办刊物，自封主编，还不是为了出风头，个人主义名利思想严重，不挨"枪打"才怪哩！被人家用枪打的出头鸟，司空见惯。接受这个教训，尽管许多编委多次提出要我列名，都被我婉言谢绝。我常常只回答一句话，别让人家枪打出头鸟。

为什么一直到2005年才获得刊号？从20世纪80年代整顿期刊始发刊号到2005年，这20年间，出版社曾多次申请刊号，期刊主管单位也不止一次发给建设部刊号，部里一直都没分配给《建筑师》，以致从不定期改为季刊后又改为双月刊，都是以书号出版，由各地新华书店销售。读者由于不能订阅而叫苦连天。他们不给刊号的理由是既然你们能以书号来出版，省下来的刊号分配给部里新办的刊物。按说，以书号代刊号是非法的，出版主管部门完全可以制止。但也一直未遭封杀，这主要是有关官员知道这本学术理论丛刊办得不错，深受建筑学界欢迎，实不忍心砍掉才得以长期办下来。我以为，大家应该感谢那些主管官员实事求是的工作作风，感谢他们的真知灼见。

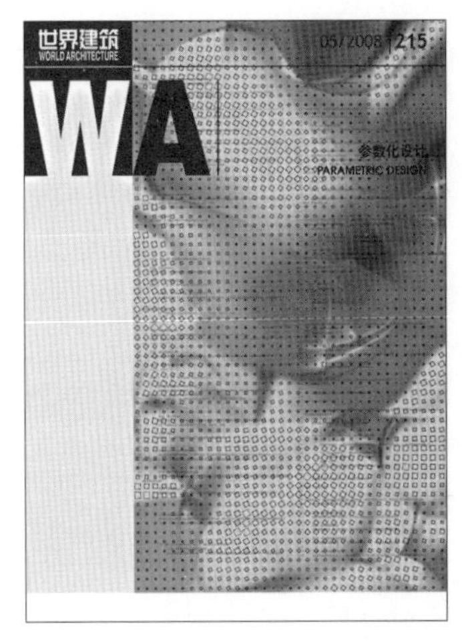

至于第一期为什么只印5 000册，这主要是心里没底，怕积压，怕卖不出去，而少印一些，大家想买又买不到，能刺激读者踊跃购买。一种期刊，买不到，总比卖不出去，名声更好。这也许是创刊时的一种营销策略。

还必须提及的一项工作是《建筑师》还在创刊伊始就破天荒举办了一系列学术活动。直至今日，还有人不理解。他们总是说，办杂志，为什么还要花精力去举办各种学术活动。办学术期刊，这本身就是一种学术活动，而举办另一些学术活动恰恰是为了办好杂志，为了能获得更多稿源，为了提高稿件的内容水平，为了培养人才，为了团结有学识的作者，为了扩大在读者中的影响。学术活动与办好杂志，相辅相成，不会两败俱伤。

事实也证明这些初衷都实现了。从1981年与同济大学联合举办首届全国大学生建筑设计方案竞赛，直到2003年《建筑师》编辑班子全部易人，总共举办了16次各种内容的学术活动。其中，主要的如下。

从1981年到1985年举办了三届大学生设计方案竞赛，获奖作品都在杂志上发表。现在，著名的建筑师孟建民、汤桦等人都是当年的获奖者。

1982年在北京天文馆与《世界建筑》联合举办了报告人为吴良镛、汪坦、罗小未、刘光华等四位顶级建筑界著名专家的学术报告会，座无虚席。1994年在深圳与深大、华森、华艺、香港贝斯设计公司联合举办了第二届全国中青年建筑师优秀设计评选，同时还举办了以"建筑师与21世纪"为题的学术研讨会及学术报告会，作学术报告的有四位专家学者：刘开济（北京市建筑设计院总建筑师，讲世界建筑设计动态）、范迪安（中央美院教授，讲世界美术界动态）、杨立青（上海音乐学院教授，讲世界音乐动态，边放音乐边讲解）和张颐武（北大中文系教授，讲世界文学动态）。会后，上述学术报告均在杂志上发表。与会建筑师都反映，从来没听过这些相关学科的学术报告，颇受启迪。

1992年与哈尔滨市建委、哈建工联合举办过乙丙级设计单位优秀设计评选。

从1987年到2001年还在重庆、淄博、南昌、吉林、杭州、天津、深圳、哈尔滨与当地有关单位联合举办过近10次学术研讨会，主题分别是：城市建筑文化、中国当代建筑、建筑与文学、建筑评论、比较与差距等。这些研讨会的成果大都分别在《建筑师》和有关报刊上发表，有的还出版了专题小册子。

应该感谢联合举办活动的有关单位的大力支持，没有他们的支持，就无法解决经费问题和当地接待问题，因为《建筑师》杂志没有刊号，不能登广告，不赚钱，甚至连效益奖都大大低于那些编辑图书的责任编辑。

从2003年至2008年，《建筑师》编辑部分别在深圳、济南、北京、洛阳、无锡举办了青年建筑师论坛，中国当代城市与建筑创作研讨会、20世纪人居环境国际学术论坛、沈阳城市规划学术研讨会、“地域性建筑的创新之路”学术研讨会与学术活动。

这里，不能不着墨谈谈《世界建筑》杂志，这本杂志的编辑出版填补了译介国际建筑界动态、设计成果和学术理论的空白。它也是改革开放的结果。

对创办《世界建筑》做出过贡献的清华大学陈志华教授在1989年《中国当代建筑论纲》里评价道：“最早打开对外窗子的是《世界建筑》双月刊。它的创办既需要胆识，也需要吃苦耐劳。它专门介绍国外的建筑创作和理论，新时期中国大陆上建筑思想的开放活跃作出了贡献。”

《世界建筑》创办人吕增标先生在2000年写的《〈世界建筑〉的早期岁月》一文中回忆道：“《世界建筑》原计划在1981年初创刊，因为进展顺利，大家情绪又好，决定将创刊日期提前到1980年国庆节……在社长汪坦教授领导下，只有陶德坚、加入不久的曾昭奋和我二人。”

虽然办刊之前就得到汪坦、刘小石（系总支书记）、罗德启（清华党委副书记）的支持，但缺乏经费，人员少，创刊后很困难。幸而，北京市建筑设计院的徐镇同志建议并搭桥，得到设计院吴观张院长的支持，决定由清华建筑系与市设计院合办《世界建筑》，由设计院出钱出人，才解决了难题，并逐渐稳定下来，又向前发展了一步。

现在，《世界建筑》杂志人财两旺，已经成为国际知名度相当高的建筑期刊。”[1]

20世纪80年代创办了一批建筑方面的期刊，如《南方建筑》、《华中建筑》、《新建筑》、《时代建筑》、《建筑创作》等等，真正体现了百花齐放、百家争鸣的学术氛围。

改革开放后不久，我们已经注意到要系统地出版我国第一代建筑学者的著作，从1982年即开始出版《梁思成文集》和《刘敦桢文集》，而且制定了周密的出版计划，比如版式、装帧、纸张均要求一致，以避免厚此薄彼，符合公认的“南刘北梁”之说。从1980年开始出版童寯的著作《新建筑与流派》，至1987年已印刷三次，累计印数达55 300册，此后又陆续出版童老的其他著作，如《造园史纲》、《日本近现代建筑》、《苏联建筑——兼述东欧现代建筑》等。

1985年出版了香港建筑师李允鉌先生的名著《华夏意匠》。1983年出版了彭一刚先生名著《建筑空间

1 杨永生：《建筑百家回忆录》，中国建筑工业出版社，2000年。

组合论》，此后1987年和1988年连续出版了彭一刚著《中国古典园林分析》和《建筑绘画及表现图》。

1982年出版了桂林市建筑设计室编写的《桂林风景建筑》一书，该书全面地反映和总结了颇具创意的由尚廓建筑师为主设计的桂林新风格风景建筑。该书的出版无疑推动了全国风景建筑的设计登上了一个新台阶。书中包括10章，并附有160幅插图。仅从以下一些富有诗意的章题即可了解该书的主要内容，如风景绝佳处，更需巧安排——桂林风景特点和开发历史；依山就势顺其自然，锦上添花相得益彰——风景建筑与自然山水的关系；浑然成一体，不露斧凿痕——风景建筑同自然基址的结合；构思形于外，意趣寓其中——建筑形象对山水意境的渲染和衬托；砖石皆可入画境，竹木更堪写诗情——建筑材料的精选巧用；传统留神韵，风貌赖出新——风景建筑创作中对传统的继承与革新等等。

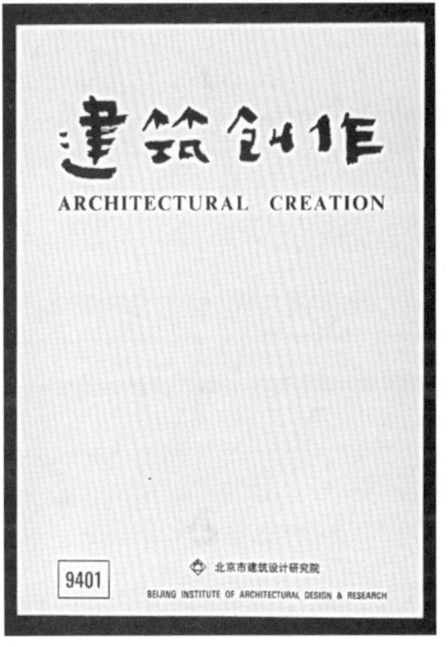

1979年出版的《建筑画选》，首次就印了24 400册，可见读者的欢迎程度。这本书所选的建筑画，包括从全国建筑师手中征集来的数十年前的绘画作品及新近的创作。为慎重选编，由出版社聘请专家组成了评委会，得到承德市园林文物局的大力支持，在承德避暑山庄专门开会，经过评委几天反复讨论，评选出约200幅作品集合起来精印了八开本的画册。参加评选的各方面专家有：白佐民、齐康、朱膺、华宜玉、杜汝俭、吴良镛、何振强、张开济、钟训正、奚小彭、黄远强、彭一刚、戴念慈。

《建筑画选》开启了出版中国建筑师画作的先河，并导引出编选《杨廷宝水彩画选》和《童寯水彩画选》。为出版这两本画册，我们还特意在国家建委的地下会议室举办了一次杨老、童老二位前辈水彩画原作展览。美术家邵宇（人民美术出版社总编）看过童老的水彩画后说："我还真不知道，我们中国有人画水彩画得这么好。我看，现在全国也没有几个人能达到这么高的水平！"

关于童老的这本水彩画选，我还能清晰地回忆起一段往事。1980年，我到南京童老家商谈出版《童寯水彩画选》时，他执意要与我一起选。从楼上取出珍藏多年的一大叠水彩画，当场一一过目，并逐张征求我的意见。老实讲，我认为每张都好，无疑都应入选。最后，还是由童老自己选定，尽管有些画，纸已发黄，有些甚至还被虫蛀了不少小洞洞，也都被童老编选在内。看完了画之后，我发觉竟然都是新中国成立前画的，而且大部分是20年代画的，没有一张是新中国成立后画的。随即问童老，您怎么没有新中国成立后的水彩？他没吭声。这个问题，我一直困扰不解。一直到童老1983年逝世后，我同他的助手晏隆余先生谈及此事。他说，童老生前，我听他说过，南京刚解放时，他在街上画水彩写生，曾被执勤的警察制止过。从那以后，他就再没有画过。果真如此？再也无法证实。此后，还出版了杨老和童老的素描选集。

这些建筑画作品的出版还导引出由出版社编辑出版不定期的杂志《建筑画》，也是以书号代刊号，一直到1999年，每期都印10 000册以上，共出版了23期。为了使杂志内容更加充实丰满，还先后举办了7次评选及展览。

在开启建筑学新领域方面，在20世纪80年代即出版了《环境心理学》、《建筑心理学》、《建筑环境心理学》等。

为了实事求是地说明建筑师是做什么的，宣传建筑师的贡献，提高建筑师的社会地位，出版社还一反长期不搞宣传个人的潜规则，在1983年就出版了《杨廷宝建筑设计作品集》，这也是解放以来首部建筑师的个人作品集。为此还从《建筑师》第9期开始辟出专栏《新中国著名建筑师》逐一介绍数十名建筑师的生平事迹和作品。

鉴于新中国成立后，我们的设计单位积累了不少设计经验，一直都没得机会总结提高，出版社根据自己的选题规划组织各大学和设计院分门别类编写了一套的实用科技参考书，如《图书馆建筑设计》、《体育建筑设计》、《实验室建筑设计》、《空调车间建筑设计》、《冷藏库设计》等10余本。

在出版社建立初期，即已开始注重建筑普及图书，从1977年开始出版的"建筑设计基本知识丛书"，至1983年出齐了14本，其中有《建筑总平面设计》、《建筑防热设计》、《建筑声学设计》、《建筑防腐蚀设计》、《建筑防爆设计》、《建筑给排水设计》等。

由于新中国成立后，我们被封锁了几十年再加上"文革"期间自我封闭，我们的建筑师对20世纪50年代以后国际建筑的发展，知之甚少。改革开放以后，虽然与国外交流日益扩大，但在80年代出去的、进来的都不多，再加上建筑师多数外文程度不高，读原著还十分困难，如饥似渴地迫切要求翻译外国的图书。针对这一需要，经过短期的组织稿件活动，80年代中期即已开始出版一批名著：如威特鲁维《建筑十书》、詹克斯《晚期现代建筑及其他》、哈姆林《建筑形式美的原则》(1982~1987年三次印55 050册)、布鲁诺·赛维《现代建筑语言》(1986~1988年两次印33 940册)、奈尔维《建筑的艺术与技术》(1981~1987年三次印59 840册)。

此后,由汪坦担任主编的"建筑理论译丛",从1987年以后又相继出版了10余本,如沙里宁《形式的探索》、文丘里《建筑的复杂性与矛盾性》、斯克鲁《建筑美学》、柯林斯《现代建筑设计思想的演变》等等。

从20世纪50年代开始的民居采风活动,到"文革"结束之后,开展了更大规模的各地民居调查研究工作,成果硕硕,从1984年开始至90年代初出版了一批民居丛书,如《浙江民居》、《吉林民居》、《云南民居》、《福建民居》、《广东民居》、《苏州民居》、《陕西民居》、《上海里弄民居》、《窑洞民居》等。

对我国古代建筑的普及宣传始于1981年初版的《古建筑游览指南》。由出版社动员全国各地60余位专家撰写了500余项今存古代建筑简介,并附照片及插图,当时主要是针对广大社会读者,特别是港澳同胞来内地旅游参观的需求。因而,当年曾评为香港畅销书,名列前茅,后又被台湾盗版,又出了日文版。这本书的撰稿人都是我们邀请的著名专家,如程泰宁、郭黛姮、郭湖生、顾砚耕、侯幼彬、刘宝仲、陆元鼎、戚德耀、曲吉建才、徐伯安、杨道明、王锦海、蔡希熊等。

中国建筑工业出版社是改革开放以后首先开展境外合作的少数几家出版社之一。1980年首先与之合作出版的是香港三联书店,经理肖滋先生是一位有卓识的出版家,首次合作出版了《中国古建筑》香港中文版及英文版。其次,经日本早稻田大学建筑系尾岛俊雄教授安排,与日本每日新闻社下属"每日交流社"合作出版了《承德古建筑》和《西藏秘境的圣迹》,又与彰国社合作出版了《中国建筑名所案内》(即《古建筑游览指南》)。

进入1990年以后,国际合作出版以及购买外国书刊版权工作更加发展,构成了建筑传媒拓展的一个新领域。

(以上由杨永生执笔)

1999年以来多元并存、全面繁荣

新中国成立后到改革开放以前，中国第一代建筑学大师级人物由于留学多年的海外学习经历以及在实践上的积累，在各个方向都奠定了研究的基础，开拓了建筑学的几个分支领域，在建筑、规划、园林、住宅、古建等几个方向都颇有建树。1963年出版的童寯《江南园林志》，1961年出版刘敦桢《苏州古典园林》，1956年出版刘敦桢《中国住宅概说》，都是民居、中国园林等方面的开山之作，这也在相当长的时间内奠定了研究的高度。这几部著作以客观翔实的测绘记录，成为建筑历史的“志书”而载入史册。

翻译的外国理论著作成为打开国门以后的畅销书，人们普遍需要学习外国的经验以改善原有的空白状态。大陆建筑界有组织地翻译始于20世纪80年代，当时汪坦先生主持翻译了一套11本的《建筑理论译丛》，按出版时间计有《现代设计的先驱者》（1985年）、《现代建筑设计思想的演变——1750~1950》（1987年）、《人文主义建筑学》（张钦楠译 1989年）、《形式的探索：一条处理艺术的问题的基本途径》、《建筑设计与人文科学》、《建筑的复杂性与矛盾性》、《符号·象征与建筑》、《建成环境的意义：非语言表达方法》、《建筑体验》、《建筑学的理论和历史》与《建筑美学》，是大陆罕有的建筑精神食粮，在大量的论文中被引用。[1]

对古建筑的研究内容从发表论文目录来看，研究课题基本上是在建筑本体的深度上下工夫，这是必须的，同时这种境遇也预示着到了需要开拓新的研究领域的阶段，“十年动乱”后的头几年可视为过渡时期，基本沿着以往的研究成果的方向深化。

自20世纪80~90年代以来的中国建筑史学研究进入了一个重要的学术转型时期，表现在出现了一些具有学术转型倾向的重要学术著作。例如，傅熹年对中国建筑和建筑群构图规律的研究、罗小未对“中国建筑空间概念”的探讨、陈明达用“模数制”来分析古代木结构的《营造法式大木作研究》、王世仁的《理性与浪漫的交织》、侯幼彬的《中国建筑美学》、王鲁民的《中国古建筑文化探源》、萧默主编的《中国建筑艺术史》、汪德华的《中国古代城市规划文化思想》等等，都从不同的侧面对中国建筑理论作了可贵的尝试。至于李允鉌的《华夏意匠》，则是比较早地运用了一些西方建筑理论方法，进行中国建筑类型等的整理，读之颇为清新。可以说，中国建筑史学界已经逐步进入了第三阶段。

值得说明的是李国豪主编的《中国古代土木建筑科技史料选编—建苑拾英》（1990），从建筑史料的角度对《古今图书集成》进行了重新挑选，为古籍的整理和利用迈出坚实的一步，为建筑史学者利用古籍提供方便；而王振复的《中华古代文化中的建筑美》则以文科学者的视野从文化视角开始对建筑的探索，同理，王毅《园林与中国文化》一书开始以中国文化的特征入手研究园林。

1 包志禹：建筑学翻译刍议，《建筑师》，2005年第二期。

高等学校教材《中国建筑史》(第一版1982，第二版1986，第三版1993)，是以东南大学建筑系教师为主体，并联合全国各大高校的建筑史学专家学者集体协作完成。在过去二十多年时间里，作为大多数学生的中国建筑史入门读物，针对建筑学专业教学的特点，不断推陈出新的成果。该书以综述性的绪论开篇，按照中国古代建筑类型分类编排，分为城市建设、住宅与聚落、宫殿、坛庙、陵墓、宗教建筑、园林与风景，非常适于建筑学专业学生学习和掌握，是影响广泛的、对中国建筑教育有突出贡献的著作。

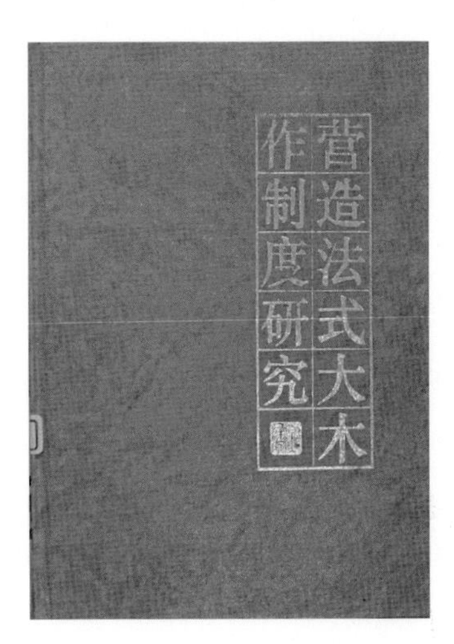

古籍整理方面也有深入。例如陈从周《园综》与《历代名园记注》一脉相承，搜罗散在诸文集中有关园林的不易得见之笔记散文，隽永的小品文，以园林的空间分布为序编排，选录西晋至清末1 600余年间217位作家有关园林艺术的作品322篇，为研究园林者提供了另一种工具书和资料集，或者美文存之。内容以对园林景观的描述为主，兼及记述历代名园建置、兴废的有关篇章，并附有若干名园插图，大体勾勒出了中国古代园林的发展轮廓，填补了中国古典园林文化研究方面的空白。所选篇章既能反映园林风貌，又文笔华美，写景如画；既是园林记叙文，亦是风景美文。当散在各处的文字集中在一起的时候，就显示出文人的审美阐释对中国园林产生的作用和影响。纵览全书，一方面能跨越时空的距离，尽情徜徉在美不胜收的古代园林世界里；另一方面又能得到古代园林文学华美篇章的艺术熏陶。为便于读者阅读，每篇皆对难词、人名、典故略作注解，书后附有作者小传，可为知人论世之用。

陈春生等编著的《中国古建筑文献指南1900－1990》，则是检索中国古建筑文献的专题性工具书，对于中国建筑史学学科之基础建设具有特殊的重要意义。此部指南收录了中国90年间(1900－1990)出版和发表的有关中国古代建筑的论著、论文9 672条(包括台湾和香港地区)。

《中国古建筑文献指南1900－1990》在体系结构上按文献内容组织条目，共设23大类，大类之下设若干子目，逐级细分，层层深入。各级子目之下的文献条目，基本是以总论在前、专论在后的形式设置和编排。对同一作者或同一主题的文献加以集中，再依文献的出版年代或发表时间先后排列。指南所收录的文献，主要采集自建筑、文物、考古、科技史、艺术史及相关领域的专著，以及论文集、期刊、报纸、年鉴、图录等；关于文献的取舍标准，以方便研究人员检索利用为主，对学术性期刊、论文集等力求全面收录，对通俗读物中的资料性文献，选择收录，除公开出版、发表或发行的书刊、报纸外，亦收录部分非正式发行渠道印行的内部资料。

卢嘉锡主编《中国科学技术史——论著索引卷》（科学出版社，2002）有1900－1997专门建筑部分的论文索引，《中国考古学文献目录1900—1949》也有专门古建筑专题。

改革开放后，新思想、新观念层出不穷。百花齐放、百家争鸣，从对西方学术思潮的大面积吸收，到文科学者的跨领域交叉研究，使得建筑学的内容和表现形式都不得不重新审视。由于研究视野的拓展、研究热点的变化，即使是相同的材料，也会有不同以往的利用价值。

改革开放以来，特别是进入20世纪90年代，新生的建筑学力量得以成长，出版了大量图书；国内生机蓬勃的建筑市场对建筑图书体现了刚性需求，在各种书店，建筑图书往往最多，卖得也最贵，各大出版社也都在积极开拓建筑图书市场。人文类建筑图书市场走势良好，如三联书店的建筑图书，集建筑科普与人文于一身，有良好的市场占有率。由于计算机普及，图书出版制作业得以突飞猛进地发展，在客观上造成图书出版业的繁荣。

在研究方向上得以大范围拓展，如对古代文化的学习（包括村庄风水、压胜）等的研究是首先从建筑领域发生的，文化学、民族学的研究才慢慢跟上。

由于出版相对容易，出版数量大增，出版质量令人堪忧，泥沙俱下，图书的甄别和鉴定成为读书前的重要任务。

1999年6月23日，国际建协第20届世界建筑师大会在北京召开，大会一致通过了由吴良镛教授起草的《北京宪章》。随后清华大学出版社出版了《北京宪章》一书。世界建筑多元化的格局，是在以国际式为风格特征的现代主义解体之后出现的，而中国目前呈现的建筑多元化，则是改革开放20余年以来设计思想趋于活跃的产物，正如《北京宪章》所提出的核心思想“全球化与多元化共生”，建筑图书的出版在这个时期也出现了多元并存的现象，也是反映国内设计市场、设计思路变化和整个业界发展水平的一个很好侧面。

目前国内出版的建筑图书基本上可归结为三类，一类是国有的出版社，占国内建筑图书的绝大部分，主要出版工程技术类、标准图集和考试、教材等类图书；一类是一些出版、策划、编译机构公司和出版社合作，倾向于出版一些设计画册类图书；一类是众多的设计单位和建筑师个人的作品集，还有就是以一些相关的学术活动为素材的出版物。由于设计市场的日趋成熟，对图书的需求也越来越多元化，出版机构在改制，市场意识普遍提高，同时国内设计市场的成熟也产生了大量的出版资源，种种因素促使国内的建筑图书出版进入新的良性循环通道，出版水平大幅提高，版权输出与国际合作也越来越多。

设计机构及建筑师个人专辑

已经出版的我国当代著名建筑师个人作品专辑的已有几十人，如杨廷宝、戴念慈、莫伯治、佘畯南、钟训正、齐康、彭一刚、戴复东、吴庐生、张锦秋、程泰宁、邢同和、蔡镇钰、侯幼彬、王世仁等。

建筑师个人书籍有《建筑师宋融》、《建筑师林乐义》、《中国第一代女建筑师张玉泉》等。其中比较有代表性的系列作品集是《长安意匠——张锦秋建筑作品集》，中国建筑工业出版社2007年3月1日第一版。

有关设计单位周年纪念文献，如清华大学出版社出版了《中国建筑设计研究院作品集》，《北京市建筑设计研究院学术丛书——北京市建筑设计研究院成立50周年纪念专集(1949～1999)》（中国建筑工业出版社，1999年10月第一版）。北京市建筑设计研究院是与共和国同龄的老院，又是全国最大的民用建筑设计院。本书生动描述了该院50年的发展历程。本书有沈勃老院长、张博总建筑师等的纪念文章；各专业总工们对50年专业技术发展的总结；500项设计作品和优秀科研成果展示；50年来机构、人员、领导及院容变迁等。以后各设计院陆续出版了自己建筑师的作品集。

系列丛书

在这个时期值得一提的是建筑图书的出版还十分注重系列化。

山东科学技术出版社2004年7月第一版的“中国建筑100丛书”。这套由《建筑创作》杂志社策划承编的丛书计划对在中国建成的现代建筑作品作系统介绍，使国内外能够更全面、深入地了解正在逐步走向世界的现代中国的原创建筑作品，并进而了解从事创作的中国建筑师的群体。目前已出版了9本，包括中国美术学院(南山路校园整体改造工程设计)、海南博鳌水城金海岸温泉大酒店暨亚洲论坛会议中心设计、望京科技园二期工程设计等。

《田野新考察报告》丛书，2007年由天津大学出版社出版。人们不难从该书古朴的装帧及写作文风上联想到70多年前由朱启钤创办的《中国营造学社汇刊》。这套丛书正是建筑文化考察组在中国营造学社经过半个多世纪的风云变幻后，又勇敢地续写田野新考察之路的新篇章。丛书出版的三个定位，即记述建筑学人田野考察历程，展现营造与创作的精神侧影，寻找中国建筑文化当代生命。《田野新考察报告》（第一卷）的主题是：重访中国营造学社四川田野考察旧址，京张铁路历史建筑考察，河北平汉铁路沿线古建筑考察、《田野新考察报告》（第二卷）的主题聚焦在大运河上，即大运河历史文化遗存考察、大运河历史沿革、扬州历史文化遗存漫笔等。《田野新考察报告》（第三卷）的主题囊括了河北承德、涞源等地古建筑及陕西部分地区的古建筑。这套丛书的出版不是荒野与自然的呼唤，而是对建筑观念的透彻锻造。越来越多的思考让读者明白，中国建筑文化的特点对世界是具有贡献的，这或许是从文脉中找寻建筑遗产景观及新考察线路的重要缘由。

“点击中国建设”书系及《中国建筑设计年度报告》则从建筑设计行业的视角，反映现代建筑设计作品有价值的内容。《1978~2008 中国建筑设计三十年》则从建筑项目和人物回顾上勾勒了与改革同步的中国建筑设计三十年，描述了中国建筑师求索和耕耘的足迹。

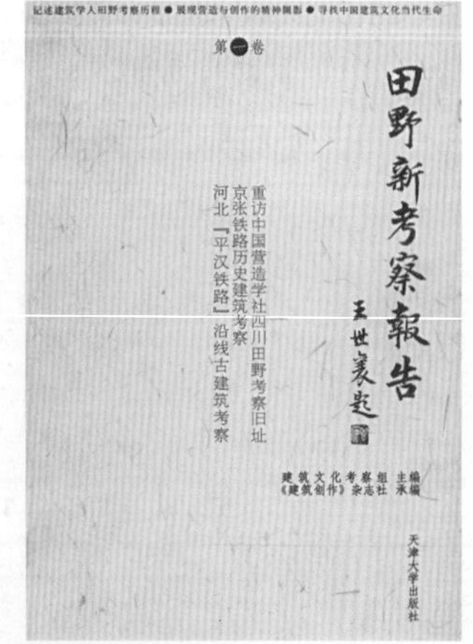

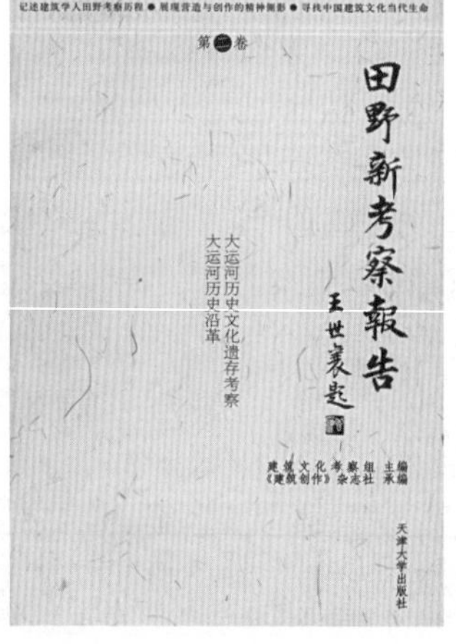

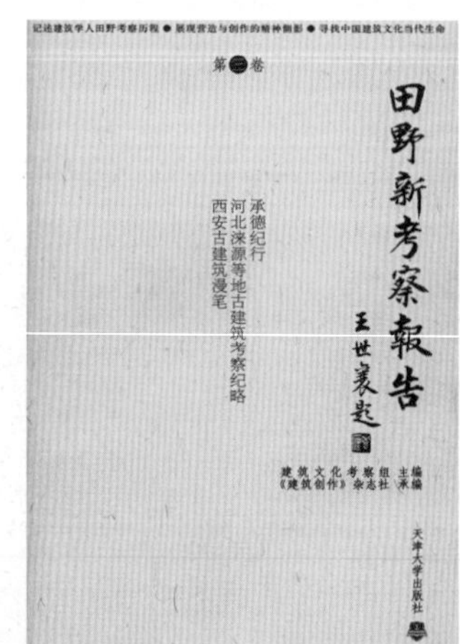

史料图书

关于建筑史料的积累图书已经引起重视，如机械工业出版社于2005年1月出版的《北京中轴线建筑实测图典》。本书全部测绘图完成于20世纪40年代，是北京中轴线建筑最大规模的一次工程测绘。这套测绘图的特点是：系统地把北京城中轴线上的建筑从南到北逐一测绘下来。除每个单体建筑绘制出平面、立面、剖面和大样图外，对宫院或广场还绘制出总平面、总立面和总剖面，使之既见树木又见森林。这套测绘图，图纸完整、数据精确、制图精美，勘称中国古建测绘图范例。图中所蕴涵的历史与科学的价值，即使在今天看来，在众多同类古建筑测绘图中仍居前列。

《长江旧影——1910年代长江流域城市景观图录》，中国建筑工业出版社，2008年再版。这是一部20世纪初期由日本文化学者山根倬三完成的书，它用图片全面记录了千里长江流域的城市和景观。细读这部距今已有90多年历史的长江影像录，能真实地感受到日本摄影家山根倬三对中国长江的关注。细观这些绝版的长江图景，可通过照片上氧化银的痕迹，感觉到它们的弥足珍贵。本书用今日的视角看这部浓缩于90多年前的《长江旧影》，相信会给广大读者以许多启示！

翻译图书

我国建筑图书出版书目中也不乏世界建筑名著中译本，如波特曼《波特曼的建筑理论及事业》、由Images出版社出版并授权中国建筑工业出版社于中国翻译、出版的《DA建筑名家细部设计创意1—5》、第一次介绍全世界范围内500多个建筑事务所、1000个建筑师及其作品的《1000名世界著名建筑师及作品》、中国建筑工业出版社2000年出版的《当代国外著名建筑师作品精选》丛书等。

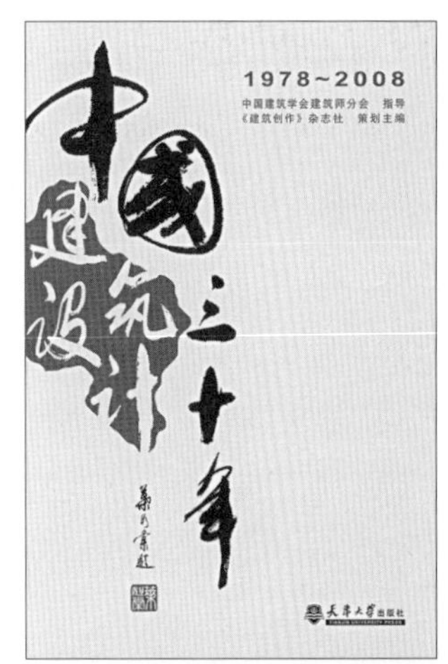

中国建筑工业出版社也将许多中文版图书翻译后输出到世界各国。

建筑文化类图书

在建筑文化方面出版的图书也有拓展。为了弘扬传统建筑文化，借鉴民间建筑精华，除出版了不少民居建筑图书，如《浙江民居》、《吉林民居》、《云南民居》等，中国传统建筑经典丛书系列也出版了《蓟县独乐寺》、《义县奉国寺》，为辽代木构建筑进入世界文化遗产而努力宣传。三联书店的《城记》、由杨永生主编的建筑百家系列丛书（如《建筑百家言》、《建筑百家回忆录》、《建筑百家书信集》、《建筑百家谈古论今——图书篇》等）。

这里特别要提到的是由天津人民出版社于2008年出版的《中国古代体育诗歌选》。中国不仅是一个体育发祥之国，同时也是一个诗歌的泱泱大国。尽管中国古代诗歌浩如烟海，数不胜数，但系统而全面的体育专著却甚少，体育诗歌的专著至今尚难见到。本书主编路今铧、金磊先生穷数年之功，潜心研究，从浩如烟海的历史典籍中，搜集整理出了《中国古代体育诗歌选》，并对诗歌进行了考证、分析、注释、分类，为使读者系统理解、欣赏中国古代体育，每个项目都加入了小史，对其产生、发展、演化的脉络进行了评述。尽管从学术的层面看，尚有一些可继续加工之处，但从取得的成果看，已是令人耳目一新了。

建筑普及类图书

关于建筑普及方面的书无论在数量上及内容质量上也都有所拓展，如读书·生活·新知三联书店出的乡土瑰宝系列（《中国古建筑二十讲》、《外国现代建筑二十讲》、《中国小品建筑十讲》）、《三城记》、《雕梁画栋》、《户牖之美》等书从单体建筑、建筑群、建筑构件等不同方面对建筑艺术进行深入浅出的介绍，再如从旅游角度中国建筑工业出版社的《古建筑游览指南》、《中国古园林之旅》，机械工业出版社的《印象——建筑师眼中的世界遗产》、《建筑的盛宴：建筑师眼中的欧洲建筑之美》、《名城故事：建筑师眼中的欧洲城市风情》等，记录了建筑师对中外世界文化遗产的所见、所知、所想、所为，通过这些图书普通读者可以很轻松地掌握欣赏建筑的门径。类似的图书还有中国城市出版社的《稀罕河阳》、机械工业出版

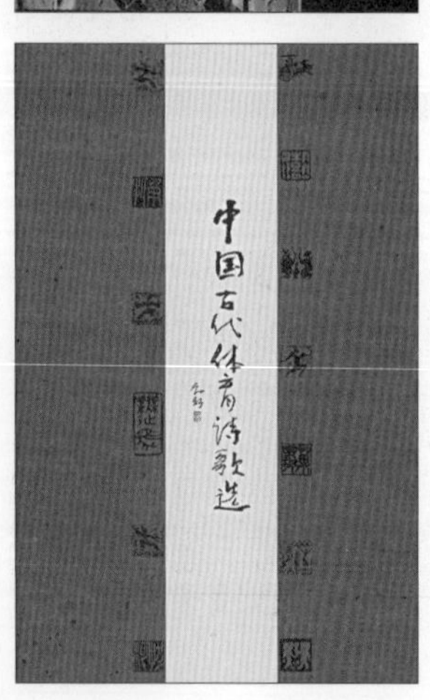

社的《文化厚吴：厚吴的宗祠与老宅》、天津大学出版社的《经典卢宅》，等等。

奥运建筑图书

随着2008年北京奥运会的召开，体育建筑越来越为广大读者所重视，从2002年4月天津大学出版社出版的由中国工程院院士马国馨编著的《奥林匹克与体育建筑》开始，关于体育建筑类的图书就越来越多。《建筑师看奥林匹克》不仅仅是建筑师的世界奥林匹克场馆之旅，更是一个以奥运文化为根基的构建“东方文化中心”的工程，因为通过建筑师的视点传达出的信息，不仅对奥运场馆设计有益，更对丰富奥运建筑文化有直接作用。《魅力五环城》一书则标志着有更多的中国建筑师通过奥运建筑设计，从环顾世界到瞩目北京新建筑变化中蕴涵的世界文化的气息。马国馨院士《体育建筑论稿——从亚运到奥运》，不但对体育建筑有深入思考和回顾，而且对中国认识奥运建筑及后奥运时代的社会经济影响均有极大的作用。

值得一提的是中国建筑工业出版社2008年开始陆续出版的“2008北京奥运建筑丛书”。这套丛书共包括《梦寻千回——北京奥运总体规划》、《宏构如花——奥运建筑总览》、《五环绿苑——奥林匹克公园》、《织梦筑鸟巢——国家体育场》、《漪水盈方——国家游泳中心》、《曲扇临风——国家体育馆》、《华章凝彩——新建奥运场馆》、《故韵新声——改扩建奥运场馆》、《诗意漫城——景观规划设计》、《再塑北京——市政与交通工程》10卷，从奥运总体规划到单体场馆介绍，全面展示了北京奥运建筑的方方面面。

结语

在人类历史上，60年弹指一挥间。建筑图书在整个图书出版界又是一个非常窄的门类，但它在这60年中从开创时期到沙漠化时期再到今天的辉煌，其间所走过的历程是值得记上一笔的。它是经过几代建筑学人、编辑出版人的默默耕耘和努力的结果。希望通过这些图书，让大家看到的不仅仅是建筑图书，也是一个立体的、全方位的中国建筑设计的历程，愿通过这扇已打开的建筑之窗，让我们继续开创出一片更加多姿多彩、更加灿烂的新天地。

（以上由刘江峰、崔卯昕执笔）

编辑学者眼中的60年图书编撰

在过来人的心目中，每一本书的出现都是一段不可复制的生命故事；在后来者的眼中，那是一座座不可跨越的历史丰碑。让我们穿过他们的描述，几乎还原那不可能还原的历史现象，让一个个点穿成历史的长线，在回忆中体味人生况味和历史。

《中国古代建筑史》编写始末

袁镜身

《中国古代建筑史》是一部鸿篇巨著。自1978年由中国建筑工业出版社出版以来，几经再版，畅销全国，受到建筑界广大读者的欢迎和好评。

这部书是怎样编写、出版的呢？这里，根据有关资料和我的回忆，予以综合整理，供建筑界同人参考。

编写由来

中国古代建筑，有着悠久的历史和辉煌的成就。在漫长的历史发展过程中，逐步形成了自己的特点和独特的风格，在世界建筑之林中，也是独树一帜的。

新中国成立以前，梁思成、刘敦桢先生在中国营造学社，对中国古代建筑作了大量的调查、测绘，收集整理了大量的资料并且做了前无古人的研究工作。虽然当时由于人力、财力等各种条件的限制，没有能够对中国古代建筑历史的发展作深入的系统研究，但他们已成为我国研究中国古代建筑的奠基人。

新中国成立以后，建筑界许多人特别是梁思成、刘敦桢两位先生，很关心中国古代建筑的研究，提出研究和编写中国古代建筑史的建议。这个建议，受到当时建筑工程总部长刘秀峰的重视和支持。

1958年，在迎接中华人民共和国成立十周年的前夕，刘秀峰即决定在中国建筑科学研究院内成立了建筑理论与历史研究室，梁思成任主任，刘敦桢任副主任。从此，展开了对中国建筑史的研究工作。当年10月16日，建筑理论与历史研究室邀请有关大学、建筑设计院、考古研究所等单位的专家，在北京召开了全国建筑历史学术讨论会，提出编写《中国古代建筑史》、《中国近代建筑史》和《中华人民共和国建筑十年》三部书，后称“三史”。刘秀峰参加了这次会议，讲了编写建筑史书的重要意义。

这次会上决定《中国古代建筑史》一书由刘敦桢担任主编，南京工学院潘谷西、郭湖生，建筑科学院张驭寰，重庆建筑工程学院邵俊仪等同志参加编写。于1959年11月完成初稿，全稿约11万字。

1960年7月经刘敦桢教授修订后完成了第二稿，并在北京召开了建筑史学术讨论。

根据讨论意见，于1960年9月修订为第三稿，约13万字。参加修订工作的有同济大学陈从周、喻维国，西安冶金建筑学院赵立瀛，文化部文物局陈明达，建筑科学研究院刘致平、王世仁、张驭寰、叶菊华以及南京工学院郭湖生等同志。

1961年4月由陈明达同志修改为第四稿，字数约7万字。

同年10月又由赵立瀛、王世仁两同志进一步修订成为第五稿，字数为12万字。

反复讨论

第五稿写出以后，分送有关同志和刘秀峰部长审阅。阅后，都认为书稿内容没有充分反映出中国古代建筑在漫长岁月中的发展和特色。

为了集思广益，打开思路，把《中国古代建筑史》这本书编写得有比较高的水平，刘秀峰决定亲自参与领导，除专家外，同时吸收一些有关领导干部参加，其中有城建局副局长王文克、工业建筑设计院院长袁镜身、北京市建筑设计院党委书记李正冠、建筑学会秘书长汪季琦，以及政策研究室乔匀等。这几位同志中，有的对中国历史比较了解，有的懂得建筑，有的文字水平比较好，刘秀峰都比较熟悉，也是他点的名。有这些同志参加对编写此书大有益处。

那时我因设计任务太忙，不想参加此书的编写，刘秀峰批评了我，他说："这本书比你一个大工程重要。"这样，我只好下决心参加编写了。

从此，对中国古代建筑和书稿内容展开了大讨论。1962年10月至11月间，刘秀峰亲自主持在建工部三楼会议室前后召开了16次座谈会。参加会议的都是建筑界和考古界著名的专家，有的是长期从事建筑业工作的领导干部。包括梁思成、刘敦桢、汪之力、刘致平、莫宗江、陈明达、罗哲文、单士元、夏鼐、徐苹芳、王文克、袁镜身、李正冠、夏行时、戴念慈、杨耀、龙庆忠、赵立瀛、王世仁、汪季琦、乔匀等。会上首先由赵立瀛、王世仁同志汇报了五次书稿编写的过程和书稿的内容。参加会议的同志对于研究中国古代建筑都很有兴趣。大家就书稿的内容、古代建筑的发展过程展开了热烈的讨论。座谈会开得生动活泼，畅所欲言，谈古论今，发表了许多好意见。很多问题讨论得比较深刻、明了。

在会议过程中，为了深入地研究一些问题，刘秀峰特意要我给他搜集了《史记》、《资治通鉴》、《中国通史》等书籍参阅。最后，他综合大家的意见，作了系统的发言，共讲了六个问题。

现将经刘秀峰亲笔审阅修改过的会议记录、有关内容原原本本摘抄如下。

"第一，建筑有社会性，它是社会生产和社会生活的一部分。所以建筑史中必须要讲生产工具，讲社会经济和生活面貌。特别是上古时期，讲建筑脱离了当时的物质文化，就不能说明问题。建筑虽然也有自己发展的特点，但不能脱离社会的发展。建筑不是纯技术的，而是社会文化的一个方面。因此，不能用建筑给社会历史划阶段，而要按照社会发展讲建筑。但是目前我国历史界对于社会分期和分段还有争论，我们写建筑史分期分段不要说得太死。大家提出用朝代标题，是比较好的办法。此外，建筑在阶级社会里一方面要反映劳动人民所创造的宫殿、庙宇、府第等大建筑，另外也要适当反映一些平民的建筑。

第二，书中的内容范围要广泛一些，但并不是每章都包括所有的东西，还是要有重点。总起来说，应当包括这些类型的建筑：城市、聚落、建筑群体、宫室、宫殿、坛庙、公共建筑（衙门、府第、会馆、剧场等）、手工业建筑、作坊、商业建筑、民间建筑（包括城市及农村的，富人及穷人的）、寺、观、塔、阙、牌楼、苑囿和园林、陵墓、水利工程、桥梁、防御构造物和其他（风景点及农村建筑和牛房、马圈等），事实上在古代的建筑和土、木、水利工程，常常不是划分得那么严格，那么清楚。因此，古代的一些伟大工程，像长城、都江堰、灵渠、秦始皇陵、大运河，都应当反映进去。写建筑史要充分反映我国古代文化的伟大成就。

第三，建筑史中要充分说明中国的文化、中国建筑是中华民族自己创造的。因此，对于外来的影响要做实事求是的估计。比如佛教是由印度传入的，但佛教建筑是中国自己创造的。中国的佛教艺术成就和印度不同。应当讲中国建筑的特点，或者说构成中国建筑的主要因素。这里包括城市规划、建筑群体组合、建筑体型、建筑构造以及装修、装饰、色彩等方面。中国古代建筑是以木构架体系的结构为主体，重点是讲这个体系的特点。但中国砖石结构也有相当的发展，所以也要讲砖石结构的特点。

第四，建筑史中讲民族关系不要回避历史事实。古代民族间有友好的交流，但也有斗争，只讲友好就不是事实。中国的文化是各民族共同缔造的，但其中汉族为主体，不要怕讲这一点。其实，汉族也是许多古代民族的融合体。汉族的文化高，必然要影响其他民族。由历史上看，文化低的民族总是要被融合到文化高的民族中来。我们写建筑史，仍是要以汉族为主，其他少数民族的建筑也有许多好的特色和创造，也不要忽视，要尽量反映进去。

第五，要注意利用文献和考古发掘的成果。古代文献有伪造的，还有一部分虽不完全真实，但有许多文献还是可靠的，能说明一定问题。像《考工记》，虽不一定完全是春秋战国时的作品，它的内容不一定全部都实现了，但应该说这部书是当时经验的总结。考古发掘不是证明古代文献完全不能用，反而说明了有许多是真实的。利用文献和考古材料，再作一定的推论，才能说明问题。只要有理由、有根据，作推论是可以的。完全没有推论，说明不了问题。我们写建筑史一方面要多利用我们新的资料、新的研究成果，同时，过去的研究成就也要用，甚至台湾发表的材料，外国人作的研究，只要是学术上的见解，都可以引为参考。

第六，全书的写法和内容。在绪论中，每章论述建筑时，应当注意下面这样一些因素：①生产和生活等的实用要求（包括迷信、宗教的要求）。由于实用的要求，才产生了各类型的建筑。②建筑材料。③建筑结构。④建筑平面布局、体型组合。⑤建筑艺术，包括雕刻、壁画、装修、装饰、彩画、色彩及对建筑构件的美化手法。⑥用于建筑中的实用美术品。⑦室内布置和家具。⑧采暖、通风、防火、防震、上下水等。⑨建筑工具。⑩建筑设计和施工方法、建筑组织、建筑方面的著名历史人物等。上面所说的建筑类型和建筑因素，不必每段都有，可以把某个问题在某段内特别着重提出论述。

关于全书的结论，可以写下面几方面的内容：①基本规律和若干特点。在这里面可以发挥一些建筑理论。②各地区和民族间发展的不平衡性以及历史发展的不平衡性在建筑上的反映。③中国建筑的世界地位及其影响。论述的方法，每段应当综合论述，把实例组织到内容中去。各段的衔接要能看出历史的发展。上面所提的应当包括的一些内容和建筑的基本因素，要在全书中有全面地反映，但每段要突出重点，某些问题可以着重在某段中叙述，而追溯到以前和叙述到以后的发展。总之，既要全面反映，又要突出重点。理论问题可以结合具体问题阐述，在哪一段合适，就写到哪一段。

图片应当采用组版的方法。这样既节省篇幅，又利于比较，字数不必限制得太死，实在太多了再压缩总比较容易些。不要因字数限制把好材料漏掉了。可以写到10~12万字。”

这次座谈会上，刘秀峰决定，在以往稿本的基础上重新编写出一个好的书稿。会上成立了《中国建筑史》编辑委员会，负责领导编写工作。委员会由刘秀峰领导，梁思成、刘敦桢、汪之力三人具体负责。委员会下设编写、图片、翻译[1]三个组。编辑委员会由下列同志组成：梁思成、刘敦桢、汪之力、王文克、袁镜身、李正冠、汪季琦、夏鼐、单士元、夏行时、杨耀、辜其一、戴念慈、陈从周、林宣、龙庆忠、卢绳、宿白、刘致平、陈明达、莫宗江、祁英涛、罗哲文、徐苹芳、潘谷西、郭湖生、赵立瀛、王世仁、乔匀、胡东初、张驭寰，共31人。

这次座谈会，不仅开阔了编写《中国古代建筑史》书稿的思路，明确了观点、内容和编写方法，而且鼓舞了编写人员的信心。由刘敦桢、梁思成、刘致平、陈明达、陈从周、王世仁、赵立瀛、潘谷西、郭湖生、罗哲文以及卢绳等同志分别执笔，重新拟定初稿（即第六稿）。刘秀峰并决定由刘敦桢、梁思成、汪季琦、袁镜身、乔匀五人负责审阅和修订（那时称五人小组）。

修订定稿

1963年4月根据大家讨论后新的精神写出了第六稿。。书中的观点，从绪论到各个章节的内容，都比以前几稿丰富和充实多了，但由于分别执笔，体例、文字很不统一，有些内容，还有许多问题需要考证、修改，尚有大量工作要做。

为了集中精力修改，便由刘敦桢、梁思成、汪季琦、袁镜身、乔匀等五人和建筑历史所的有关同志商定，暂时脱离原单位的工作，集中一段时间（在建筑科学研究院主楼西配楼一间办公室），专心致志进行研究和修改。重点是解决以下几方面的问题。

[1] 当时，苏联建筑科学院正在编写《世界建筑史》，提出中国建筑史部分由中国编写并提供俄文稿，从而成立翻译组，后因中苏两党关系破裂而中止。

第一，关于绪论。原来的绪论是梁思成写的，结构清晰，文辞流畅。但内容偏重于建筑本身的发展，对于结合整个历史发展来叙述建筑的发展和概括建筑的特点着墨不够（该绪论后来已选入《梁思成文集》第四卷之中）。五人小组认为，应在原稿基础上，扩大范围，充实内容，同时适当增加一些插图。当时，梁先生也很赞同这个意见，便逐段研究修改，同时由历史所的同志选配了插图，从而完成了新的绪论（即后来书中的绪论）。

第二，对于新书稿的重要内容，进行了认真的研究，特别是秦朝以前一些内容，有的对照古代书籍进行订正，有的尽量从考古部门的发掘，找到佐证。大家都很认真负责，特别是刘敦桢，对于每一个资料的取舍，都要经过认真考证之后，才作判定，从不随心所欲，主观妄论。

记得在研究秦朝“阿房宫”这座建筑的时候，认真查阅了《史记》和《资治通鉴》，最后又翻阅了唐朝杜牧写的《阿房宫赋》和有关考古发掘的资料。据《史记》记载：“先作前殿阿房，东西五百步，南北五十丈，上可以坐万人，下可以建五丈旗，周驰为阁道，自殿下直抵南山”，《资治通鉴》记载和《史记》一样，比较可靠。《阿房宫赋》是文学作品，无疑是有意夸张。但“上可以坐万人，下可以建五丈旗”这两句话怎么解释？上一句可以理解为宫台上规模之大，可坐万人；下一句怎么理解呢？五丈旗是否指宫台之高呢？经过详细研究之后才确定下来。

第三，关于全书章节的编排。为了搞得更好，又研究了古代一些史书的编法。如《史记》是采取“本纪”、“列传”等形式写的；《资治通鉴》是采取编年史的形式写的；而《纲鉴易知录》是采用“纲”、“目”的形式写的，各有不同，各具特色。研究之后，大家认为采用纵述横排的形式为好，根据历史的发展纵向叙述，再按各个时期记述各类建筑。这样眉目清楚，层次分明，便于读者阅读。

第四，采取文图并茂的形式。每一章节中尽量选择一些有代表性的建筑图片编入其中，建筑图片十分重要，有些建筑实例，用文字难以表达清楚，但用图片表达便一目了然。文字尽量写得确切，通俗易解，有的地方需要注明的，加以注释。尽量不用晦涩不通的文句，全书保持统一文风。

大约有两个多月的时间，五人在一起研究修改书稿。刘敦桢、汪季琦、乔匀三位同志自始至终全天上班，梁先生和我有时因单位有重要会议或社会活动未能参加外，大部分时间都投入书的修改之中。五人在一起研究修改书稿，虽然用尽脑汁，有时有不同见解，但都心情舒畅，相处融洽，通过改稿成为同行的文友。

在此期间，建筑科学研究院王世仁、傅熹年、杨乃济、孙大章、张宝玮、吕增权、叶菊华、金启英、詹永伟、张步骞、傅高杰、戚德耀、吕国刚、李容淦、朱鸣泉等同志为本书绘制插图180余幅，南京工学院朱家宝同志提供了不少照片。文字约10万余字。

六稿编写以后，各编委对书稿提出了许多宝贵意见，参加六稿编写工作的同志也发现了一些问题，于1963年6月到8月，由刘敦桢、王世仁、傅熹年、杨乃济、郭湖生等同志又编写了第七稿。对各时代建筑的特点作了若干分析和补充。文字增加到11万字左右。接着，执笔的同志认为，中国古代建筑的各种特点及其同中国社会发展的关系，主要反映在各时代的建筑遗迹和有关文献文物之中，可是书稿对现有资料的利用尚不够充分；已引用的又往往分析研究不够深入。因此，1963年冬再次搜集资料，着手编写第八稿。1964年3月到4月杨乃济、郭湖生、戚德耀、李容淦分别调查了西安、巩县、杭州的建筑遗物；建筑科学研究院王偕才同志协助收集并校核资料；刘敦桢、王世仁、傅熹年、杨乃济、郭湖生改编文字，补充内容，改绘图样50余幅，文字部分并经汪季琦同志修订，傅熹年同志补充注释，于1964年7月完成了第八稿，文字约13万字。同年8月建筑科学研究院组织了学术委员会，对该稿进行了学术鉴定。鉴定会由梁思成主持，鉴定结论认为该稿观点明确，内容充实，具有比较高的学术水平，是一部好书。

但在第八稿完成以后，因“文化大革命”十年动乱，书稿一直被搁置起来。

出版前后

1972年以后，成立了新的中国建筑科学研究院（原建筑科学研究院在“文化大革命”中被拆散），原来的建筑工程部也于1970年与国家建委和建材部合并为国家建委。这时我任中国建筑科学研究院院长。为了重新开展古代建筑史的研究，新成立了建筑历史研究所，由刘祥祯、程敬琪任正副所长。

刘祥祯同志与我商量《中国古代建筑史》这部书稿是否可以出版？因为这部书稿编写的过程我很清楚，我当然赞成出版。不过“文化大革命”中把我批怕了，为了慎重起见，我拿了原来打印好的一本书稿去请示谷牧（时任国家建委主任），谷牧大概浏览了一下内容后说：“这本书编写得不错呀！又没有政治方面的问题，我看可以出版。”以后，我将这个情况告诉了刘祥祯同志，并让他做好出版的准备，除个别地方不妥的、有错的内容和文字予以修订外，要尽量保持书稿原貌，不作大的变动。

天有不测风云。当书稿刚刚准备就绪的时候，“批林批孔”开始了，而且来势凶猛，如何发展？难以预料。那时我很担心，怕出此书引来大祸（因“文化大革命”中我已经有了挨批的深刻教训），因此，又将这部书稿暂时压了下来。

后来，国家形势逐步稳定下来。便由建筑科学研究院召开了一次座谈会，征求了有关高校及有关单位的意见，一致认为该书具有重要的参考价值，希望能将书稿付印，原参加编写单位也都赞成出版。随后又由建筑历史所刘祥祯、程敬琪、傅熹年、孙大章等四位同志最后进行了整理、审核，书前加了说明。说明中我定了三条：一是注明该书是建筑科学研究院建筑史编委会组织编写、刘敦桢主编的；二是突出了刘敦桢、梁思成两位专家的重要作用；三是说明落款为建筑科学研究院，不落我个人名字。此说明当时也是我亲自改过的。1978年3月全部书稿最后定了下来。这时我又报告了谷牧，得到了他的批准。

这部《中国古代建筑史》书稿送到中国建筑工业出版以后，出版社革委会主任杨俊、副主任杨永生同志非常重视，认为该书出版有重要价值，并决定乔匀和杨谷生二位同志作为责任编辑，认真作了审核、编辑加工，于1978年正式出版了平装、精装两种版本，装帧精致，并各赠我一册，加盖了出版社的赠阅章作为留念。该书在全国发行以后，受到建筑界广大读者的欢迎和好评。1981年4月荣获国家建工总局建筑科研成果一等奖。

这部《中国古代建筑史》的编写，是建筑界的集体创作，许多同志都为此书付出了辛勤的劳动和智慧，这里既有以刘敦桢、梁思成教授为首的专家的贡献，又有以刘秀峰同志为首的领导干部的贡献。这部书的编写，历时达7年之久，是建筑界系统地研究中国古代建筑的一次创举，也是建筑界一次规模巨大的具有重要意义的活动。

岁月如逝，现在已经过去了几十年。当时为编写该书而作出卓越贡献的刘秀峰、梁思成、刘敦桢、汪季琦等同志，都已先后谢世。但他们的业绩都已铭刻在书中而永垂青史。

我写《中国古代建筑史》的编写始末这篇文章，既是对该书编写、出版过程的记述，以达存史育人的目的，也是表示对逝者的深切怀念。

（选自杨永生《建筑百家回忆录》）

学史明理 温故知新

——回顾《中国现代建筑史纲》的编写

窦以德

新中国建筑已走过60年的风雨历程，因所择专业使然，本人的职业生涯几乎与其同步，似可列为历史的见证人之一。其间，中国建筑的发展历程可谓跌宕起伏，直至今日，尽管国家经济还未至世界前茅，但建筑（按量计）已是全球第一，近年更有工程成形象代言吸引世界目光，也许从这个意义讲，中国建筑走向世界之说尚可成立。

多年来，为推动中国建筑的发展，几代建筑人实践探索，前仆后继，更有从历史理论的角度试图发现阻碍其发展的羁绊，探寻中国建筑前行的路径，但总体来看，至今尚未形成系统的理论框架，中国现代建筑历史理论的研究尚在进行时。

20世纪80年代我因工作缘故曾参与《中国现代建筑史纲》编写工作，由此对历史研究的兴趣大增，在此依本人的体会与观察，与诸位同行共同回顾、探讨60年发展历程的经验与教训。

受家庭影响，我从小的爱好是画画，并因此懵懵懂懂地选择了建筑师职业，没想到上学时最怵数学的我，最后又和需要逻辑思考缜密的历史研究打了一回交道，并就此与历史研究有了不解之缘。这看似偶然但其中又有着必然，因为如果我当初在研究生毕业后不是被留在建设部，那么这个涉足中国现代历史研究的活儿也许就不会落到我头上，我的全部兴趣说不定还会投入在工程设计中，这是后话。

“文革”后百废待兴，而经邓小平亲自批示的编写《中国大百科全书》就是其中最重要的基础工程之一。这一工作集中了当时国家各行各业顶尖的专家、名人，通过这项工作也欲提升国家的文化科技水准。记得当时建筑卷的编写由时任城乡建设部副部长的戴念慈先生负责，而在研究分配各条目的编写工作时，关于落实“中国现代建筑”这个全卷最大的一个条目时就遇到了困难。一是此前未有可参考、借鉴的基础资料，二是其内容必然涉及“文革”及此前的政治活动，在当时这些困难，尤其是后者使得许多人不免却步，推让之下最后只能由

"政府"自办，交由当时部设计局承担。以上都是我参加这项工作后才知道的。而当时龚德顺先生任局长的设计局不过20来人，有过比较完整的建筑专业经历、又属"年富力强"的只有我（当时40岁出头，是局里最年轻的干部），故当龚局长找我谈话下达任务时，一方面是缘于"一切服从上级安排"的纪律性，同时对我来讲也是无奈的选择。

起初，只是按起草一千余字的"文件"工作做思想准备，名义上也只有我们二人参与，怎么干也是由龚德顺先生提出要求。记得当时他描述了对这个约30年历史的写法，即主要依作品、人物、流派加以描述、归纳，对此还以他个人在其间的专业经历为例做了说明。但无论如何，在"前无古人"的情况下，作为具体执笔的我脑中也还是一片空白。现在回想、分析，当时最初的构思还是描摹西方现代建筑史的路数，而这也是当时所能看到的唯一蓝本了。

鉴于这一工作的重要和难度，局里最后决定我可以放下日常工作，集中一年多时间全力攻关，拿出初步成果。开始时我也是十分茫然，思前想后索性还是采用笨招，即从了解那段历史入手。为此我搜寻到涉及那段历史的所有书刊、文件，尽管由于条件限制当时这类书刊尚不多，内容也有缺憾，但通过阅读政治经济类书刊则使我对自己曾经经历的社会生活有了一个新的视角，对新中国前30多年的社会政治、经济、文化、科技的发展脉络，内因和矛盾等逐渐构筑起一个框架。也许在今天这些做起来并不难，但在当时，不单是信息来源少，就是我本人要消除此前因传统教育影响所形成的思维方法定势也非易事。与此同时我钻进部档案室，把新中国成立以来的文档从头研究了一遍，重要的还做了摘记。至今，我还很享受那种一个人在布满特殊油墨味的空气中，光线幽暗、静谧的档案室里阅读、思考的环境。

随着时间的推移，当这两个系统网络重叠、交织起来以后，那些看似复杂的现象，孤立的事件似乎都找到了相互间的联系及关系，一幅幅建筑历史画面在一根根社会、政治、经济、文化的脉络串联下有了生命，并有理由朝着其必然方向演绎着。当把这样一部现代史草绘出来之初，连我自己也感到有些吃惊：一些大师、巨匠虽有作品但既不能成派，也更不能流传下去；在建筑设计创作中几乎主要是在政治与意识形态的影响下进行的……至今仍记得当我发现20世纪50年代初，还竟然有未被纳入"主流"、而凸现建筑个性的作品时的那般惊喜；而出现于20世纪70年代广州的一组外事工程在"文革"单一色彩的中国建筑界的一片萧条中又是显得那么另类、耀眼，它对中国建筑界所造成的冲击也同样使我感到蕴涵于中国建筑师中的巨大创造力。当然乍看去，这样撰写建筑历史，似乎也不太合"常理"，至今我尚没有见到一个地域（国家）的建筑历史是如此表述。记得当我把这个草案提出之始，也曾遭到质疑。此后，几经讨论，基于历史的真实和逐渐清晰的分析，编制组最终接受了这一思路，并最终为《大百科全书》所采纳。记得后来在1990年代中赴台湾访问，当我与成功大学研究建筑历史的李乾朗教授交流，获知台湾建筑在20世纪50～60年代与大陆几乎有着类似的建筑现象时，心中感到一阵欣慰，因为这又一次印证了我在研究中国现代建筑史的思路是正确的，从某种意义上也可以说，我们的选择是符合历史规律的。

从完成《大百科全书》的条目编制到出版《中国现代建筑史纲》一书，编写任务即告一段落，此后，我逐渐淡出这一工作。而这段触“史”的经历在我的建筑生涯中留下深深的印记。一方面研究并书写历史是本人有幸，能在中国建筑历史上留下一笔，然而更重要的是通过这段对自身亲历的历史的深入观察与认识，所形成的建筑观念与思辨方法，则长久地影响了我的建筑思想与理念，在此后多年的建筑设计管理工作中，及至今日我对纷繁的建筑界的观察与思考，也都由此获益。尽管在当今中国建筑历史理论研究的队伍中，我只能算作是一名老兵，且正式服役期不长，但至今我仍保持着一种用历史的眼光观察建筑事物的习惯，并由此衍生出我对当今中国建筑界现象的扬抑和好恶的判断以及对未来的一些期许。

新中国建筑倏忽已走过60年，如果以年代为界来概括其特征，似可以这样描述：20世纪50年代是“大屋顶”为特征的传统建筑复兴；60年代是精简节约，技术革命；70年代是极“左”形式主义在建筑界的泛滥；80年代是开启现代化之门继承与创新之争；90年代是所谓“多元”发展，商业英雄主义盛行；而进入21世纪初的几年则是中外建筑的碰撞与交融。以上概括略去了细节，时间也会相互交叠覆盖，但从中仍可看出，实质上贯穿60年的发展主线，或说矛盾焦点始终离不开建筑风格和美学价值取向的争拗与求索。

20世纪50年代，新中国成立之始，尽管国力孱弱，但为了在意识形态上彰显民族的精神，遂冀望于传统建筑的美学力量，以致实因国力不济而割爱，并将其归因于“大屋顶”之风的罪名，但在1959的国庆十大工程中难免还要举起这面旗帜。60年代，经过困难时期，头脑稍许清醒后，要取科技发展之路以提升建筑水准，提出革“秦砖汉瓦”之命，大搞建筑工业化，遗憾的是其尚未成气候，不及数年即殆于“文革”运动。70年代的“文革”建筑之风虽然企图借建筑来讴歌革命，其不过是拼贴画式的，在美学上几无可言之处而贻笑后世。80年代欣逢改革开放，始之即是继承与创新的大争论，其焦点集中在建筑风格上，有其合理性，但尚未及向深度延伸，即在商业英雄主义的催动下使其时正在国际流行的后现代在中国建筑界迅速蔓延。此后，在城市化大潮中，为彰显城市身份，行政力量的介入则更使对建筑形式追求的热度升温，以致，有时嫌国人不济更愿以高金聘外师。由此中国建筑界被扰动得一片火热，但意味深长的是大凡争论的焦点工程也主要由建筑文化或建筑美学而引发，以至于出现为正视听，代表社会主流意见，由行政部门颁发的红头文件也被冷落一旁的情况，由此也足见中国建筑界对建筑美表现力追求的势头之猛。

如果说前30年中国建筑是在一个特殊的环境中生长，有时不免受到意识形态的束缚，或因经济不发达而使建筑尚不能全面发展而出现“民族风”，推崇传统建筑美学的状态尚可理解，而在后30年深化改革的环境条件下以及后期在政策导向明确地提出节能减排、绿色环保、生态和谐，以人为本等理念的前提下，中国建筑却难改旧辙，仍一味在追求建筑美的轨道上迅跑，则使人大惑不解。实际上许多即使被设计师作为“美”而推出的作品，在社会上常难以取得共识，有时只能在一个不大的圈子里被英雄相惜，孤芳自赏罢了。

如今的创作环境十分宽松，但与此同时，摆在建筑师们面前的任务与命题又是十分严峻的。由人口、环境、资源而引出的人类生存环境问题已十分尖锐，尤其中国的发展更是面临严峻挑战，在这方面中国建筑师责无旁贷，而要解决好这个命题不是把建筑设计得更美就可以的，还有比美学更多更复杂的问题等待着我们去解决。

如果我们不能吸取历史教训，及时校准方向，不仅是建筑师未来的生计不免更被动，更谈不上中国建筑和国际的真正接轨，为世界建筑的发展做出贡献。

纵观世界建筑历史，缘起于20世纪20、30年代的现代建筑运动的最大功绩即是真正把建筑置于社会经济、技术和民生的发展潮流之中，其顺应并进而推动了新型建筑材料、结构及各项专业技术的发展，满足了社会生产、生活的需要，为人们提供了更加适宜的空间和建筑产品，与此同时也摈弃了束缚建筑发展的传统建筑美学中的陈规陋俗，从而把世界建筑的发展推向了一个新阶段。至今对于这一运动的正面评价仍是无可争议的。

现代建筑运动发生至今已近百年，而新中国建筑也有60年的历史。如果说由于出现在新中国历史上的“折腾”使我们曾错失了许多发展的历史机缘，那么今天我们在总结历史经验的时候就要抓住这难得的发展机遇，特别是大规模经济建设、城市化为中国建筑师所提供的世界历史上难得一见的广阔舞台，一方面要吸取自身的历史经验与教训，一方面要结合国情，选择、吸取适用于自己的外国建筑成果与经验。要建立起科学的建筑发展观，为中国的发展与崛起做出贡献，与此同时使中国的建筑不仅在量而且在质的方面都能成为世界一流，这应是今后10~20年中国建筑所应树立和追寻的目标。

（摘选自《建筑创作》2008年4期）

《室内设计资料集》与我个人的成长

郑曙旸

打基础

《室内设计资料集》出版于1991年6月，至今已印行近50次，印数达50万册。在中国建筑工业出版社的月销售排行榜上经常处于前十名的位置，一本专业教科工具书在没有进行修订的情况下，18年间畅销不衰，不能不说是一个奇迹。它背后映射的是中国室内设计发展的强劲需求。从1988年开始编撰这本书到今天，已经整整过去了20年，以至于在不同场合遇到素不相识的年轻设计师，经常听到的一句话就是："郑老师，我是看着您的书长大的。"我心里明白，尽管我也写过其他的专业书籍，但他（她）们所说的"书"指的就是《室内设计资料集》。实际上这本书是当年中央工艺美术学院（现清华大学美术学院）环境艺术设计系全体师生的心血。作为主编，自己只是工作量相对大一些，负责的事情相对多一些而已。但是，这本书对于我个人成长的意义却非同一般。

在一次专业会议上，偶然听到一位已近中年的设计师讲他的成才之路。在学校他是学习服装设计的，然而步入社会后，遇到的却是一个极佳的室内装修机遇，尽管内心发虚，但还是勇敢地接受了委托。原因就在于发现了这本书。由于《室内设计资料集》内容涵盖面大，虽然是以工具书的形式出版，但又兼具教科书的功能。所以，即使没有经过专业学习，但只要具备一定的艺术素养，同样能够依据这本书，在室内设计发展的初级阶段自学成才。于是，我们的这位"同行"照本宣科，依样画葫芦，顺利做完了项目。从此，走上了室内设计之路。

《室内设计资料集》成为这样一本畅销书，对于编者来讲是难以想象的。现在回过头来看，关键的三点促成了它的成功。其一在于出版的时机；其二在于编辑的定位；其三在于合理的版本与定价。在20世纪90年代相同选题的版本出了不少，有些是几本一套，甚至还有翻译的外版图书，但没有一套能望其项背，在市场竞争中取胜。到了

90年代中期《室内设计资料集》的市场认知度和占有率已经很高，其它图书如果质量、版本、定价不具备优势，就很难取代其已有的地位。

从自己的发展历程来看，主编《室内设计资料集》成为人生道路上十分关键的一步。

大约从两三岁的时候开始，就喜欢趴在地板上画，向日葵、大汽车、小汽车、打鼓的人……上了小学又对地图发生兴趣，居然把家住的楼区一栋不落地画在一张纸上。平时班里出墙报少不了画个报头，写写标题美术字，颇得老师同学的赞誉，于是一发不可收。小学毕业正赶上"文革"，受兰州大学氛围的影响跟着一帮小同学，学着大人的样也要闹革命，组织了"战斗队"刷标语、画漫画、刻蜡纸忙得一塌糊涂。上初中后依然没有正经上课，照样还是"文革"的那一套。直到上高中所幸班主任是兰州有名的美术老师，这才步入正道。之后碰巧学校教师极缺，且"文革"中学校的宣传工作极重，一位老师根本忙不过来，于是顺理成章做了美术教员。经过六年的摸爬滚打，专业的技艺自然日趋出众。等到1977年"文革"后恢复高考，顺利成为中央工艺美术学院的学生也就不那么奇怪。上大学本来已是白日做梦的奢望，忽然在年龄所限的最后机会中实现，当然不能有丝毫的懈怠。四年发奋始终保持了成绩在全班前列，留校任教也就变成情理中事。到了而立之年方定位于艺术设计的领域，之后的耕耘自然愈发精心。

屈指算来在环境艺术设计的园地里已经耕耘了27个年头。当初报考中央工艺美术学院，填写的志愿是染织美术专业。因为当年钟情于绘画，而中央美术学院又不在甘肃招生，报考中央工艺美术学院的目的还在于当画家的梦想。按照当时的想法染织美术专业画画的机遇多于工业美术（环境艺术设计系1977年为工业美术系）。没想到甘肃考生中只有一位女生，教务处招生办公室的老师认为女同学更适合于染织美术，于是我们两人就换了位置。当然这一切都是数年后留校任教参与招生工作才得知的。就是这样一个非常偶然的因素使我走上了环境艺术设计之路。回过头来看我还真得感谢这位老师，事实证明在绘画与设计这两条道路上，我的素质与个性更适合于设计之路，尤其适合于环境艺术的设计之路。

在漫长的人生道路上每个人都走过无数的脚步，坚实的脚步留下的是深深的印记，虚浮的脚步则只能扬起阵阵尘土，虽然决定命运发展的只是其中的几步。但关键几步的去向却是无数坚实脚步印记的积累。积淀和机遇是人生道路取向不可否认的两极，我不否认自己的极好机遇，但能否抓住这些稍纵即逝的机遇，则又取决于自己的实力。专业的实力是勤奋学习与刻苦实践的积淀，好的机遇又能加快这种积淀的过程。回想走过的路，其中的五段对自己专业的发展具有关键的意义。

迈过1974年元旦，在兰州三十三中学担任美术教员已有一年多，时值"文革""批林批孔"运动兴起，运动意味着宣传工作量的加大，大量的书画需求使我被调至校"批林批孔"动办公室。繁忙的工作夜以继日，劳累引起身体的不适。忽一日偶见痰中带血，起初并未在意，但接连数日依然如故。去医院透视检查发现肺中生一鸽蛋大小般瘤体。接下来是一阵忙乱，结论是无论良恶性质，必须开胸手术。几经辗转在父母的努力下，终在北京协和医院手术摘除，所幸为一良性瘤。接下来便是近一年在北京三姨家中的疗养。也许是冥冥之中的专业召唤，也许是自己对建筑的兴趣，一待身体许可便早出晚归，连续进行建筑写生。待到返回兰州的时候，已经画遍北京所有著名古典与现代建筑，通过绘画对透视的概念、对建筑造型风格的理解都达到前所未有的高度。这段写生经历实则成为进入中央工艺美术学院学习专业的最好考前培训班。如果没有这种三个小时一张的精细建筑素描，就不可能有入学后一天一本的建筑速写。而建筑速写又恰恰是进入专业设计进行图形思维构思草图的最好训练方式。

1978年3月进入中央工艺美术学院工业美术系到1982年4月毕业，应该是我专业设计之路上最重要的一段。因为懂得机遇的得来不易，加之六年工作的磨练，对于大学的学习方法应该说是成竹在胸的。现在有不少学生总是抱怨在校期间教师讲的太少，似乎只要教师讲出几招秘籍就能一劳永逸，殊不知设计并没有一条固定的模式。大学教育最重要的是学校提供的那么一种学术氛围，学生在这种氛围中所受的熏陶和影响，在某种意义上甚至大于教师的直接传授。所以说重要的并不在于是否上大学。而在于是否懂得如何上大学，懂得如何上大学意味着抓住了机遇；不懂得如何上大学，即使身在校园中也依然让机遇白白丧失。正因为此在四年的大学生活中充分抓住课内课外的所有时间，同时有计划地利用每一个假期，使自己的专业水平得到了系统的提高。在这四年中对自己影响最大的莫过于潘昌侯教授，潘教授是一位深谙大学设计教育的专家。他的教育思想后来也成为自己教学思想的基础。

1983年是我留校任教的第二年，这一年系里承接了外交部委托的驻联邦德国使馆室内设计任务，这是一次极好的专业实践机遇，因为设计将在西德现场进行。在当时的社会环境下出国本身就是极难的一件事，更何况是出国搞专业设计。这个室内设计组由潘昌侯教授、张世礼教授和我组成。按当时的标准这是一个典型的老、中、青组合。在西德的设计进行了三个月，其间还去了英国。可以说这次机遇对我的专业发展是恰逢其时。一般来讲大学期间的专业教育都属于理论讲授与基础训练。走出校门必须经过社会实践的锻炼才能真正掌握设计的真谛。这种锻炼的外部环境氛围又是形成设计师基本设计素质的关键。西德的这次设计任务，既有名师在侧指导，又有西德严谨的工程技术规范限定，短短三个月所学胜于一般情况下的数年。

1986年又是一次极幸运的机会，由于得到美国纽约室内设计学院的资助，我前往美国进行了为期一年的专业进修。如果说上次去西德奠定了自己专业设计发展的基础，那么这次的美国之行则对于自己了解专业设计教育本身的规律和科学的教学方法提供了最好的参照系。就设计教育本身而言，我国相对于发达国家起步较晚，无论教学体系还是教学方法都与世界一流水平存在较大差距，虽然我们的学生设计表现的功底扎实，但在设计思维的原创性上显然落后于发达国家的学生。这与我们的教学模式有着直接的关系。作为这样一种教育环境下成长起来的我，自然也存在这样的弱点。这一年的进修极为艰辛，课程的密集与作业量之大都是在国内无法比拟的。一分耕耘自然有一分收获，一年进修最主要的收获，就是比较清楚地明白了怎样去进行一项设计。

1988年正处于我国室内设计专业大发展的前夜，中国建筑工业出版社出于专业的敏感，决定出版一部室内设计专业的大型教科工具书，其基本体例参照《建筑设计资料集》。这本书的写作委托自然落在了当时全国唯一开设室内设计专业的高等艺术设计院校——中央工艺美术学院。环境艺术设计系主任张绮曼教授将参与主编这本书的任务交给了我。显然这是一项十分艰巨的任务，虽然十分清楚这本书的出版意义，但对这本书后来所取得的专业社会影响则是始料未及的。编书自然要翻阅大量专业资料，整个过程实际成为室内设计的系统学习过程，历经三年大量的文字整理和图幅编绘，汇集全系师生心血的《室内设计资料集》正式出版，其间责任编辑曲士蕴老师也付出了大量的劳动。这时距自己大学毕业已过八年。可以说才算是正式迈入室内设计之门。

尽管人的一生都需要学习，但尤为重要是成为对社会有价值的人之前的学习。这个学习阶段包括家庭教育中的学习、学校教育中的学习、社会教育中的学习三段。总结自己关键的五段路，第一、二、四的三段是在学校，第三、五的两段是在社会，尽管之中会有穿插，然而从专业的概念来讲，第五段最为重要，因为它具有理论总结与提升的意义。如果没有这样的基础，也就不会有后来的成果。

出成果

进入21世纪环境艺术设计领域的各专业在中国得以更加迅速地发展。以建筑和园林为专业背景的“室内设计”与“景观设计”专业方向，在可持续发展理论的指导下，借构建和谐社会的东风，在建设创新型国家，以科学发展观引领行业的发展的社会大背景下，学术活动异常活跃。作为从业27年的自己来讲，有责任站在环境艺术设计学术研究的前沿，通过在国际国内学术活动中发表了一系列论文，通过国家社会科学基金项目的全国艺术科学课题“设计艺术的环境生态学”研究，通过学术报告和各类讲座，力求以中国特色的环境艺术设计理论引领学科发展的正确方向。

2000年5月,“亚洲室内设计联盟”成立,在韩国首尔举行了亚洲首届室内设计研讨会。我在会上代表中国作“当代中国的室内设计”专题报告,系统总结了中国室内设计从近代到新世纪所走过的历程。报告指出:改革开放商品经济的发展,为当代中国室内设计的起飞奠定了基础;单个空间的个性化要求,为设计者提供了相对于工业产品设计更为自由的设计天地;高额的商业投资利润,成为设计施工行业发展的催化剂。三种因素的合力,使中华大地上升腾起一股前所未有的室内装修热潮。这股热潮造就了一大批室内装修公司,带动了相关行业的发达兴旺。且不论其风格的差异和水平的高低,就其过程而言,在不到20年的时间内,中国室内设计迅速走过了西方国家近百年所经历的历程。并提出了当代中国室内设计所表现出的四种不同发展形态,即:传统文化的情结;商业浪潮的冲击;流行时尚的向往;绿色设计的召唤。为世界了解中国和中国室内设计走向世界指明了路线。

2001年8月,中国建筑装饰协会在北京举办了“首届中国建筑装饰高峰论坛”,我在会上发表论文“材料与设计”并作报告。针对国内室内装修滥用材料的现状,提出:现代科学技术的飞速发展使新材料新技术不断涌现,尽快提高我们的用材素质成为新世纪中国室内设计师的重要课题。并分析了在设计中正确处理材料的种种问题,即:材料与时代特征;材料与空间样式;材料与装饰风格;材料与流行时尚。成为行业中切中时弊的一篇重要报告。

2002年3月,中国建筑装饰协会在北京举办了“第二届中国建筑装饰高峰论坛”,我在会上发表论文“室内环境与绿色设计”并作报告。第一次提出:可持续发展的绿色之路,是室内设计发展唯一可供选择的方向。在论文中就室内设计的发展历程,提出了三个阶段划分的观点,即:按照人工环境与自然环境融会的程度来区分建筑的内部空间——室内的发展阶段。以界面装饰为空间形象特征的第一阶段,开放的室内形态与自然保持最大限度的交融,贯穿于过去的渔猎采集和农耕时期;以空间设计作为整体形象表现的第二阶段,自我运行的人工环境系统造就了封闭的室内形态,体现于目前的工业化时期;以科技为先导真正实现室内绿色设计的第三阶段,在满足人类物质与精神需求高度统一的空间形态下,实现诗意栖居的再度开放,成为未来的发展方向。该论文又以"绿色设计之路——室内设计面向未来的唯一选择"的选题，发表于《建筑创作》杂志，成为这一时期学术思想核心观点的代表性论文，并被收入中国管理科学院主编的《中国当代思想宝库》。

2002年4月，我在香港生产力促进局"未来室内空间功能研讨会"作"跳跃发展的启示"专题讲座。提出1979年中国改革开放以来，由于时代特征所造就的中国室内设计专业发展特点，和这些特点所引发的对未来室内空间功能发展的影响。演讲主要包括："20年间跳跃发展的启示"和"未来空间功能演变的展望"两方面的内容。前者从"跳跃演进的历史必然"、"三种因素促成的合力"、"逆向发展的奇特现象"、"市场需求的拉动作用"、"迅速转换的设计概念"五个层面论证；后者从"中国现象引发的启示"、"数字化生存方式的影响"、"人性化绿色空间的追求"三个层面分析。该篇演讲是2000年"当代中国的室内设计"主题思想的发展。

2002年6月，中国建筑学会室内设计分会教育工作委员会在北京举办"艺术设计专业环艺与室内设计教学研讨会"，我在会上作"从室内装饰到环境艺术设计——转型期室内设计专业教学体系与方法改革的思考"专题报告。报告从："历史的回顾"、"培养目标与专业定位"、"技能表现与创新思维"、"转型期的专业教学实践"四个层面，分析了"与建筑学专业分家的历史必然"、"与国家经济建设和体制改革的发展同步"、"综合文理两科特点以艺术教育为主线的设计教学体系"、"计划体制还是市场体制"、"素质教育还是职业教育"、"突出个性还是融入主流"、"从表现型思维到设计型思维"、"培养完整思维方法的教学体系"、"专业定位的理论基础"、"课程体系"、"教学机制"、"教学方法"等诸多需要当代艺术设计教育者面对和思考的问题。该报告的核心观点以"室内设计教育定位的思考"为题发表于2002年10月的《中国建筑装饰装修》杂志。

2002年7月，在韩国首尔国民大学"中韩室内设计学术交流会"上，我作"面对多元文化冲击的思考"专题演讲。提出：我们所处的这个时代是一个多元文化并存的时代，各种文化思潮无不对室内设计的发展造成影响。当代全球政治运行的焦点，围绕着建立单极世界还是多极世界的纷争。在这样的大趋势下任何一种地域文化都不会成为世外桃源。目前中国的地域文化至少受到三种外来文化的冲击和自身世俗文化的影响。这就是：强势文化、商业文化、宗教文化、世俗文化。历史的经验告诉我们代表中国地域文化核心的汉文化具有对外来文化极强的同化能力。在地球村的时代，中国的地域文化是否还具备这样的能力，是需要当代学者深入研究的社会学课题。

2002年10月，亚洲室内设计联盟在中国西安举行第二届年会。在会上我作了"中国当代室内设计地域文化特征"专题报告。报告面对世界经济全球化的冲击，试图从"体现于室内空间艺术的地域文化"和"室内空间艺术地域文化的发展前景"两个方面入手，通过对地域文化基本概念的解析，来分别探讨：地理概念中时间与空间、信息与交流、封闭与开放三个层面的问题；历史概念中社会与政治、风格与传统、时尚与流行三个层面的问题。我在对地域文化的传统理念和社会因素进行分析后，提出：中国的室内设计要创建符合时代要求的地域文化，必须冲破狭隘的传统观念，摆脱经济一体化的束缚。以期建立与生态建筑相符的室内环境系统，最终实现室内的绿色设计，成为我们对地域文化未来的展望——实现人类诗意地栖居于大地的理想。

2003年9月，中国建筑装饰协会在北京举行“全国建筑装饰行业科技大会”，我在会上发表论文“科技进步与建筑装饰设计的发展”并作报告。提出：“建筑装饰必须以环境艺术设计的理念进行专业定位”，“可持续发展理论是行业发展战略决策的依据”，“依靠科技进步实现绿色设计是行业发展最终的战略目标”等重要的学术观点。

2004年5月，我在韩国首尔弘益大学META设计论坛作“走向生态文明的设计教育”专题演讲。在演讲中阐明了“东方文化代表了人类文明未来发展的方向，设计教育应走可持续发展的生态文明之路”的论点。

同月，我又在中国美术家协会环境艺术设计专业委员会举办的首届环境艺术设计大展及设计论坛“为中国而设计”上作“以人为本设计观悖论”专题演讲，通过“以人为本”观念的辨白，分析社会生活运行中的“以人为本”，阐明产品概念和环境概念下的“以人为本”设计观的不同点，从而实现“以人为本”设计观念从产品向环境概念的转变。

2004年8月，我在中国建筑学会室内设计分会在长沙举办“第二届全国高校艺术设计专业环艺与室内设计教学研讨会”上作“中国艺术设计教育的专业定位”专题报告。报告提出：高等教育在知识经济的信息时代已成为掌握方法的基础教育。知识更新的加剧迫使处于高度竞争社会中的人去选择自己可行的继续教育之路。横跨于艺术与科学、理性与感性、文科与理科边缘的艺术设计成为今日高等教育的必设学科。认为：艺术设计熔德育、智育、体育、美育为一炉，成为掌握学习与工作方法、健全人格的最佳教育途径。该报告的观点引起与会者的强烈反响，并作为主要观点影响了2006年清华大学美术学院申报清华大学985专项基金的课题立项。

2004年9月，中国建筑装饰协会在北京举办“中国建筑装饰协会成立20周年大会”，我在会上作“中国建筑装饰行业的设计理论与实践”专题报告。报告内容基本涵盖了新世纪以来的行业发展主要学术观点，明确了中国建筑装饰行业与室内设计专业的关系。成为中国建筑装饰行业和室内设计专业发展的理论总结。该报告作为论文发表于《中国建筑学会室内设计分会2004年会暨国际学术交流会论文集》，并获优秀论文奖。

2005年10月，我在中国建筑装饰协会主办的“2005（北京）国际建筑装饰设计高峰论坛”上作“论建筑装饰设计的原创性”的专题报告。报告针对建设创新型国家的战略任务，从探讨“原创性与原创的条件”出发，阐明了“建筑与建筑装饰设计的原创性体现”的原则，“建筑装饰设计的原创性定位”以及“建筑装饰设计的原创性发展”等问题。具有行业发展设计指导的理论建设意义。

2006年4月，作为课题负责人的清华大学美术学院环境艺术设计系“艺术设计可持续发展研究”课题组，于2003年立项的国家社会科学基金项目全国艺术科学“十五”规划课题“设计艺术的环境生态学——21世纪中国艺术设计可持续发展战略”研究，经过两年的紧张工作完成了课题研究，并通过文化部评审，予以结题。该课题研究明确了农耕文明、工业文明、生态文明三个时代工艺美术、艺术设计、环境艺术设计运行状态所反映内容的生态本质。提出“建立生态文明，如果仅用工业文明的思维定式，单靠科学技术手段去修补环境，不可能从根本上解决问题。必须在各个层次上去调控人类的社会行为和改变支配人类社会行为的思想。使人与自然的关系由工业文明的对立走向生态文明的和谐。解决这样的问题显然需要回到人文科学的层面。在与科学技术的通力合作中找到一条出路”。实施艺术设计可持续发展战略的关键在于设计观念的更新。这就是从产品设计观向环境设计观的转型。这一观点突破了艺术设计领域传统的思维定势。具有理论创新的意义。其学术价值就在于将环境生态学的理念，引入艺术设计的领域。并以此丰富可持续发展研究的理论体系，是艺术与科学结合的实证性体现。其应用价值就在于建立起符合中国国情的符合环境与发展需求的艺术设计理论框架系统，建立起可供操作的科学的艺术设计相关行业设计立项决策程序。课题研究的完成，标志着新世纪以来环境艺术设计系在学术研究的理论层面所取得的突破性阶段成果。

2006年8月，中国室内装饰协会在北京主办“2006中国室内设计高峰论坛”，在有国际室内建筑师与设计师团体联盟（IFI）主席和芬兰著名设计师库卡波罗参加并作演讲的大会上，我代表中国作“新世纪室内设计的理想定位”专题报告。进一步明确了“装饰的设计理念代表着传统；空间的设计理念代表着当代；环境的设计理念代表着未来。环境艺术设计所遵循的绿色设计理念成为相关行业依靠科技进步实施可持续发展战略的核心环节。室内设计恰恰是这个核心环节的重点实施内容”的设计定位核心理念。

2007年7月我作为主编出版普通高等学校“十五”国家级规划教材《环境艺术设计》，并以“环境艺术与环境艺术设计”为题在第五届中国环艺设计学年奖华北区启动仪式上作专题报告。明确界定了环境艺术设计系统的内涵与外延。即：广义的环境艺术设计不是一个独立的专业门类，而是设计艺术的环境生态学。它具有学科的边缘性、行业的综合性、运行操作的协调性。在相关行业可持续发展战略总体布局中，处于协调人工环境与自然环境关系的重要位置。狭义的环境艺术设计是以人工环境的主体建筑为背景，在其内外空间所展开的设计。具体表现在建筑景观和建筑室内两个方面。环境艺术设计最终要实现的目标是人类生存状态的绿色设计，其核心概念就是创造符合生态环境良性循环规律的设计系统。

2008年2月在中国建筑装饰协会举办的“中国星级酒店环境艺术高峰论坛”作“从传统美学到环境美学”的专题报告。报告从“传统美学与环境美学、造型艺术与环境艺术、物象之美与情景之美”三个方面进行论述。提出：“环境艺术的空间表现特征，是以时空综合的艺术表现形式所显现的美学价值来决定的。‘价值产生于体验当中，它是成为一个人所必需的要素。[1] 环境艺术作品的审美体验，正是通过人的主观时间印象积累，所形成的特定场所阶段性空间形态信息集成的综合感受”的观点。环境艺术之所以成为时代的热门艺术领域，影响到所有的艺术门类，也正是其所拥有的环境美学特征，能够担当起信息时代艺术表现的重任。

5月我在上海东华大学“第二届中国环境艺术设计国际研讨会”作“以时间为主导”专题报告。提出“传统造型艺术是以空间运动形式的某一片段作为最终的表征，在这里虽然有着时间因素的体现，但是空间的概念始终占据着主导地位。然而，以环境概念定位的建筑艺术作为人与环境互动的艺术类型，却是时间与空间两种因素体现于特定场所的物象表征。在时间与空间这两种因素中，时间显然占据着主导地位”的观点。

以上两篇报告的内容集中论述了以时间延续的场所体验为主导的环境艺术设计创作方法。

10月我在韩国“2008首尔设计奥林匹克设计大会”的设计教育论坛作“全球化视野下的中国设计教育”专题报告。报告指出：在设计全球化的必然趋势下，全球化视野下的发展，成为中国设计教育的必由之路。通过以下五个方面的论述：①全球化视野的历史渊源；② 经济高速发展导致的跨越式提升；③行业发展导向下的设计教育；④通识教育背景下基础与专业的悖论；⑤教师的教学水平成为制约设计教育发展的瓶颈。最后得出：“从中国制造到中国设计。无论是在哲学的理论

[1] [美] 阿诺德·伯林特著，张敏，周雨译，环境美学，长沙：湖南科学技术出版社，2006年。

层面，在文化的风格层面，还是在社会生活的操作层面，早晚都将诞生。中国设计决不会成为狭隘民族主义的产物，必将是全球化背景下，融会世界先进文化精华，同时具有自身鲜明特征，服务于全人类的中国设计。中国的设计教育因此必须具备全球化视野”的结论。将中国的设计教育必须具备全球化视野的开放理念传播于世界。

11月我在“2008中国环境艺术设计学年奖颁奖大会暨中国环境艺术设计教育年会”上发表主题演讲“环境艺术设计专业教育教学的定位”。在演讲中明确指出：边缘性、多元化、综合型的专业特征，成为环境艺术设计专业方向，在不同学校以各具特色的方式和各自理解的教学方法，按照职业教育和素质教育的两种范式向前发展。

通过分析现状，指出中国目前的环境艺术设计专业教育成绩很大，问题不少。六年评奖的结果，表现出“方案”强于“概念”的明显倾向。环境艺术设计学年奖分为：“概念创意”和“工程方案”两类，却反映出各高校职业教育高于素质教育的定位。在评价概念设计与方案设计的教育内涵后，指出理想的学习状态是：大学本科四年中两类设计都能达标。这就需要：明确概念设计的程序与内容（设计方法的教育）；掌握项目设计的技能与方法（设计技能的教学）。

面对现实的教育策略应该是：强化学生基础素质的培养，通过实践和实验教学，掌握基本的工作方法和专业技能。留有进入专业领域后可持续发展的动力和后劲。因此各高校需要根据自身的实际情况，在三类六种定位中做出选择。

最终的结论：多元化的发展定位。片面追求高端的趋同化倾向，不利于环境艺术设计专业教育面向行业的全方位发展。只有多元化的专业教育教学定位，才能符合国家经济、政治、文化、社会发展与之相适应的市场需求。

《建筑设计资料集》(第二版)编辑工作有感

王伯扬

《建筑设计资料集》是中国建筑工业出版社于上个世纪六七十年代陆续出版的一套为建筑设计人员编写的大型工具书。该书由我国著名建筑师林乐义和戴念慈精心组织众多专家联合编撰而成，不仅内容丰富、编排严谨，而且版面美观、查阅方便，在当时的国际同类图书中居上乘水平，出版以后广受欢迎，多次重印，成为我国建筑设计人员的必备手册，以至被读者誉为"天书"。

1987年，面对我国改革开放不断深化、建筑行业蓬勃发展的大好形势，原版《建筑设计资料集》已有相当部分内容显得陈旧落后，有许多新建筑、新技术亟待补充。全面修订《建筑设计资料集》已经刻不容缓。而此时，林乐义先生已经仙逝，戴念慈先生则居领导岗位，组织修订工作的重任历史地落到了出版社的肩上。当年，建工出版社拨出50余万元专款，筹组了阵容强大的编委会，组织全国50余个单位、百余名知名专家，重新编写了《建筑设计资料集》(第二版)(以下简称资料集)。有关编辑和出版工作人员在出版社领导的直接指导下，殚精竭虑，历经八年艰苦奋斗，终于在1994年将整套资料集共10册全部出齐，为建筑设计事业献了一份厚礼。1995年，此书荣获我国图书出版界最高奖赏"国家图书奖"。

编辑出版资料集这样的大型工具书，要求很高，难度很大，特别是在市场经济体制刚刚建立而又尚未充分完善之际，其组织工作之艰辛可想而知。回忆资料集组织编辑出版工作之艰辛历程，我以为以下几点基本做法值得重视。

1. 依靠领导推动工作

编辑出版资料集实际上是一项重要的行业基础建设，必须动员全行业力量之精萃，方能完成任务。因而，立足于行业基础建设的高度，进行自上而下的动员，是组织工作必不可少的手段。还在资料集策划调研阶段，建工出版社即向部领导专文报告了重新编写资料集的全套构想，包括编写的必要性和可行性，编写的原则、内容和体例，编委会及参编单位组成，成稿质量要求，承担编写任务与科研工作之关系，编写费用支出以及交稿及出版日期安排等。部领导对报告十分重视，戴念慈、叶如棠两位副部长在报告上作了批示，其后又多次参加了资料集的编委会和工作会议，作了重要讲话。在首次编委会会议后，还以部发文的形式向各有关单位转发了会议纪要。此外，部设计局作为行业业务的主管部门，也在编写工作的各个阶段多次发文，推动和指导了编辑工作的开展。这一切对资料集编辑工作的顺利开展发挥了极其重要的作用。

2. 组织有权威的编委会和高水平的编写队伍

资料集总编委会和各册分编委会几乎网罗了行业管理部门、设计研究单位、高等学校有关院系的领导同志和技术专家，由部设计局局长（张钦楠先生）任编委会主任，主管副部长和部分德高望重的老专家任顾问，因而具有绝对权威性。资料集各章节均聘请各单位相关的技术尖子任编写人。这样，整套资料集从宏观结构到技术细节，编写工作人从人力调度到费用支出，都建立在扎实可靠的基础上，保证了资料集的质量，也保证了编写工作的顺利进行。

3. 依靠政策协调组织

编写资料集需占用各编写单位的大量人力物力，如果单纯从经济核算角度考虑问题，各编写单位不可能承担此种任务。为此，部领导、设计局和总编委会在编写工作的全过程中反复强调，一定要站在行业基础建设的高度来看待此事，各单位要领导带头，做好组织工作，抽调高水平专业人员组成编写班子，并将编写工作视作科研任务，编写成果视作科研成果。在经济核算问题上应全院统筹安排，编写费用应全部分发给编写人员，并保证编写人员与设计人员的总体收入大致持平。诸如此类的政策规定不但在部发文件（转发编委会会议纪要）和设计局的历次发文上作了明确的表述，而且在历次会议上都由部局领导同志反复加以强调。事实证明，尽管资料集的编写工作给各参编单位带来很大的压力，但由于有了上述的政策规定，整个编写工作始终笼罩在齐心协力的良好氛围中。

4. 细致规定版面要求，反复讲解具体指导

为了使资料集做到“编排严谨、版面美观、查阅方便”，有关编辑和技术设计人员钻研了原版资料集的编排特点，对新版资料集的体例和版面安排作出了详细的规定。如规定全书内容必须做到图文并茂，文、图、表三者各占约三分之一。在编排上应将大的技术项目分解为若干个子项，又将子项分解成若干个小项，每一页（或几页）只讲述一个小项的内容，每个小项内容必须占满整页（或几个整页），不产生占半页接排其他小项的情况。每一页内容的序号都从1开始。在版面上，上下左右栏目间的距离以及栏内各小图间的距离，都有严格规定；对书眉及切口踏步也作了相应安排。以上诸多规定，我们都用详细的文件和示范图分发给每一位编写人员。而且利用每次会议和出差机会，向编写人员反复讲解。凡此种种措施，都促成了资料集成为查阅极其方便、体例十分严谨、版面非常美观的独一无二的大型工具书。

资料集出版已逾十年了，上述做法显然已经不能完全适应今日形势之发展，但其基本精神无疑仍是值得借鉴的。现在建工出版社正在筹措编写出版资料集第三版，相信年轻编辑一定能运用新做法、新经验，再接再厉，再创辉煌。希望一套高水平、新内容的资料集将面世。

《结构构思论》一书出版情况简介

布正伟

《结构构思论》一书的原书名是《现代建筑的结构构思与设计技巧》，其问世的最初背景，要回顾到1979年，由中南建筑设计院（即湖北工业建筑设计院）将原始书稿打印成册的时候。在那个自我封闭的年代，这个184页的打印本曾在一些渴望交流的青年建筑师中流传和摘抄，而当时并没有配上插图。后来过了七年，才由天津科技出版社正式出版。为降低印书成本，所有照片插图均改为手工绘制，并压缩了不少文字。1986年印刷21 000册，很快销售一空。1993年又增印5 000册，并出让版权，在台湾以繁体字出版发行。2006年在增补新章节和新时期建筑实例之后，由机械工业出版社以崭新的版式重新出版。新增内容包括：导论——进入新世纪的建筑创作与结构运用，第六部分——结构运用中的建筑美学问题，第七部分——各类结构形式工作原理要点。新版《结构构思论》共发行4 000册。为了使新版质量进一步提高，责任编辑赵荣建筑师花费了不少心血。马国馨院士在百忙之中还为新版撰写了内容精彩的序言。不计台湾出版的在内，新、老版本在大陆印刷发行共计30 000册。该著作涉及基本建筑理论的一个重要组成部分，它全面而系统地分析研究了建筑与结构之间的有机联系，填补了建筑学专业在结构构思概念、原理及其运用技能方面的空白。该书既有观点鲜明的理论，也有论述清晰的思路，图文并茂，理论密切结合设计实践，可读性强，适读群体广泛，在建筑专业图书领域应该说是“货真价实”的。正因为如此，这本书在当代建筑专业骨干中享有良好声誉，有不少人反映说：“我们在学校的时候，就是读这本书毕业的。”“那个年代没有什么参考书好读，而这本书都快让我翻烂了。”“后来这本书买不到了，我在学校教书，希望再版后能给学生们推荐。”“这本书已问世二十多年了，但书中讲的结构构思的基本原理和运用技巧却没有过时。”

建筑创作与接受理论

吴焕加

文学研究中的接受理论

先前，文学理论界有一派注重研究作品里的人物和事件，另一派认为作品最重要的是文学性，即作品的语言、结构、风格等，相同的是两派都着重于作家和作品文本的研究。

20世纪60年代，德国文学理论究者姚斯、伊瑟尔、瑙曼等着重研究文学作品的传播、接受及效果，他们结合现象学、解释学的观念，提出文学研究的"接受理论"（亦称"接受美学"），英、美等国也有类似的研究。

文学研究中的接受理论认为：

(1) 一部文学作品只有在读者的阅读活动中，才能实现其生命。否则它只是一个文本，而非作为文学作品存在。

(2) 文学作品的影响力是通过接受实现的。接受形态分"个人接受"和"社会接受"两种，在作品产生和个人接受之间，存在"社会中介机构"，即出版社、编辑部、政府相关部门和书店，作品如得出版，意味得到初步的社会接受，这能为以后更广泛的社会接受做准备。

(3) 个人接受是社会接受的基础和前提。读者的个人接受是从他自己的"期待视野"出发，人的期待视野同他的地位状况、教育水平、生活经历、性格气质有关，又同他以往的阅读经验、文学修养、艺术素养、审美情趣有关。人们的期待视野差别很大，所以一部作品获得的接受程度、产生的效果各种各样，很不相同。

(4) 没有作家，就没有作品，也没有接受对象，所以，文学的生产是首要的、决定性的因素，接受是第二位的、次要的因素。作品中包含着作家的期望视野，是定数，读者的期望视野是变数，两者契合，才构成完全的接受。

(5) 读者的接受间接地影响文学生产。在物质生产领域，产品是根据使用者的需要而设计制造。伊瑟尔指出，作家在写作过程中，头脑中也有一个隐在的读者，作家写作过程便是向隐在的读者对话和叙述故事。作家在构思和写作时便已考虑到读者的接受问题。

(6) 作家、作品和读者是三角关系，文学的历史是作家、作品和读者之间的关系史，也是作品的接受史和效果史。作品投射于不同的接受者产生不同的反应，导致不同的理解、判断及结果。作品的意义、价值及在文学史上的地位是变化的。不存在超时空的、绝对客观的评价和批评。

建筑创作与接受理论

文学是精神性的艺术，建筑首先是物质性的器物，在此基础上，带有一定的精神性和艺术性，文学和建筑差别大矣，是不同性质的两类东西。在文学活动中，作家、作品、读者，三者形成一个三角关系。建筑活动的情况远比文学复杂。建筑物除坚固、合用问题之外，还牵连所有权与使用权、投资与回报、升值与贬值、性价比之类的经济与法权问题。在建筑活动中，参与者和有关方面众多，有所有者、使用者、政府、投资者、开发商、多种专业的设计者、施工者，等等。参与者和相关者比文学活动又多又杂，身份各异，利益与要求各异而且冲突，建筑活动中各有关事项呈现为错综复杂的立体的网络关系。因之，建筑的接受问题有自己的特殊性和复杂性。

虽然如此，在建筑创作与文学创作方面，也有若干相通或相近的地方。建筑活动包含公众对建筑形象的接受问题。建筑的网络关系中，也存在类似文学中“作家—作品—读者”的关系，所以文学研究中的接受理论对我们认识建筑领域中的某些现象有参考价值。

下面单就建筑形象的接受问题，作一些探讨。

在建筑活动中，建筑师的位置在某些方面类似文学中的作家，建筑物相当于作品，建筑的观赏者相当于读者，这当然是近似的说法。建筑艺术的传播与文学大不一样，建筑物固定在一个地方，孤本一件，不能拿回家独自品读。但重要的建筑作品具有公共艺术品的性质，它们在不同的观赏者心目中会产生不同的效果，不仅有歧见，还会引出绝然相反的看法，各方人士的观点还难于磨合。为什么这样呢？原因在于建筑的“读者”在建筑艺术方面抱有各自的“期待视野”，这种期待视野不是临时发生的，而是在长期的生活经验及与建筑相关的经历中形成的思维定势和审美定势。当然，人的期待视野也会变化。

接受理论关于“社会接受”与“个人接受”的分析，对于我们认识某些建筑现象也有裨益。建筑方案评选中决出的建筑方案，可以说是得到部分的社会接受，由此才能实施，成为实在的建筑作品，然后才有广泛的个人接受，形成大范围的社会接受。个人接受的情况多种多样，社会接受包含正面和负面的评价。个人接受与社会接受有区别又相互依存，两者是辩证关系。

随着社会的进步，重大建筑方案的抉择机制也进步了，但终究实行的是代议制，抉择的结果不可能人人满意。根源在于社会是分层的、分裂的，不可能出现舆论一致。制度最民主的国家选出的总统，也都有不满意的人和持不同政见的反对派，建筑也是如此。

建筑师也有自己的“期待视野”，那是从他所受的教育，长期的生活经验和职业经历中形成的，在此基础上，临到一项设计任务，再按设计条件与要求，以及对当时当地建筑趋势的领悟，形成具体的设计理念。建筑设计理念是建筑师期待视野的核心。

建筑物建成后，如果建筑观赏者及批评家的期待视野与建筑师的期待视野相符，该项建筑便能获得好评；如果不甚符合，评价走低；如果两者抵牾，则招来恶评。

物以类聚，人以群分。在建筑观赏和评价活动中，个人的期待视野有差异，但按大同小异的原则，又分为成若干类别。就社会整体看，个人的期待视野与他所处的社会层位大有关系，大体说来，官方人士是一类别，社会文化精英是一类别，中产大众是又一类别。

在我国，30年前，官方人士是主导方，他们与社会精英紧密联系，两方面的期待视野是一致的，大众没有独立的话语权。近30年来，在改革开放和市场经济的推动下，形势丕变。官方人士方面有所变化，最显著的是中产大众突起，精英人士的声音相对弱化。中产大众的文化倾向，与社会精英的正统高雅文化明显不同，趋向是追新好奇，它藉现代媒体之助，掀起一波又一波快变的流行文化浪潮。

在这样的社会文化格局和态势下，社会各个文化领域都出现变化，文学方面早就出现改变，书刊市场也与前不同。公众对建筑的审美心态和期待视野也发生变化。拿北京50年前建造的人民大会堂等一批标志性建筑物，同最近几年新建标志性建筑物如国家大剧院等作一比较，就可看出改革开放、社会经济体制和文化态势的改变，对人们建筑方面的期待视野和接受状况的改变是多么明显。这也不难理解，30年前，人民群众吃饭穿衣都要票，建筑形象如何不大上心。现今，旅游成了群众运动，出国游都不稀奇，国内外信息又多又快，大众眼界大开，见怪不怪，什么奇装异服都有人爱，什么奇特的建筑形象都有人喜欢，今非昔比，大众对建筑的欣赏趣味与20世纪50年代大不相同了。

20世纪美国建筑师菲利浦·约翰逊写道：“沙里文讲‘形式跟从功能’，不对。形式跟从人民的心意”（“Form follows ideas in people's mind.”），此公并非严肃深刻的学问家，不过他的这句话有相当道理。设计者与受众之间并不绝缘，一个时代的建筑形象与同时代群众的期待视野与接受意识有互动关系。归根结底，这种变化是国家大剧院、北京奥运场馆以及央视新楼等一批新型建筑能在北京出现的群众基础和历史背景。

接受理论学者说：“在文学作品的写作过程中，作者头脑中始终有一个隐在的读者。”建筑师做设计时，脑中除了有确定的业主和使用者外，自然也会考虑未来受众对他创作的建筑形象的反应与接受的可能性，未来的受众是建筑师“头脑中隐在的读者”。不过，一位建筑师把哪一类别的人视为自己主要的“读者”，与他本人的期望视野大有关系。

先前的文学研究者把作品看成独立的、自足的东西，忽视读者的作用，接受理论反过来，重视读者的作用。但一些研究者(美国的“读者反应批评学派”，法国的“新新批评派”)又把读者的作用绝对化了。前苏联、东欧的接受理论学者反对这种观点，认为作品生产是首要的、决定性的，接受是次要的、第二位的。完美优秀的作品，才有好的强烈的效果，但作品又与读者的期待视野和接受有关，作品既要适应读者的需要，又要对读者起到引导和提高的作用，其间存在双向的、互相依赖的关系。

接受理论出现的时间还不长，理论体系尚未成熟，学者们还在探索。但是重视研究作家、作品、读者之间的互动关系这一点，对我们观察和解释建筑艺术现象有启发，我们也应注意建筑“读者”方面的状况与动向。

书里书外：《北非花园摩洛哥》

吴竹涟

未知的遥远的彼岸

《北非花园摩洛哥》一书的开篇这样描述：坐上飞机，跨过宽阔的欧亚大陆，辗转于中东的漫漫黄沙再飞越地中海蔚蓝的波涛，就可以到达“北非的花园”——摩洛哥。

没有雄伟辉煌的世界奇迹，也没有举世无双的壮丽山河，更别说欧洲那样的风情或是纽约、东京的高楼栉比。我们中更多的人，只在翻阅世界地图时顺眼扫过这个国家的名字。然而，这个陌生而遥远的地方，却无数次走进很多人的梦中。

梦境之中，你也许曾经和三毛一起走进撒哈拉，被她的爱情和快乐轻轻地滋润着。

也许你也曾在里克咖啡馆里和英格丽　褒曼一起卷入1942年那属于卡萨布兰卡的美丽爱情，那首“时光流逝”的钢琴曲在你心中荡起淡淡的悲伤。

或许你也曾徜徉在《一千零一夜》的阿拉伯街道、店铺之间，迷离错乱于时空的回转，而那以残忍著称的苏丹会在每天早上把他前夜的枕边人沉入水池。

坚韧的阿拉伯战士们骑着骏马在黄沙间飞奔，战火纷飞，英雄辈出，美丽的故事流传。

说不定你也曾经步入已故服装大师伊夫·圣罗兰那绚丽的私人花园，为那无边的想象、惊人的色彩赞叹，与他一起汲取无穷的灵感。

悠久的历史文化，与欧洲及远东从古至今不断地交流和碰撞，独特的民风和自然环境，让摩洛哥充满着与众不同的异国情调。西方人说她是欧洲的后花园，把她渲染成现代浪漫的温床；中东人说这里是西方穆斯林世界的典范，一千多年以前的古老阿拉伯经义在这里保存。

而对于许多中国人来说，这里还是一片未知的遥远彼岸。

走进摩洛哥

古罗马神学家圣·奥古斯丁在1 600多年前曾说过：世界是一本书，没有旅行过的人只读了一页。中国改革开放后的近十几年，人们生活水平不断提高，旅游成为巨大的产业，出国手续逐渐简化，普通人也能漫游世界，增长见识，身临其境地体验人类创造的奇迹和大自然的壮美。

在我周围有几十位同学或同行，大多数从事城市规划、建筑及景观设计、房地产开发、教学等工作，都对各地城市、建筑、风情、摄影感兴趣，经常利用春节、五一、十一的长假结伴同行。动作快、经济实力强的已去过近60个国家，动作慢的也去了30多个国家。每去一个国家前，大家都会到书店和网上查找一些相关的资料，做到心中有数，才能不虚此行。

去摩洛哥之前我们也到书店浏览一番，没有看到介绍摩洛哥的单行本，国内出版的非洲或北非的书中，描述摩洛哥的只有廖廖几页，很不满足。后来发现三联书店出版的Lonely Planet中文版《非洲》一书中，对摩洛哥的介绍很详细，共有52页，并将非洲的摩洛哥收进了《欧洲》一书中。此书主要针对自助游者，对景点的行程路线、住宿等级、价钱等罗列得非常详细，但没有景点图片。在网上下载了一些资料和图片，在游走中边看边问导游，证实有些资料不够准确，令人遗憾。

2008年6月参加“赴摩洛哥建筑、摄影考察团”的有15人，行程16天，书中城市出现的顺序就是我们行进的路线。

摩洛哥多彩的景观、独特的风貌、反差强烈的异国风情，给我们留下了丰富深刻的印象。它的西边是一望无际的大西洋，蓝天下微风吹拂，沙滩、泳池、酒店鳞次栉比；东边是高耸的阿特拉斯山，山下被太阳烤得红红的城堡炎热难耐；北面漫游于古罗马帝国的废墟中，但觉时空仍在城垣、街巷中流转；南面马拉喀什老城区热闹非凡的集市和错综复杂的小巷令我们流连忘返。

上述的一切，让我们萌发了要编一本书的冲动，想让更多的人了解北非西部的这一角，与同好分享我们的所见所闻。但我们逗留的时间毕竟短暂，对深层次的文化历史不够了解，所以请在摩洛哥工作的兼职导游邓嘉撰文。邓嘉是法国佩皮尼昂大学艺术史专业学士，历史专业硕士，在摩洛哥生活多年，所写文字生动流畅，在232页篇幅中，精选团员所拍近350张各具特色的照片穿插其间，版面设计活泼，印制精美，将摩洛哥的历史文化、建筑风情淋漓尽致地表现出来，读后令人神往，进入书中也是一次旅行。

生态城市博物馆

建筑是历史的缩影，不同年代的建筑能把历史痕迹保留下来，城市不仅是无数固定房屋的集合体，也是衡量一个民族或一个国家文明程度的标准。

摩洛哥的主要城市一般都分为新城区和老城区，城市本身也有两种面目：新城区干净漂亮，充满现代气息；老城区则拥挤喧闹，生机勃勃。

摩洛哥历史上四大皇城之一的菲斯，老城区1981年入选世界文化遗产名录，近千年来从没有真正改变过，即使在伊斯兰教真正的发源地中东，也不可能再看到真正属于那个神话时代的城市遗迹。然而在这里，仿佛时光停止，纹丝未变。无论是混乱拥挤的城市规划，狭窄曲折的道路小径，还是那些穿着传统长袍大声叫卖或是悠闲喝茶的居民，薄荷茶的清香，鞣皮的恶臭，婴儿的啼哭，毛驴的铁掌踏踏，好的和坏的，生老病死，衣食住行，一切都被这座老城温柔地保护起来，施施然间，已过千年。

另一四大皇城之一的马拉喀什老城区，1985年入选世界文化遗产名录。老城区被包围在16km长的红土围墙中，靠14个各具特色的大拱门与外界沟通。老城区成型于11世纪中期，在整个西方伊斯兰世界，曾长期担任政治、文化和经济中心，简直就是伊斯兰文化发展进化的标本。从11世纪一直到20世纪，各个时期有代表性的伊斯兰建筑、名胜古迹、人文景观大多数都在这里有所保存。

马拉喀什城市标志之一的美那拉橄榄园占地约100公顷，建于12世纪，在其中心，有深达几十米的大型储水池，水源从30km以外的阿特拉斯山里通过地下水引来。在当时，除了灌溉橄榄园，还供应皇家用水。整个橄榄园从800年前就采用了滴灌系统，这个埋在地下的古老灌溉系统一直正常运作到今天，使得整个园里的橄榄树长得郁郁葱葱。

在马拉喀什的东北方，有一大片野生的棕榈林，正是这片棕榈林对风沙的阻挡，才让马拉喀什能成为沙漠中的绿洲，棕榈林中有10万多棵为野生的。马拉喀什政府非常重视维护和美化这片宝贵的自然财富，将30万棵以上的各类植物移植进来，促使新的棕榈树更加容易生长出来。

这些老城区都成为巨大的、可持续发展的生态城市博物馆。

四大皇城排名第一的是现在摩洛哥王国首都拉巴特。穿过拉巴特那些土黄色的城墙和城市的燥热，就来到情调独特的乌达雅堡，在进入这里的一瞬间，你会误以为自己穿越到了一个爱琴海边上的小渔村，蓝白相间的街道和民房，气息是如此的清新，其间点缀的各式古老的小门充满情趣。在13世纪，为了保护苏丹圣战的成果，驻扎在这里的战士一代代地休生繁衍让这座城堡内部成了一个风格独特并且封闭的小渔村。这里几乎完全没有旅游开发的痕迹，更让你想象不到它居然是在一个现代化城市的中心。

伊斯兰建筑的魅力

伊斯兰建筑的清真寺早期比较简单，通常是一个封闭的庭院，庭院内四周有一圈拱廊或柱廊，朝麦加方向的一边做成礼拜殿，院落中央有水池或洗礼堂，寺内有宣礼塔，是阿訇召唤信徒做礼拜用的，少则1~2座，多则4~6座，平面为方形、圆形或多边形。

伊斯兰建筑汲取了希腊、罗马、印度古代建筑的经验，形成独特的装饰风格。主要的装饰手法是各式各样的大小尖拱、尖券。装饰的重点是门窗和券面，常用大理石板和雕花板。用作装饰的券形有双圆心券、四圆心券、马蹄形、火焰形、扇贝形等。券面上有精美华丽的雕刻。穹顶和墙面也采用手工马赛克镶嵌图案，抹灰的墙上绘制壁画，以几何图案为主。这些墙面的装饰手法很多的伊斯兰建筑显得华丽精美而无笨重感。

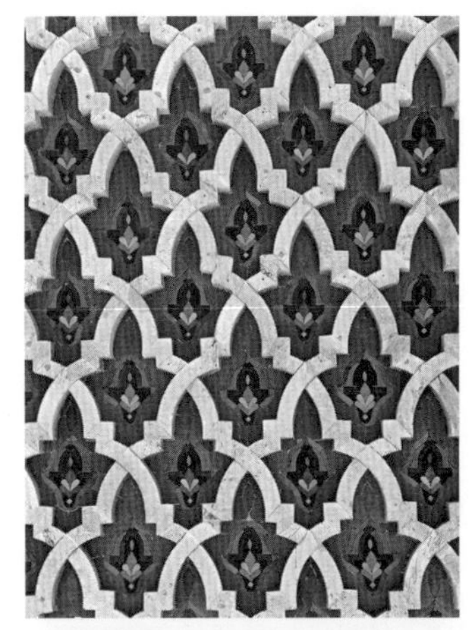

值得一提的是手工镶嵌釉面陶质马赛克的工艺，具有独一无二的特质，从10世纪一直流传至今。工匠们坐在地上，以膝盖和肩膀配合，用巨大的铁锤按照事先画好的线连续准确地敲打在釉砖上，得到那些形状各异的陶质马赛克片，即使成熟的工匠平均一天也只能做出40多片马赛克片。然后在地上，把这些马赛克片有颜色和形状的一面朝下，摆出自己需要的图案，在这巨大而漫长的工作中，唯一可以依赖的工具就是记忆。拼好的马赛克用水泥黏接，经过抛光修整后就成了Zellige产品。这些Zellige花纹繁复，颜色多样鲜艳，讲究严谨的对称，一直是欧洲和北非富贾贵胄用于装饰的至爱。

Zellige产品也可按预定的组合方案覆盖于建筑物的表层，整个墙面被装饰得如同花坛一般。这种在20世纪已经拥有更加先进设备的情况下，依然舍易取难的工艺，追求精益求精的热情，来源于对传统文化和艺术的眷恋。

读书也是旅行

80后作家九夜茴在网上写道："一书一世界，创作是件孤独的事，而阅读却可以分享。如果说写作是生活的变相纪录，那么阅读是从另一个角度观察生活。人的一生终归经历有限，在阳光灿烂的午后，捧起一本书，时光流逝的声音渐渐消失，翻开书页的那一刻就是一次新的旅行。"

《北非花园摩洛哥》一书的读者郭玲给我发来电子邮件：

"感谢作者和编辑用建筑师独特的视角，为我们开启了认识北非的窗口，那个曾经是那么遥远、虚幻、神奇、未知的地方。

当我们面对那一幅幅精美的照片，欣赏蓝色的大海，金色的沙漠，多彩的人物，古老的建筑时，我们走近了摩洛哥。

当我们阅读那一页页严谨详实的文字，品味厚重的历史，感叹辉煌的文明时，摩洛哥又走近了我们。

此书带给我们兴奋。因为作为走出国门多年的中国人，对于发达国家的都市，休闲浪漫的海滩，已不再那么新奇，倒是这些原汁原味的古城、老街，这震撼心灵的文化、古迹，更令我们喝彩。

此书引起我们思考。摩洛哥面对大洋，背靠大漠，海洋文明的开放，大漠文明的彪悍，欧洲的工业文明，非洲的传统文明，在这里撞击，在这里融合。非洲之角的神奇正是两种文明矛盾的统一。

此书是传播文化的'使者'，是认知历史的'桥梁'。

让我们感谢魅力无限的北非花园。"

另一读者万青发短信：

"我原来旅行只是看热闹，拍几张人物照片留念就走了，没有做功课。读书后，才看到其中的门道。看到封面上写着'瑰宝之旅系列（1）'，相信杂志社还会出（2）、（3）……，我企盼着！"

编辑《近代哲匠录》的感想

赖德霖

王浩娱博士、袁雪平老师，以及司春娟女士与我合作编辑的《近代哲匠录》一书荣列第一届“中国建筑图书奖”十本获奖图书之一。本来编书的目的是如孔子所希望的“举逸民”，现在连带把我们自己也给举了，所以大家都感到意外的欣喜。《建筑创作》的主编金磊先生嘱我谈谈感想，我就说说编辑这本书的三点收获和一点遗憾。

收获之一是经过近20年的努力，我和合作者们终于为中国近代建筑史厘清了一部分有关人物的史实。20世纪80年代末，在本书编辑开始之初，尽管人们都承认中国近代建筑史是一个有建筑师的历史，但事实上中国近代建筑师中留有相对完整生平和业绩记录的不过10余人，即《中国大百科全书·建筑、园林、城市规划》卷中所介绍的庄俊先生等7位和《建筑师》杂志“新中国著名建筑师”专栏中另外介绍的董大酉先生等若干人。虽然通过《中国建筑》和《建筑月刊》两套杂志，近代建筑史研究的同仁们还知道在20世纪30年代中国还有几十位卓有成就的建筑师，但十分遗憾，与他们生平相关的更多材料却不得而知。这种情形自然使得人们难以相信中国城市与建筑现代化的重任可以由如此薄弱的中国建筑师队伍来承担。现在通过名录的编纂，我们已经汇集到1949年以前中国一些主要城市的注册建筑师、主要建筑系毕业生不下2 000人的姓名、他们所办事务所的名称以及详略不等的相关材料。《近代哲匠录》一书介绍了其中的250位，内容包括人物的姓名、生卒时间、籍贯、教育背景、经历、著作、作品、其他有关材料，甚至肖像照片、一些人物之间的关系，以及他们所办的一些事务所的情况。我们与近年来关注此项工作的许多同道一起，共同弥补了此前中国建筑界自身历史的一项缺失。为此我们要再次感谢支持本书出版的北京城市节奏科技发展有限公司的张宝林先生和阳森女士，以及负责本书编辑的张冰女士（张女士出于谦虚，利用手中的“特权”把书的“后记”致谢部分中自己的名字删除了）。我们也衷心地感谢“中国建筑图书奖”的评委们对于此项工作的肯定。

收获之二是本书还汇集了许多中国近代建筑史上的文献信息。这些信息采自国内外十余家档案馆和近三十所图书馆。我们相信，这些信息本身是中国建筑学现代化过程中的一笔宝贵遗产，其汇编也可以为中国近代建筑史研究这一领域的学者，尤其是初到者们，提供一个文献学平台。

收获之三是我们尝试了一种人物辞典编纂的新体例。目前各类人物辞典大多只限于介绍人物生平与成就的基本史实，研究者除了可以检索书中所提供的信息之外，很难再在这些信息的基础上对传主作进一步研究。在《近代哲匠录》一书中我们试图在尽可能全面地介绍了每位建筑家的履历的同时，还通过“其他有关材料”和“附”两项内容尽量详细地介绍了与他们相关的其他文献的情况以及一些比较重要的文字与图像材料。这就使得这本书不仅仅是一部人物的介绍，还可以作为人物研究的一本工具书。事实上一些学友已经告诉我，他们正在以书中的资料为起点，或按图索骥，或增补订正，进一步考察中国近代建筑家们的活动。

遗憾的是，由于我们学识有限以及工作的疏忽，书中还存在着不少错误。如第155页邬达克建筑师的照片为误用。现有照片为所引文献的同页内上海公和洋行建筑师G. L. Wilson的肖像。第36页葛尚宣建筑师的照片为误置，它与照片的来源说明都属同页“顾道生”条。我们因此希望，本书还能有再版的机会，以为更正和补充（事实上我们最新发现的材料文字已近3万字）。更遗憾的是，由于中国建筑界长期忽视自身历史的整理，许多本应该很清楚的事实在今天却已经成为历史悬案。如书中所介绍的大部分建筑家的生平编年都不完整，许多人的作品情况也付阙如，甚至连肖像照片也没有。我们由此想到，中国建筑界在积极参与国家的现代化建设的同时，也应该加力建立起一套保存自身历史的机制。失去了历史的记录也就失去了存在的证明。项羽故一世之雄也，但没有《史记》，他又是谁呢？

《城记》的缘起

王 军

《城记》出版已有六年。这本书实属偶得。那是在2001年3月，我应清华大学建筑学院之邀，为纪念梁思成先生诞辰一百周年赶写一篇论文，没想到一下笔思绪如大江决堤，竟将一篇文章写成一本《城记》。

我是一名记者，白天要跑新闻，写这本书只能利用业余时间。我经常是晚上九、十点钟回到家，打开电脑写作，一抬头，天色已亮。我度过了人生最难忘的半年时光，于2001年9月完成了《城记》初稿。回想起来，那半年可谓"疯狂"。

在这之前的十年时间里，我四处寻找与这本书有关的第一手史料，采访相关当事人，整理他们的口述。日积月累，我的电脑已录入上百万字相关编年史料，还写了数百条读书笔记——我是一个笨拙的人，面对浩如烟海的文献常感力不从心，索性以最笨的方法应对：一是通读，二是作编年，三是写笔记。这个方法很是"对症"，使我顺利地走出那半年的"疯狂"。

我是学新闻的，1991年从中国人民大学毕业，到新华社当记者，跑北京城建口。一跑这个口，就知道了梁思成，还知道了陈占祥，他们二位1950年2月提出的在北京西部近郊月坛以西、公主坟以东的地区，建设中央人民政府行政中心区的建议，即"梁陈方案"，过去了那么多年，还一直被人提起。许多人一说起这个方案就十分激动，为北京的城墙被拆除，旧城没得到完整保存痛心不已。可也有人说，那个时候，新中国刚刚成立，内忧外患，百废待兴，哪有力量在西郊新建一个行政中心区呢?

这是持续了半个多世纪的争论，对"梁陈方案"的不同认识，还在对今天首都的规划建设产生深刻影响。我感到，必须对当年的情况作一番了解，否则，就难以做好手中的报道工作。

我注意到，认为"梁陈方案"在经济上不可行，即新中国成立之初国家没有力量建设新的行政中心区的观点，在很长时间，成为否定"梁陈方案"的代表性意见。甚至"梁陈方案"的同情者也认为，这个方案虽有不少合理成分，但在当时的经济条件下是不现实的[1]。渐渐地，人们几乎相信这就是盖棺定论了。

[1] 刘小石先生所著《历史城市的保护和现代化发展的杰作——重读梁思成先生论城市规划的著作》是少有的"例外"，该文发表于《梁思成学术思想研究论文集》(中国建筑工业出版社，1996年9月第1版)，毫不含糊地指出："政府行政中心建在旧城中心，其费用是更为高昂而并非更为经济可行的。"(《论文集》第30页)

有一天，我捧起了《梁思成文集》第四卷，其中收录了梁思成、陈占祥"关于中央人民政府行政中心区位置的建议"。细细读来，疑心陡起：经济上真的不可行吗?

梁思成和陈占祥是怎么说的

请看梁、陈二位的分析。

首先我们试把在城内建造政府办公楼所需费用和在城西月坛与公主坟之间建造政府行政中心所需费用作一个比较。

（一）在城内建造政府办公楼的费用有以下七项：

(1) 购买民房地产费。

(2) 被迁移居民的迁移费（或为居民方面的负担）。

(3) 为被迁移的居民在郊外另建房屋费，或可鼓励合作经营（部分为干部住宅）。

(4) 为郊外居民住宅区修筑道路并敷设上下水道及电线费。

(5) 拆除购得房屋及清理地址工费及运费。

(6) 新办公楼建造费。

(7) 植树费。

（二）在城西月坛与公主坟之间建造政府行政中心的费用有以下四项：

(1) 修筑道路并敷设上下水道及电线费。

(2) 新办公楼建造费。

(3) 干部住宅建造费。

(4) 植树费。

在以上两项费用的比较中，第（二）项的(1)、(2)、(3)、(4)四种费用就是第（一）项中的(4)、(6)、(3)、(7)四种费用。而在月坛与公主坟之间的地区，当时是农田，民居村落稀少，土改之后，即可将土地保留，收购民房的费用也极少。在城内建造政府办公楼显然是较费事，又费时，更费钱的[1]。

彼时，北京旧城之内，除外城南部的坟场、苇塘、坑洼地带，已基本盖满了房子。"梁陈方案"针对的是苏联专家在1949年底提出的以天安门广场为中心，在长安街沿线建设行政中心区的方案。后者如付诸实施，必导致大规模拆房迁民。

梁、陈二位对在旧城内建设行政中心将引发的拆迁问题，作了专门论述。

政府中心地址用地6.75平方公里，若要取此面积，则需迁移十八万二千余人，拆房一万二千五百余所或十三万余间（这样计算可能大过于实际要拆改的房屋及内中人口数目）。但无论如何，必是大量人口的迁移。迁移之先，必须设法预先替他们建造房屋，这些房屋事实上只能建在城外，或外城两隅空地上。迁移之后，旧房

[1] 梁思成、陈占祥：《关于中央人民政府行政中心区位置的建议》，1950年2月，载于《梁思成文集》第四卷，中国建筑工业出版社，1986年9月第1版，第22页。

必须拆除；拆除之后，百万吨上下的废料必须清理，或加以利用，或运出；地基亦须加以清理，然后可以兴建新房屋。这一切——兴建住宅，迁移，拆房，处理废料，清理地基，都是一步限制着一步，难以避免，极其费时、费事，需要财力的。而且在迁移期间，许多人的职业与工作不免脱节，尤其是小商店，大多有地方性的“老主顾”，迁移之后，必须相当时间，始能适应新环境。这种办法实在是真正的“劳民伤财”[1]。

他们指出在西部近郊建设行政中心区的优点包括：

在空旷的新址上建造起来，省去建造新住宅区，迁移，拆除等等的时间（建新拆旧每所共计至少四个月）与财力，不惊动居民正常生活的安宁，两相比较，利弊很显著[2]。

基于以上分析，梁、陈二位提出，“须省事省时，避免劳民伤财”是建设首都行政中心区的重要条件之一，“不必为新建设劳民伤财，迁徙大量居民，拆除大量房屋，增加复杂手续，耽误时间。”[3]

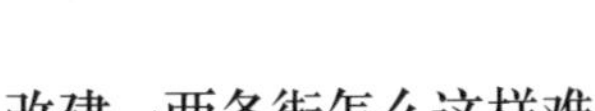

改建一两条街怎么这样难

充满戏剧性的是，旨在不劳民伤财的“梁陈方案”，却在日后被指责为劳民伤财。

1996年，北京市城市规划设计研究院编印该院已故总建筑师陈干的文集，其中即有陈干对“梁陈方案”的评论：

以旧北平市而言，1949年的国民生产总值只有3.8亿元，国民收入仅1.9亿元，失业与半失业者超过30万人，像龙须沟那样的贫民窟数以十

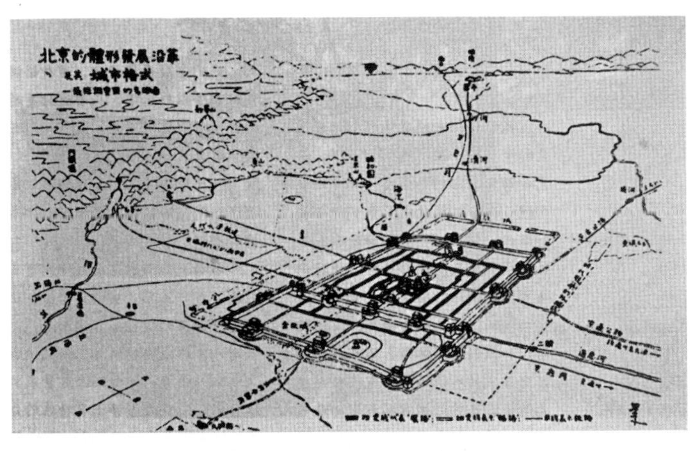

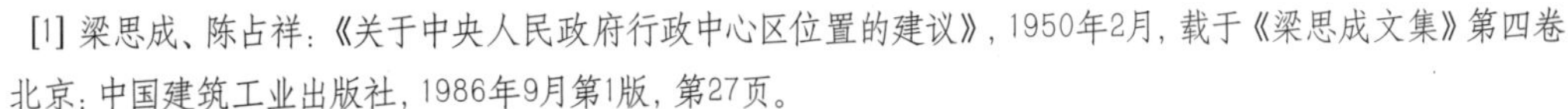

[1] 梁思成、陈占祥：《关于中央人民政府行政中心区位置的建议》，1950年2月，载于《梁思成文集》第四卷，北京：中国建筑工业出版社，1986年9月第1版，第27页。

[2] 同上注，第27页。

[3] 同上注，第7～8页。

计——那里的居民生活在水深火热之中。如果在这种情况下中央提出来要在那一片空地上大兴土木，建设国家新的行政中心，不但经济上力不从心，政治上亦将丧失民心，所以事情是不能这样做的。[1]

可略作探究：以当年北京市那样的经济实力，选择在旧城之内的居民区大兴土木，进行大规模拆迁，建设国家新的行政中心，经济上就是可行的吗？

这个疑问在我心中盘桓。我刚到新华社参加工作之时，北京市正在力推十年完成全市危旧房改造的计划，此项工作面临的最大困难，就是在旧城内搞建设，拆迁成本太高。

1997年，北京市政协向我提供的一项调查显示，旧城区危改的征地拆迁费约占危旧房改造区开发成本的50%以上。其中，仅拆迁安置用房费用就占45%左右；而在新区建设中，征地拆迁补偿仅约占开发成本的14%，要低很多。[2]

难道，在上世纪50年代，情况就是相反的吗？

事实并非如此。1956年10月10日，中共北京市委书记彭真在市委常委会上吐露真言：

一直说建筑要集中一些，但结果还是那么分散，这里面有它一定的原因，有一定的困难。城内要盖房子，就得拆迁，盖在城外，这方面的困难会少一些。[3]

那时，北京市上报中央的《北京市第一期城市建设计划要点》（下称《要点》）已实施两年。《要点》提出：必须对城区实行重点改建的方针；必须采取坚决措施，坚持由内向外、紧凑发展的方针，逐步扭转分散建筑的局面。

可两年下来，成效不彰。一个重要原因，就是各个单位怕拆迁，不愿进城，而纷纷在城外分散建设。

彭真不满地表示，先改建一两条街的问题，“这个问题过去讲过不止一次，就是没有实现”[4]。

1954年5月6日制定的《要点》，已估计到计划实施的难度，其陈述的新中国成立后北京城市建设中的“不少缺点”，即包括“在恢复时期为了避免少拆房屋，当时又缺乏总体规划，造成了新建筑十分分散的局面，全市新建的六百七十多万平方公尺的建筑物，约有三分之二是分散在城外广大地区内，城内新建房屋一般也很分散，没有形成一些新的街道和街坊”。[5]

1954年5月，北京市建筑事务管理局局长佟铮在华北城市建设座谈会上，介绍新中国成立以来北京的城市建设情况，深为许多单位不愿进城而苦恼。他说：“解放以后的新建筑有三分之二建在了郊外，最远的离天安门16公里。看来不符合‘城市的扩建或改建应由近及远、由内向外的紧凑发展’原则。但当时客观上存在着不少问题。”[6]

[1] 高汉：《云淡碧天如洗——回忆长兄陈干的若干片段》，载于《陈干文集——京华待思录》，北京市城市规划设计研究院编，1996年，第224页。

[2] 李坚：《加快北京市的住房商品化进程关键在于理顺北京市商品房价格构成，规范管理手段》，1997年8月28日，北京市政协提供。

[3] 彭真：《关于北京的城市规划问题》，1956年10月10日，载于《彭真文选》，人民出版社，1991年5月第1版，第311页。

[4] 同上注，第311页。

[5] 《关于改建与扩建北京市规划草案的一些文件》，中共北京市委办公厅印，1954年10月26日。

[6] 《1954年前后的北京建筑管理工作》，载于《党史大事条目》，北京市城市规划管理局、北京市城市规划设计研究院党史征集办公室编，1995年12月第1版，第13页。

佟铮举出的首要问题即“拆房问题”。“1952年国家政务院曾明令公布，要求建设不能影响市民居住。而北京市建筑密度平均为46%，最高的达70%。要拆房不可能不影响市民居住。其次是建设单位怕麻烦、怕花钱、怕耽误时间，情愿去郊区建。”[1]

同年10月16日，国家计委就中共北京市委《改建与扩建北京市规划草案的要点》向中央提交的报告中，也有这样的表述：“改建旧城区的主要困难之一，是拆迁与安置居民的问题。旧城内大部分地区建筑密度与人口密度过高。改建时须拆除建筑物与迁移居民的数目很大。据粗略估算，建筑一百万平方公尺的七层楼房，需拆除旧房屋十八万至二十万平方公尺，迁移居民大约二万至三万人。这不仅要解决迁移居民的居住问题，而且要影响其中许多人的职业问题（如手工业者、商贩等）和生活问题（如子女就业等），这是一个重大的社会问题。所以，以往几年北京市扩建多于改建，是有它的客观原因的。”[2]

20世纪50年代，北京的城市建设以较大规模进行。新中国成立至1957年底，全市新建各类房屋2 100万平方米，超过了新中国成立前旧城建筑面积的总和。[3]

如果改造旧城在经济上是可行的，北京市恐怕已经“从根本上”改变了旧城“古老破旧的面貌”，而不必在1958年6月23日写给中央的报告中，再作这番解释。

在1953年以前的国民经济恢复时期，不可能进行有计划的改建，只在一些空地上建了一些新房。从1954年起，开始在西长安街、朝阳门大街、宣武区西半部进行重点改建。由于拆房过多，安置居民困难很多，费用也大，从1956年下半年起，就基本上停止了改建。有些高等学校和中小型工厂，本来放在城内是合理的，但是要拆大量房子（例如1952年至1953年间，在西北郊兴建的钢铁、矿业等十个学院，就用地六百多公顷，相当于三十个中山公园，如果拆房修建，就需拆房十八万间左右），只好在城外建设。同时，为了尽量少拆房子，城内改建多是选择房屋密度低、质量差的地段，因而也就形不成比较完整的新街道和住宅区。其结果，虽然新中国成立以来我们盖

[1] 同上注，第13页。

[2]《国家计委对于北京市委〈关于改建与扩建北京市规划草案〉意见向中央的报告》（摘录），1954年10月16日，载于《建国以来的北京城市建设资料》（第一卷　城市规划），北京建设史书编辑委员会编辑部编，1995年11月第2版，第229页。

[3] 1956年，北京市规划局《关于城区改建拆房和市民迁居情况的报告》称：“解放前城内原有一千七百五十万平方公尺的房屋。”

的新房已经有2 100万平方米，而城内古老破旧的面貌还没有从根本上得到改变[1]。

城区改建计划缘何落空

在前述写给中央的报告中，中共北京市委提出一个十年左右完成城区改建的计划。

根据中央和主席最近的指示，我们准备从1958年起，有计划地改变这种状况。北京城内80%以上是平房，而且多数年代已久，质量较差，还有相当数量已成为危险建筑，每年都要倒塌几百间以至上千间，比起上海和天津，改建起来是比较容易的。而且从改善城市交通的需要来看，也必须对城区进行改建。我们初步考虑，如果每年拆一百万平方公尺左右旧房，新建二百万平方公尺左右新房，十年左右可以完成城区的改建[2]。

北京市随后对旧城改建作详细研究，1958年9月草拟的《北京市总体规划说明（草稿）》，提出“故宫要着手改建”、“城墙、坛墙一律拆掉”，表现出对旧城进行“根本性的改造”、“坚决打破旧城市对我们的限制和束缚”的决心。[3]

周恩来总理提出不同意见。1960年1月29日，周恩来听取北京城市规划汇报，表示：故宫保留，保留一点封建的东西给后人看也好[4]。

据北京市城市规划设计研究院前副院长董光器回忆，周恩来在1958年北京市总体规划上报前，小范围地听过一次汇报。当听到旧城改建大体需要花费150多亿元时，周恩来说这是整个抗美援朝的花费，代

[1]《中共北京市委关于北京城市规划初步方案的报告》，1958年6月23日。
[2] 同上注。
[3]《北京市总体规划说明（草稿）》，1958年9月，载于《建国以来的北京城市建设资料》（第一卷　城市规划），北京建设史书编辑委员会编辑部编，1995年11月第2版。
[4]《周恩来年谱（1949～1976）》中卷，中共中央文献研究室编，中央文献出版社，1997年5月第1版，第286页。

价太高了，“你们这张规划图是一张快意图，我们这个房间就算是快意堂吧！”看到规划方案在中南海西侧副轴终端放了一组大型公共建筑，准备建国务院大楼，周恩来明确表态，在他任总理期间，不新建国务院大楼。董光器的感受是：“周总理在当时对加快旧城改建持保留态度。”[1]

周恩来不支持旧城改建，一个重要原因就是经济上代价太高。后来的情况表明，正是受累于经济因素，十年左右完成旧城改建的计划，在实施中遇到很大困难。虽然1958年至1959年举全国之力进行的国庆工程加快了北京旧城改建步伐，计划中的国家剧院、科技馆、电影宫也未能完成，国庆十大建筑的内容不得不作出调整。一些民主党派人士对国庆工程提出批评，民革中央委员于学忠甚至说，天安门的工程，像秦始皇修万里长城。[2] 以当时国家的经济实力，确难支撑对北京旧城进行大规模拆除重建的计划。国庆工程结束后，“三年困难”到来，十年左右完成旧城改建的计划被迫搁浅。

1962年，北京市对新中国成立以来13年城市建设进行总结，提及“旧城改建速度缓慢”，仍是“老调重弹”；“鉴于旧城空地基本占完，改建将遇到大量拆迁，国家财力有限，改建速度不可能太快。”[3]

当年有关经济可行性的争论

行政中心设在城内或城外，哪一个更为经济？当年梁思成、陈占祥与苏联专家及其支持者，是有过争论的。

1949年底，苏联专家团在《关于改善北京市市政的建议》中提出：“按我们的意见，新的行政房屋要建筑在现有的城市内，这样能经济的并能很快的解决配布政府机关的问题和美化市内的建筑。”[4]

这份《建议》称：“认为政府的中心区建筑在城外经济是不对的。在苏联设计和建筑城市的经验中，证明了住房和行政房屋，不能超出现代的城市造价的50%～60%，40%～50%的造价是文化和生

[1] 董光器：《古都北京五十年演变录》，东南大学出版社，2006年10月第1版，第32～41页。
[2] 李锐：《庐山会议实录》，河南人民出版社，1994年6月第1版，第45页
[3] 董光器：《北京规划战略思考》，中国建筑工业出版社，1998年5月第1版，第340～341页。
[4]《建筑城市问题的摘要（摘自苏联专家团关于改善北京市市政的建议）》，载于《建国以来的北京城市建设资料》（第一卷　城市规划），北京建设史书编辑委员会编辑部编，1995年11月第2版，第161页。

活用的房屋（商店、食堂、学校、医院、电影院、剧院、浴池等）和技术的设备（自来水、下水道、电器和电话网、道路、桥梁、河海、公园、树林等）。拆毁旧的房屋的费用，在莫斯科甚至拆毁更有价值的房屋，连同居民迁移费用，不超出25%~30%新建房屋的造价。在旧城内已有文化和生活必需的建设和技术的设备，但在'新市区'是要新建这些设备的。"[1]

1949年12月19日，北京市建设局局长曹言行、副局长赵鹏飞提出《对于北京市将来发展计划的意见》，表示"完全同意苏联专家的意见"。

曹言行、赵鹏飞认为，"如果放弃原有城区，于郊外建设新的行政中心，除房屋建筑外还需要进行一切生活必须设备的建设，这样经费大大增加（据苏联专家的经验，城市建设的经费，房屋建筑占百分之五十，一切生活必须的设备占百分之五十，如果因新建房屋而拆除旧房，其损失亦不超过全部建设费的百分之二十至百分之三十），且必须于房屋建筑与一切设备完成后始能利用。新建行政中心区一切园林、河湖、纪念物等环境与风景之布置，限于时间与经费，将不能与现有城区一切优良条件相比拟。同时如果进行新行政区之建设，在人力、财力、物力若干条件的限制下，势难新旧兼顾，将造成旧城区之荒废"，"我们认为苏联专家所提出的方案，是在北京市已有的基础上，考虑到整个国民经济的情况，及现实的需要与可能的条件，以达到建设新首都的合理意见，而于郊外另建新行政中心的方案则偏重于主观的愿望，对实际可能的条件估计不足，是不能采取的"[2]。

归纳起来，苏联专家团及曹言行、赵鹏飞认为行政中心设于旧城更为经济的理由是：以苏联的经验看，拆房迁民的费用不会超过新建房屋25~30%的造价，而利用旧城内已有的生活服务配套设施，则可省去40~50%的建设投资，两相权衡，得大于失。

可问题是，行政中心设于旧城，必导致居民大量外迁，外迁居民安置区同样需要建设生活服务配套设施。这样，行政中心设在旧城可省去的相关投资也就被抵消了。

梁思成、陈占祥对此洞若观火：

"我们若迁移二十余万人或数十余万人到城外，则政府绝对的有为他们修筑道路和敷设这一切公用设备的责任，同样的也就是发展郊区。既然如此，也就是必不可免的费用，不如直接的为行政区办公房屋及干部住宅区有计划，有步骤的敷设修筑这一切。"[3]

实践印证了他们的判断。20世纪50年代，随着城区改建的推进，外迁居民点生活服务设施的配套问题日益突出。1956年，甘家口迁居区居民委员会委员等41人联名致信毛泽东主席，反映"甘家口新居住区没有一条正式的道路；没有一个诊疗所；没有一个公用电话；也没有自来水，要求增设居民必需的公共设施"[4]。对这些被拆迁居民的要求，诚如梁、陈二位所言，"政府绝对的有为他们修筑道路和敷设这一切公用设备

[1]《建筑城市问题的摘要（摘自苏联专家团关于改善北京市市政的建议）》，载于《建国以来的北京城市建设资料》（第一卷　城市规划），北京建设史书编辑委员会编辑部编，1995年11月第2版，第162页。

[2]《曹言行、赵鹏飞对于北京市将来发展计划的意见》，载于《建国以来的北京城市建设资料》（第一卷　城市规划），北京建设史书编辑委员会编辑部编，1995年11月第2版，第149~150页。

[3] 梁思成、陈占祥，《关于中央人民政府行政中心区位置的建议》，1950年2月，载于《梁思成文集》第四卷，中国建筑工业出版社，1986年9月第1版，第27页。

[4] 中共北京市委办公厅人民来信组，《处理人民来信来访工作简报》第56期，1956年7月16日。

的责任”，“既然如此，也就是必不可免的费用”。因此，苏联专家团提出的行政中心设在旧城更为经济的理由，难以成立。

以当时旧城内公用设施的状况来看，其利用价值也不会太高。梁、陈二位写道：

“现在城区的供电线路已甚陈旧，且敷设不太科学；自来水管直径已不足供应某些城区（如南城一带）的需要；下水道缺点尤多。若在城外从头做起，以最科学的，有计划的，最经济的技术和步骤实施起来，对于北京的水电下水道都是合理的发展。最近电力公司的一位工程师曾告诉我们，政府中心若在城外西郊，可使供电问题大大的简易化，科学化，比在旧城内增加容易。凡此一切都是我们所应考虑的。”[1]

那时，旧城内的排水系统多为明清时期留下来的，自来水、电力等也只是在民国时期初步发展，要对这些设施加以利用，也必须改造或新建，同样需要花钱。

20世纪50年代，许多办公大楼进入旧城之后，基础设施接济不力，已成为一大问题。1962年，北京市在对新中国成立以来13年城市建设所作的总结中，陈述了这样的事实。

“城区改建中，市政建设与房屋建筑的配套发展还不够，其中最突出的问题是，有些地方盖了一些大楼，但没有埋设相应的供水干管，造成供水紧张。例如，朝内大街、猪市大街两侧盖了许多大楼，如冶金部、文化部、华侨大厦等，用水量较原来平房用水成倍增长，但仍使用原有管径为100毫米的管道供水，因而形成由王府井大街北口到南小街的区域性供水压力下降，勉强维持二层楼房有水。全城区在用水高峰季节供水压力不足的建筑约有350万平方米左右。城区还有不少严重积水地点，有不少道路卡口交通不畅，热力煤气管道还只是开始建设，远不能满足需要。另一方面，城区已经埋设了大量的市政地下管线，到1961年底约有1 750公里，相当于解放初期的四倍。在许多地方，为了少拆房，把管线埋设在原有胡同和窄小的便道下，造成管线曲折，将来成片改建时，有些管线还很可能要废弃掉。目前大部分能埋设管线的便道和胡同下面都已挤满了管线，近期再要埋设较大的地下管线势必要拆房或者掘路。”[2]

如果苏联专家团提出的理由成立，我们就难以解释这一窘境。

“利用旧城”不等于“改造旧城”

可见，“梁陈方案”并非经济上不可行。

相反，在新中国成立之初百废待兴的情况下，大规模拆建居民密集的旧城区，才是经济上不可行的。

行政中心区并非一夜之间可以建成，当时政府机关必然要利用旧城内已有设施办公，但这并不意味着改造旧城就是理所当然的。一些否定“梁陈方案”的文章，均将“改造旧城”混同于“利用旧城”，似乎当初利用旧城是必然的，后来改造旧城就是合理的。这在很大程度上误导了人们对那段历史的认识。

事实上，“梁陈方案”针对的，并不是当时政府机关是否应该利用旧城已有设施一解办公燃眉之急的问

[1] 梁思成、陈占祥，《关于中央人民政府行政中心区位置的建议》，1950年2月，载于《梁思成文集》第四卷，中国建筑工业出版社，1986年9月第1版，第27页。

[2]《北京市城市建设总结草稿（摘录）》，1962年12月15日，载于《建国以来的北京城市建设资料》（第一卷城市规划），北京建设史书编辑委员会编辑部编，1995年11月第2版，第359～360页。

题，而是——行政中心在城内改建或在城外新建，哪一个更为经济并有利于全市的发展?

梁、陈二位并不反对利用旧城，他们在方案中甚至提出“留出中南海为中央人民政府”，只是考虑到“行政区是庞大的政府工作的地区”，“既无法在旧城区内觅得适当地点，足够容纳所定人数，亦不宜于在城区内建立主要的重心，集中工作人口”，才建议设在西部近郊建设[1]。

他们并不要求短时间内完成行政中心的建设，而是提出“要按实际发展的需要，有计划地逐步进行，以配合财政情况及技术上的问题”[2]。

他们对行政中心位置的经济性分析，已为实践证实。我们只能从其他方面来寻找或解释“梁陈方案”未被官方采纳的原因——这是当年我动笔写作《城记》时，内心的强烈感受。

经济问题仅是“梁陈方案”涉及的诸多方面之一。在方案的结论部分，梁思成、陈占祥写道：

“我们经过半年缜密反复的研究，依据种种客观存在的事实分析的结果，认为无论是为全面解决北京建设的问题，或是只为政府办公房屋寻找地址，都应该采取向城外展拓的政策。如果展拓，我们认为：

政府行政中心区域最合理的位置是西郊月坛以西，公主坟以东的地区。

因此我们很慎重的如此建议。

我们相信，为着解决北京市的问题，使它能平衡地发展来适应全面性的需要；为着使政府机关各单位间得到合理的，且能增进工作效率的布置；为着工作人员住处与工作地区的便于来往的短距离；为着避免一时期中大量迁移居民；为着适宜的保存旧城以内的文物；为着减低城内人口过高的密度；为着长期保持街道的正常交通量；为着建立便利而又艺术的新首都，现时西郊这个地区都完全能够适合条件。”[3]

后来，梁思成向彭真直言：“在这些问题上，我是先进的，你是落后的”，“五十年后，历史将证明你是错误的，我是对的”。[4]

1971年底，“文革”中遭到迫害的梁思成，在生命的最后旅程里，对前来探望他的陈占祥说：“不管人生途中有多大的坎坷，对祖国一定要忠诚，要为祖国服务，但在学术上要有自己的信念。”[5]

1994年3月2日，77岁高龄的陈占祥先生接受我采访，谈及“梁陈方案”两度落泪。

2001年3月底，《城记》动笔后不久，我想请教陈占祥先生一个问题，打电话过去，得知先生刚刚于3月22日病逝。

这使我加快了敲击电脑键盘的速度。

[1] 梁思成、陈占祥，《关于中央人民政府行政中心区位置的建议》，1950年2月，载于《梁思成文集》第四卷，中国建筑工业出版社，1986年9月第1版，第22～23页。

[2] 梁思成、陈占祥，《关于中央人民政府行政中心区位置的建议》，1950年2月，载于《梁思成文集》第四卷，中国建筑工业出版社，1986年9月第1版，第23页。

[3] 梁思成、陈占祥，《关于中央人民政府行政中心区位置的建议》，1950年2月，载于《梁思成文集》第四卷，中国建筑工业出版社，1986年9月第1版，第24页。

[4] 梁思成，《大屋顶检讨》，1955年5月27日，林洙提供。

[5] 陈占祥，《忆梁思成教授》，载于《梁思成先生诞辰八十五周年纪念文集》，清华大学出版社，1986年10月第1版，第52页。

建筑学人眼中的60年期刊回溯

与书一样，几十年的期刊发展也是从无到有，从单一到多元，波澜壮阔。曾经参与其中发展的杂志主编和资深编委更能体会现象背后的实质，那就是伴随共和国一起成长。

筚路蓝缕　兼收并蓄

——记《建筑学报》50年

马国馨

2004年是《建筑学报》创刊50周年。作为国内历史最久的权威建筑学术刊物，我一直是她的忠实读者。自1959年上大学学习建筑以后，我就开始订阅《建筑学报》（以下简称《学报》），记得当时收到的第一本杂志就是《学报》1959年9–10期的国庆十大工程的专刊。此后除极个别的几期外，历年各期基本保存完好，即使是在1960年7月~1962年6月间，《学报》由建筑学会和土木工程学会合办，有一大部分内容都是艰深难懂的结构计算理论，但还是照订不误。另外那时还经常去东安市场的旧书店淘寻1959年以前的《学报》，运气还不错，买到了1956年以后的若干期，所以《学报》成了我积累数目最多的一本建筑类杂志，可以不时翻阅，从中找到许多有用的资讯。从1985年起我又试着给《学报》投稿，承编辑部各位前辈的提携和指点，前后署名或执笔的文字也有近三十篇，看到印成铅字的文章除了感到那种文章发表的喜悦外，更多的是感到来自刊物的支持和鼓励。1990年起，我有幸成为第五届编委会成员，利用每年编委会的机会，除了参观学习一些工程项目之外，更增加了向其他编委和各地同行请教和交流的机会。到2002年9月《学报》第六届编委会成立，我又忝为编委会主任。由此看来和《学报》还是有着难解难分的缘分。

在和《学报》几十年的交往中，我把《学报》当作自己继续学习的老师，她教给我们许多是书本上无法学到的知识；我又把《学报》看作一扇打开的窗户，从这个窗口可以看到国内外的最新动态和科技进展；而《学报》又是笔谈的重要平台，我都是通过《学报》和许多前辈和同行神交、相识以至成了好友；当然《学报》也是了解有关政策方针的权威渠道，所以长期以来《学报》一直是我心目中十分重要的工具书和百科全书。

然而在《学报》已进入"知天命"之年的时刻，我觉得更应该从一个新的视角和切入点来看《学报》，那就是从历史的角度和观点。亚里士多德说："历史不能只记载一个活动，而必须记载一个时期。"五十年完全可以称得上一个时期了，五十年的《学报》是一个重要的编年记录，它是那个时代活生生的重要史料，是每一个研究中国现代建筑的历史学家都必须利用和参考的文字历史。

（一）

研究中国现代建筑史的邹德侬教授曾经一针见血地指出："建筑活动一向受到政治环境的影响，古今中外，概莫能外。在中国现代建筑中，政治因素影响强度之大，持续时间之长，世界范围也算少见。”就是说在过去的年代，建筑活动已经成为政治活动的重要组成部分，所以《学报》也如实表现了这一政治活动进程。

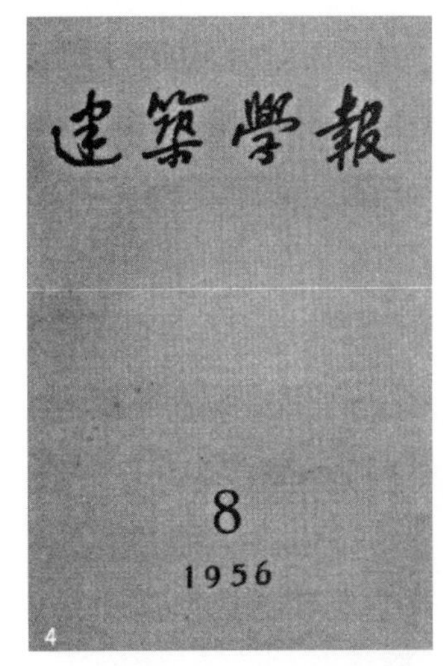

在改革开放以前的年代，把建筑界比之为工程科技界中的“文艺界”是毫不为过的。因为除了大的政治运动外，所有经济建设和设计战线的各种政策变化，建筑界都首当其冲，所以《学报》的沉浮起落就是很自然的事了。《学报》是在1953年10月中国建筑学会第一次代表大会以后组织了第一届编委会，梁思成为主任，在1954年创刊，当时印数也就1 000多册。在经过经济恢复时期之后，我国进入了第一个五年计划的建设时期，当时强调向苏联学习，学习社会主义的设计思想。所以《学报》的发刊词中说：“本学报将以行动来响应毛主席所提出学习苏联的号召，以介绍苏联在城市建设和建筑的先进经验为首要任务。其次是介绍我们自己在建设中的经验，通过本刊开展批评和自我批评”、“要学习苏联各民族的建筑师创造性地运用遗产的观点和方法。”1954年9月一届人大一次会议已经批评了建筑中的浪费现象，此后11月，苏联召开了有六千人参加的第二次全苏建筑工作者会议，当时的赫鲁晓夫作为苏共第一书记批评了建筑中的浪费并提出要摆脱斯大林时代的建筑上古典主义和折中主义束缚。中国此后也下达了组织学习的决定，刚出了两期的《学报》受到批评也为此停刊了七个月。学会秘书长汪季琦回忆：“……出了两期之后就碰上批评建筑界的复古主义的运动，停刊整顿，差不多半年之后才复刊。”到1955年在全国范围内开展了一场反对建筑中浪费现象的运动，这表现在《人民日报》3月28日以《反对建筑中的浪费现象》为题的社论，及此后的一系列社论。“建筑中浪费的一个来源是我们某些建筑师中间的形式主义和复古主义的建筑思想……他们往往在反对‘结构主义’和‘继承古典建筑遗产’的借口下，发展了‘复古主义’，‘唯美主义’的倾向。”虽然社论中也提出这种倾向“首先要由有关的领导机关负责”，但实际后来却演变成了对梁思成先生为代表的“资产阶级唯心主义建筑思想”以及相关建筑师的公开批判。开始是对友谊宾馆、四部一会以及地安门招待所的批评，当然建筑界更不能置身局外，于是《学报》又在1955年8月复刊，把原来的8开本改

为16开本，并组织了一系列批评梁思成先生的文章，接连用三期陆续刊登，虽然这场批评在规模和方式上还是有节制的，但在学术问题的讨论上仍然留下了搞政治运动的烙印，并必然要归结到无产阶级和资产阶级的斗争上来。

从百家争鸣而后又转入反右派斗争，在《学报》1956~1957年的各期中得到充分反映，恐怕也是研究这一段历史的最重要记录了。1956年初周恩来“关于知识分子问题的报告”和毛泽东“百花齐放，百家争鸣”的提出使思想活跃的建筑师群体包括专家、教授和在校学生又有了一次表现的机会，《学报》在1956年刊登了第5期董大酉、戴志昂、王明炯等人，第6期林克明、鲍鼎、叶仲矶、邓焱等人，第7期张开济、邹至毅、朱亚农、李锡均等人，第9期的杨廷宝等人的文章，当时人们的心情就像林克明先生说的：建筑师从有自卑感，怕扣帽子，怕犯错误而“三缄其口”，到打消顾虑，相信“有独立思考的自由，有辩论的自由，有创作和批评的自由，有发表自己的意见，坚持和保留自己意见的自由”（引陆定一语）。当然也还有《学报》第6期上清华学生蒋维泓等人“我们要现代建筑”的文章，以及由此引起的争论。在1957年发表“关于正确处理人民内部矛盾的问题”和“关于‘整风运动’的指示”这一段期间，《学报》的内容并没有太多反映“山雨欲来风满楼”的形势，只在7月31日出版的第7期上转载了梁思成先生7月14日在《人民日报》上的文章“我为什么这样爱我们的党”，看得出这是在6月8日“这是为什么”社论，并开始“反右派”运动以后的及时反应。北京建筑界是从8月起陆续召开“反右斗”争大会的，这些内容在《学报》的第9期、第11期得到完整的记录，“反右”专辑的页码从原来各期的68页增至124页。“过去是很不对头，经常闹意见”的陈占祥和华揽洪被作为“反党联盟”来揭露和批判，并在第11期上刊登了陈、华二人“我的右派罪行”和“低头认罪”的文章，发表了学会理事长在大会上的讲话予以定性。对这段历史已有许多专著和回忆提及，故不再详述。《学报》对于这段历史，在1982年第10期专门发表了“纠正1957年学报对华，陈两同志的错误批判问题声明”对当年“混淆了学术和政治的界限，不是实事求是”的做法予以拨乱反正，做了必要的交代。

“大跃进”，人民公社化，鼓足干劲，力争上游，多快好省的年代在建筑界就是在双反，务虚，红专辩论运动后的高举红旗，政治挂帅，群众运动，技术革新和革命，快速设计。《学报》也适时改为10开本，编辑部那时经常转载或发表一些政论性的文字。以紧跟当时的形势。在这一期间有关建筑方针政策的讲话和文章比重逐渐增多。在1959年庆祝建国十周年的9-10期合刊上，还专门发表了“以更大的成就来欢庆伟大的建国十周年”的社论，随形势需要而发表编辑部的社论成了“文革”以前《学报》的重要特色。其间随形势的变化及新的方针政策，如“大地园林化”（1960），“调整、巩固、充实、提高”(1961)，“调整和精简全国建筑勘察设计机构”（1962），“工业学大庆，农业学大寨、全国学人民解放军”(1963)，“严禁楼堂馆所建设”(1964)“投入群众性的设计革命运动中去”（1964）“正确的设计从实践中来”（1964年）等均有所配合和反映。但随着毛泽东关于《文艺界整风报告》的批示：“这些协会和它们所掌握的刊物的大多数十五年来，基本上不执行党的政策。”阶级斗争也被运用到设计学术领域，随即扣了许多“高标准”、“封资修”、“洋怪飞”的帽子，《学报》又一次停刊一年。

1966年《学报》再次复刊以后，对前一段工作有所说明："近几年中，我们一方面组织了建筑工作积极支援农业生产和为城乡人民设计住房的报道，并且配合中国建筑学会的学术会议报道了一些一般标准的住宅设计；另一方面也存在着缺点和错误，主要是脱离政治、脱离实际、脱离群众和划不清建筑领域中两种思想和两条道路斗争的界限。例如，几年来曾突出地报道了'高、大、洋、古'建筑设计的文章。其中，有的大谈所谓超政治的建筑艺术，有的宣扬贪大求洋的过高标准，有的无批判地推崇古典园林和古典建筑，有的盲目介绍'洋建筑'。这些脱离现实的设计思想和学术观点同社会主义建设总路线和自力更生、勤俭建国的方针是不相符合的。"复刊后的1966年第1期除了采用郭沫若手书的刊名，页码从40页减到了32页，价格从五角降到了三角八分，取消了以前各期均附的英俄文目录外，更努力"突出"政治，政治挂帅，版面上林彪的题字，《红旗》杂志的社论，以及此后各期大量政论性的文章、图片、学习体会、批判文章，到第6期时已经完全是政治性的内容了，如八届十一中全会公报，关于无产阶级"文化大革命"的决定，林彪的国庆讲话，《人民日报》和《红旗》杂志的社论，以及批判刘秀峰"创造中国的社会主义的建筑新风格"的文章，以至有的读者批评"还不如看《人民日报》"。但就是这样《学报》仍未逃脱停刊整顿的命运，并且一停就是六年多。

当时建工部党委在写给国家建委的报告中说："中国建筑学会长期以来为资产阶级'专家'、权威和钻进党内的资产阶级代理人把持，《建筑学报》已成为宣扬封、资、修，反党反社会主义、反毛泽东思想的工具。""对建筑学会、《建筑学报》的错误必须彻底批判，《建筑学报》必须彻底改造。"后以建工部党委9号文件的名义下发，对《学报》做了宣判。

1973年《学报》再次复刊，虽然"文革"已近尾声，但由于此前对《学报》的定性，当时"批林批孔"、抓革命促生产等运动以及"四人帮"的干扰，看得出这一时期的《学报》十分谨慎，小心翼翼，生怕再犯错误。所以那时每期首页必登《毛主席语录》（1976年底止）。文章中涉及伟人语录必须用黑体字（到1978年1期止），毛主席逝世时还出了仅20页的特刊（1976年3期）。《学报》的真正解放恐怕要到1978年全国科学大会之后的1979年，在1977年已开展工作的建筑学会1979

年4月在杭州召开会议，宣布国家建委党组撤销1966年的9号文件，为中国建筑学会和《建筑学报》恢复名誉。会议指出"'文化大革命'以前，在建筑学会和《建筑学报》的工作中，虽然不可避免地存在着一些缺点和错误，但始终坚持了社会主义道路，毛主席的革命路线一直占主导地位，成绩是主要的，不可否认的。""为了落实党的政策，调动建筑界广大科技人员的积极性，更好地开展学会工作，所有强加于建筑学会和《建筑学报》的污蔑不实之词，均应彻底推倒，凡因参加学会组织、学会活动以及因刘秀峰的前述文章而受到迫害、株连的同志，应一律平反，恢复名誉"。又一年多以后的1981年，《学报》在经历季刊、双月刊的变化以后，重新以月刊出版至今。后来，在办刊方式上也有所灵活，在1982年4期，尝试刊登了一页液压式结构体疲劳试验机的广告，此后广告页面逐渐扩大，至今已到15页左右，从1995年起《学报》又从16开改为大16开，纸张和印刷也更为精美，页码也由过去的70页增加到今年的96页，价格保持较为经济的20元。尤其在1980年代以后，建筑类期刊竞争十分激烈之际，仍能保持每月数万份的销量也实属不易。

改革开放以后，尤其是从计划经济向社会主义市场经济转型，并加入世界贸易组织以后，城市化、特区、开发区的建设以及房地产市场的大规模开发，使建筑设计进入了一个更为宽松和活跃的环境，相形之下，人们更注重商业化的炒作，各级主政者更关心"形象工程""政绩工程"的成果，而电视、报纸等更快、更直接、更形象的媒体被大量利用，信息时代的多种手段使得学术性的刊物就不像过去那样引人注目，受到许多商业化操作的冲击，因此刊物的经营自由度增大而难度也更大了。

(二)

作为《学报》这样的综合性学术性刊物，尽管国家的政治形势有沉浮起落，但在五十年里它的学术性还是努力贯彻始终的，所以从《学报》可以全面地反映我国建筑设计的发展史、建筑技术的发展史、建筑类型的发展史以至建筑评论和建筑理论的发展史。从《学报》众多的栏目设置，诸如：会议论文、建筑理论、建筑论坛、建筑教育、建筑作品、设计研究、景观设计、住宅设计、作品专集、建筑技术、城市设计、建筑大师、人物访谈、建筑评论、国外建筑、评奖与竞赛等及近五十年的历时比较也可看出其发展轨迹及方向。

五十年的《学报》中，在建筑类型和技术方面占有篇幅最多的恐怕就数居住建筑了。住是人们衣食住行的四大基本要素之一，也是人口增长、城市扩张的主要建筑类型，体现了人们的生活水准，并且工程建设量也最为巨大，因此受经济、政治等的影响也最大。

解放初期大量"工人新村"投入建设，大多是砖木平房或2~3层建筑，如上海的曹阳新村（1956年2期）、控江新村，北京复兴门外真武庙邻里，三里河铁道部住宅区。从1953年"一五"计划，开始学习苏联的大单元设计，如北京三里河、西直门、百万庄住宅和长春一汽福利区住宅等，"合理设计，不合理使用"。在1955年提出的五开间一梯两户或三户的通用图，平均每户63~99m^2，在一种开间和一种进深的基础上，已采用了预制混凝土方孔板和楼梯跑。当时在《学报》1956年8期还专门介绍了当时苏联的一梯三户和四户住宅的设计竞赛方案，平均每户40m^2。1957年2期、3期先后介绍了北京地坛北居住区和幸福村街坊的设计，分别采用了内廊式和短外廊式，除住宅单元的分析外，对于俱乐部、托幼、商业服务业、学校等附属设施也已有定额加以规定，对绿化、活动场、交通等问题也有较深入研究。同样在全国开展“反浪费”的形势下，国家规定了住宅的经济指标，当时1957年7、8期宋融和刘开济先生“关于小面积住宅的探讨”就是在当时最大地发挥投资效益，缓和住宅的紧张，并能相应地改善一些居住条件的探索。当时北京1958年的通用图户均面积为37~40m2左右，由于造价和面积指标的限制，居住条件较差，因此被称为“窄、小、低、薄”。1958年6期“大跃进中居住建筑设计方案介绍”中介绍的各地住宅单方造价为11~22元/m^2（1~2层混合结构）、20~37元/m^2（3~4层混合结构），还有的住宅采用土坯拱，并在土坯内配竹筋，相应的还有人民公社新建居民点的示范性设计（1959年2期），嘉定县长征人民公社居民点住宅(1960年3期)等。当然那时也有许多新技术、新材料的探索，如非蒸压矽酸盐大型砌块装配式、振动砖壁板，轻质混凝土外墙板等。当时提出“标准设计同样采取群众运动的方法，大搞竞赛评比和集体创作，这不仅大大缩短了设计时间，而且也大大提高了设计质量”，是大跃进的新气象。住宅为了给解放妇女劳动力创造条件，为实现家务劳动社会化创造条件，满足生活集体化的要求，还设计了“旅馆式”“公寓式”住宅和人民公社大厦。

从建筑学会1959年5月在上海召开“住宅标准及建筑艺术座谈会”以来，关于住宅问题的研究十分活跃，那时几乎每期《学报》都有涉及住宅的会议、研究和方案介绍。如戴念慈先生“关于住宅标准和设计中几个问题的探讨”（1961年3期），湛江讨论城市住宅和农村住宅问题（1961年12期），“居室的平面布置和居室大小问题”（1962年3期），无锡讨论城乡住宅建设（1963年12期），杨春茂理事长的专题讲话（1964年2期），当时也还有联排式住宅的探讨（1963年8期），上海闸北蕃瓜弄改建（1964年2期）等示范性例子，但由于当时主张“先生产，后生活”，专门贯彻干打垒精神，降低非生产建筑造价，有的设计院著文提出：“民用建筑实行‘干打垒’是设计工作中的一场革命，其优点是：可以发扬延安作风，缩小城乡和工农差别，降低造价，因地制宜，就地取材，技术简单。”（1966年2期）北京市就有过240厚空斗墙的低标准住宅，简易门窗，无纱窗，无暖气，户内无卫生间，上下水分层设置，简易楼的标准让住户很难忍受。

尽管1973年复刊以后的《学报》还面临“批林批孔”“儒法斗争”和“四人帮”的干扰，但住宅的调查和研究始终是《学报》的经常性课题，如“关于住宅设计问题的调查和探讨”（1973年2期），“华北地区职工住宅方案”（1974年1期），“住宅的大模板工艺”（1975年2期）。戴念慈先生还以今兹为笔名，探讨住宅建设中的节约用地（1975年3期），认为在个体平面上做文章，比增加层数在节约用地上的效果更明显。当时国家建委建研院“关于城市住宅层数问题的调查和意见”中提出大中城市新建住宅以4~6层为宜，大城市沿街建设一部分12层住宅，但不是解决居住问题的主要途径，不宜普遍推广（1977年2期）。当时在“农业学大寨”的口号下，也有关于大寨公社厚庄新村，绍兴上旺大队，深县后屯大队（以上1975年4期），湖南农村房屋建设调查（1976年2期）等。

1978年全国科学大会的召开及年底十一届三中全会的召开，把全党的工作重点转移到社会主义现代化建设上，以1978年邓小平同志视察前三门住宅建设为契机，在住宅建设方面也出现了全新的局面。住宅投资在国家投资中的比重在“一五”期间占9.1%，“三五”期间只占4%，而三中全会以后的1982年即达25.4%，此后更是有增无减。无论从建设目标、供应体制、科学研究、新品开发、典型示范诸方面都迈出了极大的步伐。以戴念慈、张开济先生的一些探讨文章为开端，在理论上加以分析的论文比重明显增加。1979年全年6期《学报》中每期均有一定篇幅，其中包括对住宅建筑体系的评价、工业化住宅的建筑创作（1979年2期、4期），总结了当时大板、大模板、砌块和框架轻板体系的得失。有对住宅形式和提高密度问题的探讨，如跃层式、灵活间壁、内院式等。也有对建成实例的分析（如前三门住宅）。此外建设部主管部门和相关科研单位的学术研讨和专题报告也使住宅的建设更加科学，更符合居民的需求及我国的实际状况。如国家科委20世纪80年代初《住宅建设技术政策要点》提出2000年每户居民一套住宅，全国人均居住面积达8m^2/人的目标，而中国城市住宅问题学术研讨会则从住宅作用、体制改革、技术政策等方面研讨如何为20世纪实现城镇居住小康水平而奋斗（1984年3期），戴念慈、林志群、白德懋、顾云昌、朱嘉广、屈浩然等专家都有论文发表。刊登了中法住宅学术研讨会(1985年2期)，鲍家声先生关于支撑体住宅规划与设计的研究(1985年2期)，以中国建筑标准设计研究所牵头负责的“改善城市住宅建筑的功能与质量”课题组关于小康型城市住宅设计研究从住宅组团、住宅套型、住宅室内等角度进行了研究(1989年6期)。进入90年代以后这种研讨就更为活跃，如对复式住宅的讨论（1991年4期），菊儿胡同的实验(1991年2期、12期)，全国住宅网的第五届年会(1993年3期)，中国城市小康居住目标预测（1993年7期），从三个层次十二项指标对目标内涵作出界定并提出建议。在1994年2期《学报》新设了房地产开发研究专栏，并由宋春华先生撰写了“论我国房地产业的发展与对策”，表明对日益红火的房地产业的研究也提上了日程。1994年11期《学报》还专门出版了住宅专集，据我统计在《学报》历史上共出过4次专集，前三次分别是国庆十大工程（1959年9–10期合刊）、毛主席纪念堂（1977年4期）和亚运会工程（1990年9期），由此可见对住宅问题的特意关照。1995年9期为推进住宅产业化，构建新一代住宅产业，报道了经国家科委批准的国家重大科技产业工程项目“2000年小康型城乡住宅科技产业工程”，并配发了“回顾与展望”“21世纪住宅设计原则”“2000年小康住宅示范工程规划设计导则”等。建设部的部和司局领导也先后就住宅问题发表谈话或论文，如叶如棠在住宅设计研讨会上的讲话（1999年2期）、宋春华“世纪之交住宅建设问题的思考”(1999年10期)、“小康社会初期的中国住宅建设”(2002年1期)、“选择资源节约型发展模式”(2004年1期)、聂梅生“住宅产业现代化所面临的挑战”(2000年4期)、“新世纪我国住宅产业化的必由之路”(2000年7期)等等。

与此同时，住宅设计方案的国际国内竞赛和评比也从另一方面对住宅的健康发展加以引导。1979年的全国城市住宅方案提出要“住得下、分得开、住得稳”；1984年的全国多层砖混住宅新设想着意于提高工业化水准；1987年的“七五”城镇住宅在大厅小卧室方面的探索表现出住宅已经从睡眠型向起居型发展；1989年的首届城镇商品住宅竞赛开始注重中小套型商品住宅设计和室内外环境的创造，注重从居住性、舒适性、安全性、社会性和经济性来评价，表明住宅由生存型向小康型过渡，由福利分配向商品住宅过渡。1992年中国“八五”新住宅设计竞赛，强调居住条件的改善除“量”的满足，还包含“质”的提高，而提高设计水平是关键所在。在1994年4期报道国家重大科技产业工程项目2000年城乡小康型住宅综合示范工程启动，这表明将住宅的科研、开发、生产环节更紧密地结合起来，以科技为先导，以社会化大生产为手段，以形成小康居住环境为目标，为未来城乡住宅的进一步发展提供导向和示范。同年11期专门报道了合肥、青岛、常州、济南和石家庄五个城市的城市住宅小区建设试点，从室内环境的空间组织、空间利用、适应性和可变性、厨卫布置、室内物理环境、室外环境的延续、城市文脉、保护生态环境、组织空间序列、设置安全防卫、建立服务系统、塑造宜人环境等方面进行了示范。1996年的住宅提出：造价不高水平高，标准不高质量好，面积不大功能全，占地不多环境美。1997年3期报道了1996年上海住宅设计国际竞赛，国内外送交方案503个，参加单位142家，其中58家国外单位来自15个国家，其余84家来自国内，清华大学朱文一等的“绿野、里弄构想——人与自然的对话”获金奖。主办者力图通过竞赛拓宽思路，寻找新的模式。此后1999年6期“迈向21世纪的住宅”竞赛，则在以前的基础上更强调可持续发展，合理利用资源，加大科技含量，注意生态平衡。进入新世纪以后，各地房地产开发日见活跃，《学报》上的介绍较之于一般商业性的炒作更具学术性和科学性，2003年3期报道了2002年全国经济适用住宅方案竞赛结果，强调面

向中低收入者的大众住宅就是服从国家宏观经济的运行及部门的重点工作，建立起“中小套型—高舒适度”的“精密设计”的理念。

以上只是集中梳理了一下从五十年的《学报》中所反映出来我国住宅的规划和建设事业一个粗线条的脉络，从中看出我们在设计理念、居住水平、生活质量、理论研究诸方面的进展。其实又何止是住宅，五十年的《学报》同样是其他许多建筑类型的不断引进、研究、开发和进步的过程，如体育建筑、医院建筑、观演建筑、教育建筑、图书馆建筑、 交通建筑、博览建筑……都在《学报》里留下了它们发展的轨迹。

(三)

中国现代建筑的发展并不是孤立的。从宏观上看，近百年来是中外交流、变化剧烈的时代，在吸收外来建筑技术、建筑理念、建筑文化的强度和广度上，都远远超出了以往。也使中国本土建筑和外来建筑的交流由闭关锁国、步履蹒跚，到国门开放、兼收并蓄。《学报》的五十年同样从一个侧面反映了与国外建筑文化的交流史、融合史、碰撞激荡史。

50年代的《学报》努力在介绍国内建筑成就和进展的同时，反映国外的建筑动态。虽然当时的方向是“要提高设计水平，改进设计质量，克服设计中的错误，就必须批判和克服资本主义的设计思想，学习社会主义的思想，特别是向苏联专家学习……”(《人民日报》1953－10－14社论)，因此“一五”期间在建立我国重点工业建设上基本照搬苏联的设计手法和表现模式，如长春一汽、哈尔滨亚麻厂、量刃具厂等，1954年中央建工部设计总局召开全国标准设计会议提出：“统一认识，交流经验，学习苏联，提高技术水平”。所以《学报》介绍苏联，介绍按苏联方法和范式建造的工厂实例责无旁贷，《学报》创刊号就用28页篇幅发表了三篇介绍苏联城市和建筑的文章。1956年8期用27页的篇幅介绍了苏联建筑师协会书记处书记沙洛诺夫的“苏联建筑的新趋向”的长篇论文，着重介绍苏共二十大以后的政策：“首先注意工业建筑和大规模建造的居住建筑和文化福利建筑的问题”，通过拟定成套的标准设计以符合建筑工业化的发展。并介绍了在住宅、小学校、电影院、疗养院等类型的设计竞赛和标准设计。1957年2期介绍了波兰彼得·萨伦巴教授“实际的城市规划问题”的文章，以朝鲜的城市为例介绍现代城市规划的方法和问题。1957年10期为庆祝十月革命40周年，还专门配发了一组四篇学习苏联经验的体会文章专辑。此外介绍莫斯科齐列穆士克9号街坊，罗马尼亚的城市规划，朝鲜城市的恢复与建设等，以及对苏联情况的介绍(1959年4期、8期)都是按照这一方针进行，虽然1960年7月苏方单方面撤走专家后，因中苏争论还没有公开化，所以如介绍住宅箱形构件(1960年3期)，波兰建筑展(1960年7期)、西南区的国际竞赛(1961年1期)照样刊出，当时莫斯科西南区竞赛由清华大学建筑系、同济大学建筑系和北京工业院合作，由中国建筑学会报送的方案被选为17个优秀方案之一，文章对竞赛情况做了介绍。直到1962年4期、8期还有苏联厂房和捷克辐射采暖的介绍，但此后相关的介绍基本就看不到了。在独立自主、自力更生的口号下，对国外情况的介绍则多限于对外经援的第三世界国家或出国考察报告，如非洲热带建筑(1962年10期)，印尼、柬埔寨、缅甸、古巴、朝鲜、越南、阿尔巴尼亚建筑介绍(1963年各期),阿拉伯联合共和国、墨西哥、加纳、几内亚、叙利亚(1964年各期)。而从1966年复刊到1978年底,《学报》上基本没有关于国外建筑的消息,进入一种“锁国”状态。

在50年代“一边倒”的时候,《学报》为介绍西方国家的建筑思潮和科学技术也曾做出过努力,如罗小未、罗维东、周卜颐等先生所写的介绍西方建筑大师密斯、格罗皮乌斯等人的专文,这大概也是国内最早有关这些人的系统介绍;周卜颐先生还专门写了“近代科学在建筑上的应用”长文(1956年4期、7期)。《学报》还开辟了“国外建筑简讯”专栏,以每期2~8页不等的篇幅介绍西方国家的建筑实录和信息,如1957年7期用2页的篇幅介绍了当时悉尼歌剧院国际竞赛的三个优胜方案,在当时也算速度比较快的了。随着“反右”运动中批判对于苏联建筑的攻击和批判鼓吹资本主义的“新建筑”之后,类似的报道和专文就极少了。1959年6期有过一次关于1958年布鲁塞尔国际博览会和法国馆的介绍,但编者特别注明这是对在莫斯科举行国际建协大会时,法国建筑师的热情友好表示。此后刊登过一篇“资本主义国家现代建筑的若干问题”(1962年11期)认为资本主义国家的建筑已“病入膏肓”。1964年10期刊登过“评西方十座建筑”,认为西方“新的形式主义建筑的一个突出特点在于它们的形式本身愈来愈丑”,基本是持批判态度。所以这时的状况正如戴念慈先生所说:“在‘独立自主、自力更生’的口号下完成任务,说明本身的技术能力已经有了一定的基础,能够依靠自己的力量进行建设。但是与此同时产生的一个消极面是,对国外的技术经验(包括西方的和苏联的)产生了一概排斥的情绪。这种情绪的发展到‘文化大革命’时期,达到了顶点……这种闭关自守、与世隔绝的状况,实际上阻碍了我们的科学技术的高速度发展,使我们与世界先进国家正在逐步缩短的科技差距,反而变得更大了。”(1984年2期)

在早年有关建筑方面的专业媒体很少的情况下,《学报》还负有报道我国对外建筑交往活动的任务。新中国成立以后,即逐渐开展了建筑师的国际交流活动,1953年6月中国建筑师代表团参加波兰建筑师代表大会,次年6月中国代表团赴华沙参加国际建筑师会议,恐怕是比较早的国际活动了。此后在华揽洪先生与他在国际建协的好友的联系下,学会的八人代表团在1955年7月参加了在海牙召开的国际建协第四次会议,中国成为国际建协的会员国,这也是新中国成立以后我国参加的第一个国际学术组织。此后在1957年的巴黎国际建协第五次代表大会上,杨廷宝先生还当选为国际建筑师协会的副主席并连任一届。在当时的形势下,除去东欧国家外,和西方的同行也有交往,这些学术交流活动在《学报》上都有所反映。在1978年和国际建协重新确立了联系以后,吴良镛先生曾担任过副主席,周荣鑫、何广乾先生等六人担任过理事,中国建筑师在国际建协中越来越活跃,并发挥着重要的作用,国际建协多次在华举行执行局和理事会。尤其是中国从1985年开始申办,经四次八年努力,在1993年申办成功,并于世纪之交的1999年成功地举行了国际建协第20次世界建筑师大会和第21次代表大会,这是亚洲第一次举办这样的大会。《学报》作为最主要的学术传媒,先后发布新闻公告,组织委员会的活动,并在1999年用1、6、7、8四期的篇幅及时刊登了有关的主旨报告和学术论文,此后还有对《北京宪章》评论的文字(2001年1期)。《学报》在国际建协和中国建筑学会、中国建筑师之间起了重要的媒介和桥梁作用。

自“文革”后1972年学会恢复了外事活动，尤其改革开放以后，对外交往更加频繁。从20世纪80年代起，《学报》开辟了“国外建筑”和“学术交流”专栏，可以理直气壮地介绍国外建筑经验和学术活动，自1986年加入亚洲建协后，国际与地区性学术活动有增无减。如从第一届起介绍了阿卡·汗奖的评选及获奖项目(1981年8期、1987年5期、1990年3期)，并集中报道第六次阿卡·汗国际学术讨论会“变化中的乡村居住建设”，这也是较早的大型国际建筑学术会议。此后各种学术会议均陆续有论文发表，如“国际生土建筑学术会议”(1986年2期)，“转变中的亚洲城市与建筑”国际学术研讨会(1990年2期)，“北京国际体育建筑学术交流会”(1991年2期)，“第六届亚洲建筑论坛”(1992年1期)，“国际建协大会论文”(1993年5期)，“建筑师职业的未来”国际研讨会(1993年7期)，“建筑学会50周年论文”(2002年1、2期)，都交流了相关的经验，提供了新理念，起到重要的指导作用。此后随着改革开放的深入，类似的“国际会议”、“高峰论坛”也越来越多，但《学报》始终本着踏踏实实、不哗众取宠、不商业炒作的方针予以反映。

与港、澳、台等地区的交流也是《学报》对外交流的一部分，尤其是改革开放以后，这些学术活动才得以大规模展开。如学会很早就提出六条建议呼吁海峡两岸建筑界共同努力加强交流(1981年12期)，另外内地和香港之间的交流不断，在有关人士的共同努力下，1988年在香港召开了第一次海峡两岸学术交流会，此后在曼谷、北京、台湾、杭州陆续举行了活动，大大增进了两岸建筑界的彼此了解和交往。关于香港建筑师的情况和香港建筑界，在香港回归前有集中介绍(1997年3、6期)，澳门的城市和建筑也在1999年12期有专门篇幅介绍。

随着开放的形势，《学报》的作者群和报道内容也逐渐更为国际化，除了我国的作者介绍国外建筑和国外建筑师以外，越来越多的国外建筑师、评论家和学者也直接为《学报》写稿。如英国D拉·斯顿爵士、澳大利亚的J.安德鲁斯等，恐怕都是第一批被中国建筑师看到的外国作者(1983年7期)，而国外建筑师在《学报》介绍自己的设计作品最早大概是日本山本忠司先生的青龙寺空海纪念碑(1983年5期)。而近年来随着我国建筑市场的开放，相关的大型公共建筑国际竞赛，国外建筑师的专稿，都使我国建筑师的眼界更为开阔，此处就不再赘述。

(四)

《学报》的五十年历程又是我国建筑师个人和群体在曲折的道路上不断探索和进取的重要见证，在这个舞台上，前后几代建筑师用他们的作品，他们的论文，他们的评论展示了他们的智慧和才华，表现了他们的理想和追求，也道出他们的困惑和焦虑。老一辈建筑师的文传身教，使我们看到了他们对中国建筑事业执著的使命感和责任感。

当时，传入我国只有几十年的建筑师这个职业，在经历了新中国成立以后短暂的设计事务所阶段，很快成立了国营的建筑公司和设计单位。如1949年10月成立的永茂建筑公司设计部(1953年改称北京市建筑设计院)，中直机关修建办事处(1953年改称中央建工部设计院)，1952年的上海市建筑设计公司(后改称华东建筑设计公司)，并随着1952年中央政府建筑工程部的成立，和对苏联设计体制和管理方式的全盘引进，确立了民用设计院和工业建筑设计院的体系，主宰了中国建筑界几十年之久。当时除少数民用设计院，大量的设计院由民用转为工业，承担了大规模经济建设的各种工业建筑设计。统一模数、标准图册，包括热电厂、水泥厂、印刷厂、纺织厂、机车厂、构件厂、肉类加工厂、农业拖拉机站……及相应的厂前区、生活间等占早期《学报》相当大的篇幅。当时的文章虽然也有少数是用设计单位或基建办名义署名，但大多数还以作者的名义发表，并注明其所属设计单位，说明当时还比较注重个人文责。从1958年起，在《学报》文章中以单位名义发表的逐渐增多，诸如设计院、建设厅、工程组、教研组，到1959年首都国庆工程专刊时几乎都是以集体名义发表的，估计和1958年“反浪费，反保守运动”中批判设计人员“追求个人杰作，树立个人纪念碑”有关。而20世纪60年代贯彻知识分子政策，调动科技人员积极性的精神传达后，个人署名的文章又逐渐占了版面的大部分。到“文化大革命”前的各期，又回到了单位集体署名的状态。“文革”后期(1973年)《学报》再次复刊，除了单位署名的特色外，还增加了带有“文革”色彩的谐音笔名穿插其间，诸如“石华坚”、“程健”、“荆圭华”、“荆鉴元”、“胡建城”、“郭建言”等，这种状况到1978年以后才有所改变，此后一直比较正常地运作至今。这个简单的文章署名问题也从一个侧面反映了不同时期建筑师所处的政治环境和精神状态，而署名的不清也为此后增加了不少署名权的纠纷和麻烦。

随着改革开放，原有设计院的体制随着市场经济体制的引入，体制改革的进一步深入，国外建筑设计的进入，从1984年起建筑设计单位的体制改革开始起步，戴念慈先生在许多场合都提到了在建筑设计上所有制的设计单位并存的可能性。1984年秋体制改革的试点单位建设部北京建筑设计事务所成立，虽属全民所有制性质，但实行企业化管理自负盈亏，按负责人王天锡的话，即探索设计单位小型化，业务范围专业化，组织系统单一化，并在《学报》1986年8期、1988年1期的专辑介绍了他们“新路新探”的设计作品选，展现了事务所在创作上的激情和活力。1987年7期又介绍大地建筑事务所(国际)的设计作品选，这是1985年1月成立的中外民办合作单位。再后有1987年10期北京中京建筑事务所作品选，这是在1985年2月批准的独立经营、自负盈亏的集体所有制单位。这些专辑的刊登起了重要的引领和交流作用。与此同时不同体制、规模的设计院、高等院校、设计顾问公司、设计事务所的设计作品选陆续在历年有所刊登，这不但是各设计单位业绩的表现和交流，同时在新的形势下，也有重要的展示和推介作用，并成为近十几年来《学报》的重要栏目。建筑师个人的作品集和国外建筑师或事务所的专辑也时有所见，如正阳卿小组作品选(1990年4期)，熊明1993~1995作品选(1995年12期)，日本久米设计作品选(2002年3期)等。

与此相呼应还有《学报》关于建筑评奖和建筑师执业注册的相关栏目。这都是改革开放以后在建筑界开展的重要活动。自1984年起建设部评选优秀建筑设计奖，《学报》作为获奖项目的公布、介绍、评析的权威刊物，都占有重要篇幅，得到广大建筑师的密切关注，此外还有中国建筑学会的建筑创作奖、青年建筑师奖，教育部的全国优秀教育建筑设计奖，中建总公司优秀工程设计奖等，都可称之为不同系统、不同部门的优秀作品的检阅和交流，同时也起到了示范和导向的作用。

《学报》的五十年是重要的理论及史实的记录，各代建筑师通过精心经营的文字来表达自己的设计理念和理想追求。《学报》创刊号上梁思成先生的论文“中国建筑的特征”提出“建筑和语言文字一样，一个民族总是创造出他们世世代代所喜爱，因而沿用的惯例，成了法式。”另一位中国古建筑研究的奠基者刘敦桢先生的“中国住宅概说”是系统研究中国住宅的第一篇著作(1956年4期)。1959年5月~6月，建工部和建筑学会在上海联合召开了“住宅建筑标准及建筑艺术问题座谈会”，除四天讨论住宅问题外，其余时间都在讨论建筑艺术问题。这是新中国成立以来、“反右”以后建筑界比较畅所欲言的一次会议，许多发言也成为研究建筑理论和建筑史的重要文献。如第一代建筑师梁思成、刘敦桢、陈植、赵深、哈雄文、陈伯齐，第二代建筑师吴良镛、汪坦、戴复东的发言(1959年6−8期)，并在1959年9−10期合刊上刊载当时建工部长刘秀峰的“创造中国的社会主义的建筑新风格”长文做结。此后影响较大的一次学术讨论恐怕就是1985年底在广州召开的“繁荣建筑创作学术座谈会”，这也是改革开放、拨乱反正之初的一次重要会议。虽然第一代建筑师中林克明、唐璞等先生参加了会议，但会议的主体发言已经是第二代、第三代建筑师了，《学报》在1986年用5期(2、3、4、6、7)的篇幅对发言做了介绍，可见对这次会议的重视。第二代建筑师中张镈、赵冬日、龚德顺、刘开济等人发了言，戴念慈先生以“论建筑的风格、形式、内容及其他”为题做了总结发言，而其他的第三代建筑师已经成为创作的中坚力量。如果和《学报》1956年6期发表蒋维泓等人“我们要现代建筑”一文之后引起一连串的政治批判相比，这时的创作环境和气氛确实要宽松得多，如在建筑学会指导下1984年4月成立的民间“现代中国建筑创作研究小组”，首先在《学报》1985年4期发表了“现代中国建筑创作大纲”，并在同年7期发表了该小组在武汉召开的首次中国建筑创作研讨会，小组的一大批建筑师成为此后一段时期内建筑创作和理论探索的活跃力量，也可见理论与创作之间的促进与互动。随着建筑学会建筑师分会的成立，医院、教育、人居、体育、工业等专业委员会的设立，学术活动更加多样，也使《学报》的内容更为丰富多彩。《学报》同时也是建筑师发表自己最新理论研究成果的最佳首发园地，诸如城市设计、生态建筑、建筑经济、建筑技术、人居环境、教育改革、理论体系、地域文化……都是通过《学报》这个窗口使业界有所了解。

与建筑理论互相配合、相辅相成的是建筑评论，对建筑师的创作思想、建筑作品的评价，对建筑思想的分析、判断，也一直是《学报》内容的一个重要方面，虽然至今人们认为我国的建筑评论无论从队伍、水准、深度各方面都还有较大差距，但从《学报》的历史看，还是做了相当的努力，尽管其中要受到许多其他方面的干扰。如《学报》创建初期同济大学翟立林先生“论建筑艺术与美及民族形式”（1955年1期）及此后与陈志华、英若聪二先生的讨论(1956年3期，1957年1、2期）和另外一些不同看法，争论还是十分热烈的。谭垣先生“评上海鲁迅纪念墓和陈列馆的设计”（1957年2期），周卜颐先生“从北京几座新建筑的分析谈我国的建筑创作”（1957年3期）“对前门饭店的商榷”（1957年4期）及陈植、汪定曾先生和张镈先生的答辩都是观点明确、文字犀利，有肯定，有商榷。但1957年“反右”以后的建筑评论则更多是批判，并在学术观点上更多地涉及政治问题。此后建筑评论一蹶不振，除少数技术问题的探讨外，很少有不同学术观点的交锋和争论，例如在人民大会堂设计过程中谭垣等先生的不同看法并未得到发表的机会并展开。这种情况一直延续到《学报》1979年第1期专门刊发了学会建筑设计委员会1978年10月在南宁会议上关于建筑现代化和建筑风格问题的一些意见，发言的张镈、林克明、徐尚志、余庆康、哈雄文、吴景祥、刘鸿典、黄忠恕、洪青等先生都是第一、二代建筑师中的代表人物，还发表了陈世民的长文“试谈建筑创作中的几个问题”。从1979年6期开辟了“建筑创作问题讨论”专栏，并根据邓小平同志视察住宅工程要求“多一些内行的人来挑毛病”发表了一组关于前三门高层住宅的评论文章。此后建筑评论又开始活跃起来。尤其是组织了一些有影响的设计作品的讨论座谈会，人们各抒己见，如1982年9期对上海龙柏饭店的创作座谈会，在设计人介绍了饭店设计构思的基础上，人们对作品的得失进行了分析；1983年3期发表了香山饭店的设计座谈会，尽管设计者贝聿铭先生当时已是蜚声中外的著名建筑师，但并没有影响与会者实事求是地对作品的肯定及提出批评意见，尤其是在选址、平面布置、与环境关系等方面提出的许多看法，时至今日还是很有启发性的。此后还组织过对北京长城饭店(1986年1期)、曲阜阙里宾舍(1986年7期)、杭州黄龙饭店(1986年1期、7期，88年

10期)等工程的座谈，这些都对当时全国旅游宾馆的建设起了重要的示范和导向作用。此外还有关于琉璃厂文化街(1986年4期)、维护北京古都风貌问题(1987年4期)、亚运会工程(91年2期)、上海新建筑(1991年8期)、清华大学图书馆新馆(1992年1期)、曲阜孔子研究院(2000年7期)、北京八一大楼(2000年11期)、浙江大学新校区(2004年1期)等，基本上都还能够比较客观地对作品做出恰如其分的评价。

上个世纪以来，在一些国家和地方的重大工程项目上，由于国外建筑师和新理念、新手法的引入，在建筑界引起了较大的反响，如国家大剧院，在1999年3期，2000年1期、11期都有截然不同的观点发表，但与社会上对这个工程和其他一些工程如北京中央电视台、奥运工程等项目的热烈讨论相比，《学报》并未及时反映出人们所关心的这一敏感热点，即使有所反映似乎也是比较情绪化、简单化的判断。

与我国如此巨大规模的建设量相比，当前也许人们更多地关注于埋头创作，对评论无暇顾及，建筑评论中缺少了一些有分量并言之有据、评之成理的中肯文字，更多地看到一些商业的包装和炒作，动辄“扛鼎之作”“大师手笔”，像早期《学报》那种观点鲜明的评论反倒不多见了。别林斯基曾说过：“关于伟大作品的评论，其重要性不在伟大作品本身之下。”对于进一步繁荣建筑创作、选择正确的方法和道路，并符合全面、协调、可持续发展的中国现实来说，准确而有说服力的建筑评论显得更重要了。

（五）

《学报》虽几经曲折，但最终和我国的建设事业同步，走上了较为宽松顺畅的坦途。梁思成先生在50年前《学报》发刊辞中明确：“《建筑学报》是一个关于城市建设、建筑艺术和技术的学术性刊物。内容主要是指导性的理论论文和重要的技术论文。本学报有明确的目的性，它是为国家总路线服务的，那就是为建设社会主义工业化的城市和建筑服务的。社会主义工业化的城市和建筑不只是经济建设，同时也是祖国文化建设的一部分。”在新世纪全面建设小康社会的今天，《学报》在坚持树立全面、协调、可持续的发展观，促进经济社会和人的全面发展的原则的同时，继续坚持刊物的综合性、学术性、权威性，解放思想、与时俱进，在回顾50年历史的基础上更好地面向未来，面向世界。

在回顾《学报》历史时，我们十分怀念历届编委会的负责人梁思成、汪季琦、金瓯卜、汪璧、王华彬、赵冬日、周卜颐、严星华、郑孝燮、王申祜、张祖刚、齐立根等前辈的辛勤努力。当然还有历届编委会编委们的鼎力襄助，我们仅列举第一届编委会的成员，他们是：梁思成、汪季琦、朱兆雪、吕有佩、林徽因、武良诚、陈伯齐、莫宗江、黄作燊、郭毓麟、程应诠、贾震、杨耀、赵深、廖祖裔、叶德灿。是他们为《学报》奠放了最早的基石。

翻阅400多期《学报》，更感到编辑部几代编辑所付出的汗水和心血。早一点的我不了解，从彭华亮前辈的回忆中提到的有章宏序、郭毓麟、邱式淦、商友菊等人，因为时间太早都没有接触，但此后因工作关系，陆续遇到张钦哲、冯利芳、陈衍庆、顾孟潮、王天锡、吴国力、周畅、范雪、曹达、王晓新、胡惠琴等人（如有遗漏万望见谅），从接触中深切感到他们甘为人梯、默默奉献、“为他人作嫁衣裳”，扶持和帮助了一代又一代的新老学人，也成为我的良师和益友。现在编辑部自然又补充了新鲜的血液。

《学报》之所以能赢得国内外读者的重视，享有很高的声誉，还应该感谢遍布全国的历届特约组稿人和一大批活跃的作者群。他们为刊物的综合性、学术性和权威性提供了坚实的保证。50年来，对论文和作者的分析尚未见到全面的整理，但1995年12期刊登了对1988~1992年的五年间60期的830篇论文的分析，从中也可看出一些具有代表性的结论。如这一阶段发表文章1~2篇的作者占总数的93.8%，说明作者面广，队伍庞大，基础扎实，发表3篇以上的占6.3%，发表5篇以上的仅占1.8%，说明活跃的作者群的比例还有待提高，并需避免作者的“老化”，以保证更广泛的权威性。从作者地区分布看，北京的作者占了人数的39.4%，论文的41.4%，表明了作者地区分布的不均匀性，尤其是西部地区，当然这里面也有20世纪80年代以后国内建筑类杂志较多，分流了一部分作者，但作为全国性的综合刊物，地区的广泛性还是要加强的。另外，台湾、香港地区的作者和论文仅占0.3%~0.5%；国外作者数仅占3.1%，论文数占3.7%，也说明《学报》作为核心刊物，要继续发展壮大，走向亚洲、走向世界还有较大的差距。从论文作者和单位系统的数量分布看，集中在设计院系统的70个单位和41所高等院校，其作者数和论文数各占到了66.7%和64.8%，说明他们是科研和设计实践的基本队伍；但随着设计科研队伍体制的多元化，房地产事业的发展，作者所属系统也随之多样化，如事务所、公司、开发商、制造商、业主等行业，也集中了大量建筑师和相关人才，需要反映这些方面的学术成果。

经过半个世纪的努力，《学报》取得的成绩是突出的，面临的挑战更是严峻的。随着城镇建设的热潮，随着人们需要和诉求的更多样化，随着众多各类专业、非专业期刊的竞争，随着传播媒体的传播方式的扩展，随着……，《学报》的同仁需要在原有的基础上不断改革创新。过去常常在不同场合听到有把《学报》称为“官方刊物”的说法，我想一方面我们的媒体园地应该由各种不同宗旨、不同对象、不同风格的刊物组成，我们需要急用先学的快餐式、轻松趣味的消闲式、推销炒作的商业式、目标单一的专业式、更需要《学报》这样遵循“贯彻党的建设方针，探讨中国建筑创作的理论与实践，促进建筑学科发展，提高建筑创作水平，为建筑设计、教学、科研工作者服务”的宗旨的出版物，这样才能互相补充、互相竞争，得以共同提高。而坚持这样严肃的宗旨并不意味着杂志的死板面目，关键在于其内容能否涉及社会和大众关心的焦点、热点，能否对业内人士起到借鉴和启迪作用，能否在保持综合性、学术性和权威性的同时又具有较强的针对性和可读性，能否能在“宣传有纪律，学术无禁区”的原则下活跃学术的正确导向，办出自己的特色。总之《学报》如何从一份国内的学术刊物逐步走出国门、走向世界，为各国建筑界所关心，向世界介绍中国建筑师的成就和经验，并汇入国际建筑刊物的竞争洪流中才是我们共同的努力目标，这需要广大编者、作者和读者的共同关心和奋斗。

在《学报》创刊50周年之际，谨以下面的句子为贺：

集百家聚编者作者读者几代蓝缕筚路

逢五秩综技术学术艺术多科并蓄兼收

（注：本文原刊于《建筑学报》2004年7期）

见证中国建筑50年

周畅

为了编辑《建筑学报》50年精选本，我系统地翻阅了从创刊号到今天的《建筑学报》，面对眼前堆积如小山的一本本褪了色的杂志，仿佛打开了中国建筑界厚重的历史画卷，那一篇篇论文、一座座建筑，无不凝聚着我国几代建筑师的智慧和才华；为了这本刊物，编辑部的几代编辑记者付出了多少心血和艰辛。转眼之间，50年过去了，半个世纪的征程，《建筑学报》历尽坎坷，饱经沧桑……拂去历史的尘埃，展现在人们面前的是记录中国50年的建筑史料。

50年过去了，《建筑学报》多次停刊复刊。编辑人员多次变换，主编换了一任又一任，唯一不变的是这凝聚了几代人心血和汗水的429期杂志和孜孜不倦的追求，面对这400多期杂志，作为现任主编，既感到自豪，又深知责任重大，如何传承历史，继往开来，不辱使命，奋发进取就成为摆在本届编委会和编辑部面前的一道课题，使我们不能不对历史和未来做一番深入的研究和思考。

一、50年历史贡献——成就辉煌

《建筑学报》是随我国建筑事业的发展而发展的一本学术刊物，由于特殊的历史原因，它受到了多次重创。可以说《建筑学报》是我国建筑创作的晴雨表。虽然在50年的历史长河中它曾一度中断，也曾受到过政治运动的波及，但它的历史贡献却是建筑界有目共睹，人人皆知的。

1. 《建筑学报》全面反映了我国50年建筑发展的历史

50年来，《建筑学报》通过介绍建设项目，开展建筑评论，刊登学术论文等，对我国建设成就进行了全面报道，反映了新中国成立后各个时期的建筑成就和学术研究成果，起到了它的历史作用，为我国建筑学界的发展作出了历史贡献。

2. 《建筑学报》是了解我国建筑方针政策的权威渠道之一

50年来，作为中国建筑学会的主办刊物，《建筑学报》及时反映了我国建筑行业的重大方针政策，党和政府关于我国建筑发展的重要政策法规、资料文献在《建筑学报》都有刊登，为建筑学专业人员及时了解和掌握国家建设的大政方针提供了权威的渠道。

3. 给建筑师和建筑教育科研人员提供了学术交流的平台

《建筑学报》50年来发表了几千篇学术论文和科研成果，介绍了上千个优秀设计项目，使我国建筑师和高等院校的建筑专业师生，通过这一平台进行学术交流，《建筑学报》所组织的多次建筑评论会议和学术论坛，对于繁荣建筑创作，正确引导历史时期的建筑思潮发挥了重大的影响。通过这一平台，读者和作者可以互相学习先进设计理念，切磋建筑技艺，探讨学术思想，欣赏设计作品。

4. 《建筑学报》是我国优秀青年建筑师的推荐园地

50年以来，一代代优秀的青年建筑师通过《建筑学报》介绍自己的设计作品，发表自己的学术观点，不但逐渐为中国建筑界所知，为全社会所知，甚至通过《建筑学报》的宣传介绍，也得到国际建筑界的重视。为我国建筑师争了光，也提高了中国建筑师在国际上的学术地位

5. 《建筑学报》是建筑学专业教学和建筑创作的重要文献资料

50年来，《建筑学报》始终坚持全面综合的办刊方针，集百家之言，系统介绍了我国50年来优秀的建筑设计作品，重要的建筑理论文章，观点鲜明的建筑评论等等，可以说这是一个建筑学专业的工具书和参考资料，具有重要的保存和研究价值。

6. 《建筑学报》是加强国际学术交流的重要渠道

《建筑学报》在中国建筑学会的领导下，积极参与国际学术交流。向国际建筑界介绍我国的建筑设计作品和优秀建筑师，反映国际学术动态，并刊登部分国际知名建筑师及他们的设计思想和设计作品，为我国建筑师了解国际设计思潮和设计作品提供了一条重要的信息渠道。

二、新时期历史使命——任重道远

新的历史时期，对《建筑学报》提出了更高的要求。如何繁荣新时代的建筑创作？如何引导社会对于建筑学专业的正确认识？如何开展积极健康的建筑评论？如何应对建筑设计体制和设计市场所面临的严峻挑战？这一个个问题摆在中国建筑师面前。它更像一副重担，落在了《建筑学报》的肩上。

1. 坚持办刊宗旨、强化刊物特色

①《建筑学报》要反映我国建筑学专业的学术研究成果和优秀设计作品。开展学术交流，繁荣建筑创作，坚持刊物的综合性、学术性、权威性，使之成为特色鲜明、学术性强的综合性刊物。

②《建筑学报》将遵循百花齐放、百家争鸣的报道方针。做到宣传有纪律，学术无禁区，在报道内容上对建筑理论、建筑创作、建筑艺术、建筑技术以及相关联的学术内容都将向读者介绍，在作者范围上，无论是著名建筑大师还是青年学者都将一视同仁，重在作者的学术水平和设计成果；在学术观点上，坚

持客观公正，允许作者发表不同的学术观点，并积极组织学术讨论和建筑评论，活跃学术气氛，加强学术交流。

③《建筑学报》提倡优良健康的学风，选择构思严谨、文风朴实、观点鲜明的学术文章。在对外形象上，坚持学术性，不搞商业化炒作，在工作作风上，坚持严肃性，不搞虚张声势，要以扎扎实实的工作，赢得建筑界同行的信任。

2．适应时代要求，提高刊物质量

①《建筑学报》将紧紧围绕国家建筑事业的中心工作来办好刊物，及时反映党和国家的大政方针、建筑理论和建筑设计的重大成果，及时反映社会和人民群众普遍关注的建筑热点和难点问题。

②根据我国建筑的现状，加强建筑理论和建筑评论的内容，积极组织建筑研讨和建筑评论。引导建筑师和全社会对于建筑的正确认识。近期《建筑学报》将举办"新焦点：适用、经济、美观"的建筑征文活动。纪念《建筑学报》成立50周年庆典活动，将组织专家开展专题学术讨论。

③在坚持《建筑学报》的权威性和学术性的前提下，进一步提高刊物的可读性。根据不同的读者对象组织多样的学术文章和设计作品。使各层次的读者都能从刊物中寻求到适合自己学习和研究的学术内容。

④适时组织学术会议和学术交流，争取多种形式提高刊物的影响力。积极准备创办增刊，集中刊登在校研究生论文和建筑师的设计作品，使刊物更有针对性和资料性。一本好的刊物能形成一股巨大的力量，对社会的发展起到推动作用，愿《建筑学报》在建筑界同仁的关心和支持下，越办越好，为我国的建筑业发展做出它应有的贡献。

（注：本文原刊于《建筑学报》2004年7期）

《建筑学报》片断追忆

彭华亮

从1955年到1969年这段时期，我在《建筑学报》编辑部工作了整整15个年头。这15年中，往事件件，历历在目，令我终身难忘。抚今思昔，不禁感慨丛生！

一、"三停"和"三复"

《建筑学报》是中国建筑学会主办的学术性刊物。1953年10月中国建筑学会成立，同时组成了第一届《建筑学报》编辑委员会。主任为梁思成、副主任为汪季琦、朱兆雪，编委有林徽因、陈伯齐、莫宗江等13位专家，编辑为章宏序、郭毓林。在梁思成和汪季琦的领导下，第一期创刊号于1954年6月出版，季刊，8开本，白色封面，红色刊名，四边印有一圈金色框线，故有"金边学报"之称。同年12月底出版了第二期。

遗憾的是1955年在全国建筑界乃至社会上掀起的一场批判以梁思成为代表的复古主义的运动，使刚刚创刊两期的《建筑学报》也遭受牵连，被迫于1954年底停刊。这是《建筑学报》第一次停刊，它就像一个刚刚出世的婴儿夭折在母亲的襁褓之中，令人痛惜！

经过8个月的停刊整顿，《建筑学报》于1955年8月第一次复刊，原8开本季刊，改为16开本双月刊出版。由汪季琦主持复刊工作。由于原有两位编辑离职，促使汪季琦于1955年7月直接点名把我从建工部设计院调到《建筑学报》工作。同时调来的还有建筑师邱式淦和稍后来的一位女编辑商友菊。在汪季琦的直接领导下，虽然人员少，任务重，但复刊工作还是进行得比较顺利。开辟了"国外建筑简讯"专栏，发表了多篇学术争鸣文章，活跃了当时的学术空气，受到了读者的欢迎。

但同样遗憾的是复刊不久，1957年初，全国又开始"反右"运动。根据上级指示，曾有组织、有计划地在学报上大量刊登"反右"文章，使曙光初露的建筑百花园地重又乌云密布。接着改组了第一届编委会，成立第二届编委会，梁思成退下，汪季琦出任主任委员，副主任委员有朱兆雪、邱式淦，编委由原来13人扩大至26人，全部由新增的专家组成。

1960年7月到10月，《建筑学报》进行短期整顿，10月与《土木工程学报》合并。1962年又与《土木工程学报》分开，改为双月刊。同年编委会张镈、王华彬、汪璧（女）任副主任委员，并由汪璧主管学报编辑工作。

自1962年到1964年"四清运动"这段时期，随着学报编委会的改组，汪季琦被调离学报。在整顿过程中，编辑部先后调进了一批清华毕业生张祖刚、张钦楠、齐立根、冯利芳、陈衍庆等年轻同志充实编辑队伍。"文革"前夕，还调来郑孝燮、王申祜两位专家任编辑部主任，由金瓯卜主任委员主持学报工作。

1965年1月《建筑学报》继续进行整顿。设计革命开展后，稿源枯竭，当年6月被迫第二次停刊，直到1966年1月才第二次复刊，改为月刊出版。

到1966年“文革”开始后，建筑学会和《建筑学报》一夜之间成为众矢之的。7月8日建工部党委给国家建委的报告（建党办字第9号）称：“中国建筑学会长期以来，在建筑界一批资产阶级‘专家’、‘权威’和钻进党内的资产阶级代理人的把持下，已经成为一个反党、反社会主义的阵地。建筑学会主办的《建筑学报》已经成为资产阶级‘专家’、‘权威’宣扬封建主义、资本主义、修正主义，反党、反社会主义、反毛泽东思想的工具。”报告还提出：“对建筑学会、《建筑学报》的错误必须彻底清算，对《建筑学报》必须彻底改组。”这个报告，就像法官的判决书一样宣判了学会和学报的死刑。以后，建筑学会的各项活动都基本停止。《建筑学报》也被迫于1966年8月第三次停刊。“文革”中，人员全部下放，直到1973年10月，停刊达七年之久的《建筑学报》才又第三次复刊，并改为季刊出版。1982年才恢复为月刊，一直到现在。

此后，学报编委会于1981年和1990年又进行过两次改组。目前是第五届编委会。

综观《建筑学报》自创刊以来所走过的“三停”和“三复”的曲折道路，启示着人们：“文革”前频繁掀起的以“阶级斗争”为纲的政治运动，就如同套在《建筑学报》脖子上的无形枷锁，决定着当时《建筑学报》兴衰、存亡的命运。直到1973年，才终于打开了套在《建筑学报》脖子上的枷锁，特别是1979年国家建委作出平反决定，正式下文为建筑学会和《建筑学报》恢复了名誉，使被歪曲了的历史重又恢复其本来面目。

二、一种精神、三件法宝

回忆1955年7月，我刚踏进学报的门槛时，对编学报脑子里几乎是一片空白。时值1955年反复古主义运动后，设计人员正处于下笔踌躇、左右徘徊之际，更增添了学报复刊工作的难度。汪季琦多次指点我，办好学报主要抓两条：一是要有钻研敬业精神；二是要掌握依靠领导、依靠群众和开拓思路这三件法宝。当时学报人手少，只有我和邱式淦两人，后又调来的商友菊不久就和邱式淦前后调离了学报。张祖刚等同志都是1962年整顿学报以后调来的。在当时举步维艰的情况下，汪季琦的指点，给我战胜困难、熟悉业务、办好学报以极大的勇气。编刊15年，我共参加100多期学报的编辑出版工作，特别是1955年第一次复刊不久，通过边学边干，完成了学会组织的学术会议文集《杭州华侨饭店》、《全国厂矿住宅设计竞赛》及《青岛》三本书的编辑工作，还亲自设计完成这些书的封面设计，熟悉了办刊编书过程中的十多道工序。使我开始由一个对编辑工作毫无所知的门外汉、“编辑盲”、逐渐成长为一个热爱本职工作、甘愿为他人做嫁衣裳的“编辑迷”。自1956年7月学报由双月刊改为月刊后，编辑工作一期紧接一期，忙得几无喘息之机。回忆我从1952年参加工作，1955年调来学报，到1958年结婚这6年内，我一直一心扑在工作上，从未请过一次探亲假。记得1958年“大跃进”时，工厂实行三班制、24小时都有工人干活。有一次，因工厂大门关闭，我半夜翻越工厂围墙，到排字车间，和工人一起解决学报的排版问题（那时是人工排铅字）。还常常通宵加班，赶贴版样，第二天送厂发排后，仍回办公室照常上班。现在回想起来，也许有点傻得可笑，但当时确实是这样不计报酬地傻干。

在依靠群众这件法宝上，汪季琦一直以身作则亲自约请有关专家投稿，自己带头写稿，积极支持编辑人员对复刊工作的新建议，身教言传鼓励我掌握办刊的三件法宝，走出去闯天下，开创新局面。当时，我曾跑遍北京各大设计院、教学和科研单位组稿，收到了一定效果。在人力不足时，我还特地物色了几位能写善画的建筑师当参谋，为学报出主意、画插图、写文章、搞封面设计等，有时我也亲自参与研究。记得当时的学报参谋中，有建工部设计院的王庭蕙、扬芸、龚正洪、马浩然、奚小彭、李宗浩等人，北京市建筑设计院和建研院也有几位。他们应是50年代学报复刊的功臣。

刊登建筑实物照片也是丰富学报内容的重要环节。由于当时条件差，在学报编辑部连一台照相机也没有的情况下，我就请设计院摄影师协助提供，有时还经常到新华图片社收集文内彩页用的照片资料。记得有一期刊登了某钢铁厂和化肥厂的照片及文字简介（有产品年产量）后，竟招致厂方的追查，扬言学报泄了密，要调查编辑的政治背景等。后来建筑学会告知厂方图片资料的来源后，厂方才不了了之，真令人啼笑皆非。

依靠群众办报这个法宝，当时曾采取分别邀请北京、天津、上海、南京、武汉等地方学会轮流包干一期学报的办法，十分奏效。既调动了地方学会参与的积极性，又很好地解决了稿源不足的难题。

复刊时利用开拓思路这件法宝开创新局面的最突出的事例是增辟“国外建筑简讯”专栏，介绍苏联、英、法、德等西方国家的建筑经验。开辟此栏目是得到汪季琦的赞同和支持的。在当时“一边倒”的形势下，多少带有点挑战性，这标志着学报敢于冲破“自我封闭”的壁垒，向世界建筑接轨迈出了可喜的一步。当时有一篇文章给我印象最深，就是清华大学学生蒋维泓（1957年被打成“右派分子”，“文革”期间在五七干校失踪，至今下落不明）写的“我们要现代建筑”一文，发表在1956年第6期《建筑学报》上。蒋文篇幅不长，能量却不小。他的见解，就像一块投入水中的石头，激起了层层波澜，一时间上自杨廷宝、鲍鼎、叶仲玑、张开济等老一辈专家、教授，下至一般的同志朱亚农等都纷纷投稿，发表自己对当时建筑设计的意见。张开济文章的标题为：“反对‘建筑八股’、拥护‘百家争鸣’”，旗帜尤为鲜明。接着学术争鸣专栏也应运而生。从复刊第一期发表同济大学翟立林教授的文章开始，到1959年刊登刘秀峰部长上海座谈会上的发言，把建筑风格的讨论推向了高潮，"风格热"成为当时建筑学术界的时髦话题，进而发展到以后的广州风格、海派风格、哈尔滨风格的讨论。使沉寂一时的建筑界又顿时活跃了起来。同时，开拓思路这件法宝，进一步给复刊内容增加了诸多"学生作业"、"建筑设计参考资料"、"国外建筑大师介绍"等新的亮点栏目。但由于经验不足，复刊后的封面设计过于平淡，当时杨廷宝教授看后很不满意。有一次他出国访问回京后，曾当面对我说："学报印得太差了，封面又简单，版面编排也不活泼，对外交换，简直拿不出手！"杨教授的话既是批评，又是鞭策。从那以后，我开始注意学习国外建筑书刊的编排经验，特别是1958年改为10开本后，学报在封面设计和版面编排方面着实下了工夫，力求做到耳目一新，吸引读者。

回想起上述三件法宝带给《建筑学报》的每一点滴进步，应归功于学报几代领导人、专家、学者以及所有编辑人员勤奋努力、孜孜以求的结果。

三、黑封面的阴影

刊物的封面设计，应是一门艺术。艺术要发展，就必须有创新精神，这本无可厚非。但如果为了创新，一味地去追求所谓的"标新立异"，则往往会使人走入艺术的误区，导致事与愿违的负面效应。1959年我在《建筑学报》庆祝建国10周年的专刊上，设计了一个黑封面，就是受上述"审美观"影响，走入误区后犯下的一次错误。因而使我痛失了当时本已唾手可得的共青团积极分子和编辑部主编的两顶桂冠，引起我思想上沉重的失落感。[1] [2] [3]

1 指当时建工部团委卞汝诚同志曾正式通知我，准备参加部即将召开的表彰先进的共青团积极分子大会。

2 指当时传闻建筑学会领导将安排我担任《学报》主编的消息。

3 这期封面设计是衬淡红底色，上面再套印一幅新建人民大会堂外景黑白照片，致主调呈黑色。

当印刷厂将印好的黑封面样本上报部里领导，并强烈指出这是向国庆奏哀乐、唱反调时，我清楚地记得，一位部长助理看过后，即当面责令我："马上更换封面，立即作出检查！"我心情沉重地返回办公室，一边抓紧把它换成全红的印有天安门广场总平面图和《建筑学报》四个金字的新封面；一边在党支部大会上作检查，接受群众的批判。

黑封面的阴影和痛失两顶桂冠的失落感曾像幽灵般地困扰着我。所幸当时学会领导和同志们仍一如既往地关怀我和鼓励我，才使我重新站立起来，振作精神，投入工作，勇敢地去迎接新的挑战。一直到1969年干部下放，我才离开学报工作岗位。先上河南五七干校，后去湖北二汽，历时三载，于1973年返回北京，当时建工出版社主持全面工作的杨俊和主持编辑工作的杨永生，把我调到出版社，并委以第一编辑室室主任，重操旧业。

四、学术与政治

摆正学术和政治的关系，是我在学报10多年编辑工作中感受最深的难题之一。当时受"左倾"思想的影响，对待学术与政治的关系上，曾产生把学术和政治两者混同起来，用政治代替学术的偏向。这种偏向在学报编辑工作中亦有所反映。

把政治与学术混为一谈，表现在学报上就是大量转载政治性文章，以为这就是"政治挂帅"。最具代表性的是"文革"开始后的1966年第6期《学报》，从外到内，充满政治色彩。如封面印的是毛主席手拿香烟，头戴军帽，身着军装的半身照片，扉页满印"四个伟大"。正文中的10篇文章，《人民日报》社论、《红旗》杂志社论、中央公告、决定以及林彪讲话就占了一半篇幅；另一半刊有新编辑部公告一篇，批判刘秀峰文章四篇。在学术性刊物上发表如此大量的政治性文章实属罕见，难怪被读者批评为"浪费纸张，要突出政治，还不如看人民日报！"我虽表同情，但这是上面的指令，谁又敢公然违抗，充当逆潮流而进的勇士呢？

另一典型事例，要算1957年"反右"时出现在《学报》上的大量揭批华揽洪、陈占祥的文章。在这之前，原北京市委曾打算批判梁思成先生，并为之紧锣密鼓地组织了一批批判文章，而且清样也打了出来，准备在学报第一次复刊时公布于众。后来领导说，中央某领导人怕社会上同时批二梁（指批梁漱溟和梁思成），产生混淆敌我、影响不好的效果。这才临阵收兵，没有公开在《学报》上批梁思成先生了。

"十年动乱"时期，这种以政治代替学术的错误倾向愈演愈烈。在《学报》上连篇累牍地发动对刘秀峰"新风格"一文的批判，其来势之猛、调门之高，令人毛骨悚然。

1973年后，第三次复刊后的《建筑学报》重获新生，20多年来持续了欣欣向荣的大好局面。

英国哲学家培根说过："史鉴可以使人明智。"历史留下的种种经验和教训，理应载入《学报》史册，让后人铭记不忘。展望未来，《学报》将越办越好！前程更辉煌！

（注：本文原刊于《建筑学报》2004年7期）

回眸
——在《建筑师》杂志新闻发布会上的讲话

王伯扬

今天《建筑师》杂志在这里主办建筑师高峰研讨会，同时举行《建筑师》杂志启用刊号首发新闻发布会，我作为《建筑师》杂志一名老的工作人员，虽然已经退休，但内心依然非常激动。举办高层次学术活动是《建筑师》杂志的老传统，启用刊号出刊是《建筑师》杂志的新景象。这一老一新意味着《建筑师》杂志在坚持传统的基础上又开拓出一个崭新的境界，也意味着《建筑师》杂志已经完全摆脱了曾经困扰过我们的"以书代刊"的困境，走上了一段更好地为读者服务，更好地为建筑学术发展作贡献的新的征程。

《建筑师》杂志创刊于1979年，它诞生在"拨乱反正"、"改革开放"的浩荡东风里。24年来，在建设部和出版社历届领导的正确引导下，在众多专家、学者和广大读者的热情支持下，在杂志新老编委和全体工作人员的努力工作下，这颗曾经的幼苗已经茁壮成长，成为了中国建筑界一个引人注目的、具有一定学术水准和影响力的学术论坛。

创刊以来，《建筑师》杂志一直牢记四项基本原则，遵循双百和双为方针，始终坚持以"推动理论研究、促进建筑创作、活跃建筑论坛、培养青年人才"作为自己的办刊方向。已经出刊的一百余期杂志，已经发表的二千余篇文章，就是这一办刊方向的忠实记录。

《建筑师》杂志主张，在坚持四项基本原则的前提下，广开言路，言者无罪，开卷有益。人不分贵贱，文不论长短，只要言之有物，持之以理，观点鲜明，文字通顺，《建筑师》杂志将热诚地为每一篇文章提供发表的园地。正因为如此，众多的专家、学者和广大建筑师已经把《建筑师》杂志当作他们自己的刊物。经常为《建筑师》杂志撰稿的，既有老一辈的建筑学家，诸如杨廷宝、童寯、张开济、汪坦、戴念慈、吴良镛、罗小未、齐康、彭一刚、马国馨等诸位先生，也有正在课堂里辛勤学习的莘莘学子。《建筑师》发表的文章中，既有短小精悍的小品，例如名建筑师的精辟妙论，也有洋洋十余万言的博士论文，例如赵大壮先生关于"北京奥运场馆建设规划问题"。这种不拘一格、博采众长的取稿标准，曾是《建筑师》杂志最鲜明的特色之一。

对于建筑领域内某些令人遗憾的做法，《建筑师》杂志一向敢于坦言，无所顾忌，态度鲜明。《建筑师》杂志曾多次发表文章，大声疾呼要尽力避免"建设性的破坏"、"破坏性的建设"，避免滥拆滥建、破坏文物古迹、破坏生态环境。如今，这些诤言已经形成广大建筑师的共识了。

对于西方建筑师和西方建筑理论的介绍，曾经是中国建筑界的一块禁地，长期的"左倾"思潮的影响，特别是"文革"的遗毒，使人们对西方建筑或则噤若寒蝉，或则宁左勿右，乱扣帽子，胡批一通，完全丧失了实事求是的学术标准。这种情况，从1959年上海建筑学术座谈会开始，到1978年底党的十一届三中

全会止，在长达20年的时间里始终没有改变过。而诞生于“拨乱反正”春风里的《建筑师》杂志，则因势利导，率先连续发表长篇论文，全面公正地介绍了西方四位现代建筑大师的作品及其理论；率先全面介绍了美籍华裔建筑师贝聿铭的作品；率先全面介绍了巴黎蓬皮杜文化艺术中心等一大批前卫建筑；率先全面介绍了“建筑空间论”“外部空间”“后现代主义”“解构主义”等建筑理论。这些理论和作品，现在来看，即便对于青年学生，也只是一种常识；但在当初，要发表专文介绍它们，却很需要一点勇气和胆量。

出于对培养青年人才的关切，《建筑师》杂志曾举办了多次“大学生建筑设计方案竞赛”、“大学生建筑论文竞赛”、“全国中青年建筑师优秀设计评选”等活动，意在让一批优秀的建筑系大学生和青年建筑师有机会崭露头角，一展才华。

《建筑师》杂志还曾多次单独举办，或与《世界建筑》等兄弟杂志或建筑企业联合举办大型学术活动：如邀请吴良镛、汪坦、罗小未、刘光华四位先生在北京天文馆举行大型学术报告；邀请刘开济、范迪安、杨立青、张颐武等先生在深圳华夏文化中心就建筑流派与多元化、建筑与美术、建筑与音乐、建筑与文学等专题举行大型学术报告会；在南昌举行建筑与文学研讨会；在淄博举行中国当代建筑学术研讨会；在深圳举办建筑评论研讨会；在天津举办比较差距专题研讨会。凡此种种，都对活跃建筑学术气氛、推动建筑学术研究，产生了良好的作用。

我之所以要说这些话，其目的决不是为了自我吹捧和自我陶醉，而是我以为，以上所说的《建筑师》杂志的办刊方向和具体做法，正是《建筑师》杂志受到广大读者，特别是青年读者欢迎的基本经验，我们可以在这个基础上继续前进，从一个台阶迈向另一个新的更高的台阶。同时，也是因为今天与会的有许多青年朋友，他们对于已经过去的历史未必很清楚，我想通过这一段简要的历史回顾，诚挚地告诉青年建筑师们和建筑学院的同学们，《建筑师》杂志想你们所想，急你们所急，述你们所作，供你们所需，请把《建筑师》杂志当作你们自己的刊物，当成你们忠实的朋友！

今天，《建筑师》杂志已经踏上了新的征程，新的一届编委会年富力强，都是各个方面既富学识，又负重任的新锐；新的主编和工作人员英姿勃发，都受过博士或硕士教育，他们兢兢业业，刻苦努力，力求更好地为广大建筑师服好务。在这里，我衷心祝愿《建筑师》杂志不断进步，越办越好！谢谢。

2003年1月

初学记

——纪念《世界建筑》的创业

陈志华

小序：

杨永生先生善于出题目编书。出的都是小题目，编成的却都是大书，很有意义的。所以，对杨先生交下的写作任务，我历来都是有呼必应，恭谨从命。但今年杨先生出了个写点儿回忆的题目，把我难住了。几十年来，我都是个边缘上的人物，从来不曾接触过什么值得传之永久的事情。为难之际，忽然想起，《世界建筑》创刊之初，我曾经为它跑过一次腿，这本杂志经过许多人的努力已经成长壮大，在建筑界享有盛誉，理应有人把它当年在风雨中克服种种困难、惨淡经营的事记录下来，作为纪念。可惜，它的拓荒者如今或者不愿执笔，或者不能再执笔，而熟知那个艰难过程的人又太少，难于另外找人执笔。于是，我把《世界建筑》创刊10周年纪念时写的一篇不忍称为“回忆”的短文找出来，交给杨先生。这当然还是一个“边缘人”的所见，只是整条大鱼身上的一片鳞，既少又肤浅。但为了记下拓荒者的奉献精神，我还是希望能通过杨先生的法眼严审。

原文的标题叫“为我的诺言而写”这次就算彻底实践我的诺言罢。

2000年6月

为我的诺言而写

几天前，昭奋同志来说，《世界建筑》创刊10周年了，要写些文章纪念纪念，我的记忆忽然格外好了起来。10年来跟《世界建筑》的亲密关系，都成了一个个小故事，像一长列火车，在眼前一节又一节地闪过。

11年前一天黎明，对着又苦干了一整夜，已经筋疲力尽的吕增标同志，我泪眼模糊地说过：如果将来我写中国当代建筑史，一定要把《世界建筑》的创办经过写进去。在去年发表的《中国当代建筑史论纲》里，我写了一段："最早打开对外窗子的是《世界建筑》双月刊。它的创办既需要胆识，也需要吃苦耐劳。它专门介绍国外的建筑创作和理论，对新时期中国大陆上建筑思想的开放活跃作出了贡献。"因为是《论纲》，字数有限，虽然这一段话已经很长，我还是没有实现对老朋友的诺言。谢谢昭奋同志，他允许我随意写什么题材，我就想写下《世界建筑》创业时候的一则故事，稍稍减轻我心头的重负。

1976年，"四人帮"倒台，工宣队撤走，我和陶德坚同志走出牛棚，协助吕增标同志完成他主编的那本《图书馆建筑》。当时，政策还很暧昧，吕增标同志只好按老例，在书里只采用国内的资料，以致书的学术质量不高。我们几个人，洗脑子都不见成效，在一起议论，觉得不汲取国际经验，我们的建筑水平很难提高。恰好这时候写到了图书馆的设备这一章，我们查找了许多复印机和胶印机等等的资料。有一天，讨论时，吕增标同志慢悠悠地说，买一台胶印机，把系里的一些外国杂志选印一部分，供同行们参考，岂不是大大的好事。好事倒是好事，可是谁敢认真去想？

那时候，刚刚把"不抓辫子、不打棍子、不记本子"当作天大的恩典，连"心有余悸"、或者"心有预悸"这样的话都还不大敢说。没想到，吕增标同志却正式向系领导提出了买胶印机印国外资料发行的建议。每一位经历过头30年的人都知道，那会儿，提这种建议的人，不是发呆犯傻，就是乘飞碟从天外来的。真不知他老吕是何方神灵，吃的是何方贡献。不料，有一搭便有一档，当时建筑系的领导刘小石同志，好像忘记了10年的煎熬，居然胆大包天，同意了这个建议。

于是，1978年秋天，吕增标和我，再加上白玉贞和校印刷厂的韩师傅，一起到东北一个深海城市去买胶印机。当了10年"废品"，第一次去办正儿八经的事，大家很兴奋。在火车上，我们反复排练怎么向人敬烟，趁什么样的时机，说什么样的话，等等。吕增标同志是支老烟枪，不过，"只解自怡悦，不惯递与人"，白玉贞自告奋勇担任导演。带去的是老吕自己买的几包红双喜。

不记得烟是怎么敬的了，反正是工厂的供销科长一口咬定没有机器。我们几个人赔着笑脸，一筐一筐地说好话。最后，科长清一清嗓子发了话："你们买机器，带了什么来？"老吕一听有了转机，赶紧回答："带了支票。"这回答很使科长吃惊。他愣了一会儿，忽然哈哈大笑，笑得满脸蛋眼泪鼻涕。然后，像教育孩子一样，向前倾了身子，特别柔和地说："某机关来买机器，送来一百袋白面，某机关送了一车皮烟煤，……"我们几个人面面相觑，只见都是草包相，不得不退了出来。带着满腔烦恼，在海边白茫茫的盐碱地边蹓跶，把芦苇叶揪成碎片。

商量了一下午，晚上揣着剩下的几根香烟，我到了一位技术员的家。想不到他的妻子给我们递了一个消息，这个厂的副厂长是清华大学的毕业生，手里有五台由他支配的机器，这支配权是他的个人福利，别人管不着。我们大喜，第二天找到这位副厂长，他自认倒霉，我们终于买到了机器。

筹办妥了一切手续，供销科长露出神秘的笑容，眯起眼睛说："你们去办托运罢！"到了火车站，我们被当作皮球，在几个科室之间踢了几个来回，弄得我们莫明其妙。为了撬开我们的木脑袋，货运站长打电话给站长，大声叫嚷："他们就这么空着手来办托运。我们职工宿舍还差几万块砖，不叫他们出叫谁出？"

旁听了这句话，又知道在这个车站找不到清华大学的毕业生，我们只好回北京来了。想起那10年里天天听到的"不会杀猪"、"不会分辨韭菜和麦苗"的嘲笑来，心里酸不溜丢的不是滋味。而我还要为手表被偷更多一份气恼。

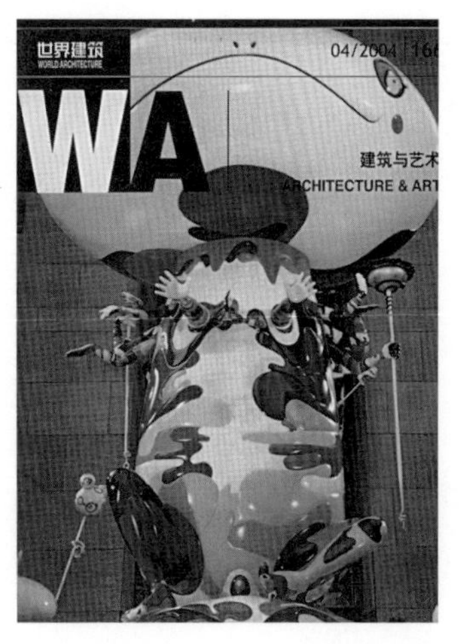

真是天无绝人之路，中国建筑界命该有这份《世界建筑》。解放军的一个单位为委托我们系做一项设计，派了一辆卡车直奔东北，把那台胶印机拉了回来。

胶印机一到，吕增标和陶德坚马上就练成了全把式，从制版到印刷，两个人日夜地干。陶德坚甚至用鲁班爷的工具自己动手做了一个摄影箱。我的编制在这个组，但是老吕认为我应该赶紧写教材，不叫我跟他们一起玩命。我很感谢老吕。但因此我也就不能足够生动地记述他们此后的工作了。

机器的质量很差，能生出各种各样的毛病来。印出来的废品比正品多。他们两位成天埋在废纸堆里，人瘦了一圈又一圈。隔不了几天就得请厂里的技术员来修理一次。每一次来，吕府上就得杀老母鸡，买几瓶酒，不敢有一点怠慢。那时候我和老吕都住筒子楼，门对门，只要一闻到鸡香，我就知道技术员来了。临走的时候，要几只煤炉，要烟囱，还要多少双棉鞋，老吕一样样都给办到。

吕增标和陶德坚两位同志，都不仅仅是拼命三郎，而且对工作的质量要求得近乎偏执。从写稿、校对到印刷，亲自动手，一丝不苟，连杂志的装订都要跟着干，通宵地不睡，成了常有的事。头一年，他们的眼珠一直是红的，漾着浊水。1979年，《世界建筑》的试刊号出版了，是吕增标叫上我，蹬着三轮车，把第一批成书拉到系里。就在这时候，我的教材交稿了，我也离开了这个小组。

《世界建筑》从试刊到现在，当然接连不断地还有许许多多动人的故事。10年来，我经常是编辑部的常客，不是帮他们搞一二百字的消息就是校改几年错字。我不知道《世界建筑》会不会有那么一天还需要人去拼命，如果需要，我会冲上去的，凭这副老骨头！——这又是一句诺言，不知下次怎么写啦。

（原载《世界建筑》1990年第5期）

《世界建筑》情结

曾昭奋

1978年12月23日，在离开中国大陆43年之后重访大陆的国际知名建筑师贝聿铭，在北京清华大学建筑系的一个教室里演讲，介绍他设计的一些作品，包括当年刚刚落成的华盛顿国立美术馆东馆。

1979 年3 月15日，《世界建筑》杂志试刊第1 期面世，介绍了欧、美、亚三大洲20世纪70年代里的10多个新建筑。

这两件事可看作中国建筑界对外开放之初的两个小动作。随着时间的推移，开放之门越开越大。在我们的《世界建筑》上，几乎无论哪个国家、哪个建筑师的任何类型的设计，或哪个流派的观点，都可以摆到读者的面前。

但也有令编辑们踌躇难决的时候。

1981年，华裔美国学生林樱（璎）（Maya Ying Lin,Lin或作Lam——广州话“林”的发音）的“越战纪念碑”设计方案在参赛中独占鳌头，成为实施方案。当这个位于美国首都华盛顿中心区、靠近林肯纪念堂的纪念碑落成时，国外许多中文报刊齐声为林樱的成就发出了阵阵欢呼。但我们只能从进口的美国建筑杂志中得知有关信息。能向中国读者介绍林樱——林徽因的侄女的这个作品吗?

“越战纪念碑”——显然是一个带着浓浓的国际政治和意识形态意味的“烫手的山芋”。对越战如何评价? 对在越南战死的美国人抱何种态度，站在哪个立场? 当前中越关系? 向读者推出这个作品是否是一种政治错误? 等等。此等顾虑非属多余。想当年，就有反对资产阶级自由化和清除精神污染之说，只是没有形成一个“运动”。

时间已经到了1988年，纪念碑落成已经过去4、5年。我决定在《世界建筑》上作一次简要的报道。

为此，真的夜不成寐，辗转反侧。向谁请示，肯定不会有什么满意的结果。我开始埋怨自己几年来没有广泛注意国内各种报刊是否刊出了有关纪念碑的消息，并且开始狂乱地翻查一些过期的文化方面的杂志。终于在1987年的一本《新观察》上，看到了对纪念碑的简要报导。我如获救命稻草，人家已经报道了，大概不会算是政治错误。若追究起来，可以拿《新观察》当挡箭牌。林樱的这个作品，终于以一个页码的篇幅，4幅小照片和300余方块字，在《世界建筑》1988年第一期上刊出。

2000 年9 月22日，在我已从《世界建筑》杂志社退休5年之后，获有机会来到越战纪念碑面前。

我在美国短住，参加一个华裔美国人带领的旅游团。一辆旅游大巴，游客来自中国香港、中国台湾、泰国、新加坡和美国各城市，除两个印度人外，全是华人。导游用英语、普通话和广州话作简单讲解。在华盛顿中心区，有半天多时间。导游指定要参观国会大厦、林肯纪念堂、航天航空博物馆和越战纪念碑，华盛顿纪念碑和白宫只能顺道欣赏一下。除进入国会大厦因参观者多需要一起排队外，其他3个地点，都由游客自由支配时间，各自为政。

华盛顿中心区的这些建筑物，对我们建筑学专业出身的人来说，都已耳熟能详。但对于旅游团这些来自各行各业的游客来说，则还有一个如何理解、如何欣赏的问题。我不清楚导游先生为什么不安排我们参观贝聿铭设计的国立美术馆东馆。我在匆匆看了航天航空博物馆之后，独自一人进入了东馆。

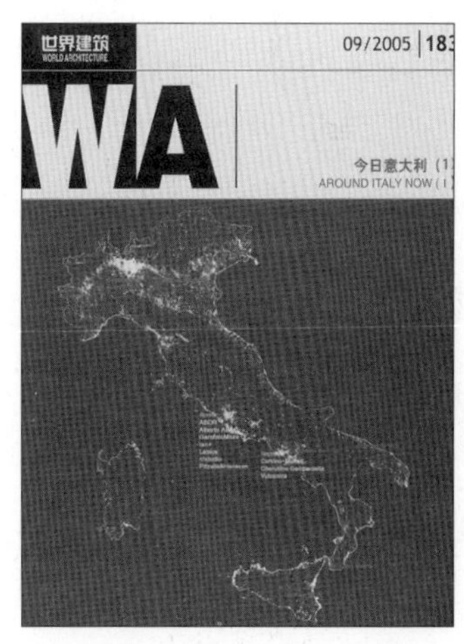

在越战纪念碑前，旅游者、瞻仰者络绎不绝。一些专程前来的美国人，有白人也有黑人，在碑前献花，或将死者的遗物——鞋子、课本或其他用品——放在碑前。光亮如镜的碑身，把瞻仰者的身影与碑上的人名叠印在一起。有人用双手轻抚着死者的姓名，有人用纸笔拓下了亲人的名字……。我想，随着岁月流逝，50年后，或者100年后，同时代人逐渐故去，如此场景将会慢慢消隐，而归于沉寂。

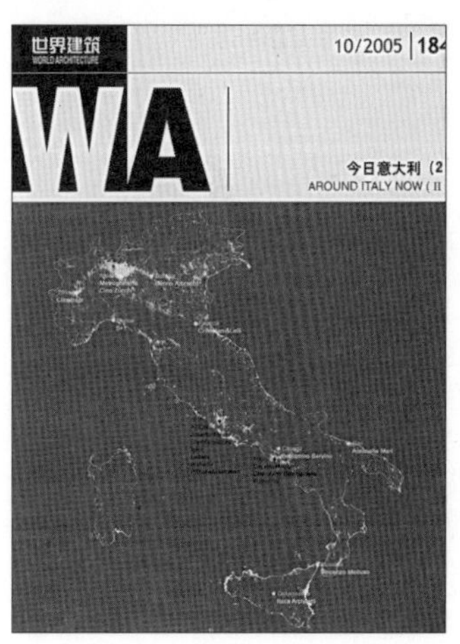

当大巴已经驶出华盛顿的时候，我突然心血来潮，跟导游先生建议，由我来对今天参观过的建筑作点讲解。我说，我会广州话和潮州话（来自泰国、新加坡的客人多讲潮州话），掺和着讲，保证大家都能听懂。导游先生欣然同意。

……在华盛顿中心区，在国会大厦和林肯纪念堂之间这些建筑物中，有两个著名的建筑，是中国人设计的。我们中国人到这里参观，感到无比骄傲，自豪！

一个是航天航空博物馆对面的国立美术馆东馆，江苏人贝聿铭先生设计，贝先生出生于广州，今年已经83岁高龄。东馆于1978年落成时，卡特总统和美国各界都给予极高的评价。可惜今天没有安排参观。我建议大家下次来华盛顿时，一定要来补一补（这时，有人用潮州话说我，你怎么不事先提个头，好让我们也过过目）。另一个是我们最后参观的越战纪念碑，福建人林樱女士设计。林樱是中国著名诗人和建筑学家林徽因的侄女，梁思成是她的姑丈。林樱的父母于1949年以前离开中国来美。她曾到丹麦念书，一次在公共汽车上，因为她是黄种人，横遭歧视，愤而回到美国，在哈佛呆过，又转到耶鲁。林樱参加越战纪念碑设计竞赛时只有21岁，是耶鲁大学建筑学系四年级学生。在1 421个参赛设计方案中，林樱的方案胜出。这个纪念碑就是按照林樱的方案建成的。对越战，大家可能不太了解，了解了也可能会有不同的评价。我这里只谈谈林樱的设计。按照林樱自己的解释，好像是地球被（战争）砍了一刀，留下了这个不能愈合的伤痕。纪念碑向两个方向各伸出60m（200英尺），一边指向林肯，指向林肯纪念堂，一边指向华盛顿，指向华盛顿纪念碑。它的体量不高，也不大，而是紧贴着大地，整个设计与周遭环境十分协调。林樱的这一创意获得设计竞赛评审委员们的特别赞赏。

大家刚刚看过，纪念碑上刻着5万多在越战中战死者的姓名。到目前为止，经过调查核对，名单还在不断增加。对于碑的形式，美国有的建筑评论家说它像一个倒栽葱的“V”字，喻示美国在越战中的失败，而绝不是胜利。在我看来，整个纪念碑就像一个大写的“人”字。林樱是中国人。只有我们中国人才看出它像个“人”字，是不是？这说明林樱在设计这个纪念碑时，是想表现一种人性，表现一种人情，表达对战死者的一种同情与感念。战争是大人物发动的。“一将功成万骨枯”。战死在战场上的人，他们原是无辜的。他们的父母、妻儿、同窗、朋友，到这里来“寻找”他们，悼念他们。林樱的这个设计，正表现了人之常情，表现了一种女性的、母亲的情怀。谁都是母亲身上掉下来的一块肉！……

我讲完了，车里响起热烈的掌声。一位香港老人问我，“你是不是也开了测师楼？”一位来自台湾的妇人紧握我的手说，“我的儿子就在大学里教建筑，你到了台湾，一定要到我家来坐。”

做了多年的《世界建筑》杂志编辑工作，对它向读者推介的每一个名建筑，对它的读者们，都有一种感情在。我真的把同车的旅客们也当成《世界建筑》的读者了，自然地流露着同样的感情。我把这种感情，叫做《世界建筑》情结，未知当否。

世纪之交，美国建筑师协会（AIA）在费城举行年度大会，投票选出了美国20世纪最受欢迎的十大建筑，其中第9名是贝聿铭的国立美术馆东馆，第7名是林樱的越战纪念碑。

2003 年8 月追记。

（摘自《世界建筑》2005年6期）

以学术的名义传播建筑思想
——出任《建筑创作》杂志社主编十载感言

金磊

引子：2009年5月有许多“大事”：5月4日是近代中国发展的新起点、新文化运动90周年纪念；5月12日是蜀之殇周年纪念，尽管灾区的创痛依旧令人心碎，但怀念是一种承担苦难的力量。推开记忆之窗，至2009年5月，《建筑创作》已走过了20余年的风雨历程，出刊恰好120期，从蹒跚学步、被业内不少人误作院内刊（实际上1990年已获国家正式刊号），到目前已成为个性鲜明、体现影响力和高完成度、跻身国内建筑专业期刊前列的中国建筑师必读的“案头书”。为此，中国建筑师分会成为它的学术指导单位，国内一批一流骨干建筑设计机构成为它的协办单位。在迎来我刊20周年纪念之际，我们决定不举办专门的大型活动，而通过“《建筑创作》20年学术系列”丛书（三卷本）的出版、创办《建筑创作》网站（实则为“网络时报”）、2009年4月中旬举办“留下中国建筑的精魂——朱启钤先生及其创办中国营造学社八十周年纪念”展览及学术研讨会、2009年4月23日举办“建筑中国六十年暨中国建筑图书展第二届中国建筑图书奖颁奖庆典活动”、2009年5月下旬在南京等地与国家文物局与相关单位合办“纪念中国第四个文化遗产日暨《中山纪念建筑》首发式”等务实的建筑学术及建筑文化活动迎来精神上的富足。

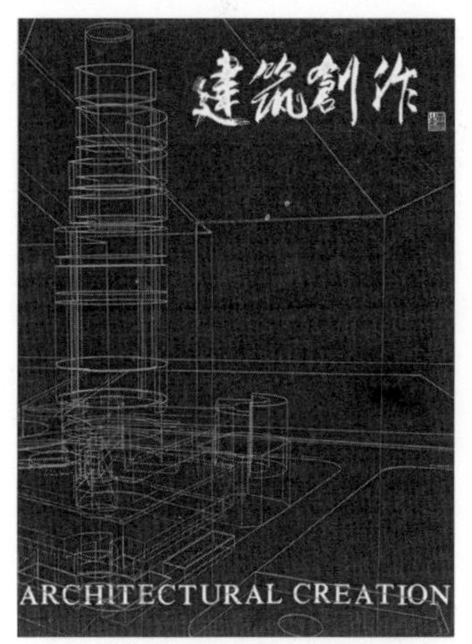

创刊号由画家黄胄题写刊名

二十载冬去春回，《建筑创作》杂志的生涯浸泡在中国建筑设计三十年改革的悲喜甜酸之中，虽然120期杂志难还原建筑时代的沧海桑田，但二十年打造的《建筑创作》杂志的品牌却在今日焕发出熠熠光彩。

我是1999年出任杂志社主编的，当时已出刊18期，从19期开始工作。在本刊2009年2期赵敏主笔的“中国建筑设计年度报告（2008冬季版）”中，我曾作为特邀嘉宾接受了办刊专访，对何时开始办刊及广泛的建筑专业传媒问题交流意见（详见《建筑创作》2009年2期P29~33）；2007年10月我撰文“收藏百期时光：为纪念，更为远行：

89年第02期获国家期刊类最高奖

写在《建筑创作》出刊第100期之际”（详见《建筑创作》2007年10期P163~174），文章重点回顾了办刊历程及重要学术活动，特别从“会展与建筑传播”、“建筑评论与建筑传播”、“建筑田野调查与建筑传播”、“建筑摄影与建筑传播”、“学科建设与建筑传播”五方面研究了作为建构中的“建筑传播学”的理论要点及实践方向；2004年12月正值《建筑创作》15周年我写了“在编刊中领悟建筑创作”（详见《建筑创作》2004年12期P29~P31），文章重点在于描述本刊如何探讨整体水平的提高、如何提升品牌且全力打造高品质中国传媒；1999年2期（当时杂志为半年刊），正值第20届世界建筑师大会在北京闭幕，也正值BIAD设计机构成立五十周年，文章题为“五十载创作实践的理性升华——北京市建筑设计研究院学术丛书介绍”（详见《建筑创作》1999年2期P10~P13），主要通过介绍“BIAD学术丛书”的出版背景、学术及历史价值，对这套11卷本的丛书给出“导读”，它成为BIAD五十载历史上一个重要的学术总结。以上便是我针对《建筑创作》杂志社各个重要时段做过的归纳及思考。有人说，缓慢的写作是一门精致的艺术，但我以为对《建筑创作》杂志而言，重要的是我们的所有纪念活动不是如何为过去注释，而是要探寻《建筑创作》杂志社的传媒之路该从何起步，这或许才是我要写这篇文章的真正用意。

一、用媒体的作为见证建筑设计改革

对于本刊的历程我已经写过不少文字，但专门从“中国建筑设计改革史”的层面去思考媒体的力量我写得并不多。2008年12月末我在为《1978~2008：中国建筑设计三十年》一书写编后记时，曾感受到几年来本刊执著献身行业总结、归纳、发展的普遍意义，该书推出后我先后收到一串的反馈声，中建国际的赵小钧在短信中激情地说“多么深度的策划、多么大的工作量、对行业多好的功德……”我想我们从中获得更多的是理解与感动，是要更加发奋并继续有所为。以下试从几方面作出归纳。

1. 如何塑造鲜明的刊物特点

本刊与《建筑学报》、《世界建筑》的刊龄比是年轻的，我刊成为月刊是2002年的事，当时身边及业内不少人表示出担忧，但我们通过调研认为靠BIAD作品的实力、靠拥有一大批行业的骨干建筑师及前辈大师，只要有出版理想及策略，不会编不成月刊，而只有成为月刊才会在及时报道中国建筑设计界上与“大刊”保持一致。面对《建筑学报》及《世界建筑》早已形成的刊物特色，我们的求索及目标只能是：做中国最充分、最全面的建筑作品实录杂志。2003年“非典”时，我们萌发了建筑评论的想法，创办了副刊“建筑师茶座”，2007年6月正值“茶座”走到第50期，我写了“AT走到五十期”一文，在回眸办刊特色时特别写了建筑传播与建筑评论两段，现在读来也还有意义：

“第一，建筑传播。这是将于2008年7月在意大利召开的世界建筑师大会的主题词。由于公众传播作为城市社会的催化剂，已经在公众生活时代扮演了至关重要的角色，所以，传播学的发展对建筑界已经成为一种有价值的方法。因此从传播学的角度去研究建筑和建筑设计、研究建筑和建筑师的设计之外的感受，恰恰会给人们一些启示。如我们已投入实践的‘口述历史’的工作已为建筑学的人文发展及认知找到了一个新视野。传播学大师威尔泊·施拉姆认为‘媒介就是插入传播过程之中，用此扩大并延伸信息传递的工具’。现实是通过建筑，社会中的一些人可以向另一些人传播生活方式、审美方式及其文化情趣特征，在一定程度上也能起到统一城市社会思想的作用。加拿大的传播学家马歇尔·麦克卢汉在论及建筑的媒介特征时说‘建筑住宅如同人的衣服一样，是人体功能的延伸，它们塑造并重新安排了人的组合模式和社区模式’。从建筑需要传播的内容看，有功能的表述、美的表述、意义的表述等，但现实中建筑要承载的城市现状有太多的需要媒体人与建筑师关注的传播问题，如城市形象特色的消减、城市环境景观无序、城市泛滥的商业广告抢了建筑的风采等不和谐音。建筑是一种‘类大众媒介’，建筑创作可看作一个传播过程，它的社会效果和对社会人群的影响力一般是不同的，所以要求建筑师与传媒人共同创作，眼界不可局限于建筑形式与功能，而要在更大范围内的社会因素的考量，尤其要通过媒体手段与平台确定受众者对建筑的需求、注意认知、态度等心理及审美修养水平因素等。

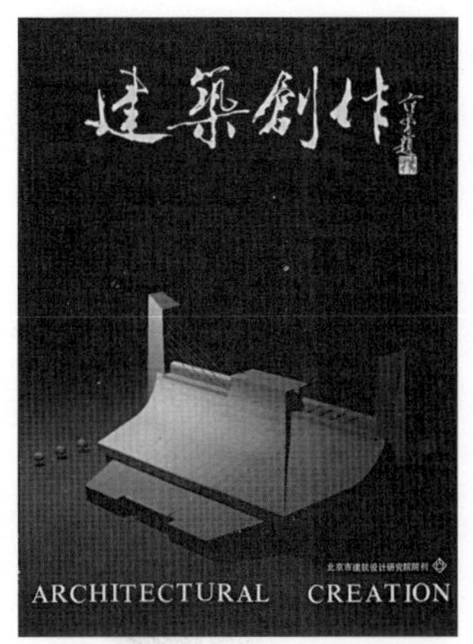

1990年合刊亚运工程专集画家范曾题写刊名

第二，建筑评论。当今时代，知识和思想比建筑作品出奇的丰富，一切应有的或不应有的理念都占据着我们的思想空间。有些思想出奇的扎实而易于推进，而有些又出奇的偏执、深刻且遥远，在建筑逻辑与悖论面前，有害的思想由于有了包装而不再有害；有益的理念，因缺少总结和传播会失去现实作用，所以开辟建筑评论，进行批判乃至覆盖性的争论尤为必要。2006年秋，北京市建筑设计研究院朱小地院长送我一本由联合国教科文组织“历史名城的社会可持续发展”项目综合编撰的书《北京和北京——两难中的对话*BEIJING AND BEIJING—A Critical Dialogue*》，它旨在通过研究者、艺术家、居民、建筑师、记者、商人以及来自北京乃至全世界的有关人士的对话，为老北京保护的各种问题寻求一条解决之道。北京是举世闻名的古城，作为元、明、清三朝首都，在来华游历的马可·波罗（元代）、利玛窦（明代）、玛噶尔尼（清代）的笔下，昔日北京恢弘的城墙、雄伟的宫殿、精美的街巷与胡同，曾让文艺复兴以来的欧洲神往不已。然而在时下‘老北京’与‘新北京’的保护与继承中，有一系列不断的思辨。都市实践建筑事务所王辉认为：目前有两种潜在危机在左右着胡同保护，其一，商业式开发的泛滥如时尚酒吧和风情酒店似乎是在复兴胡同，但实质上是在做胡同的基因转变，是十分危险的；其二，城市性格的变迁。不能把北京当舞台背景，什么人都来表演，要明白居住者和居住地之间所形成的历史关系，是构成城市性格的重要因素；朱小地院长则认为，什刹海地区受到了越来越多人的欢迎，形成了一个建筑形式和内容都带有传统感的一种氛围，之所以这样的一个环境在北京迅速崛起，是人们对传统城市记忆的一种渴望或一种新的追求；清华大学建筑学院周榕教授的立论是，我们不能拿一个追悼会似的态度去谈论我们想象中的老北京，这和真实的老北京有着很大的差距。今天有两种乌托邦思想扭曲着北京的城市建设，一种是现代化的乌托邦，它倾向于把老北京的现实推光铲平，在一张理想的白纸上重建北京；另一种是乡愁的乌托邦，它否定城市的进步，试图把城市固定在诗意的假象之中。"

我以为本刊受到建筑设计界，尤其是高校师生欢迎的，还在于建筑文化与事件栏目的精心"打造"，这里暂不说"口述历史"的题材，其一是"田野新考察"报告系列，迄今已刊出14期（自2006年11期~2009年4期），其中记录的田野考察不仅仅是梁思成、刘敦桢的足迹，更有为建筑文化遗产的创新发展而选择的"新迹"，刊出报告学术水准之高严谨，影视记录之全面深得业内外好评；同时在本刊自2007年4期推出"中国建筑设计年度报告（季度版）"，其含义从文化传播上讲，它不仅仅是上个季度各类资料的荟萃，而成为一种建筑视野、史料、评论、作品、反思等内容的集成，我们希望通过它的梳理成为影响建筑设计"生意"与"生活"的策划指南及依据，并依此印证中国建筑设计改革与发展之路。

2. 如何使图书出版体现使命追求

不能算本人著作，由我牵头组织信息部（1998~2003年）、杂志社编书已有十多年光景，总括起来，它是使命相系、文化相吸的结果。出版是天下公器，出版是人类文明得以薪尽火传的载体，有书人说"一个时代的文化，一个社会的文明，在很大程度上蕴藏在图书里"。1998年本刊与科学出版社童安齐主任共同策划并陆续推出"建筑科技文化"丛书，先后出版《现代建筑技术》、《建筑艺术赏析》、《城市无障碍环境设计》、《近代音乐厅建筑》、《城市设计十议》等，这些书无疑在十多年前是新颖的"建筑科技文化"类图书，其中《城市无障碍环境设计》一书多次再版，在普及建筑无障碍设计文化上发挥了很好的作用；1999年世界建筑师第20届大会在北京召开且BIAD迎来成立五十周年，本人出任执行编委完成了十一卷本的"北京市建筑设计研究院学术丛书"系列，它在一定程度上为行业学术发展做出了贡献；伴随了2001年6月《建筑创作精品集》（天津大学出版社）及《奥林匹克与体育建筑》的推出，本刊建筑学术及建筑文化出版正式拉开序幕：第一个有代表性的是《建筑创作》设计文化丛书，从2003年~2006年共推出十卷：《美国原版别墅住区——橘郡》、《中国博物馆建筑与文化》、《文化厚昊》、《北京建筑图说》、《经典卢宅》、《屋顶设计与文化》、《天津建筑图说》、《稀罕河阳》、《西安建筑图说》、《沉浮榉溪》等。与《科学美国人》杂志（中文版）合作于2005年在科学技术文献出版社推出《科学新知求索丛书》（共六卷）：《宇宙探索路》、《数学迷宫》、《中外建筑与文化》、《让人们生活更安全》、《行为与优生趣观》、《思维世界探幽》等。在建筑文化遗产上本刊也算是有眼力和有作为的，自2006年6月迄今，已先后推出国家文物局单霁翔局长的三部力作《城市化发展与文化遗产保护》、《从"功能城市"走向"文化城市"》、《从"文物保护"走向"文化遗产保护"》；2006年9月本刊与颐和园管理处联合承编《颐和园排云殿-佛香阁-长廊大修实录》；为纪念中国营造学社的贡献于2006年3月编撰出版《图说李庄》且组织出版朱启钤著《营造论》(2008年11月)，策划推出"建筑名人画传系列"《留下中国建筑的精魂》等。这里尤其要说明的是2007及2008年先后倾力推出的《蓟县独乐寺》、《义县奉国寺》已成为中国古建筑出版的经典著作，2009年5月下旬将推出的《中山纪念建筑》会再次填补我国在近现代建筑文化传承上的空白。而2008年2月的《山东坊子近代建筑与工业遗产》一书，不仅是向业内外普及近现代建筑文化的读物，更担负起一种文化遗产发现、保护的责任。

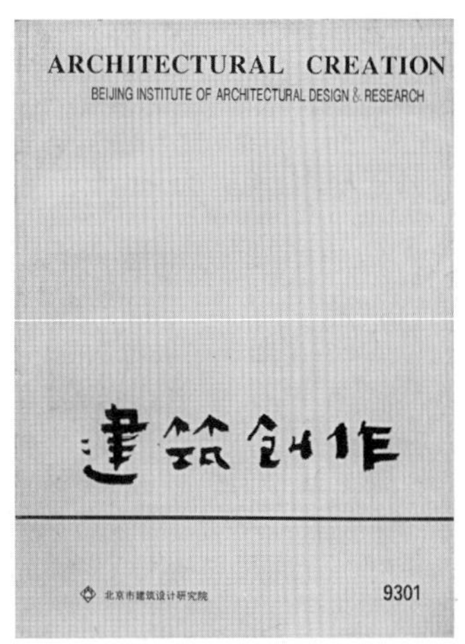

何玉如总建筑师题写刊名

出版是一项内容产业，个性是否鲜明、特色是否突出，是有价值的图书竞争取胜的法宝，正基于此近10年来本刊已经组织策划出版的图书有100多册(套)，选题呈现了以建筑为中心的全方位。我们始终认为：出版不仅仅是记录，也是一种品质和使命，编辑不只是一个职业，更应成为一种追求。

恢复彩色印刷

3. 如何使建筑文化活动富于国际视野

建筑活动的本质是传播和积累优秀文化，坚持国际化视野对一个传媒机构而言，不仅仅是为了传播本民族的文化，更在于文化多元化的需要。如果以出版为例会发现国际化已成世界趋势，只有站在国际化的高度上，才能处理好不同国家、不同民族、不同文化背景下的建筑形式与学术观点。事实上，正是理清了这么多不同，才在新视点平台上找到国际文化间的最大共同。稍作回顾，近年来本刊已开展了一系列富于国际化视野的建筑文化活动：2005年利用中法文化年之机，在中国文化部及法国文化部支持下，主办"中法建筑论坛"，由于活动的成功，2006年该主题活动又在法国文化部内举行，会议上中法建筑师不仅做了充分交流，我方还向法方的建筑与文化遗产局局长等人赠送《中国青年建筑师188》等书籍。此外第21届、第22届、第23届

获市优秀封面版式设计奖

世界建筑师大会，我刊都组织赴主办国家参会，并在第一时间以大篇幅向国内建筑界做了报道。于2007年开始策划征稿，并于2008年5月9日在深圳举行颁奖仪式的“首届全球华人青年建筑师奖”在海内外产生较好影响，其特点及意义有三个方面：

⑴ 它是新中国历史上第一次大规模的、同时面向海内外青年建筑师的奖项；

⑵ 它是通过评选优秀项目、确定建筑师的实践性意义很强的奖项，其获奖难度大且有示范性；

⑶ 它虽不是由政府出面确定的奖项，但由于是学术组织策划并得到政府、企业、社会、媒体支持的奖项，因而更具公正性和权威性。由于海外传媒机构的界入及别具一格的颁奖典礼，使它已在国内外产生非凡影响力，这为我们再次评奖奠定了基础。

二、如何做好称职的建筑专业传媒的主编

1. 每期“主编的话”都是一次考验

翻阅杂志我发现自己在每期都写“主编的话”，本刊自2002年1月正式从季刊改为月刊，我也是在编辑们的鼓励下，自2003年1期始，才硬性要求每期“主编的话”写成“话题作文”，因为它要反映的不是这期杂志的要点，而是这段时间内的发展的问题，反映了杂志本身的一种状态和视野，这样的“主编的话”对我是一次又一次考验：从2003年1期至2009年1期算下来我的“作文”已有73篇，它基本上能达到上述的要求，因为每篇文章都是我那段时间思想磨砺的结果。下面以每年元月号“主编的话”为例，简述一下感言：“建筑本土化，创作国际化”（2003年1期），文中界定了本刊本土化与国际化的追求，并向读者表示“未来如诗，承诺是金”；“品质最重要”（2004年1期），该文的中心意思是，要扎实地提高杂志从文图到装帧的品质；“学术性·文化性·批评性”（2005年1期），从字面上便可感到它是对杂志方向的一种把握和定位，现在看来，批评性还要再加强；“2006，建筑记忆的联想”（2006年1期），本文认为无论是2005年，还是刚刚到来的2006年，都有无限的联想和思考，恰好这期刊发本刊编辑部署名文章“思念依然无尽，建筑师忆周总理”，文章表达了建筑界人士对周恩来总理逝世30周年的特殊怀念心情；“卓越2007”（2009年1期）意在追求做中国最卓越的建筑专业传媒，重在要迈开面向市场和创意文化的脚步；“2008：传媒与您同成长”（2008年1期），表达了正走向BIAD传媒产业的《建筑创作》人的信念和勇气；“2009：建筑中国六十年”（2009年1期），它不仅预告了本刊拟在2009年围绕中国建筑六十年展开一系列主旨活动，同时还要在2009年的早春思出独有的希望之策。正是为此，我在认真对待每期“主编的话”的写作时，不仅把握时态，更注意当下的“社情”；不仅调整自己的心态，还特别展示本刊编者们的风貌。所以，有不少业内人讲，“主编的话”有激情，反映了一个向上奋进的团队的形象，但从内心讲，我是极为认真的。

2. 当好主编，先要做人。

很难说究竟有多少人还热衷于关注历史性学人，但本刊多年坚持文化溯源，旨在向前辈学习。张元济

是中国出版第一人，作为商务印书馆掌门人，他倡导以出版来推动教育，为中华民族的文明“续命”。据文献记载，1936年，人们打算为年届七旬的张元济祝寿，却遭到他的极力反对。于是，人们便用了一种特殊的形式来表达对他的敬意。第二年，一部堂皇巨著面世了，书中共汇集了21位大家的论文，每篇论文，今天读来都堪称经典；每位作者，也都是中国文化界的一代宗师，他们中有蔡元培、胡适、马寅初、黄炎培等。他们尊称张元济为“富于新思想的旧学家，能实践新道德的老绅士”，赞誉他“兼有学者和事业家的特长”。回溯《建筑创作》的学术之路，我以为，办出特色、办出活力、办出影响并为全国乃至世界提供宽广的学术平台，是本刊学术生命力所在。作为主编在恪守学者本分，捍卫学术尊严的同时，还要用心专一、领域专一、始终如一。有学者评价陈寅恪道“他对中国文化是那样的一往情深，他的生命已完全托付给了它，一切著述也都是为了阐发它的最深刻的涵义。怎样谈陈寅恪呢？我们只需反复不断地说：文化、文化、文化”。我以为出版前辈榜样的作用中，不仅有学术方向，更倡导着一种优良学风，作为主编在率先坚守职业道德的同时，还要把握住编辑工作流程、严格评审制度、规范编辑（记者）的社会行为，这种令社会及行业信服的责任与担当，是主编的己任，更是刊物获得优越的知识资源、奉献出精神产品的关键。作为主编，我始终坚持把住质量、开阔视野、组织选题并不断提升自己的建筑文化素养，求实、广学、敏思、高效是作为主编必备的，不如此就难做到编辑学者化，就难在刊物以深度取胜上见到成效。我以为，这一点必须是我应不断学习，不断把握的方向。否则的话如何“领衔”呢？又如何谈得上铸成特色的杂志“品牌”呢？作为一种态势，虽然全球化视野中要求华文出版，但《建筑创作》也必须要走通英文出版之路。

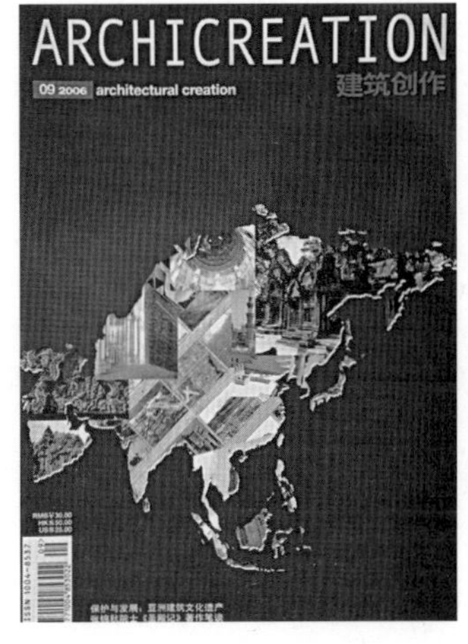

结语

虽然上面的文字记录的是本刊一个个过去的场景或作为，但它从一个侧面作证了《建筑创作》杂志社稍纵即逝的发展，无论过去是如烟、如海、如梦，还是如歌，我以为所有《建筑创作》人都在拥有希望中为着卓越传媒而努力。《建筑创作》与创作建筑是镜像的，但其

含义留给我们的是不停息的求索。2009年4月7日《中国新闻出版报》发表了总署《关于进一步推进新闻出版体制改革的指导意见》并明确了改革时间表及路线图，它似曙光为所有思想醒悟的传媒迎来了“新生”，作为旨在提高国家行业形象及建筑师地位的传媒，未来发展绝离不开独立品格及追求下的自由与自主。作为《建筑创作》人，我们必须清醒地正视我们脚下这块肥沃的文化土壤，虽然播下种子经过精耕细作就能有收成，但我们需要的是感悟行业发展与人生哲理的心境，我们需要的是努力成为中国建筑文化发展中坚力量的行动。至于未来之路，我想大家不仅要修出“苦乐尽在笔纸间”的心境，更要保持住将《建筑创作》杂志社及其产业做到国际传播去的信心与勇气，而所有这一切都离不开各方同道者的支持，我们尤其欢迎海内外同道的加盟。

国际思维中的中国命题 VS 中国命题中的国际品质

——《时代建筑》杂志的思考

文文军 戴春

伴随着中国改革开放飞速建设的30年，《时代建筑》杂志见证了中国当代城市与建筑的发展与进步，本身也逐步成长为中国建筑业界和学界颇具影响力的著名学术期刊。《时代建筑》（双月刊）创建于1984年，由同济大学（建筑与城市规划学院）主办，国内外公开发行，至2009年7月已经出版108期，发行200多万册。《时代建筑》以繁荣建筑创作、增进国内外学术交流为办刊宗旨，以“时代性、前瞻性、批判性”为办刊特征，以国际思维中的地域特征为其编辑定位，创建以当代中国建筑为地域特征的具有国际化品质的杂志。《时代建筑》经历了25年的艰苦创业，跨越了创刊、渐变、突变和深化等各个发展阶段，特别是至2008年第2期我们走过了第100期的历程。在此我们回顾杂志发展的历程，展望未来。

一、透视杂志发展历史

1. 摸索中的创刊阶段（1984~1988年）

改革开放初期（大约从1978~1988年）随着中国现代化建设的进展，建筑业出现了一个前所未有的繁荣、活跃的新局面。而建筑学界也表现出对西方文化与理论的渴求和学习，学术界积极翻译和引进西方理论，期望对摸索期的中国建设有意义，那是一种希望快速奔向现代社会和现代思想的时期。正是在这个时期《时代建筑》杂志诞生了。

国门的打开把西方先进技术与思想不断带入，国外众说纷纭的建筑思潮和流派使当时的建筑学界在东西方建筑文化的冲突中倍感迷惘。[1]同济大学建筑系在时任校系领导的积极倡导下，抱着忠实地反映发展现状、提供理论和实践交流的园地、传播古今中外及预测建筑未来的办刊宗旨，《时代建筑》于1984年11月出版了创刊号。《时代建筑》推崇学术平等、鼓励创新、海纳百川的特征在创刊中已充分体现。

创刊号内容丰富，从"贝聿铭创作思想与近作"、"创新探索"、"新的技术革命"到"建筑教育"、"住宅研讨"、"室内装修"、"国外建筑"、"方案设计"、"建筑实录"及"学生作业"等10个栏目[2]，包含了建筑理论和实践方方面面的24篇文章，充分体现了《时代建筑》对探索性建筑创作的关注，以及对学术思想、理论讨论的平等与自由的推崇，同时，鼓励学术见解的多样性。[3]

《时代建筑》创刊阶段条件异常艰难，面临经费短缺、经验不足、信息资源空白的种种困境，处在摸索、不定期出刊的阶段。在随后的4年中，杂志从每年一期到每年两期，然后到1988年的三期，共出刊9期，为日后的正常办刊打下了坚实的基础。

从这个时期杂志讨论的关键词可以透视改革开放之初的学界和业界的变化，即"打破'千篇一律'，繁荣建筑创作"、"正确对待现代建筑，正确对待我国传统建筑"、"建筑作为一种文化"、"中国文化与中国建筑"、"后现代主义"。这也契合了这个时期学界的关键词："民族形式、广义建筑学、建筑理论热潮——东西文化碰撞、外国理论的引进——建筑理论译丛、后现代思潮"。

2. 探索中的渐变改良阶段（1989~1999年）

20世纪80年代末和90年代初的中国社会正在经历一个历史性的阶段，当时将近一个世纪的社会主义实践面临危机，苏联、东欧的社会主义国家纷纷瓦解，中国却在坚持社会主义的大旗下，经济领域迅速地进入全球化的生产和贸易过程，所带来的这个10年的社会变迁是巨大的，中国已经迅速地卷入全球资本和市场的活动中。此时的建筑理论界走向务实，在理论的规范问题和更为专业化的学术领域作更实践性的探讨，同时也就开始摆脱介绍西方学术为主的研究框架，研究的目光转向内在的现实需要。学界也走向寻找传统的价值、呼吁人文精神，从对职业责任的自觉承担走向呼唤社会使命感。[1]

[1] 同济大学建筑系《时代建筑》编辑部：致读者，《时代建筑》，1984 (1)：P3。
[2] 同济大学建筑系《时代建筑》编辑部：《时代建筑》，1984 (1)：目录。
[3] 同济大学建筑系《时代建筑》编辑部：致读者，《时代建筑》，1984 (1)：P3。

经过4年的办刊摸索过程，《时代建筑》于1989年开始固定出版日期[2]，以每年4期的频率正规出版，邮局发行，但每期的容量降为64页。1994年《时代建筑》装帧形式有所改变，出现了书脊。1995年第一次扩版（从小16开本改为国际流行的大16开本），彩页数量从4页到16页逐步有所增加。1991年，《时代建筑》编辑部举办“建筑的文化与技术”优秀论文竞赛，《建筑的文化与技术》论文集一书在1993年公开出版。

这一时期的中国建筑业迅猛发展，是建筑创作走向成熟的时期。随着上海浦东的开发，上海的城市建设日新月异，促使上海的建筑创作日趋活跃。《时代建筑》基于上海的发展，1999年提出了新的办刊方向：“重点浦东、立足上海、面向全国、放眼世界”，进一步凸显了上海的地域特征，但也出现了过分强调地区性的局限。

《时代建筑》登载的文章是随着学术界的关注面动态发展的，其内容涉及的层面日趋广泛与深入，开始更为关注建筑创作的深层次问题，诸如中西建筑文化与理论以及创作实践的比较研究等等，其对东西方理念冲突的关注以及对中国传统与现代的冲突的关注已经上升到较为理性的层面，杂志日趋走向建筑批评的层面。[3]

此阶段在编辑方式上的最大变化是组稿方式的变化，1998年开始，杂志从原来以自由投稿为主的组稿方式向以“主题”优先的组稿方式转变，初次提出了编辑的思想性问题，这促使《时代建筑》有可能进入更为积极与主动的编辑状态。杂志内容也在充实，信息量在增加，1999年已是每期104页，其中彩页16页。总的来说，虽然那两年的《时代建筑》的办刊宗旨、办刊特征、编辑思想均没有大变，但在局部的内容和形式上正在发生着变化，已处在循序渐进、良性发展的轨道之中。随着《时代建筑》编辑们的思想的逐步成熟、眼界的逐步开阔，《时代建筑》与整体社会发展现状的差异日趋明显，问题已越来越严重，《时代建筑》的改革已迫在眉睫。

[1] 支文军，戴春：走向可持续的人居环境：对话吴志强教授，《时代建筑》，2009 (3)：58—65。

[2] 同济大学建筑系《时代建筑》编辑部：上海市建筑创作实践与理论畅谈会，《时代建筑》，1986 (1)：P4—6。

[3] 1989—2001年《时代建筑》为季刊，出版时期为每季度末月18日出版。

这个时期杂志的关键词表现为："关于繁荣建筑创作、提倡建筑的多元与多样的讨论—对建筑美学、审美、建筑评论的讨论—时代建筑与地方特色：海派风格/上海建筑文化—关于西方建筑思潮与建筑创作的讨论—结构主义哲学与当代建筑创作—晚期现代主义与后现代主义—理性主义与建筑创作—解构主义与建筑创作—环境、场所、心理的关系研究—传统建筑文化研究，如：风水、民居—城市环境、城市空间—文脉、环境与设计—关注中西建筑文化的交流与比较"。应该说这与当时学界的观察与讨论是吻合的："建筑与城市、绿色建筑、智能建筑、传统与创新、中国特色的建筑文化后殖民理论、人文主义建筑。"

3. 反思中的突变发展阶段（2000~2001年）

这一时期，思想界的现代化目的论正在受到挑战，学界更多地关注现代社会实践中那些制度创新的因素，重新检讨中国寻求现代性的历史条件和方式，把中国问题置于全球化视野中考虑成为一个十分重要的理论课题。学界也开始反思20多年我们对国外理论引进的负面影响的原因，这主要是对国外理论的开放不够，没有真正进入国外理论所存在的语境，学界也真正开始以更深刻更严肃的态度面对西方广泛的理论。[1]

随着中国建筑业发展的日趋国际化，编辑们的视野在不断拓展，《时代建筑》也在逐步反思本身的局限性：一方面杂志思想性不够、缺乏国际眼光；另一方面杂志特征不明确；此外，还有杂志形式滞后、彩图和文章分离、印刷质量低劣、编辑技术落后等。

面对众多的问题，经过1998与1999两年的深思熟虑以及经济和技术条件的可能性，杂志2000年改版成为里程碑式的事件[2]，促使杂志向国际化水准迈进了一大步。具体来说，第一，调整杂志的定位，即《时代建筑》不仅仅是同济大学的杂志，也不仅仅是上海的杂志，而应是有世界影响的中国建筑杂志，把杂志的地域特征的内涵从"上海"扩展到"中国"。为此提出了"中国命题、世界眼光"的编辑视角和定位，强调"国际思维中的地域特征"。在新的定位指导下，杂志的主题、组稿内容均有了彻底的改变，强调"时代性"、"前瞻性"、"批判性"的特征。此外，超大、即时的信息量已成为《时代建筑》另一特色。第二，《时代建筑》版式上的彻底改变，全新版面设计、全刊彩色印刷、全新装帧形式，树立杂志更为国际化的形象。第三，提升编辑技术与硬件设施水准。如在校外建立《时代建筑》工作室，以解决原编辑部空间窄小的问题；配备苹果电脑设备和专业制版技术员，彻底解决编辑技术落后问题；确立行之有效的编辑程序，以确保杂志的编辑质量；更换印刷厂以适应全彩印刷和装帧的要求。第四，开拓性地建立年轻人为主的兼职专栏主持人队伍，充分发挥学校人才济济的优势。同时，这一阶段杂志开始尝试市场化运作，使杂志更加贴近业界市场。

[1] 支文军，戴春：走向可持续的人居环境：对话吴志强教授，《时代建筑》，2009 (3)：58–65。

[2] 1989–1999年《时代建筑》文章体现了其学术关注的层面的深层次发展，列举如下：沈朝晖，安藤忠雄：建筑精神的源泉——禅宗哲学，《时代建筑》，1999 (1)：92–94；秦峰，黄夏："大片"的启示——当代人的大众性与创作，《时代建筑》，1999 (1)：95–99；徐千里：超越思潮与流派——建筑批评模式的渗透与融合，《时代建筑》，1998 (1)：56–58；沈福煦：论建筑论文——"建筑理论的理论"之三，《时代建筑》，1998 (1)：58–61。

杂志也积极参与建筑学科的建设，为配合“全国高等学校建筑学学科指导委员会”的工作，促进建筑教育的发展，2001年编辑部组织出版了《当代中国建筑教育》增刊一期。从2000年起，《时代建筑》被列入国家科技部“中国科技论文统计源”期刊。

此时的杂志关键词表现为：“当代上海建筑评论：上海若要成为尊重历史、关照人文、环境优美、空间有序及特色明显的国际大都市，还有很长的路要走，可谓危机与挑战并存。——后殖民主义、后现代主义与上海的‘欧陆风’；——大势所趋：建筑设计事务所将是中国未来的发展方向；——全球化和可持续发展是21世纪城市发展的主旋律；——新时代住宅，关注大多数人的生活方式和居住需求，探讨住宅的本质：住与生活。——历史建筑与城市保护、广义上的建筑再利用，历史保护不再是建筑学科所涉及的边缘因素，而已成为有理论有实践的重要分支学科。——风土建筑—真实性—中国当代实验性建筑：追求建筑的个性化、原创性，提倡一种前卫和先锋精神的创作；是针对城市建筑现状的反省，力图挣脱过去观念理论形式的束缚，还原被“商业化”扭曲的建筑形式与空间—实验性建筑、观念性探索——现代艺术、当代艺术、装置艺术、——设计和写作——新简约主义/极少主义/极少主义艺术——城市败笔——轨道交通建筑正融入城市生活——地下空间”。这也是对当时学界的透视关键词：“全球化与地域性、实验建筑与先锋性、现代化转型、可持续发展、跨文化交流”的呼应，并且展现了一种预导向前沿的姿态。

4. 创新中的深化与日益成熟阶段(2002年至今)

《时代建筑》2000版的推出，迅速提升了杂志的质量，在中国建筑学界产生了积极的影响。然而面对全球化的压力，《时代建筑》如何具有“国际化品质”成为杂志进一步发展需思考的重大问题。在短短的两年后，编辑部又推出了2002版杂志，这是在经济全球化倾向冲击下，中国当代建筑杂志所作出的一个应答。如果说2000版《时代建筑》的定位是“国际思维中的地域特征”的话，那么，2002版杂志追求的目标是“地域特征中的国际化品质”。首先，编辑部力邀平面设计师姜庆共先生为2002版重新设计了封面、标识及全套版式，并以超宽的版面尺寸印刷，在杂志视觉形象上完全达到国际水准，获得了极大成功；其次，2002年起《时代建筑》从季刊改为双月刊，缩短了出刊的周期，增强了时效性；第三，杂志主题的选定及内容的策划，充分体现了中国本土的特征，特别是杂志每期有效容量的大幅增加（2002版平均每期144页，是2000版的2.3倍），为深度报道提供了可能。第四，《时代建筑》从2003年起主题文章主要内容采用中英文双语出版，虽然英文还存在诸多问题，但这是走向国际化重要的一步。这时期彭怒博士加盟杂志编辑部，不仅弥补了王绍周、吴克宁退休以后的空缺，也为杂志增添了新鲜血液。此阶段编辑队伍也不断壮大，编辑的专业基础和素质在中国应该是处在较高的水准，也保证了杂志有一个更为专业和国际化的视野。

此时期杂志也更加强调国际视野中的中国特征，从这一时期的杂志的主题和关键词可窥见一斑："奥运与北京"，"2010世博会与上海"，"辉煌与迷狂：北京新建筑"，"同济建筑之路"，"为中国设计：海外建筑师的实践"，"让乡村更乡村"，"适度与适宜：生态建筑与技术"，"境外建筑师在中国的实验"，"权宜建筑"，"青年建筑师与中国策略"，"轨道交通综合体等"。应该说《时代建筑》在努力以更为国际化的视野探讨中国建设问题，主题选择更具前瞻性，力求成为业界和学界探讨创新的平台。

在《时代建筑》100期之际，我们开始以独特的视角对年度的行业事件、学术事件、期刊论文、学术图书、设计作品、年底人物、年度机构进行点评，这一活动得到了学界和业界的广泛的和持续的支持。

二、《时代建筑》办刊特征与思考

《时代建筑》积累了25年的经验，杂志的思想性和特征逐渐显现出来。其实它们一直是我们所思考和追求的东西，贯穿在办刊的方方面面和每时每刻之中。

1．国际思维中的地域特征

随着中国经济的高速发展，城乡建设日新月异，但中国的建筑发展也存在众多问题，有待建筑界不断反省、总结与提高。《时代建筑》侧重于关注中国地域的问题，每期的主题都以"中国命题"为切入点。同时，我们也注重用世界的眼光来探索中国命题，强调国际思维中的地域特征，以超越自我的视角来剖析自己。

2．地域特征中的国际化品质

《时代建筑》以"中国建筑"的地域特征为荣，以此为契机走向国际建筑界，目标是创建以中国建筑为特征的具有国际水平的杂志。《时代建筑》的国际化品质体现在四个方面的目标：一是《时代建筑》的内容和学术水准是国际水平的，即每期主题内容既充分体现世界建筑发展动向，又深刻洞察当代中国建筑的本质，它所展示的学术成果应是对世界建筑界的一种重要贡献。二是《时代建筑》的形式、技术和资源是国际水平的。《时代建筑》以高品位的装帧版式、国际化的制作印刷技术、一手的资源和中英文双语文字，保证国内外最精彩的内容以国际化水准的形式和方法在杂志上得以充分表达。《时代建筑》力求成为国际建筑界了解中国建筑的窗口，也是中国建筑走向世界的平台，是联结国内外建筑信息流的通道。三是《时代建筑》的编委会组成和作者是国际化的。四是《时代建筑》的发行力求国际化。

3. 时代性、前瞻性与批判性

在“中国命题、世界眼光”的编辑定位下，杂志每期选定一个主题，以主题优先的原则进行编辑组稿。结合中国建筑发展的总体状况和存在问题，近年来《时代建筑》选定的部分主题有“当代中国实验性建筑”、“当代中国建筑设计事务所”、“建筑再利用”、“中国当代建筑教育”、“新校园建筑”、“北京、上海、广州”、“小城镇规划与建筑”、“个性化居住”、“辉煌与迷狂：北京新建筑”、“从工作室到事务所”、“室内与空间”、“中国大型建筑设计院”、“现象学”、“建筑中国30年”、“社区营造”、“奥运建筑”、“世博建筑研究”等，围绕主题组织发表了一大批高质量的学术论文和优秀作品，以近100页的篇幅在深度、广度和力度上对主题内容进行全面的学术探讨，凸现杂志“时代性”、“前瞻性”、“批判性”的办刊特色。

4. 编辑思想性

编辑人员的思想性很大程度决定着杂志的思想性。编辑们必须了解中国建筑的发展现状和特色，关

注学术进步，同时也应敏感于世界建筑发展动态。这样才能赋予杂志思想性，才能使杂志观点鲜明、特征明确，不仅充分反映各阶段建筑发展之现实，而且走在时代前沿，起到前瞻引导性作用。《时代建筑》近年来选定的主题应是编辑思想性最充分的体现。

5. 积极编辑

编辑的思想性需要积极编辑的工作态度。我们改进了以往被动的、以自由投稿编辑成册那种缺乏思想性的编辑模式。主题优先的编辑模式要求编辑围绕“主题”在世界范围内组稿，高瞻远瞩的策划、积极的组稿、不厌其烦的联络以及精益求精的编辑工作，每一过程都需要积极编辑的态度作为保证。当编辑完成组稿并选定作者及其题目后，如何与作者沟通或在收到稿件后如何积极编辑，是编辑思想性的又一次深入体现。只有编辑对该期杂志有宏观的把握，又对该领域每篇专题文章有深刻的认识和恰到好处的判断力，才能做好稿件最后的编校、修改、加工工作。

6. 信息容量

随着刊期、页码数、版面尺寸的增多扩大，近10年来《时代建筑》有效版面容量每年以80%的比例增加，2009年度全年杂志容量已是1989年的6倍，刊载内容相应大幅增加。《时代建筑》也保持以每期14页的超大信息量版块，包含“今日建筑”、“简讯”、“学术动态”、“建筑网址”、“境外杂志导读”、“中外青年建筑师”、“热点书评”、“网上热点”等小栏目，全面反映国内外城市与建筑的信息。

7. 零时差

《时代建筑》在报道国内外最新的发展动态方面，努力做到以最快时间、第一手资料即时刊出。目前《时代建筑》的信息栏目基本已达到这一要求，新作介绍方面正在缩小时差。这需要建立行之有效的信息传递、收集和分析的系统，海外编辑应起到重要的作用。

8. 版式艺术性与读者趣味

版式风格其实也体现了一本杂志的思想性。编辑不一定从事平面设计，但要对版式风格有自己的理念，与平面设计师合作，最完美地体现建筑杂志艺术性的一面；同时如何更多照顾到读者的阅读趣味也是隐含在版式中的一种办刊思想。《时代建筑》继续以简约明快的版式风格、超宽版面尺寸、精美的全彩印刷和精致的装帧等形式美，保持高品位的版式和印刷装帧水准。

9. 国际交流

杂志在某种意义上讲就像建筑信息交流中心。《时代建筑》在促进国际间的学术交流上起到积极作用，接待过众多境外学者、教授、建筑师和媒介朋友，促成他们来上海和同济访问并作报告，如荷兰Wiel Arets教授、英国Peter Cook教授、日本安藤忠雄教授、瑞士Mario Botta教授等。杂志编辑多次应邀访问和考察法国、瑞士、澳大利亚、日本等国并讲学，参与很多学术交流活动。《时代建筑》与德国建筑杂志“Bauwelt”和美国建筑杂志“Architectural Record”建立了良好的合作关系。

三、《时代建筑》与中国建筑的互动关系

1. 学术权威性

《时代建筑》通过一期期以当代中国建筑为主题而编辑的杂志，以其思想性和学术敏感性确立了在中国建筑学界的学术权威性。这是《时代建筑》作为学术性期刊在学术性方面的地位和贡献。

2. 业界影响力

《时代建筑》以其敏锐度、新视角和艺术品位，积极倡导创新，建立标准，引导行业发展。被《时代建筑》选中和报道的建筑师及其作品，都会在业界产生广泛的影响力和认同感，体现了杂志在建筑业界的知名度和品牌价值。

3. 推介新人

《时代建筑》一直关心年轻建筑师的成长，重点介绍了一批充满活力与创新精神的青年建筑师及其作品，成功推介了一批先锋建筑师群体，造就了一批中国的明星建筑师。这一代年青建筑师在实践中提高，具备丰实的建筑体验和不同的教育背景，从他们的作品中可以看出他们的追求和独立的思考，他们的成熟会是中国走向世界的过程中关键的一步。

4. 倡导创新

《时代建筑》积极倡导创新，一贯对建筑设计作品关注，特别是优秀的设计作品，无论是由作品引发的专题，还是主题引申的作品研究，新建筑作品始终是报道的焦点。通过对作品批判性的深层剖析，来阐明《时代建筑》的立场和独特的观点，深化作品的意义。

5. 关心中国建筑职业体制

当代中国建筑实践是无法与当下建筑师的职业体制分离开来的，事实上这也是中国建筑实践背景中最为重要的一环。《时代建筑》从市场经济发展需要体制相应变化的角度，来探讨中国建筑师职业体制变化的必然性，以揭示职业体制变化的必要性。

6. 推动中国建筑走向世界

把中国本土建筑师与建筑推向世界建筑界，也是《时代建筑》为中国建筑所做的贡献之一。一方面，通过《时代建筑》的国际影响力，把当代中国建筑最令人关注的命题和研究成果，包括当代中国最优秀的建筑作品和年轻建筑师介绍给国外专业读者；另一方面，《时代建筑》的编辑们以赴国外讲演、策展、图书出版等国际交流，进一步推动国际建筑界对当代中国建筑师及其作品的了解和认同。

四、以杂志为媒体平台的学术事业

《时代建筑》已在建筑学界和业界具有一定的知名度和影响力，如何把杂志作为建筑学界和业界的媒介平台、利用好杂志的品牌效应、积极拓展学术事业是我们思考的一个问题。在全球化、新媒体和市场经济的大背景下，我们以新的视野构筑发展空间，包括多层面学术活动的尝试。

1. 建筑中国年度点评

从2007年开始，《时代建筑》在年度第一期对前一年度的行业事件、学术事件、期刊论文、学术图书、设计作品、年度人物、年度机构等进行点评。我们邀请点评人以独特的视角组织各项点评，与学界和业界的互动十分积极和多元。

2. 组织学术会议

《时代建筑》通过跟踪报道“学术会议”与世界重要学术事件互动的同时，利用《时代建筑》的影响力积极组织学术会议，以期形成活跃的学术平台。以2008年为例，《时代建筑》参与组织的学术会议如下：

联合主办：2007深圳—香港双城双年展论坛系列 “速生城市”（深圳，2007.12.7）

联合主办：2007深圳—香港双城双年展系列论坛 “城市再生”（上海，2007.12.15）

联合主办：昆山艺术中心设计沙龙(苏州昆山，2008.1.13)

主办：时代建筑100期庆典（同济大学，2008.3.22 ）

主办：2007建筑中国年度点评（同济大学，2008.3.22 ）

协办：第六届“远东建筑奖”上海颁奖典礼暨两岸建筑论坛（上海，2008.3.29 ）

联合主办：现象学与建筑（苏州 2008.5.24~25）

协办：汶川地震灾后重建系列会议——建筑行动（成都，2008.6.26）

3. 出版系列图书

《时代建筑》在出版杂志的同时，与业界和学界合作出版与杂志部分主题相关的书籍，产生了良好的影响。这里列举部分书籍，有一些是由于《时代建筑》出版了相关的主题的期刊，在策划和编辑杂志的过程中发现可表达的内容远远超出了我们的预想，于是为此出版的书籍成为学界和业界讨论相关主题一个延申的舞台。如《时代建筑》曾以超大容量出版了“建筑西部：中国当代西部城市与建筑”一期，还是有很多内容值得呈现给大家，于是《建筑西部——西部城市与建筑的当代图景（理论篇）》和《建筑西部——西部城市与建筑的当代图景（实践篇）》得以编辑出版。为配合“现象学会议和相关主题杂志”的出版，我们出版了《思想与方法——建筑与现象学的对话》一书。

我们常常为了拓展中国建筑师的视野组织出国考察，为此会出版一些“散记”和读者分享建筑专业旅行的感悟，如《北欧建筑散记》。

由于我们一直在关注中国建筑的发展，中国当代建筑作品一直是我们重要的评论阵地，“作品”栏目强调创新性和完成度，多年来介绍了大量生长在中国的创新性作品，非常值得再总结和提升的，于是我们出版了《中国当代建筑（2004~2008）》（中文版和英文版）。

我们一直关注国际合作和发展，也重视和国际知名建筑媒体之间大的合作。美国“Architecture Record”几年来一直和我们合作出版《建筑实录》中文版，其间的沟通与交流十分频繁，这有助于《时代建筑》进一步走向国际化。

杂志也在“时代建筑100期庆典”之际出版了“时代建筑100期、2007建筑中国年度点评”报告特刊，回顾过去，展望未来。

4. 策划学术展览

在组织学术会议的同时我们也组织相应的展览，拓展业界和学界互动交流的空间。如，基于“时代建筑100期庆典和点评”活动而组织的“时代建筑100期展（上海同济，2008年3月）”；基于“现象学会议”的“现象建筑/建筑现象”展（苏州，2008年5月）；为参与UIA第23届世界建筑师大会而作的时代建筑展（意大利都灵，2008年7月）；我们也积极组织有助于国际交流的建筑师展览如“建筑乌托邦2–上海新锐建筑师十人展”（比利时布鲁塞尔，2008.04）。另外，作为一些展览的策展人，策划一些展览，如，2009年8月的法兰克福“中国当代建筑展览”（策展人由德国建筑博物馆馆长和主编支文军教授共同担当）。

5. 组织建筑考察

时代建筑编辑部组织过多次国内外专题建筑考察，以促进交流、拓展视野。如编辑部组织中国建筑师进行“伊斯坦布尔和埃及建筑考察”、“A.奥尔托建筑和北欧之旅”、“意大利西班牙城市与建筑专题考察”等。编辑部也组织过中国西部建筑师和东北建筑师赴长三角地区专题考察的活动。

五、未来展望

1. 开拓网络媒体

《时代建筑》作为专业媒体，在我们这个媒体时代大有发展前途。然而，杂志作为传统媒体形式的一种，必将受到新媒体——网络媒体的冲击。在新媒体与旧媒体并存的时代，杂志既要发扬传统平面媒体的优势，又要开拓网络媒体的前景。具体地说，作为平面媒体，杂志应充分发挥深度报道的特点；而网络媒体应侧重可视性、即时性，提倡读者、作者和编者的直接沟通交流和互动。《时代建筑》在办好传统平面媒体的同时，将开始尝试网络媒体——电子版，日后向网络版和综合性网站发展。

2. 走向更为广泛的社会领域

除了专业建筑杂志，这两年大众期刊对建筑与城市的报道和讨论是越来越多了。以往专业建筑杂志也只有建筑院校师生和建筑师才看，现在许多艺术家、社会批评人士、要在大众报刊上撰文建筑的记者、政府相关职能部门甚至开发商都要看专业建筑杂志了。由此专业杂志也不可避免地面对一个大众化问题，这其实是一个非常有意义的事情，专业建筑杂志除了可以影响建筑专业人士的自省，更可以借助专业的优势反映并影响社会现实，最终与社会产生互动，以文本的方式推动建筑由专业走向公共。建筑杂志如何在保持一定独立性的同时，介入公共舆论，建立一个建筑专业及其相关群体的公共领域。

3. 进一步国际化

《时代建筑》积极推动国际学术交流，主办或协办国际建筑学者的学术讲座和推动学术会议的召开，也积极参与国际性学术会议和展览。我们的编辑也积极参与国外的学术交流活动，并经常性组织中国建筑师赴国外城市与建筑考察等等。但是，在全球化的今天，《时代建筑》的国际影响力是不够的，具体体现在杂志英文内容不足，国外发行量少，国外著名建筑机构如建筑院校、建筑图书馆、建筑研究中心等收藏不广和不全。我们希望通过增加英文内容、加强与国外学者和建筑师的合作、拓展与国外建筑机构的联系、理顺国外发行渠道等工作，逐步增强《时代建筑》的国际影响力和话语权，使杂志成为国际学术与信息交流的中心。

关于《世界建筑》

王 路

《世界建筑》创刊于1980年10月，是华夏大地第一本系统介绍国外建筑的建筑学专业杂志。正如在创刊号开篇中吴良镛教授写到的“研究国情，了解世界，探讨规律”。《世界建筑》本着借鉴西方经验，了解世界建筑发展现状，挖掘普遍规律，以更好地探索我国自己的建筑创作之路的宗旨，源源不断地介绍国外建筑的新思想新理论新作品和新技术．为促进我国对世界其他国家和地区的城市和建筑的认识和研究、繁荣建筑创作，提供了大量有价值的参考资料，做出了不可低估的贡献。“借他山之石，攻华夏璞玉”。这是宣祥鎏先生在纪念《世界建筑》创刊10周年时为本刊题写的诗句，这也正是《世界建筑》的办刊目的。

历任主编：

吕增标 1980-1986

曾昭奋 1986-1995

陈衍庆 1995-1999

王　路 1999-，现任主编

主办单位：

1980-1982 清华大学

1982-现在 清华大学

北京市建筑设计研究院

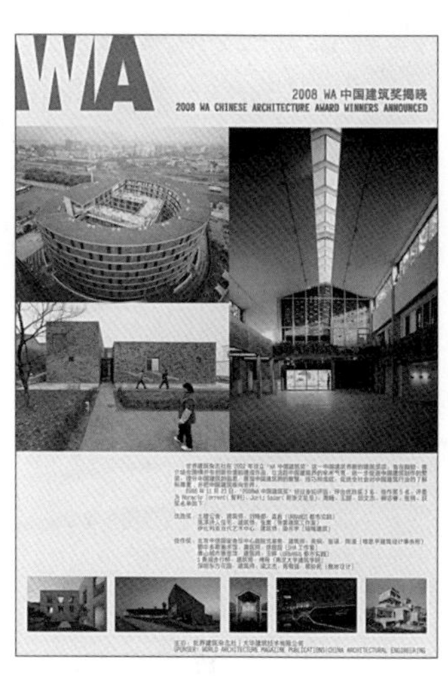

《世界建筑》在其间的发展历程中，也和其他事物一样，在酸甜苦涩中由蹒跚学步到成型定势，走出了自己的特色。20年来，主编也换了几轮，编辑部成员也有往来去留，留下的只是凝聚着他们的情智与心血的这一期期杂志。

近30年了，《世界建筑》经创刊至今也经历了前所未有的发展和变化，建筑师的职业状况也有所改变，其任务和范围日趋复杂，对建筑学的要求也更加多样，建筑师所要获得的信息也要更多更快更新。整个建筑学的发展对建筑杂志提出了更高更新的要求。《世界建筑》也在努力做到满足这些正在变化的新的要求：

应用价值与理论深度

有许多读者反映《世界建筑》以其量大面广成为国内最有影响力的建筑期刊之一。有很强的实用价值。在实例介绍方面，《世界建筑》有以类型，地域及建筑师专集等为重点的各期内容，通过其具有示范性的解决方式来为我国的建筑创作提供参考。当然。任何成功的建筑都有独到的理念作支撑。现今的建筑舞台不仅是20世纪以来多元化社会秩序的反映，也是由一系列建筑师为代表的建筑理论的物化。理论与实际的紧密结合是《世界建筑》在新世纪里要重点突出的一项内容。

中国与世界

由于历史的原因，东西方之间有着客观存在的差别。坦率地说，在建筑技术与设计理论领域，中国建筑与西方建筑相比还存在着差距。但在改革开放后，在中西文化交流日益频繁，中国人眼界大为开拓的现在中国建筑也已取得了可喜的成就。作为中国人办的《世界建筑》杂志理应介绍作为世界建筑之林重要一员的中国建筑。在新千年到来之时《世界建筑》特开辟了“ 中国建筑”栏目．也是对当代中国建筑的一种欢庆。

《世界建筑》的国外订户也在大量增加。一方面许多国外同行苦于语言障碍不能阅读中文杂志．另一方面，他们也抱怨《世界建筑》为何不介绍中国建筑。这是很好的建议，现在我们已经在《世界建筑》中增加了英文含量，在实例和分析介绍国内各城市建筑的折页中采用中英文对照的方式以后逐步把《世界建筑》办成双语杂志．真正做到使世界了解中国．让中国了解世界。

理想与现实

建筑是实用的艺术，又往往是意义的表达。海德格尔说建筑是居位，珀斯讷(Julius Posener)说，居住就是建造一个想法。《世界建筑》将在迄今为止偏重工程实例介绍的基础上，加入更多介绍概念性的国内外设计及竞赛方案的内容，包括学生作业，在建筑的理想与现实之间、理论探索与工程实践之间构成一种平衡的张力，给《世界建筑》注入新的活力。

全球与地区

正如很多读者指出的，在全球化冲击下，我们有被这股强势潮流淹没的危险，自我的特色正在消逝。东西方本存在着差异．虽然有很多共性可资借鉴，但我们不应该只舍近求远，弃“东”从“西”，而应该把关注的目光更多地投入我们的近邻。在我们的周围，在发展中国家，有很多与我们的历史状况，经济条件和生活水平相类似的国家和地区，他们的建筑创作没有高科技和繁荣富裕的经济条件，但却注重传统工艺，挖掘地方材料，考虑地方气候，植根于地方传统，很值得我们学习借鉴。因此，《世界建筑》将会以更大的篇幅介绍这些地区建筑师的创作，在高技解构等西方景象之外，呈现更多带有强烈本土与地方特色的新的景观。

艺术与技术

建筑是造型艺术，同时它更是工程技术脱离工程技术的建筑艺术是缺乏生命力的，只会走向形式主义。在当今高新技术飞速发展的时代，如果不掌握科学技术，不研究科技新成果，就会使自己的创作失去根基。《世界建筑》现在已经注意到了这个问题，开始编辑出版了一些侧重技术方面的专辑，如生态技术、索膜结构等，也在建筑技术专栏发表过一些技术性较强的文章。今后我们还会不断增加和深化这方面的内容介绍。

交流与批判

《世界建筑》不是搞“一言堂”，而是如读者希望的，发表《世界建筑》编辑部自己对当代世界建筑的看法。《世界建筑》也已经在杂志中增加了建筑评论文章的份量，现在还将开辟新的针对读者、作者和编者的“对话”专栏，真诚地希望广大读者对《世界建筑》和世界建筑发表自己的看法，在“对话”中使《世界建筑》之路走得更宽广。

形式与内容

一种改观的新的编辑策划思路需要有一个新的图文框架、新的版式，它既是《世界建筑》20年传统的延续. 又能明显地在新的世纪里有自己的定向，并描述其精神状态。我们会努力把《世界建筑>办成既有形式美学品位，又有高品质内涵的专业杂志。

协作与个性

《世界建筑》寻求与兄弟刊物更广泛的协作，并希望中国的建筑杂志能够共同发展，为缩小与国外一流建筑杂志的差距而共同奋斗。无疑每种杂志都会有自己的侧重点和优势，征新世纪里，我们衷心希望与各兄弟刊物有更多的交流，在交流中共同发展，在交流中更体现自己的特色。

多元化发展

随着我国改革开放的不断深入和中国建筑的巨大变化，《世界建筑》顺应潮流，把关注的目光也更多地投入到了中国建筑，给《世界建筑》注入了新的活力。作为国家一级杂志和建筑科学类核心期刊的《世界建筑》，不再仅仅是中国建筑界了解世界建筑动态的一个窗口，而是在中国了解世界的同时，也让世界了解中国。《世界建筑》架设了一座联络世界建筑和中国建筑发展的桥梁。也正在成为一个促进建筑文化交流的广阔平台。除了出版杂志，《世界建筑》还积极组织其他学术活动，举办展览、竞赛，学术讲座，主编建筑类图书等，并积极参与中国建筑行业的学术建设，2002年设立的“WA中国建筑奖”已成为中国建筑界一个重要的具有广泛影响的建筑奖项。

他们也是人类灵魂的工程师

——主编《新建筑》有感于出版工作者的创造精神

布正伟

人们常把教师比作“人类灵魂的工程师”，而在我的心目中，还有一类“特殊型教师”，虽然不是在课堂上面对学生，但却是在社会的文化阵地上面对广大的社会成员。他们通过精心打造的书刊读物，传播着知识、学问，影响着人们的头脑和心灵，决定着他们未来的命运。所以，毫不夸张地说，书刊出版工作者也是人类灵魂的工程师。

包括优秀刊物在内的书籍，是我们进步的阶梯，而任何有价值的书刊的出版，都是与出版工作密切相关的职业群体的创造性劳动分不开的。一本吸引人的好书，一份印象深刻的刊物，都无非是“两个精到”的表现：一是内容精到，二是形式精到，而要同时做到这两条，确实是非要下九牛二虎之力不可的。记得1988年《新建筑》出第4期时，我被聘为副主编，1998年，因《新建筑》杂志主编陶德坚老师退休后要出国去加拿大照顾年迈的父母，只好辞去主编的工作。在她一再推荐和华中理工学院建筑系领导的支持下，我在北京担任了《新建筑》特约主编一职。由于这是我在建筑设计工作之外的业余兼职，再加上北京和武汉两地工作联系上的不便，因而在主持《新建筑》的编辑、出版工作中，曾遇到很大困难。但一想到陶德坚老师的重托和学校领导的信任，还是竭尽全力去做了。当时，我就是围绕着杂志名称——“新建筑”这个“核心”，对刊物内容和形式进行相应调整与改进的。

对于学术刊物来说，“内容精到”首先是指对刊物内容的把握要有鲜明的倾向性，要与刊物的名称紧密联系，切忌为“丰富内容”而变得庞杂，让人厌烦。再有就是刊物内容中文章的质量保证。如果一期中没有几篇像样的东西拿出来，恐怕就只是“白开水一桶”。就学术专著或资料性书籍而言，“内容精到”则是要求其“言之有物”和“物有所值”，可读性强。至于说“形式精到”，我看主要还是指书籍和刊物从外到里的“版式”质量，这是给读者的第一视觉感受，会直接影响到阅读效果。市面上有些书刊的封面和封底，让人一看就败胃口。书刊里面每一页文字、画面和留白的编排，以及字体、标题、重点提示以及左手页与右手页版式之间的接应关系、繁简关系、色彩关系等，都是需要一一作出精心考虑的。现在刊物里夹杂着不少广告，处理不好就有损于刊物的品位。从大学读研究生时起，我就负责建筑系教学楼两侧黑板报的出刊工作，所以对版式特别看重，也格外敏感。1999年某出版社为我出版的《自在生成论》，把插图部分的版式效果（包括色彩）搞得很糟，不听我的意见就出版了，这让我十分恼火。所以，我养成了一个习惯，不论是出书，还是登文章，我都要亲自动手做，或者至少要亲自过问版式设计。现在，每当我看到一本内容和形式都精到、悦目的新书或期刊时，都要为它出众叫好，都会在内心升起一片对它的出版工作者的敬意之情。

信息时代是知识爆炸的时代，每个人都天天忙碌，但又必须时时“充电”，因此，人们对书刊的要求，不仅要“解渴”，而且要“高效”，读起来能大呼“过瘾”，且又能花最少的精力和最短的时间一目了然地去读懂它、记住它、消化它。这就为出版物的“内容精到”和“形式精到”提出了更高的要求。刊物要“减肥”，书籍要“减厚”，要舍得在版式上多下本钱——这是广大书刊出版工作者与时俱进，充分发挥自己创造精神的又一个用武之地啊！

关于做好建筑传媒的思考

梅洪元

一、建筑传媒作为一个边缘学科和新兴专业，以前您从事的是什么职业，是什么原因和机遇让您从事建筑传媒这个行业？

的确，建筑传媒对于蓬勃发展的中国建筑界而言还是一个新兴专业，从建国初由中国建筑学会主办的第一本建筑期刊到当下，源于多种办刊形式的诸多媒体之间的争鸣状态，建筑媒体已超越均质单一的文化形态及权力话语的主导意识，而呈现为多元化的价值观、市场化的运营、视觉化的图景，从单一走向分化再到整合中的建筑媒体，正在“内力”与“外力”的共同作用下步入新的媒体时代。

2008年，正值改革开放30周年，在此谈及《城市建筑》的创刊契机和办刊经历，我想，这应该是一个内涵深刻的话题，其中不仅凝结着我作为职业建筑师的成长轨迹，也包括建筑教育工作者在新时代语境下的角色转型，更有对市场、机遇的拓展和把握。

我是1982年改革开放后第一届建筑学专业毕业生，正如同活跃在当下中国建筑界的第四代建筑师个人和群体一样，伴随着因改革开放所激荡的经济浪潮和文化变革而涨落、起伏。特别是1990年代之后，原有大型设计院体制随市场经济转型，国外设计机构进入，不同运行机制下的设计作品纷纷逐鹿中国建筑市场，从不同角度激发媒体对中国建筑师和建筑体制的研究与交流。尤其是海外建筑师凭借自身独特的文化内涵，在交融和感悟中品味中国建筑，甚至从某种层面上引领中国未来的建筑发展趋势。这种多元并存却又异质同构的建设环境，势必要求更多交流平台的出现，《城市建筑》的创刊正顺应了这种发展需求。

2004年，在哈尔滨工业大学建筑设计研究院与建筑学院联合办刊的背景下，坚实的学术梯队形成、灵活的传播模式建立的基础上，终于促成《城市建筑》创刊面市。

二、建筑传媒对建筑创作和实践的作用是什么？

建筑传媒，从某种角度而言，是一种建筑教育传播、一种建筑实践范式。建筑传媒包含纸媒体及其背后的资源：建筑竞赛、国际会议、主题论坛、论文集出版、作品集出版等多种组织形式和运营方式，它充当着文化传播和交流的角色，它也是当下社会文化重要而独特的组成部分。

还记得20世纪80年代初，在那个资源贫瘠的时代，当第一本《建筑师》出版时，青年学子如饥似渴地吸吮知识的养分，它的存在不仅是建筑文化的普及和再教育，也构成了一个时代建筑文化的范式和标尺。当国外先进建筑理念随改革开放而涌入，对国内建筑领域的震动是深刻的，引发了中国建筑从制度、技术、文化多层面的转型，媒体充当的是平台和沟通桥梁。到90年代中后期，另一个核心话语——全球化迅速登陆中国，并构成一种弥漫于社会各层面的语境扩张开来，同时建筑市场的规范、投资环境的成熟，中国入世进程的深入，第四代中青年建筑师崛起、青年海归建筑师初露锋芒，中国的建筑市场和项目运作更加开放和多元，这个时代的媒体不仅是纸媒体的浏览和传播，更是一个文化品牌和商业媒介，更看重的是背后集聚的资源和机遇。

在此种背景下，我认为有两个因素——消费文化和大众文化——将持续左右媒体发展进而影响建筑创作和实践。中国急速的城市化进程、激进的建设速度和大规模的建设量决定了媒体的报道内容和报道方式，我们更多的是对实践资源和设计范例的完整呈现，其中也不乏一些借鉴和借用的目的，这也注定在数量背后对作品质量，尤其是原创性的缺失。或许，建筑作品背后对人生存状态和生活品质的关注和提升，还没有进入媒体视野，但这确实已成为读图时代需要反思的问题，特别是汶川地震的灾难更需要媒体给予人文关怀及理性反思。

因此，置身不同时代的媒体有不同的任务和责任，不仅仅是文化的传播者，更是文化的建构者。今天，我们的杂志印刷质量精美、建筑案例丰富、项目规模庞大，但除视觉上的冲击和商业上的炫目外，我们无暇思考， 速度带来效率，却没有唤起共鸣的感受，媒体没有在传播中激发交流、触动反思的作用。所以，我认为媒体是双向的，既面向读者提供资源，也要源于读者汲取反馈。这也更坚定了我做主流建筑媒体，确立时代发展范式的信念。

三、《城市建筑》的特色是什么？它关注的是中国或者世界建筑的哪些现象？

谈及特色，我想首先应该是地域性。《城市建筑》深深根植于特定的地理环境——中国北方、人文环境——哈尔滨工业大学，这带给我们扎实厚重、求真务实的办刊风格。当然，作为媒体势必要有自身的传播方式和报道途径，尤其是视角的择取。可以说，追求商业利益和市场价值已成为刊物最浅显和直白的生存方式，但置身商业大潮和大众文化洪流中，我却希望《城市建筑》能在文字、理念、思想层面去引发读者对当下现象的深刻思考和深层体会。当速度洪流消退，刊物中留下的应是审慎的思索与正确的引领，这才是《城市建筑》立足于速度迸发时代的真谛。

其次是国际性，对于国外优秀建筑作品，我们仍坚持兼容并举的原则和积极学习的态度去解析和探求创作理念、设计手法以及作品的高完成度，特别是信息技术、数字技术下的建筑革新，也是需要我们持续关注和解析的论题。

再次是实践性，对于国内明星建筑师、先锋建筑实践以及艺术家、策展人等，他们以不同方式活跃于建筑界，我们以繁荣建筑行业为目的，希望搭建平台，推荐有意义的建筑实践。当然，这其中也包括建筑评论、建筑论坛，这样的声音有利于行业持续健康的发展。

最后是时代性，面对如井喷般涌现的建筑作品，它们以共时性的方式凸现历时性的主题。今年是《城市建筑》办刊的第5个年头，当我们驻足2008年岁末，感慨改革开放30年的沧桑巨变，回想奥运所带来的民族文化复兴、汶川在地震灾难后的崛起……这个时代赋予人们机遇的同时，也给予大家太多难以忘怀的震动，而《城市建筑》恰恰在办刊的几年间将此逐一感受，让我此时能以怀真抱素的心态看待今天建筑媒体与媒体建筑，并以客观、真实的视角展望2008年后的发展与变革。

四、中国建筑传媒与国外先进国家在水平上有何差距?

中国建筑媒体是伴随建筑业发展而新兴的行业，是鲜活并极富生命力的，正如我们杂志办刊的5年，这看似短暂的时间背后凝结着漫长而又丰盈的储备期，所以，当我们论及这个问题，比较中西媒体差距时，评价的标准和立足点应该是不同的。

建筑是一定时期经济技术、社会文化、思想意识的反映，它以真切而现实的状态反映着一座城市、一个国家的生活质量和发展态势。我们和西方媒体一样，关注人类生存层面的共同主题——可持续发展和生存状态，但抛开这个层面，我们还要解读自身的发展情势。从1978年中国改革开放，现代主义建筑促进中国建筑现代化历程，其间夹杂着后现代主义、解构主义等多种思潮的涌动和冲击，中国建筑在学、抄、赶中诠释自身的现代性。这30年间，媒体的关注点经历了多种变迁，从民族主义复兴、地域性回归，再到海外建筑师中国实践、全球化与地域性等，这些主题不仅蕴涵着特定时期的中国国情，也包含着多个层面的人文内涵，写满中国国情与中国化了的现象。我不认为这是差距，我们的国情和发展状态决定了我们之间发展道路和方式的不同，商业化途径和作品报道方式的不同，背后也有运营机制和文化标准认同的差异，差异之下，探求利于自身发展的优势才是关键。

在进入急速城市化时期的中国，呈现在媒体上的是大量作品，有建成案例、设计方案，也有施工中的项目，是丰富而多层面的，甚至是多时态的，每家媒体也因秉持特色和定位的不同而呈现不同的办刊风格，但最终呈现在这个平台上的仍是真实的发展状态。2008年北京T3新航站楼的竣工使用，中央电视台新址、环球金融中心等明星建筑的落成，鸟巢、水立方等奥运建筑的大放异彩，它们均从速度和尺度重新定义建筑设计和建造，这些大事件咫尺可及，媒体反应是热烈而直接的。对比时下席卷而来的全球金融危机，正在欧美突发、蔓延，这正是速度引发的金融风暴。而中国在未来将作为全球经济新的着眼点和刺激点，势必将有更多的机遇和变革，这是我们历史转变的好时期，也将拥有更多的话语权。随着货币政策的出台、金融政策的施行，建筑市场会更好，也会更需要媒介平台从商业、文化、艺术多个层面和视角去展示和反思中国建筑发展、解读中国建筑命题，宏观的经济环境将激励中国建筑走向新的阶段。

差异往往造就文化的冲突和碰撞，而在理解差异、取得共赢的道路上，媒体恰恰是最关键的传播者和沟通者，未来，中国境内将会有更多的国际设计团队、多种国家的文化、多家公司的设计理念在冲击和碰撞、交融和互动，甚至有国外媒体参与其中，也有国外媒体直接设置中国机构，因而，中国建筑媒体也将是更广义、更多元、更丰富、更引人思考的促进世界建筑发展的平台。

（摘自《建筑创作》2009年2期29页~33页中梅洪元的访谈）

建筑编辑名人名家

让我们记住这些甘愿为人作嫁衣裳的编辑和学者，是他们的智慧和精心付出使我们的文化事业如此繁荣。

纪念中国建筑工业出版社首任总编辑夏行时先生

周谊

2008年10月6日，夏行时总编走了。噩耗传来，我一时不敢相信。中秋节时我去电话祝贺节日，得知他身体不错，秋天了，感冒咳嗽都没有。就是最近的几年，他也只是耳朵背，行走要靠轮椅，但思维清晰，精神乐观。今年春节给他拜年时，我说，明年出版社要给你做百岁大寿。他笑笑：难说啊，争取吧……可惜，生命还是脆弱，他真的突然走了！

几天来，历历往事像飞絮，像游丝，总在脑际萦回，我深深地陷入了对夏总的怀念之中。

夏总生于1910年，20世纪30年代初毕业于中央大学土木系，刚离校，就参加了中山陵的修建工程。他是新中国第一本工程刊物——《工程建设》的创办人，是第一家国营建筑公司——"华东建筑工程公司"的组建者，是建工部（今住房和城乡建设部）第一批为数不多的一级工程师。20世纪50年代和60年代，他先后担任建工部西北工程局和建工部技术情报局的总工程师。1972年，夏总从干校的养猪场调入中国建筑工业出版社，开始了图书编辑生涯。1964年，他当选为第三届全国人大代表，1978年、1983年连任第五届、第六届全国政协委员。

我和夏总相识于他转到出版战线之前。20世纪60年代初，中央八个部委的出版社合并成立中国工业出版社，但各社的编辑机构仍留各相关部委，建工出版社的编辑部也在后来并入部技术情报局，我们就成为了他的下属。当时的情报局有各种专业期刊、国外译丛、技术快报等30来种，都是在他的主持和领导下，为我国建设事业的发展和技术进步作出了很大贡献。1979年，他担任中国建筑工业出版社的首任总编辑，一直到1984年74岁光荣退休。

夏总长期从事工程管理工作，对提高干部的专业水平、提高建设队伍技术素质的重要性体会很深。在他的眼里，认真做好科技出版工作，为读者多出好书、好刊，乃是出版人天经地义的责任。从新中国刚成立就创办工程刊物，到后半生的出版生涯，他都出色地履行了这份责任。他进出版社时已是62岁，按今天的制度早该退休了，但他从干校回来，为重新恢复工作而欣慰，不论初当编辑，还是后做总编，都是竭尽心力。他和众多的老知识分子一样，"文革"前运动不断，"文革"中进入"牛棚"，深为虚度了人生最好的年华而抱憾，因此一旦恢复工作，意气风发，都想在有生之年为国家多做点事，以弥补失去的时光。

夏总工作特别认真，对作者尤其尊重，对待文化水平不高的工人作者也不例外。20世纪70年代前期，知识分子大多在干校劳动，写书的人很少。他接手的第一部稿子就是一位工人的自投稿，是一位老木匠写的经验体会。按今天的收稿标准，这部稿子很难考虑，因为一翻阅就令人头疼：内容庞杂、主题不明、文字晦涩、字迹难辨。夏总却十分耐心地通读完，觉得有些经验很宝贵，只是作者本人文化水平有限，没能很好地归纳表达。于是他进一步审读，写出了详细的修改意见，然后又把这位师傅请到北京，经过10多天日夜兼程的合作修改，把原来厚达半尺的稿件改造提炼成一本六七万字的书稿——《木门窗的制作与安装》。编辑后，这本书内容鲜活具体，通俗易学，能明显提高门窗的制作质量和安装进度，受到了木工们的欢迎，不但多次重印，而且在夏老的指导下，还促成了一套丛书——《建筑安装工人经验谈》的出版，先后推出30来种，几乎涉及各个工种。

夏总很重视编辑工作的总体布局，而且思路明确，结构合理。2004年中国建筑工业出版社50周年社庆，他以94岁的高龄应邀撰写纪念文章。让我惊叹的是，他只用了三四天光景就写出一篇回顾20年编辑生涯的题为“提高与普及——统筹兼顾，全面服务”的美文。思维之清晰，见解之深刻，文笔之流畅，行书之秀丽，真让我们晚辈自叹弗如。他重视普及与提高相结合，源于对毛泽东在“延安文艺座谈会”上讲话精神的敬佩。他认为座谈会上对提高与普及二者关系的精辟论述“对文化出版事业同样也是工作的指导方针”。他在列举许多优秀图书的例子后总结说：“事实证明，着重提高，又着重普及，统筹兼顾，帮助各级科技人员和工人的技术水平普遍提高。只有这样，才有助于更加完善地完成各项建设任务。这是出版单位的使命，也是出版事业发展繁荣的必由之路。”中国建筑业的发展史，尤其近30年的发展史，证明他的体会是无比正确的。“文革”浩劫之后，国家百废待兴，建筑业蓬勃发展，两三千万建筑队伍来自农村和部队转业官兵，普遍不懂建筑技术，即使老的泥瓦木匠也没有理论知识。夏总说：“旧时代，建筑工人都是学徒出身，向师傅学艺。师傅也从学徒出身。只知道这样做，不懂为什么要这样做的道理……例如，有些工人搅拌混凝土不按科学比例配料，干了加水，稀了加料，也不懂后期养护的重要性，质量难以保证，甚至发生事故……”正是在这种历史背景下，从20世纪70年代到80年代，建筑、安装、机械三套工人读物和“建筑设计”、“建筑结构”等初级技术人员知识丛书相继诞生。令我难忘的是发行1 300多万册的“建筑工人技术学习丛书”和印数以百万计的多次修订多次获奖的《建筑施工手册》和《简明施工手册》，都饱含着他的汗水和心血。1973年夏天，为赶编辑出版建筑工人丛书的进度，以夏总为代表的社内5名老工程师和4名编辑，在酷暑难熬的西安招待所里60多岁的他和我们一起短裤背心挑灯夜战的场景，仍历历在目。如今，这些老工程师均已先后作古，令人怀念！

夏总还特别重视行业的继续教育。他认为，科学技术是不断发展的，科技人员需要不断进行知识的更新和补缺。在他的领导下，我社很快出版了《软土地基处理》、《建筑结构抗震》、《网架结构与悬索结构》、《混凝土耐久性及修补方法》等20多种新技术专著，为科技人员增补新知识提供条件。他对继续教育的关注，不仅体现在编辑业务上，在担任政协委员期间，他还以专门提案广为呼吁，得到了国家的重视。

夏总为建设事业尽力，确实做到了鞠躬尽瘁。让我最为感动的是他在退休以后，居然创办了建设系统空前绝后的刊授大学。他在《往事回忆》中说，办“刊大”的思想是从一份建筑迅猛发展，但工程事故惊人的材料中激发的。1982年我国城市住宅竣工面积达到1亿平方米，农村住宅建筑为城市的6倍，达6亿平方米，但1982年国家分配的建筑专业大学生，只满足部直属单位需要的22.3%。中专毕业生还少于大专毕业生，能分配到县的很少，多数县没有，因此工程事故不断发生。1980~1982年上半年共发生147起，其中，95%发生在县和县以下的工程中。1983年下半年接连发生农村房屋倒塌事故3起，压死小学生12名，伤68名……事故原因就在于基层的技术和管理人员严重不足。这些事故让他感到"触目惊心，不能坐视"。于是75岁的他提出了创办"刊大"的建议，并亲自出任实际上的校长（名义上夏总是副校长，校长由戴念慈副部长兼任）。

在建设部两位志同道合的老局长支持下，"刊大"工作启动了。招生对象是基层建筑工人和干部，边干边学。夏总在部属各种会议场合奔走呼号，动员省市建校老师共同起草教学计划、编写教材。我也要求社内各部门在教材的出版供应上一路绿灯，全力配合。3年过去，1.2万名学员获得毕业证书，国家承认中专学历（当时全国20来所中专总招生人数只有8 000人）。其余5万多人也不同程度地获得了有用的知识。这些学员许多都成为县级建筑公司的技术骨干，在基层建设工作中发挥了重要作用。夏总主持"刊大"，助手只有2人，起草文件，主持会议，他总是亲力亲为。作为一所覆盖全国的刊授大学，除总校外，还要管理7所分校、200个辅导站，这对于一位年届八旬的老人肯定是不堪重负，没有强烈的事业心和高度的社会责任感，绝对是做不到的。还令人感动的是，他们办学3年，克勤克俭，学员所交管理费，他们个人分文不取。节余20万元，全数上交中国科协，用于科普事业。基于他的卓越贡献，1989年，夏总荣获"全国老有所为精英奖"，是建设部系统唯一的获奖人。

夏总1985年加入中国共产党。其实他的大半生，都是以党员标准要求自己，工作上如此，生活上也如此。勤俭节约，宽人律己，是他的生活准则。20世纪七八十年代，他是我社工资水平最高的，但家里的摆设一直平民化，直到去世之前，除了一台洗衣机、一台微波炉，其余都是普通桌椅，几十年如一日。他每月的工资，多年来都是分成三份：伙食、零用（包括购置衣物、书报）、捐赠各三分之一。30年来，他带头捐款救灾，数额总是名列前茅；亲朋有困，总是解囊相助。就是义务办"刊大"时，他个人也不花公家一分钱。有一年中秋节，他还自己掏钱买月饼去慰劳节日加班的工作人员。

从编书刊播科技，到办"刊大"育人才，我们从中深切感受到了夏总对国家、对人民、对建设事业的赤胆忠心，感受到了他对工作、对读者、对基层的深厚感情！他的一生，红心似火；他的晚年，彩霞满天。我们将永远缅怀他、学习他！夏总，安息吧！

2008年11月14日《中国建设报》

纪念《世界建筑》第一任社长汪坦先生

吴良镛

汪先生走了，噩耗来得这样突然。

我第一次见到汪先生是在1941年，印象很深刻。当时，我是中央大学建筑系一年级学生，在重庆柏溪分校。临近暑假，汪先生已届毕业，他还跑了几十里路来分校看望我们，谈的都是专业学习的事情，兴趣盎然。在那个时代，大多数知识分子都努力从专业方面进行探索，希望能干一番事业，改变祖国贫穷落后的面貌。在这方面，汪先生更显得个性鲜明，其所作所为甚至可以说是传奇性的。毕业后他即去贵阳，在童先生主持的华盖事务所工作，接着回重庆母校任助教；在艰难的抗日战争时期，他又投笔从戎；胜利后，回南京搞建设，继之出国学习，从师赖特；回国后又立刻到已属解放区的大连工学院，1958年被请到清华来。

汪先生有着旺盛的生命力，热情洋溢地从事工作，直到生命的终点，他有很多方面十分值得我们学习。

首先，汪先生中学和西学的根基都很深厚和扎实。汪先生出身书香门第，他的父亲具有多方面才能：抗日战争时期在昆明是一位有名的中医，中国画也画得非常好，新中国成立后曾在苏州做古典园林修缮等工作，家学渊源造就了汪先生的才华。我们一般人都知道汪先生是研究现代建筑史的，其实早在20世纪40年代中期，汪先生就在我们班上办的《建筑》杂志上发表文章，尝试用现代的方法来表现李明仲《营造法式》构造。当时，《建筑》是大后方唯一的一份油印杂志，汪先生的文章引起了梁先生的注意，当时除梁先生正在独辟蹊径从事这方面的研究外，还没有人这么做。汪先生的西学基础更不用说。在中大任教时，可以说是为数不多的对国外大师如格罗皮乌斯、赖特等了解的人，直到他自己跑到赖特那里去学习。20世纪90年代，业已七旬的汪先生重返美国，对赖特作品作进一步的调查、录像和采访，当然，对赖特的造诣又有自己新的理解，这更反映出汪先生对建筑学术挚热追求的精神。

第二，汪先生是位教育家，一生都在教书育人。来清华大学后，他对建筑系的成长有很大的贡献，具有对新事物的敏感，积极支持并投身于很多开创性的事业。他曾主持全系的科学研究，主持清华土木建筑设计院与《世界建筑》杂志，后来去深圳创办深大建筑系。改革开放后，他把工作重点放在研究生的培养、建筑理论的研究等方面，他的"近代建筑引论"是研究生的必修课，深受学生的欢迎，并且他的影响不仅仅局限在清华，在同济大学、东南大学、深圳大学等学校开设的讲座总是座无虚席，也很受欢迎。他对学生谆谆教导，亲如家人，深得弟子爱戴，学生中有的已是院士、教授、建筑大师，为祖国作出了杰出贡献。

第三，汪先生是一个勇敢的探索者。汪先生是学建筑的，院系调整后由于工作需要，在大连工学院担任水利施工教研组主任之职，开始研究起水利施工来，而且认真地钻研。我记得他曾出差到北京来啃读大本的TVA施工报告。我觉得像汪先生这样一位杰出的建筑学家不搞本专业这实在太可惜了，于是建议清华大学请他来担任建筑系的副主任，同在梁先生领导下工作，从此他来到了清华。近10多年来，汪先生致力于近代建筑史研究，我越来越理解到对它研究的意义，这一时期建筑史的研究是一个空白点，需要我们去探索，要结合中国近代文化史的发展，研究在这一过程中我们落后的原因，以及如何赶上去等等，并且不仅仅是建筑，还包括城市规划等很多方面，有很丰富的内容可以发掘。在这一领域，汪先生振臂高呼，做了很多工作，贡献是有目共睹的，称之为奠基人也当之无愧。

第四，理论与实践相结合。汪先生是个经验丰富的人，是个实践家，在大学毕业后即盖过不少房子。但他重视理论研究，博览群书，不断地在学习，有自己的见解，也组织西方建筑名著的翻译。我个人认为，当今建筑界不仅需要努力创作建筑精品，还要从大量的实践中总结经验，更需要有结实的理论研究。

总之，汪先生有多方面的才华，学识渊博，思想奔放，热爱生活，关心祖国的建设，是我们这个时代活跃的建筑学家、建筑教育家、建筑理论家，对于汪先生的学术成就我们需要更好地加以总结。他的文集已经在着手整理，但他过早地离开我们，会带来一些困难，对学术研究也是一大损失。无论如何，文集都要很好地整理出来，这不仅仅是纪念问题，也是对20世纪以来、对我们这个时代的建筑所涉及的有关方面的很好的学习和回顾。

（摘选自《建筑创作》2008年4期）

敬悼《新建筑》原社长黄康宇先生

郑光复

椅犹温，在我心底，您竟突然大行，留下难泯的哀伤，那椅子空空落落……

您几次来，热情洋溢，使我寒舍如春。您几番屈尊下访，热忱动员我全家去华中，令我无比感动，向往……竟然未能如愿，有负您的盛情，成了我永远的遗憾与歉然。我透过泪水望着您，仍然那么笑容灿烂。

您总是我的长辈，尤为做人的良师，又是忘年益友，您是里里外外毫无矜持，葆有童心的诚挚、热情与爱心，真是可爱的长者。而可敬的是那么正直、豪爽与淡泊名利。每每欢聚倾谈中，我总是如沐冬日，畅如春水，无论老话新语，都令我动心，那种相知，以及你们的关照，都是我华中之梦永远美好珍贵的内容，使我珍藏。

那梦难醒，无论系图书、资料、影印、系办公室的同仁，同年龄组与年轻的同行同事，直到九思老院长与慧娴，都是那梦中万分美好的内容。其中，你们三位老学长的爱护与忘年之谊，始终是我向往那山、那湖、那清净林阴道……的灵魂。除却人，湖山何处不可寻呢。而那梦境再难寻觅，人世的那种情谊，长者的厚爱，多么难忘……却没有通往彼岸的廊桥。

那梦含丰富的背景乐音：老中央大学建筑系的故事，却活生生地在您我心里，您对往日的是是非非，仍然那么爱憎分明。同游香江，您的老友来访，为与奚老先生（那时的歌星奚××之父）摄影留念，不巧拍成幻灯片。在那繁华都城，您仍然一片清静心境，专心于专业考察。还有您人生的足迹，胜似好莱坞中国大剧院门前那条星光大道上，明星印下的痕迹。当您年轻，为理想、信仰曾不惧出生入死，而沿其延长线大可发迹之际，却选择了布衣的专业生涯……创办华中建筑系之初，您和蔡老贤伉俪，德高望重，实践丰富，功底深厚的专业造诣，感召和团结师生，却毫无争权夺利之心，摒尽八面玲珑之类俗态，总以质朴、诚恳待人。可惜您不当系主任，黄兰谷先生又回来稍晚，九思老院长退休，慧娴离系，德坚远行……不然那时可能得到和稳定下来的成熟良师与学者会更多，早臻今日盛况。而能那样高屋建瓴地快速发展到今天，当是又一番更高境界，茂木成林，繁花胜锦。

梦逝了吗，您竟突然撒手人寰。那个秋天，我去湖畔拜望，虽然已从那岸移床另岸，卧病失语，但仍精神健旺，神志清晰，反应敏捷，我想您出院后有一大段幸福的晚年，不曾想，刹那成永远，已赴彼岸……然而，那些相处的日子仍然永难磨灭，总在我心里萦回，带着绵绵的感伤。

居然我也老了，老到不敢投稿，以免玷辱了“新”。只是那个湖畔山麓的旧梦，仍有难泯的心语应发在新的学坛上，并不只是哀悼，更可慰藉的是，华中建筑学院及其《新建筑》都大大超越了当年，一片欣欣向荣，不负您的期望与心血，您的这个梦已成真。

您谢了自己的香草丽葩，我也进了深秋了吧？可是，花后不是留下果实与种子么？哀痛之余，足以相慰。

（2005年6期《新建筑》）

建筑文化漫谈

高介华

一、中国现代建筑的进程——从“千篇一律”到竹菊梅兰与罂粟互见的齐放

二次世界大战后，出现了现代建筑以至其后形成了“主义”，谓为“现代主义”建筑。近代的后期，中国的土地上其实也有了“现代建筑”，有的至今已成为了“文物”。

1949年10月中华人民共和国成立后的20世纪50年代初期，由于此前作为半封建半殖民地的中国，连绵不断的外侵和内乱的困扰，工业落后，国力衰微。共和国成立后，苏联援建了156个工业项目。虽然也有了大量消耗国力的抗美援朝战争，却启动了卧薪尝胆下的中国大规模的工业建设，在中国现代建筑史的进程中，它们写下了光辉的一页。华中地区的洛阳、武汉都是重工业分布的重点城市。其中如洛阳的拖拉机厂、轴承厂、玻璃厂；武汉的钢铁厂（联合企业）、重型机床厂、锅炉厂、肉类联合加工企业……由于工业建设，相应的生活区、工人村等亦随之兴起；还有大量的各级政府、事业机构的基地建设，民用建筑也同时开花。

1955年，赫鲁晓夫在苏联发起了一场反浪费运动，此风很快吹到了中国。那时，做好的设计重新返工修改，建筑以简陋为尚。甚至出现了所谓的“三无（无钢筋、无水泥、无木材）建筑”。由于经济上的“马鞍形”，有的项目即便动工，也只好下马，如当时北京管庄的北京公路学院就是如此。

20世纪60年代左右，建设进入低谷，“困难”后方有所恢复。又由于1966年“文化大革命”的掀起，建设事业自然地遭受到了浩劫。

可不可以这样认为，新中国60年来的前30年是中国现代建筑普遍启动的重要进程。20世纪50年代的中国与二战后的欧洲大体相似，就是：人民普遍需要生产和生活用房，批量生产、功能实用、朴素无华。人们所讥讽的“千篇一律”正说明了问题的要害——这正是中国式现代建筑的精髓。中国建筑师对于去追求什么“主义”并无兴趣，他们能比较地悟到一个人民建筑师对于社会的责任，那时的设计院号称为“政策的化身”。谁敢越雷池一步？

1978年，中国进入到新的历史时期——改革开放，之后的30年中，国力的不断提升，有了不断扩大的经济基础，中国大抵上完成了自己的工业革命。城市化的锐进，建筑规模已跃居世界前列。西方的建筑师不断涌入中国，也涌入了不同的设计理念，不少西方建筑师把中国作为“实验建筑”的塑造场所，而且他们能经常得逞。中国的建筑飞快地进入到以欧陆风相尚的百花——竹菊梅兰与罂粟互见的“齐放”时代，尽管如此，30年来中国城市建设及建筑的成就是举世公认的。

二、中国现代建筑史上重大事件

1. 设计实力的全面振兴、壮大

20世纪50年代初期，中国建筑总公司（时隶属交通部），建筑工程部相继建立，推动了中国设计力量的基本建设。

部属北京工业建筑设计院及各大（行政区）区（如东北、西北、西南、华东、中南）工业建筑设计院相继建立。那时的建筑主要是工业项目，故以名之。各专业部也大抵建立了本专业领域的设计院（如钢铁、铁道、煤炭、轻工、商业、化工、机械、水利、公路……）。20世纪60年代后期，省级的建筑设计院、专业设计院亦相继建立。

可以认为，中国部、省级系列的大中型设计机构的建立是社会主义中国的产物，非西方国家的设计机构可相比拟，对于推动中国建设（及建筑工程）的发展，在智力、技术的支撑上起到了决定性的作用，这在一些重大的建筑事件中能得到证实，比如：

第二汽车制造厂的设计：该厂属战备工程，厂域纵横数十公里，拥有24个分厂（不含外地配套厂），仅主厂房即以百万平方米计。它采用了当时最新的汽车生产工艺。各分厂的主厂房设计在1969年全面展开，不到2年时间，便全部完成。

唐山重建设计：1976年唐山地震。遭到毁灭性破坏后的唐山重建设计，也是在大约2年时间内便大体完成。

如此规模的设计基本上由一个大区建筑设计院独立承担。我不知道时至今日的SOM之类的设计机构有无此种能耐？中国的大型建筑设计院是集多专业综合一体、紧密配合、统一作业的设计机构，这种优势岂西方的一般“事务所”可及！自然，在建筑工程施工方面的国有集中实力及其高速效果，也是不言而喻的。

2. 建筑科学研究机构的创建

20世纪50年代前期，建筑工程部即创设了中国建筑科学研究院，该院规模宏大，研究学科门类齐全，因而能全面展开建筑科学技术范畴内的多项研究工作，且在全国各地设有相关的实验、研究场所。比如中国气候分区范围的制订就给设计领域提供了良好的依据。建筑历史研究所亦展开了前所未有的研究。不但梁思成、刘敦桢等学者参与了该所的工作，该院的刘致平、贺业钜、陈明达、傅熹年、孙大章等都在建筑史研究领域做出了重大贡献，奠定了60年来中国建筑史研究领域宏博发展的基础和引导作用。

3. 国庆10周年北京十大建筑的兴建

国庆10周年北京十大建筑——人民大会堂、历史博物馆、民族宫、农展馆、美术馆……的设计兴建，规模宏大，是在首都树立了标志性的重要建筑。它们的设计，不但风格不同，手法不一，且具有创新性，对推进中国建筑创作道路的开拓具有相当影响。

4．对北京外城墙城门楼的拆除

兴建于明代永乐盛世的北京城，其气势之雄伟、建筑之绚丽、风格之独特，都独步于世，且为杰出的军事城防体系，应属人类共同的文化财富，不可再生。惜乎竟被拆除，这在人类的建筑文化史上是不可思议的。

三、60年来中国建筑设计可圈点的人物——重要的建筑官员和青年建筑师

建筑设计可圈点的人物，自然首先就会想到这60年来的中国著名建筑师。我却想在这里着重谈谈不常被人们从设计角度想到的非设计人员，便是重要的建筑官员。

中华人民共和国建筑工程部的第一任部长刘秀峰应当是从“建筑设计”角度也值得圈点的重要人物。

众所周知，宋《营造法式》的编纂者李明仲是工部的官员，中国营造学社的创建者朱启钤也是官员，二者对推进中国的建筑科研、设计工作的重大作用是不可磨灭的。就我所略知，刘秀峰部长所作的几件事可在中国的现代建筑史上书写一笔。

在他的部长任内，建立了新中国第一所大型的综合建筑设计院——北京工业建筑设计院，该院不但承担了国内和援外的许多大型及重要的建筑工程设计，还编制了中国第一部《建筑设计资料集》。无疑，该院是新中国设计领域的一艘航母。

在他的部长任内，又创建了中国第一所大型的建筑科学研究机构——中国建筑科学研究院，该院的重大作用已如前述。

在他任内，主持了国庆10周年北京十大建筑的建设，成绩卓著，影响巨大，亦如前述。十大建筑工程的附属产品——建工部招待所，是当时北京乃至全国第一流的招待所。

刘秀峰非常重视学术，他本人就曾有两个重要的学术报告。他在建工部礼堂所作的关于将桂林建设成“中国的日内瓦”的城市设计的报告，是连续几次的高级讲座（八级工程师以上方发给入场券）。

他在上海的一次建筑学术会议上作了“民族的风格、社会主义的内容”的学术报告。

这两个“报告”特别是后者影响深远（后者在“浩劫”中居然成了“大毒草”）。

他曾请朱德委员长在部礼堂作过关于论述建筑材料的报告。朱委员长从中国建筑材料的生产工艺、销售以至应用都作了讲述，甚为详尽。

我感到，除了一些著名的建筑师外，在现代，特别是当代的中国建筑设计领域，应当看重并圈点一下那些杰出的青年建筑师。

吴良镛院士早就指出，在中国如此大规模的建设背景下，中国应当出现第一流的建筑理论、第一流的建筑师、第一流的建筑作品，理论上应当如此。60年来，特别是在改革开放30年来的中国建设中，应当看到，完成设计任务中的硬实力是广大的青年建筑师。西方的名建筑师无不是在青年时代就已崭露头角。30年来，中国产生了许多杰出的青年建筑师，可是他们的才华和业绩没有得到应有的传播。为了争得中国青

年建筑师的话语权，2002年冬，我们通过建筑与文化学术讨论会的活动启动了《中国当代杰出青年建筑师 人物·作品大典》的编纂活动。经过五年来的艰难努力，该书即将出版（更名为《中国当代优秀青年建筑师 作品》）。入选的优秀青年建筑师是通过高端评委会公正、透明的严格评选，前十名优秀青年师被授予“十佳”称号。

四、略谈现代中国建筑的风格与流派

在中国的建筑历史上，大抵并不讲求建筑师个人或群体在创作上的风格、流派。一般说来，是多只在地域条件、族别而产生的差别，近、现、当代也不例外。

1989年11月在湖南大学的岳麓书院举行了“全国第一次建筑与文化学术讨论会”。在这次讨论会上，吴良镛院士宣讲了他的新著——《广义建筑学》，阐明了建筑设计的“广义”性；1997年，在清华大学举行的“ ’97当代乡土建筑——现代化的传统”国际学术研讨会上，吴先生又宣讲了“地域主义建筑”的观点，强调建筑设计创作的地域性。目前，国际建筑理论、创作界对“地域主义建筑”设计的呼声甚高。

即使是中国改革开放的30年来，在广袤万里的中国土地上，也不太容易涌出一个以建筑师本人或群体为主体的风格流派。这并不等于中国建筑师没有这种追求。20世纪80年代末至90年代中期，我在华中地区的洛阳市就发现著名园林学者王铎及其夫人古建筑专家刘郁馥的主要作品如洛阳市城区的（周）王城公园、香山的白园（白居易墓园）等，皆有明显的新古典主义倾向。令我惊异的是2008年11月，我有幸对西安一些新的大型建筑、园林作了系列性考察。这些作品大抵出自于张锦秋院士及她主持下的中国建筑西北设计研究院建筑师的笔下。它们规模宏大，建筑语言、手法多有创新，总体风格体现了西安古城的新风貌，称之为中国新古典主义的代表作并不为过（锦秋先生乐于自称为“仿唐”风格）。

即便是中国的新古典主义，可以有地域上的差别。亦如中世纪的欧洲文艺复兴建筑，各国非同。广东人士已乐于歌颂自己的“岭南派建筑”。

20世纪90年代，在武汉市建筑设计院成立四十周年纪念的学术讨论会上，与会者发出了应在武汉创作“汉派”建筑的呼声。事隔10多年后的2008年11月，该院原总建筑师张振华印行了他的新著《探索的历程——关于汉派建筑文化的思考》一书。对促进华中地区建筑流派的产生作了有益的探索。

（摘选自《建筑创作》2008年4期）

建筑编辑名家杨永生

刘江峰

他是一位著名的建筑学编审，一位建筑出版界的领导，一位社会活动家，几十年来他以其认真的作风、深厚的学养、执著的精神，关注着中国建筑出版事业的发展与进步。

关于自己曾经奉献过大半辈子的编辑事业，他总是轻描淡写一笔带过，用他自己在2002年第二届“建筑与文学”研讨会上的话说，很简单：“在我来到这个世界三个月的时候，日本鬼子就侵占了哈尔滨。他们实行奴化教育，误了一代青年。1946年哈尔滨解放后，读了一点书，很少。上了大学，响应号召，撂下书本，参加革命。随后，服从工作需要，干了大半辈子书刊报的编辑工作，担任过出版社、报社的领导工作，做了些事，也浪费了不少生命。近十多年，脱离领导岗位后，才真正做了一点文化积累工作，抄抄写写，总算给后代留下了一些资料。”

事实上，编辑书刊，出版报纸，策划活动，撰写文章……凡是与传播建筑文化有关的事情，他都会积极努力地去践行。关注历史，挖掘资料，抢救、整理已经或即将失去的建筑资料，许多已经消失的建筑又重新跃入人们的眼帘，不少先辈的经典得以更好地传播；他在为前人记录下鲜为人知的史实的同时，也为后人留下了宝贵的文化遗产。

但是，比这些能编辑出版出来的图书更鲜为人知的是，多年在领导岗位上，从1971年开始，筚路蓝缕，陆续参与组建并直接领导了中国建筑工业出版社、《中国建设报》、中国环境科学出版社等几家大型出版社、报刊的工作，以务实的态度确定了出版社、报社努力发展的大政方针。

早在“文化大革命”一结束，文化禁锢一结束，以建筑学为桥梁，他就积极为沟通两岸三地的建筑师交流与互访而努力，将香港建筑师介绍给内地，提高了内地建筑师的开放眼界，为改善内地与台湾地区、香港地区的关系，做了大量工作。

如果稍稍罗列一下他的贡献，至少有以下四个方面。

一、创办《建筑师》杂志

新中国成立后，1954年创刊的《建筑学报》一直是建筑专业唯一一本专业杂志，1979年，杨永生等邀请高校几位老先生创办《建筑师》，因为没有刊号，一直以“以书代刊”的形式出版，刊登过大量具有很高学术价值的论文、译文，是中国建筑界最具学术份量和影响力的刊物之一。第一期《建筑师》只发行了5000册，现已经成为珍贵的文物。

《建筑师》刊物的名称实际上起着为“建筑师”正名的作用。因为，当时职称系列中只有“工程师”这一称号，而无“建筑师”。“工程师”这一称号不仅不能与国际接轨，而且反映出我们国家一片文化废墟的凄凉景象。在青黄不接之时，杨永生先生为创办《建筑师》做出了不可磨灭的贡献。

《建筑师》中重要的栏目包括“外国建筑师理论译丛”，较为系统地介绍了外国建筑理论家的经典论著，成为“文革”刚刚结束时建筑院系师生最早接触到的一批系统的西方理论读本，这成为当时了解西方当代建筑理论的窗口，解禁的中国知识阶层迫切需要了解外面的世界，很多学校都专门开设西方当代建筑理论流派的课程，各种流派在中国大陆的知名度甚至超过在欧美本土，各种名词术语伴着生硬的翻译成为建筑师生课上课下互相争辩的焦点，在争辩中，开始对西方的建筑流派有了由表及里的一步步的模仿与学习；当然，这个栏目也培养了一批优秀的建筑翻译家和建筑理论家。

《建筑师》的另一个特点是开辟了关于建筑评论的专栏，“建筑师札记”栏目笔名“窦武”的“北窗杂记”是建筑界最早的自由评论伊始。铁板一块的建筑舆论天地开始吹进一股清新自由的新鲜空气，开始能听到不同的声音，在跟着作者的嬉笑怒骂的随笔一起动容时，人们开始逐渐接受多元的价值观。

二、他较早开始关注新中国建筑师群体、倡导并身体力行地实现“口述历史”

中国建筑史学创始人、中国营造学社社长朱启钤先生在很多方面都高屋建瓴地确定了建筑史学的发展方向，他的整理研究中国典籍和研究古代工官的思路，给建筑史学后学者确定了正确的研究方向，《哲匠录》是朱启钤先生率领同人身体力行的研究成果，杨永生先生同样沿着这个思路补充发展着《哲匠录》。在他的动议下，他及以赖德霖为代表的诸多学者收集整理了20世纪上半叶活跃在中国建筑舞台的建筑师群体的资料，第一代建筑师的整体面貌逐渐清晰，赖德霖出版了《近代哲匠录》，为中国建筑师群体树碑立传。第一代建筑师中的突出者——梁思成、刘敦祯、杨廷宝、童寯等先生的个人专集的整理出版也凝聚着他的心血。收集整理前辈的文集是他多年的工作内容。此外，还包括朱启钤《营造论》的整理出版。

此外，他是第一个果断地给新中国建筑师群体断代的人。四代建筑师的提法简单明确，为后面深入系统地研究中国建筑师群体树立了坐标。

他关注着这个建筑师群体及历史研究，对于建筑师本身的研究，他敏锐地把握到这是理科学者的缺陷和弱项，由于新中国成立后的几次运动和“文化大革命”，建筑师自身留下的历史材料已经不多，在学习社会学的研究方法后，他不遗余力致力于收集一切可以收集的素材，哪怕是当事人的回忆录还是用访谈的方式留下当事人的口述，这些回忆材料构筑了第一代建筑师最鲜活的第一手资料，经过时间的洗礼，现在再看这些资料就弥足珍贵。初看《建筑百家回忆录》不过是些名人轶事，引不起学建筑人的关注。然而正是这种专业的思维定式，限制了这个学科的人物志研究。科技工作者的群体勾勒出这个社会的一个方面，所有的物化的建筑都是这些人的思维产物。因此研究建筑思潮的发展脉络永远不能离开对人的研究。也正是这些记录，使得后学者得以了解前辈建筑师的大体轮廓，以及他们的思想脉络。

2009年4月23日在国家图书馆举办的“用图书镜像建筑”大型展览上关于杨永生先生的专版介绍

除了建筑百家系列现在已经出版了10本，杨永生先生还动议《建筑创作》杂志上开辟了“口述历史”的栏目，这个栏目经过几年的积累，也积累了很多有价值的史料，如天安门的维修、人民大会堂的建设过程等等，都令人耳目一新。

在他的动议下，张镈开始写《我的建筑创作道路》，这在当时是第一部建筑师自传，从那时以后，陆续开始有人撰写回忆录。

他以睿智的视野敏锐地把握社会发展的大思路和市场的导向，在轻松愉悦的畅销书和建筑专业书中总能找到他策划的痕迹，例如林徽因系列图书应该是他最早发现的“卖点”，自第一版费慰梅的关于梁思成、林徽因的书出版后，对于文化名流的关注就增加了建筑界的内容。

然而他总是躲在幕后，“甘为他人做嫁衣裳”。

三、在改革开放以后，策划组织了大量的学术活动

他最早组织了建筑评论的论坛，出版《建筑评论》论文集；1992

年《建筑师》杂志与其他组织一起策划1993年发起“建筑与文学”研讨会，对建筑文化的活跃发展贡献智慧；组织评选全国建筑画大赛，出版《建筑画》系列，为建筑画的发展起到促进作用。他还多次组织各项评优活动，并多次组织全国大学生设计及论文评选活动。

他是一个出色的领导者，举办活动前他有办法募集资金，他在建筑师中享有声望，公平公正，因此在评选活动中他能调动各路建筑大师。在评选中他也能做到公正公开，所以举办的活动都具有极大的社会影响力。

四、他身体力行地为中国建筑的现代化及建筑评论的中国化发展做了大量开创性贡献

关于建筑评论的重要性，金磊曾在《建筑科学与文化》中写道：

“当我们议论繁荣建筑创作这个题目时，就会不由自主地想起建筑评论，大家都明白，创作的繁荣有赖于理论的建树和思想的活跃；有赖于历史的比较、分析和研究。别林斯基曾经说过：‘关于伟大作品的评论，其重要性不在伟大作品本身之下。’建筑作为一种耗资巨大的物质产品，是为社会和广大群众服务的，建筑和社会之间存在密不可分的联系，因此对建筑公正而客观的评论是十分必要的，其目的有两个：一是通过评论建筑对规划师和建筑师的工作有一个信息反馈；二是对广大群众正确认识和判断建筑的引导，从而在整个社会形成创作的良好外部环境。”

杨永生始终坚持中国建筑学的发展需要评论，在评论中整理归纳学者的思考，并与社会共享。由《建筑创作》杂志社完成的《图说李庄》、《中山纪念建筑》等都是在他的支持和联络下完成的。

他还有一个愿望，那就是继承先辈的遗愿，在新的历史条件下，继续将中国传统建筑研究以民间组织的形式做下去，名字就叫“新中国营造学社”。

杨永生译著图书：

20世纪50～60年代曾与他人合作翻译：

1.《苏联新经济政策》（东北财经出版社，1953）

2.《如何编制基本建设计划》（东北财经出版社，1954）

3.《苏联国民经济计划》（人民出版社，1956）

4.《外国经济》（三联书店，1962）

杨永生编著图书：

1. 撰写《中国四代建筑师》，中国建筑工业出版社，2002

2. 撰写《建筑百家轶事》，中国建筑工业出版社，2001

3. 与刘叙杰、林洙合作撰写《建筑五宗师》，天津百花出版社，2005

4. 选编《台湾建筑师论丛》第一辑，中国建筑工业出版社，1986

5. 选编《台湾建筑师论丛》第二辑，中国建筑工业出版社，1987

6. 主编《外国名建筑》, 中国建筑工业出版社, 1990

7. 主编《古建筑游览指南》, 中国建筑工业出版社, 1986

8. 编《建筑文库》10册, 中国建筑工业出版社, 1996

9. 与张法亭合编《企事业改革家列传》建设卷, 辽宁人民出版社, 1989

10. 主编《海南投资指南》

11. 编《中国建筑师》(中英文), 当代世界出版社, 1999

12. 主编《中外名建筑鉴赏》, 上海同济大学出版社, 1997

13. 与顾孟潮合编《20世纪中国建筑》, 天津科技出版社, 1999

14. 主编《中国古建筑全览》, 天津科技出版社, 1996

15. 与崔勇合编《朱启钤营造论——暨朱启钤纪念文章》, 天津大学出版社, 2009

16. 与罗哲文合编《失去的建筑》, 中国建筑工业出版社, 1999

17. 与王莉慧合编《建筑史解码人》, 中国建筑工业出版社, 2006

18. 与王莉慧合编《名师自述》, 中国建筑工业出版社, 2008

19. 与王莉慧合编《建筑百家谈古论今——地域编》, 中国建筑工业出版社, 2007

20. 与王莉慧合编《建筑百家谈古论今——图书编》, 中国建筑工业出版社, 2008

21. 编《建筑百家言》, 中国建筑工业出版社, 1998

22. 编《建筑百家回忆录》, 中国建筑工业出版社, 2000

23. 编《建筑百家回忆录(续编)》, 知识产权出版社, 2003

24. 主编《建筑百家言——青年建筑师的声音》, 中国建筑工业出版社, 2003

25. 编《建筑百家杂识录》, 中国建筑工业出版社, 2004

26. 编《建筑百家评论集》, 中国建筑工业出版社, 2000

27. 编《建筑百家书信集》, 中国建筑工业出版社, 2000

28. 编《1955~1957建筑百家争鸣史料》, 知识&水利出版社, 2003

29. 编《记忆中的林徽因》, 陕西师范大学出版社, 2004

30. 与童明合编《关于童寯》, 知识产权出版社、水利出版社, 2002

31. 与童明合编《童寯文集》四卷, 中国建筑工业出版社, 2000~2006

32. 《哲匠录》, 朱启钤辑本, 梁启雄校补 刘敦桢校补, 杨永生续编文献标点。中国建筑工业出版社, 2005

33. 与明连生合编《建筑四杰》, 中国建筑工业出版社, 1998

34. 与罗哲文合编《永诀的建筑》, 天津百花出版社, 2005

35. 主编《中国古建筑之旅》, 中国建筑工业出版社, 2003

我的《新建筑》主编生涯

袁培煌

遵《建筑创作》杂志约稿，要我对参加《新建筑》工作及自身经历写点感言，现就这两方面回顾如下。

我于2000年起担任《新建筑》杂志主编工作；在这之前《新建筑》大体经历了两个阶段。第一阶段即1983创刊至1988年；《新建筑》是由当年任华中工学院建筑系主任的周卜颐先生创办，陶德坚女士主抓，这期间是我国改革开放初期，《新建筑》的创刊引起了建筑界的较大反响，对当时贫瘠的理论界来说，无疑成为一块富有生机的园地，一些学术界的大家如钱学森、于光远、王朝闻、华君武等前辈均纷纷发表文章，涉及了更广泛的学术领域，这种有胆识的步伐，在当时不仅率先走出了建筑界的局限，也为后来办刊奠定了基础。第二阶段即1989年至1999年，在这十年中，布正伟先生担任了杂志的主编工作，恰巧这10年我国经历了经济结构的调整，改革和国民经济再度复苏，建筑界在此背景下也上下起落，尽管如此，建设速度仍旧保持着发展势头，在这期间《新建筑》主办了“建筑创作论坛”及“近现代建筑理论”等学术探讨与建筑思潮的介绍，许多学者发表了大量文章，其中的许多论点一直处于学术界的前沿走在研究领域前列。杂志还不遗余力地推荐并刊登中青年建筑师的作品与文章，培育了许多新人，杂志也成了他们的良师益友，《新建筑》已成为他们在社会上“亮相”的一个重要舞台。但总体说是成熟期，旨在推出作品，提高水平，培育新人。在这里特别要提到的是黄康宇前辈，在他长期担任社长期间，始终把持着杂志的方向，使《新建筑》杂志逐步成长完善，并最后成为中国科技核心期刊。

《新建筑》在前面几位先行者的精心培育下，确立了方向，办出了自己的特色与风格，并拥有了一定的读者群。2000年我承担主编时，由于自己长期从事建筑设计，对杂志工作缺少经验，不过好在有华中科技大学建筑学院的背后支持，还有李保峰社长、李晓峰、胡正凡副主编等，是他们在把握着杂志的日常编辑工作，尤其是那些默默无闻的编辑和工作人员，他们付出的心血是别人难以想象的，由于大家的团结与共同努力，使《新建筑》得以不断成长与壮大。在近十年的杂志编辑工作中，始终把建筑学科新信息、新动态、发展方向作为重点，加强与专家、学者、新老作者的联系，逐步形成了举办学术研讨会的传统。近些年来《新建筑》作为主要发起者和组织者，举办了多次全国及国际学术性会议，如“21世纪的中国新建筑”，

“2005年当代中国建筑创作论坛”，“海峡两岸传统民居学术研讨会”，“全国第九次建筑与文化学术讨论会”，“第十四届中国民居学术会议”，“第二届U+L新思维全国学术会”，“2006当代中国建筑创作论坛会”，“第二届21世纪城市发展国际会议”，“滇中南民居研讨会”等等，并重点报道了会议中的论文，为读者打开了广阔的视野，提供了最新的信息，取得了良好的社会效益。

为了鼓励并发掘青年人的创作才能，杂志多次举办了方案创作竞赛，影响较大的是与桂林市政府合办的“国际大学生21世纪城市公厕方案设计竞赛”，共收到中外竞赛作品151件，对于一般不受重视而视为简单的“公厕”设计，想不到佳作纷呈，构思巧妙，立意新奇的设计使评委们都大开眼界，最后评出28件获奖作品，并作了公示，为当地旅游胜地提供了极宝贵的资料。另一次是2003年举办的“城市院落住宅”全国大学生竞赛，得到全国包括台湾、香港在内的大学生和研究生踊跃参加，共收到参赛作品499件，经过评选最终共有24个方案获奖。这次是具有学术性、导向性和探索性的高水平学术活动，是对青年学子关爱和期望的一次竞赛活动，引起了较大反响，中央10台为此进行了专题报道。2008年为了响应国家支援四川抗震活动，杂志策划了“家园重建——汶川震区重建建筑方案全国设计竞赛”活动，竞赛得到了国内外各知名建筑院校及设计机构的高度关注，仅ABBS建筑论坛上的点击高达4万余次，收到了来自不同国家和地区98个设计组选送的作品，参赛人数200余人，其中境外参赛国家9家，国内22个城市，最后评出36份获奖作品。与此同时杂志社还策划了“家园重建”专刊，以及“地震给建筑界的震动——建筑教育与建筑师的社会视野”研讨会，获得建筑界的肯定，认为它及时、深入、全面的思考与争鸣，对灾区在建筑学、社会学层面上的恢复重建，有着积极的参考价值。为了扩大信息量，较为全面地报导建筑界的动态，杂志开辟了多方面的信息窗口，如专栏，新作视窗，考察与研究，新建筑论坛，建筑教育，建筑理论，建筑评论，城市设计，境外建筑，建筑师档案，广角镜，新事记等等近20多个专题，从不同角度进行报道。此外对重点项目和重要建筑学术活动，也开辟了专题介绍。

《新建筑》从创刊开始就打出了创新求索的旗号，旗帜鲜明地为我国建筑创新进行求索，为一切新事、新人、新思想、新理论鸣锣开道，积极地为活跃学术氛围，交流学术思想和繁荣建筑创作进行宣传和推广；杂志要办出自己的特色，《新建筑》主要突出在一个“新”字，目前国内建筑杂志甚多，大都越办越好，但办出特色并不容易，如何使它与其他杂志扩大区别，主要在“新”方面进行努力，我认为《新建筑》应该更多关注在世界建筑文化思潮冲击下，如何使国内设计师与学者加强对传统的反思与探索，更多在理论与创作上做些有意义与价值的工作，使它更具有鲜明的个性特征。这些年我们杂志的发展步伐比起其他建筑刊物来是不够的，虽然《新建筑》有一定的学术性，然而在建筑作品介绍方面还有不足，因此显得信息资料性相对少了一些，读者群中设计人员也会少些，建筑刊物应当在理论学术、建筑创作方面都丰富，只要坚持主旨是“新”，将创新求索的方针坚持下去，提高学术敏感性，抓住国内建筑界的新动态，把新思想新作品介绍给大家，这是我们的责任。《新建筑》需要改进的地方太多了，对于建筑界的新动态报道尚不够及时，研究生的论文水平审查还要严格一些，一般性的建筑作品就不宜刊登，提高图片的质量等等。另外由于人力原因，杂志还是双月刊，因此也影响了信息的及时报道。《新建筑》到今天已经有26周岁了，应该成熟了，但目前还远不够，我们清醒地认识到，我们正面临着严峻的挑战，展望未来，深知任重道远，我们怀着谦虚的心情，希望建筑界的同人们，给我们指教与帮助，让我们共同走向新建筑。

我是1955年从华南工学院毕业后分配到中南建筑设计院工作，1996年至2004年在华中科技大学建筑学院兼职，从事建筑设计工作至今已有54个年头了，虽然现已年迈，但尚有余力与兴趣参加一些工程设计，这也是有幸正逢当今国运昌盛，建设繁荣，建筑创作的大好时期，甚感庆幸。回忆我早年工作时，受教于武汉建筑界的前辈王秉忱、殷海云、范志恒、黄康宇、区自、蔡德庄等先生，深感他们建筑功底深厚，学识渊博，有极高的建筑造诣，但因生不逢时，未能在建筑创作中显其才华，实属憾事，但他们仍在武汉早年建设中存留下了一些优秀作品，例如洪山礼堂、武汉体育馆、新华路体育场、武汉军区司令部办公楼、市委办公楼、武汉剧院、东湖行吟阁、东湖宾馆等一批优秀历史建筑，它们大都造型简洁，端庄大度，布局严谨，不事装饰，实乃中国现代建筑之成熟大手笔。他们的功绩多已被人们遗忘，为了不被历史湮没，我曾多次有意将诸前辈功绩，发诸刊物，但均因力不从心，未能实现，甚感内疚，但决心联合武汉同人早日力促其成。

我受教于华南工学院建筑系，师从陈伯齐、谭天宋、夏昌世、杜汝俭等老一辈教育家，他们在校讲课，并亲自逐个地对每个学生作业进行指点改图，师生交流频繁，指教明确，立意清晰，学生获益匪浅，实仍当年学生受教之大幸。老教授们除教学外，又都是当时社会上的知名职业建筑师，同时承担着许多工程项目的设计工作，这在当时的建筑院校中是少有的，典型的例子是他们这一时期同时完成了华南土特产展览会的一批现代建筑。出于职业原因，老教授们大力提倡现代教育方法，十分重视建筑教育中的设计实践以及能力培养。我在参加工作后，得到王秉忱总建筑师的评价是，华南来的学生能够很快进行工作并解决问题。这与学校强调实践教学方法是分不开的。当年陈伯齐先生常常告诫说，建筑师的首要职责是设计中的“实用性”，这些对我后来的几十年设计生涯刻下了很深的烙印，也成了设计时的习惯模式；在设计或教学中，我都会把“实用”作为创作的基本要素进行工作。这与早年提倡的“适用、经济，在可能条件下注意美观”的建筑方针还是合拍的，当时的社会要求“适用”是作为审查设计的先决条件来考虑的。即使如此在1964年的设计革命运动中，我还是受到了批判，本人在全院大会上作了公开检讨，批判设计思想是资产阶级的，当时主要的矛头是指我设计的武汉实验性住宅及计量局住宅，因为在设计中极力追求“适用”，过多考虑“舒适”，而变成了“享受”；由于在设计中实现每户均能“独立”，使得人们追求以“家庭”为目的，引导大家希望生活在“自我”的小圈子里，上纲上线上分析；这就是设计领域中的资产阶级意识的表现，也是设计领域中阶级斗争的反映，从而使我深刻体会到阶级斗争是无所不在的，不小心就会犯大错误，谨小慎微就是我当时处事的心态。“文革”结束后，建筑设计才逐渐解脱了禁锢，随着现代化的历程，建筑领域的对外开放、引进，打开了建筑界的窗口，随后各种建筑刊物的发行、学术著作的出版、重大工程项目的兴建、建筑院系大量成立、教学改进、教育评估制度及注册建筑师执业制度的建立，设计体制改革，广泛开展设计方案竞赛等一系列建筑体制的完善，更加促进了建筑事业的蓬勃发展。在这30年中应当说是我国建筑史上最辉煌的时期，尽管其中出现了某些值得商榷的问题，但也是前进中必然的现象。在这一时期内我有幸参加了一些学会工作，尤其地方学会工作，深感其重要，过去作为会员，并未感到有实质作用，参加与否并无区别，武汉建筑师会会成立后，我们每年必开大会，所有会员全体参加，安排学术交流，研讨作品，评选论文，进行各种联谊参观活动，举行各种纪念活动（如怀念老一辈建筑教育家鲍鼎学术研讨），大家反映甚好，但仍感学会缺乏权威作用，如果能把评优、推荐职称等交由学会（或协会）办理，相信作用会更大。1996年至2004年期间，我曾兼职华中科技大学建筑教学工作，在此期间，我并未实际上进行过教学，深感教学中如果脱离实践，其教学必然会空泛而走向纯理论，对于学生今后走上社会，有较长适应过程，或者产生偏向，这其中最主要的是要让建筑设计课程的老师有较多的实践机会，因此我的首要任务就是将建筑学系与设计院两者统一起来，使行政上成为一体化领导，教学与实践互补，教师与建筑师合而为一；当然运行中尚有不少问题，有的人担心，老师忙于赚钱而不顾教学，我想这些都可以用制度来完善它。1993年起我又接受了关于注册建筑师职业资格考试的工作，十多年来职业资格运行也得到了大都数人的肯定，尤其是推动青年建筑师的基本素质提高上，应该说起到了极大的促进作用，扭转了建筑师只注重方案，而忽视技术的偏向，在这期间建筑考试标准常被人诟病，尤其是管理部门认为过严的通过率使得具有执业资格的建筑师，远不能满足市场需要，影响了建设；但从目前看似乎还未见哪个项目需要有一级注册师来承担的而无人承担，问题是执业资格全国一个标准，由于各地区的水平差异，边远内地的注册人员就会明显不够，即使取得了执业资格者往往也会受利益驱使，流向沿海一带，带来更加的不平衡；此外甲级资质设计单位的认定也偏多，只有十余人的甲级设计单位，当然迫切需要一定数量的一级注册建筑师来满足它们的申报要求，执业资格标准关乎国家建设质量大事，应用长远的眼光来看待。

我的建筑生涯虽然历经了社会的变化与动荡，但至今仍可从事我喜爱的建筑专业工作而感到十分幸运和欣慰，回顾几十年的历程，涉及了各种工业、民用、规划及标准配件图等，这一切都是与当时社会变化发展相互扣印的，可以看到建筑业的兴旺，促使了建筑创作的繁荣，建筑规模越来越大，功能内涵也更加复杂，建筑形式更是千态万状，可说是“百花齐放”，尤其是外来的设计，更是独领风骚，但出现了一些似乎是唯美是从的倾向，在方案评选中，“适用、经济”的要求往往被忽视，建筑界的“百家争鸣”声音也较少听见，这些现象应该引起大家的重视。但可喜的是近年来年轻一代建筑师大量成长，佳作纷呈，才华突显，实乃我建筑界之庆事。近期在方案评选中，尤其是功能流程要求较高的工程如铁路客站等项目中，也

广东科学中心大厅

较注重实用经济的条件，表明方案的选择上也逐步走向理性化了。

几十年来我虽然做了不少工程，但由于自己水平能力所限，大都十分平庸，但好在有自知之明，不断学习，也略悟到建筑设计是必须具有全面的知识与技术，设计作品应该是功能与形式的完美统一。在这里把2008年我设计完成的两项工程作简略介绍，也算一个历程的小结，敬请各位指教。

广东科学中心工程是目前国内最大的科技馆，占地45万m^2，总建筑面积13.75万m^2，2003年建筑方案国际竞赛，经过三轮评选，修改淘汰，最后我院方案中标实施，2008年9月建成，广东科学中心设计突破了一般科技馆布局，采用以中庭为中心将展厅呈放射状的向心式布局，使展厅具有良好的视野与自然采光。建筑轮廓呈弧形的凹凸穿插组合，外形是非规则形，而又具有向前进行的动感，在两江交汇的水面上仿佛是一艘前行的“科技航母”，从空中俯视又宛如一朵绽开的“木棉花”，多姿的形态诠译着浪漫的南国梦境。建筑的中央大厅通高三层与各部分贯穿相通，顶盖是可透气的玻璃顶盖，下部与底层架空层通向室外，营造出室内外交融渗透的空间，体现了岭南特征，并利用空气热压差，促使空气由底部流入从屋盖排出，使中庭具有生态“呼吸”功能，降低了能耗，2008年本项目获得了“建筑节能奖”。本工程主要设计合作者为李钫副总建筑师与张行彪所长。

广东科学中心

无锡博物院

无锡博物院位于无锡市中心城区太湖广场中央，建筑总面积约7万m^2，2005年经方案竞选后我院中标设计，2008年9月建成。博物院是由博物馆、科技馆、革命陈列馆三部分组成，而且三馆要求各自独立使用，且位置均衡，因此采用平行布局，形成平行排列之势，但又要成为一个整体，底层为公共大厅，二、三、四层为各自的独立展厅，五层办公合为一个整体；从功能出发，自然构成了建筑的空间形态；建筑的三个独立柱状体形成了两个大孔洞，从而达到南北空间穿透，使处于北向的主立面得到阳光折射变幻的光影效果，二层通透的大平台为群众创造了一个庇护空间，登高后可环顾俯视广场，也使人们联想到江南集市上搭建的戏台，带来的是民俗传统文化的再现。联想到苏轼描写无锡的诗句“石路萦回九龙脊，水光翻动五湖天”作为我们创作源泉的构想，一块巨大的太湖石，中部通透变化仿佛一弯流水，像宝石般的金色晶体折射出多重光影，形成波光摇曳的“水光石色”。本工程合作设计人为李春舫、戚广平二位副总建筑师。

无锡博物院局部

以上是我54年的建筑生涯回顾，在这不短的时间里，给我最深刻的感受是友情与合作，无论何时、无论何事，一项较大的工程、一份杂志、一个课题、一次论证都是集体智慧的结晶；我常告诫自己不要妄自尊大，只有谦虚学习，才能使自己在前进的建筑潮流中不致掉队。

无锡博物院室内大厅

回顾——选题与实施

杨谷生

1972年，我从建筑科学研究院调入刚刚重新组建的中国建筑工业出版社，从事建筑学图书编辑工作。

图书编辑对于我是一项全新的专业领域，经过几年的探索，我在杨永生、乔匀同志的指导帮助下，一步步从一名编辑新兵成长为编审、副总编。

“文化大革命”结束，举国上下百废待兴。十一届三中全会以后，党和国家的工作重心转移到经济建设上来，基础建设的步伐越来越大，开放搞活的大门越开越宽，社会对建筑专业图书的需求也越来越多。中国建筑工业出版社的图书选题范围随着国家的形势发展，不断深化和扩大。

在从事编辑工作的几十年中，我的选题主要以中国古代建筑为主。此类选题当时正是社会所急需，究其原因，一方面是因为改革开放初期解除封锁、打开国门以后，各国专业研究者和旅游者急切想了解中国特有的历史与建筑风貌；另外一方面，十年“文革”，许多古建文物破坏殆尽，加上水火天灾，急需进行抢救式研究，并以出版的形式将资料全面完整地保存下来，即便发生人力无法控制的毁灭性灾害，我们也可以在事后依据保存的图书资料加以重建。因此，在社长杨俊，总编辑杨永生、乔匀同志共同参与下，我们制定了一个包括几十个选题的长期规划，如《苏州古典园林》、《承德古建筑》、《曲阜孔庙建筑》、《营造法式注释》、《普陀山古建筑》、《万里长城》等。在上个世纪七十、八十年代之交物质仍然匮乏、资金严重不足的情况之下，由杨永生提出并以个人名义向国家建工总局局长肖桐写报告，经他批示，由财务司长雷峻山经手批准由出版社上缴利润中拿出20万元，资助参与编写的院校和科研单位，用于组织勘察测绘和购置摄影器材，表现出了一个国家级出版社的极大诚意与决心。

大的战略方向确定之后，我便与青年编辑一道参与具体的编写指导以及图片的拍照工作。以《承德古建筑》为例，一年多时间去了十几次。那时的交通远不及今天这般便利，夜班火车要走一个通宵，我们就在硬座车厢里和衣而睡。开车去也要在狭窄的山间公路上颠簸十几个小时。秋冬春夏，雨雪晨昏，为了拍到棒槌峰的日出，天不亮就扛着沉重的照相设备往山上爬。为了选择理想的拍摄角度，更是跑遍了偌大山庄的每一个角落。

正是因为正确地确定了选题规划，下大力气紧紧抓住了选题的落实实施，加上各个编写单位主要研究人员的奉献与合作，丰硕的成果不断显现。由于确定了正确的方向，加上扎实的工作，在此不久之后，引起了境外许多同行的关注，纷纷前来探讨希望合作出版。我们分别与日本、中国香港、中国台湾等国家和地区的出版机构，合作出版了日、英、法、德、繁体汉字等多种文字的中国古建筑类画册、图书，一方面向世界宣传了我国渊远流长的历史文化，展现了中华大地广袤多姿的美丽风貌，也为出版社赚取了发展急需的外汇收入，为进一步开放搞活积累了经验、信心和物质准备。

20世纪80年代，作为国家制定的出版项目，《中国美术全集》60卷开始编写。正是由于先期长远规划打下了良好基础，经杨永生争取中宣部决定将建筑类包括的全部6卷《宫殿》、《园林》、《坛庙》、《陵墓》、《宗教》、《民居》交由建筑工业出版社主持编写，我全面参与了此项工作。图书出版后，获得全国优秀图书奖。

同样是落实规划的经验，我们又组织了全国有关院校的文化、考古、历史、建筑等相关专业人员，经过多年努力，反复讨论，终于编写出了《中国古代建筑史》。这是一部可供建筑研究和建筑教学使用的有份量的参考书，受到了广大读者的一致好评，同时也获得了全国优秀图书奖。

由于有了早期良好的开端，为建工出版社以后编辑出版《中国美术分类全集》以及与台湾光复出版机构合作出版十卷本《中国古代建筑艺术》等图书打下了坚实的基础。在竞争日益激烈的图书出版市场

上，建工版中国古代建筑类图书树立了权威性地位，并且以其严谨踏实的科学研究态度使得该类图书始终保持高标准、高质量。

我的另一个图书选题方向是中国民居建筑研究。

我国是一个多民族的国家，每个民族在充分交融的同时，又分别保留了各自不同的文化与传统。我国是地质、气候条件复杂丰富的国家，各民族人民顺应天时，博采地利，因地制宜，创造了数量巨大、丰富多彩的民居建筑。这些建筑散布在960万平方公里国土上的各个角落，充分完美地体现和反映了各族人民固有的传统文化，以及利用自然、融合自然的充分想象力。长期以来，全国各地都有一些设计、教学和科研单位，对当地传统民居做了很多调查研究，积累了丰富的资料。如果对此进行有组织的整理归纳，按照一定的体例编辑成书，不仅可以把分散的资料集中成册，而且有利于将各地专家独立的研究成果融会展示，既可以用于教学，也可以用于交流，还可以提供给更多学者进行深入的再研究。

于是我组织了最初的一套民居建筑选题，如《苏州民居》、《新疆民居》、《云南民居》、《广东民居》、《吉林民居》、《上海里弄民居》等等数十种。自20世纪80年代中期至90年代中期我退休前，陆续出版了11种分地区、有代表性的民居建筑图书。在编写图书的基础上，还扩大了国际间的学术交流，成立了民居学会，并将民居建筑发展成为一个研究的专门方向。而此类图书选题更是经久不衰，以后在分地区出版图书的基础上，又结合华南理工大学陆元鼎教授主持的民居研究成果，出版了综合性研究著作《中国民居建

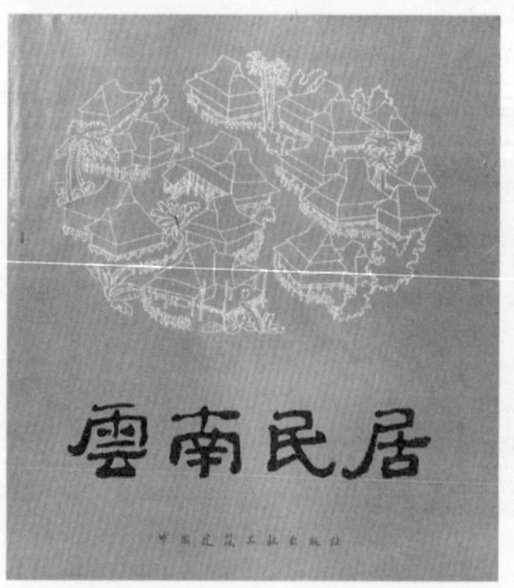

筑》上、中、下三卷，把民居建筑与社会、文化、历史、民俗、自然紧密结合在一起，更加深入地发掘民居所体现的文化内涵，该书荣获2004年优秀图书奖。

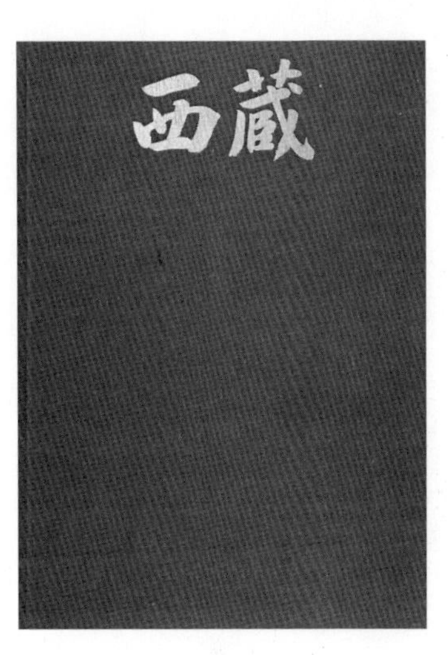

20世纪80年代初，我还组织编写了一套西藏建筑的图书选题。

我国的藏民族，由于历史、宗教的独特性，有着一整套上层文化体系，如自已的文字，自己的医学，自己的宗法，自己的政治构架等等。而藏族建筑在其特有的文化和地理条件制约下，表现了与众不同的风格，在建筑领域中独树一帜。过去一直没有相关的书籍对该建筑形式进行专门研究，而经过“文化大革命”的毁灭性破坏，许多建筑需要抢救性保护。于是由中国建筑工业出版社牵头，我带队深入藏区，配合西藏自治区勘察设计院，以出版图书的形式，对分布在世界屋脊高原上的寺庙、宫殿、城堡、园林等分别进行建筑、环境、陈设、装饰等详细的调查，并且拍摄实景照片，绘制测绘图纸。在充分调查研究的基础上，陆续出版了《西藏建筑》、《大昭寺》、《岁布林卡》，其中《西藏建筑》一书先后以中、日、英、德、法文出版发行，扩大了国际间建筑文化的交流，同时也使世界更多地了解了西藏

与祖国密不可分的历史渊源。

在建筑工业出版社工作二十余年，从事了一项我所深爱的专业工作，对于建筑图书出版事业充满了深厚的感情。退休后，一边调养身体，一边关注着建筑出版事业的发展。在民居建筑研究方面，也尽我所能做一些力所能及的事情。中国建筑在六十年间发生了巨大变化，建筑图书市场也随着日益增加的社会需求不断壮大。真心希望中国建筑工业出版社出版更多好书，希望中国的建筑图书在国际出版界占有更加显著的地位，希望建筑图书编辑为祖国的繁荣富强做出更大的贡献。

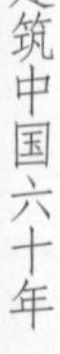

书 评 集 萃

作者和读者之间永远在互动，让我们在智者和先知者的指引下选好书，读好书。

梁思成《拙匠随笔》的随笔

吴良镛

前些年，有位年迈的国外建筑学者对我说，他由于年龄关系，具体的业务少了，致力于为某报建筑论坛专栏写稿。他发现，这类文章读者多，社会影响大，超过一般学术论文，他对自己新“领域”的开拓，欣然自得，信心甚足。当时，我只一听而过，并未去多想。

尔后，在编纂《梁思成文集》时，看到梁先生晚年的文章，特别是重读《拙匠随笔》之后，仍深有启发。文章不长，深入浅出，言之有物，立论清新。这些文章在当时就受到社会注意，我记得梁先生告诉过我，某日在机场，会到周恩来总理，因为各有不同的客人，还是总理发现了他，从他身后走上来，拍拍他的肩膀说：“你的‘建筑师是怎样工作的？’一文，我看了，写得很好！这类文章，以后不妨多写。提高人们对建筑的认识。”其实不止周总理看了很欣赏，其他如“千篇一律与千变万化”一文浅释统一变化规律，给予我们建筑教师的印象也是很深的，并常为人所引用。重读之余，我倒想起前面所说的那位国外建筑师的话来，我深感建筑是社会事业，它是为广大群众服务的，也要求社会对建筑的广泛了解和支持。从这个意义上讲，加强对建筑的介绍与评论，目的就很明显了。

梁先生当时列了一张单子，计划先写十篇，每篇有一个主题，从建筑是什么开篇，内容也少不了一些典故，题目甚至来一点噱头。例如《从“燕用”——不祥的谶语说起》一文，从宋代汴京的建设与金中都建设，将开封的一些宫殿建筑构件搬到北京来，说到装配式建筑与近代建筑施工等，以几件具体的事看建筑发展之线索。梁先生说“题目新颖，人家一见就要看下去”，实际效果也正是如此。

“随笔”所写，都是他长期思考的问题，说古论今，旁征博引，写起来却一气呵成。他重视插图，都是亲自动手画，像颐和园长廊一幅，一再更改，画完颇为得意，可惜原稿遗失，《梁思成文集》所刊的是别人摹写（附带说一句，他还想自己专为青少年描画一本中国建筑发展的“小人书”，也是出于普及建筑文化的用意，但未能实现）。这建筑随笔的写出，是他以火炽的热情，阐述建筑科学及建筑艺术的重要性的又一努力。可惜像这样的学术小品后来也和《燕山夜话》的结局一样，中途停顿、窒息了。

这些年来，讨论建筑的随笔杂文之类的文章多了起来，老年专家如张开济、陈从周先生等就写了不少雅俗共赏的随笔，吸引不少晚报的读者。中青年专家也陆续涌出，这是建筑思想活跃的表现，对推动学术讨论，普及提高中国建筑科学与艺术水平作用很大。‘人民城市人民建’，人民城市为人民，人民是城乡的主人，我们应当努力创造各种条件，将我们的服务对象——城乡的主人，对建筑的积极性、创造性发挥出来。《建设报》的编者有鉴于此，拟恢复《拙匠随笔》专栏，既是“拙匠”随笔，当然还是由“匠人”来写，只是从一家发展到百家，从一位老年的建筑工作者个人孜孜奋战，发展为老中青参加的建筑论坛与普及建筑科学园地，这是饶有意义的。编者要我开篇，爰将梁先生撰文经过，及我所想附记于上。我的文章一写就长，这是不足为训的。

（摘自梁思成《拙匠随笔》）

读《刘敦桢全集》体会

傅熹年

刘敦桢先生是我国著名建筑历史学家、建筑教育家、中国科学院学部委员，毕生致力于中国及东方建筑史的研究。早在20世纪20年代末即与梁思成先生共同主持中国营造学社的研究工作，披荆斩棘，开创了科学研究中国古代建筑成就的道路，同为中国建筑史这一新学科的开拓者和奠基人。自20世纪30年代起，刘先生执教于原中央大学即新中国成立后的南京工学院，历任工学院院长和建筑系主任，是中国现代建筑教育的创办人之一。四十年来培养了大量建筑学和建筑史学专业的人才，其中很多人成为当代建筑大师。《刘敦桢全集》收入刘敦桢先生全部的学术论文和专著，反映了刘敦桢先生在文献考证、工程技术文献研究、古建筑和传统园林实地调研和建筑历史理论撰述等多方面的巨大成就。

一、全集反映了刘敦桢先生在利用文献考证古代建筑方面作出的卓越贡献

刘敦桢先生出身湖南著名世家，少年时已有深厚的国学基础，在经史考证方面尤为专门，留学日本后，又掌握了现代建筑学和科学的研究方法。他把这两方面的优长结合起来，以建筑学家的眼光去搜求、考证史料，取得了超越前人的成果。他在这方面的主要成果中，“大壮室笔记”综合早期文献，从建筑学的角度研究两汉时期各类型建筑的特点及发展演进过程，并把它们和经史中反映出的古代社会情况、典章制度结合起来加以论证，迄今仍是研究两汉建筑的必读之作；在“六朝时期之东西堂”一文中，刘敦桢先生以建筑师特有的敏锐，从前人读史均视而不见的大量史料中考证出东西堂这种自三国至南北朝年宫廷主殿的一种特殊组合形式，厘清了中国古代宫殿发展中的一个重要环节，充分表现出他在文献考证方面的深厚功力。这些都充分表现出刘敦桢先生在通过文献考证古代建筑方面的深厚功力和精密学风。

二、全集中对《万年桥志》、《文昌桥志》的研究和“牌楼算例”等文展示了刘敦桢先生在传统工程技术文献史料研究整理方面的贡献

介绍万年桥、文昌桥两部桥志的论文，使世人了解到古代对重要建筑在设计、施工、组织管理、经营修缮诸方面都有相当成熟的经验，是研究古代工程技术和管理方面的重要成果。“石轴柱桥述要”一文除介绍这类桥之构造、施工特点外，兼及桥梁之发展史及分类。这三篇发表于20世纪30年代初的论文开拓了桥梁史研究这一新的领域。“牌楼算例”还兼具全面介绍牌楼的专著性质，是整理研究传统工程技术专著方面的重要成就。“营造法式校勘记”、“鲁班营造正式校读记”和“营造法原跋”三篇文章

反映了刘敦桢先生在古代建筑技术专著的研究整理方面所做的开拓性工作和重要贡献。

三、全集反映了刘敦桢先生对古建筑实物进行的大量调查研究

"智化寺如来殿调查记"是为以后研究北京大量明清建筑摸索经验，故测图及数据都特别完备详密。在分析中，上比《营造法式》，下比《工程做法》，力图通过数据比较，找出明式与宋、清两代的关系，显示出他在调查研究中特别周密的特点。在对寺史的研究上也明显表现出他在文献考证上的优长。其论文既清楚地阐明这些古建筑的特点、价值、历史意义，也有精密的建筑分析和实测图，为后人研究明清建筑提供了极好的示范。他在以后陆续完成的一系列调查"简报"、"记略"中，虽兼具普查性质，有些还是在匆迫困难条件下进行的，由于他的卓识，多能做到"文旌所至，野无遗贤"，并在简练的记述中准确考定年代，阐扬其特色和历史价值。其中很多古建筑在新中国成立后被列为国家重点文物保护单位，为保护重要历史文化遗产作出了杰出贡献。

四、新中国成立后，刘敦桢先生又撰写与主持编写了几部重要的学术著作

他主持编著的《中国古代建筑史》，集中了国内建筑史学界和部分考古学界的老、中、青三代学术精英进行协作，最后由他兼笔主编，历时七载，八易其稿，于1966年在极为困难的条件下成书。该书以内容丰富全面、立论精深著称，是新中国成立以来建筑史学的重要研究成果，1981年被评为国家建筑工程总局优秀科研成果一等奖和1988年全国高等学校优秀教材特等奖。他的专著《中国住宅概说》、《苏州古典园林》都是具有开创性的研究成果，并起了引导国内学术界开展对民居、园林进行大规模调查研究的导向性作用。《苏州古典园林》荣获1981年国家科技进步一等奖。

刘敦桢先生毕生辛勤耕耘，对发展和弘扬建筑学术、保护我国历史文化遗产作出重大贡献。《刘敦桢全集》既能体现出先生一生锲而不舍、辛勤耕耘、开拓一门新学科的足迹，也以其精密的调查研究、精当的建筑分析、精深的文献考证和高尚的学风垂范后学，为我们留下极宝贵的学术遗产和治学风范。全集的出版，对于推动中国建筑史学科的发展，弘扬中国建筑文化传统，让更多的人了解中国古代建筑的特点和成就都将起重要作用。

我虽无缘做刘先生的学生，但有幸在先生指导下工作过一些时间，受到先生的谆谆教诲和期许，也自认为是先生的"私塾弟子"，在全集出版时重读先生的著作，重温先生的教诲，为表示我对先生的崇敬和怀念，谨把我的一些体会心得介绍给读者，不当之处，敬希指正。

（原载《刘敦桢全集》）

为中国建筑师立传
——读杨永生著《中国四代建筑师》

蒋祖烜

“建筑师”这个名词大家已开始渐渐熟悉，但是人们真正说得出名字的建筑师仍不会超过十个，如梁思成、林徽因、贝聿铭等等。能准确表述“建筑师”概念的人恐怕更少。1949年梁思成先生曾写信给当时的北京市市长聂荣臻将军，介绍建筑师的职业特征，指出建筑师不同于一般的工程师，“建筑师除了具备土木工程师所有的房屋结构知识外，在训练上他还受了四年乃至五年严格的课程，以解决人的生活需要为目的。他的任务在运用最小量的材料和地皮，以取得最适用、最合理、最大限度的有用空间，和最美观的外表。”令人叹息的是，时至今日，中国建筑师仍然是一个被模糊的概念和被社会忽视的群体，甚至与同样是从事创造性劳动的其他门类科学家、艺术家比较都显得默默无闻。这种状况与他们为中国建筑付出的心血智慧、与他们创造的立体的华夏文明不相称，与建设小康社会的文化理想不相称。

《中国四代建筑师》应运而生，第一次堂堂正正为中国建筑师立传，体现了著者的理论勇气和学术根底，同时也表明了社会的进步与文明的提升。著作的价值决不限于提出了中国四代建筑师这个富有原创价值的新概念。它是一部严谨的建筑史学术著作，既涉及了时代、社会、经济、科技、教育的外部因素，又触摸到建筑业界自身发展的内部规律，通过综合、比较、分析，建立了中国现代意义的四代建筑师的断代论。即，第一代建筑师：19世纪出生，国外留学，20世纪30年代登上建筑舞台的建筑师；第二代建筑师：20世纪20年代出生，1949年以前大学毕业的建筑师；第三代建筑师：20世纪30～40年代出生，新中国成立后大学毕业；第四代建筑师：新中国成立后出生，“文革”以后大学毕业的建筑师。同时提出了每一代建筑师代表性的人物和群体特征。以人带史，从一个侧面勾勒出20世纪中国建筑的发展轮廓，是一部全面了解中国建筑师的辞典，又是一部有新意、有价值的建筑人物史。

著作以独到的叙述方式，精要地概括了100余位在建筑创作、建筑教育方面卓有建树的重量级人物，通过对他们重要成就、创作理念、历史功绩和不凡的人生经历的描述，挖掘其成长成熟的根源，既揭示出独到的创作理念和特色，确切地指认其人其作在中国建筑史上的地位，又总结出共同的成长规律。对每一代建筑师的主体特征评价贴切而中肯。

特别有意思的是书中作者本人与部分建筑师的交往录与印象记，寥寥数笔，勾画出人物的特征、个性与神采，许多先前只闻其名不知其人的建筑师，跃然纸上。以人带史，“史”料变得鲜活、生动，是十分珍贵的第一手资料。作者没有见过著名建筑师林徽因，但他以林的女儿梁再冰的相貌神态推测林徽因今天的风采，更是神来之笔。

著作编排新颖，图片丰富而选择精当，制作精良，满足了读者对建筑师和建筑物直观了解的需求。100余位建筑师每人都配有图片，仅从这一点看已经相当不容易。由此可以推测，要在没有多少系统和现成材料的基础上收集整理一部专门的建筑人物史是多么难得。

为中国建筑师立传，其意义是积极而深远的。对建筑学界和建筑学术当然有直接的价值，对全面建设小康社会的中国更是有远见的文化舆论和积累。许多建筑设计动辄高价聘请洋建筑师，似乎已成为时尚。我对此并非持简单否定的态度，但历史和现实都证明，中国的建筑还是中国建筑师做得更好。读过这部著作，我们都可以得出这样的结论，并进一步增强了民族的自信心和勇气。

建筑文化是当代文化中日益重要的领域，包括建筑史、建筑理论、建筑与文化、建筑与环境、建筑评论等。但推介建筑师是最易为业内外的需要和水准同时接受的一条捷径。当人们开始重视环境与建筑时，大多对这门专业的学问有些疏隔。有时候埋怨甲方的决策武断，有时候又指责建筑师媚俗势利。其实，更重要的是全民建筑意识的薄弱。这种情况下，尤其需要一些沟通的桥梁和纽带。而建筑师们忙于建筑设计，往往忽略与大众的对话和交流。杨永生先生就这样义无反顾地披挂上阵了。这位前辈，曾先后主持过中国建筑工业出版社、环境科学出版社和中国建设报社的创建工作，为建设科技出版事业奉献了自己的全部心智。近些年从工作一线退下来后，致力于建筑文化的整理和普及工作，通过"做建筑知识的普及工作，提高全民族的建筑意识。"他先后出版了《建筑四杰》、《建筑百家言》、《建筑百家回忆录》、《建筑百家书信》、《建筑百家轶事》等多种很有价值与创意的著作，使无名英雄式的建筑师引起社会的关注，同时又引发许多建筑的门外汉开始饶有兴趣地登堂入室。他为推动当代中国建筑文化的普及所做的努力，功不可没，功德无量。

（2002年12月27日《中国建设报》）

从《张镈回忆录》到《百家回忆录》

杨永生

近十年，经我手编了3本建筑学界回忆录，首开纪录的是张镈的《我的建筑创作道路》，继而是三年前编的《建筑百家回忆录》，去年又编了刚刚出版的《建筑百家回忆录续编》。

张镈的《我的建筑创作道路》开了建筑学界撰写长篇回忆录之先河。在此之前，人们所看到的都是政界、军界和文艺界人士等的回忆录。从而，它理所当然地受到建筑学界的重视和好评。那时，我曾设想邀请健在而又能笔耕的第二代建筑师每人写一部回忆录，形成系列。但始终未能下手操作，非智所不能，而是力所不及，只好放弃。看来，这个美好的愿望必将随着时光的流逝而化为乌有。

于是，也只好另辟途径，特邀前辈各写回忆文章，结集出版。发出邀稿信后，纷纷动笔，不久即收到几十篇文章，结集列入百家系列，以《建筑百家回忆录》为书名出版。出版后又反复翻阅，发现其涵盖面还不够，有些重要的事和人被遗漏了；还发现有些书刊中一些颇为感人的回忆文章也未收入。这样，就促使我根据所掌握的情况，搜寻线索，多方联系，特邀适当人选，指定题目，不到半年的时间即收到许多朋友撰写的几十篇文章，再加上从各种书刊中选出的文章，共70余篇，编成现在这本《续编》。

这样，大体上可以说，夙愿已遂，弥补上我20多年前主持建工出版社编辑工作时所无法完成的一件工作。那时，若出这样的书，为资产阶级建筑师树碑立传这一顶帽子就会把我扣得死去活来，喘不上气来。遗憾虽有，但终于能弥补于万一，也算了却一桩心事。

我坚信，这些回忆录为中国近现代建筑史填补上许多有骨头有肉的历史场景，提供出活生生的史实，也为后人研究近几十年建筑史提供出符合史实的结论所必不可少的佐证。我国虽有历史悠久的修志传统，但长期受到“户富、吏贵、刑威、兵武、礼贪、工贱”这“六部”传统势力的影响，建筑工程属“贱”字，故在古代文献中对建筑任务及事迹记述不多，即使有，也简略。及至近现代，由于天灾、战祸及人祸，资料大都散失。

这里对《续编》中70多篇文章不可能一一评介，只能就其中若干篇作一简介。

经过多年酝酿，吴良镛院士写了长达万余言的《林徽因的最后十年追忆》，深情地回忆了从1945年到1955年之间，他在林先生身边工作的情景及一些有关的人和事。如1952年院系调整时打乱了梁、林二位先生办建筑教育的先进理念，以致林先生竟哭了……看到这里我们都想知道一时难以说明白的原委，只能寄希望有人作专题研究，为我国建筑教育改革提供历史的借鉴。

旅居美国的刘光华教授从美国寄来专为本书撰写的长达两万字的《怀念恩师、前辈和同窗好友——回忆我的学习生涯》，回顾了从1935年入中央大学到1947年从美国留学归来这12年间所经历的事，和他的朋友。

同济大学罗小未教授和他的学生钱锋等的《怀念黄作燊》一文为我们揭示了现代建筑思想在我国的重要传播者黄先生的生平业绩。黄先生早年留学英国A.A.学院，后又追随现代主义大师格罗皮乌斯进入美国哈佛大学，回国后创办上海圣约翰大学建筑系，将包豪斯建筑教育方法引入我国。文内还附有许多珍贵的照片，如黄先生与柯布西埃的合影。应当说，黄先生的才华被历史埋没了，十分可惜，令人唏嘘。

清华大学王炜钰教授在《忆恩师——沈理源先生》一文中，全面地评述了我国近代建筑先驱沈理源先生的一生。1908年至1915年沈先生留学意大利，1918年在平津即开始建筑设计，有40余项设计作品，并曾在北平大学、北京大学、天津工商学院任建筑系主任、教授。1949年，他还应邀担任全国政协委员。只是因为他于1950年早逝，人们对他知之甚少。

编这本《续编》的时候，恰遇天津大学举办徐中诞辰90周年纪念活动，故特意编入了他的学生吴良镛、钟训正、彭一刚、聂兰生、周祖奭等人写的忆徐中先生的文章。可以说，这一组文章构成了理解徐中的权威性资料。

由何镜堂院士、刘业等人写的几篇文章使我们对广东建筑学界前辈龙庆忠、夏昌世、陈伯齐、佘畯南的成就和为人，特别是对岭南建筑有了更加具体的了解。

由曾任原国家计委副主任杨作材生前所写的，关于延安中央办公厅大楼及中央大礼堂等延安一些重要建筑的设计建造过程亲历记，真实地再现了当年他主持设计建造的具体场景，填补了当代建筑史的一项空白。

袁镜身关于毛主席纪念堂设计过程的回忆，使我们真切地了解到鲜为人知的那一段历史。该文附有许多图片。

马国馨院士深情地回忆张镈和陈占祥两位先生的文章，除了恰如其分的评介之外，还表达了对老一辈专家的敬仰之情。

此外，书里还编入了专为本书撰写的关于天津工商学院、之江大学、哈尔滨工业大学建筑系历史概况的文章。

徐尚志、张钦楠、程泰宁、张祖刚、黄为隽、王国梁、喻维国、张伶伶、奚树祥等建筑界重量级人物都为本书写了特邀稿，告诉我们许许多多他们经历过的一些沁人心脾的事。

恕我不再一一评介。我愿意告诉大家，尽管书中所涉及的人物大都已经仙逝，但当你们读到这些回忆文章时会使你感叹，会使你爱不释手，且不会使你惋惜花去38元买到这本书。

（摘自《中国建设报》 2003年8月11日）

读童寯《江南园林志》

黄裳

《江南园林志》，童寯著。中国工业出版社1963年版。这是我爱读的书。曾于卷尾书头写了许多跋语，卷前二则云：

“向于出版广告上见此书名，求之不获，意已早售罄，不禁怅惘。后于1963年出版展览会中见之，忽动念去中国图书发行公司订购一册，不知何日书来也。昨午过之，见书已至而数量不多，预计者众，不允售。倩书友笑嘻嘻商之，亦不能通融，极憾。今晨笑嘻嘻来电，告已商妥，约午刻往购，遂买此归。漫阅一过，知为营造学社旧刊，近始出版者。作者文字尔雅，亦通人也。然甚惜其略，援引故实亦殊未尽。如张南垣之属亦多未见。然实可参考。余近草《鸳湖记》小说，欲广求此类图籍以为参考，得此快然。数日后当去吴下，携此册与俱，一历诸园之胜也。甲辰四月初一日，黄裳记。”

“此册本已随家藏书卷同付劫火，后二日，忽更来归，诧其眷恋不忍别去也，因重题记。壬子6月杪。”

重读这两段跋文，不禁有许多感慨。甲辰是1964年，壬子则是1972年。1957年后，本已焚弃笔砚，但积习难忘，忽萌遐想，想写一部明清之际题材的小说，已经写好大约10万字，终于不得不半途而废。但构思大纲广搜旧记，写成长篇，是花了不少力气的。这本《江南园林志》就是参考资料中的一种。1964年我在文汇报编文艺理论版，每天中午饭后必去四马路书店看看，被人称为“书店巡阅使”。当时旧书零落，难得看见好书，倒是新出版物常有可观的新品种。每次巡视总要挟一二小册归来。那时书店书架上算不上多么丰富，与今天的万卷琳琅是差得远了。不过那时逛书店似乎更有趣些。与今天在书店里看得眼花缭乱，结果是颓然而返，一本都不想买是大不相同的。走得勤了，自然与书友相熟，“笑嘻嘻”就是其中之一，实在并不知道他的姓氏。他接待顾客的态度特别好，能代客寻找售缺的新书，不怕麻烦。这样的服务在今天是很难遇到的了。

壬子一跋在1972年，正写于我家藏书被席卷而去之后。抄家时一个小头头只给我留下雄文四卷和一本胡风案的小册子。不料书去后第二天，另一位小头头却将这本《江南园林志》掷还给我。直到今天我还想不出恩准发还的原因。

书前有作者1937年所撰原序一通。他说，“造园之艺，已随其他国粹渐归淘汰。自水泥推广，而铺地叠山，石多假造。自玻璃普遍，而菱花柳叶，不入装折。自公园风行，而宅隙空庭，但植草地……天然人为之摧残，实无时不促园林之寿命矣。”又说，著者每入名园，低回歔欷，忘饥永日。不胜众芳芜秽，美人迟暮之感！吾人当其衰末之期，唯有爱护一草一树，庶勿使为时代狂澜，一朝尽卷以去也。”序文撰于1937年春，正当国难严重之际，作者的心情是低沉的，文字写得也好，我在序后有两行跋语：

“此序颇似武林旧事，东京梦华。作者善为文，朴质无华，情事毕现，出工程师手，大不易矣。”

书前有综论，分造园、沿革、现况、杂识四首，文字写得极好。我于篇末题记曰，“文只三万言，读之唯恐其尽，佳作也。戊申9月13日，夜雨，毕此卷。齿颊留芬，记之。”

作者论造园有三境界：“第一，疏密得宜；第二，曲折尽致；第三，眼前对景。”又指出深远不尽为造园一定不易之律。又论“借景”云，“大抵郊野之园能之。山光云树，帆影浮图，皆可入画。或纳入窗，或望自亭台。木渎羡园之危亭敞牖，玩灵岩于咫尺；无锡寄畅园有锡山龙光寺塔，高悬檐际，皆借景之佳例。”又说，“园林兴造，高台大榭，转瞬可成；乔木参天，辄需时日。苟非旧园改葺，则屋宇苍古，绿荫掩映，皆不可立期。……陈眉公论园，亦曰‘老树难’。”以下分论天花、门窗、廊、墙的作用，于近来人们多所称道的砖雕，特持异议。“墙中亦有嵌砖刻人物而不漏明，虽刻工精细，终次雅致。又有镶琉璃竹节或花砖者，亦难免俗。”接着议粉墙与漏窗之妙说，“粉墙洁白，不特与绿荫及漆饰相辉映，且竹石投影其上，立成佳幅。光线作用，不止此也。……且往往同一漏窗，徒以日光转移，其形状竟判若两物，尤增意外趣矣。”

对明清以后的叠石名手张南垣、戈裕良，借苏州狮子林为例，论其高下说，“戈常论狮子林石洞，皆界以条石，不算名手。……戈所作洞，顶壁一气，成为穹形，然二者目的，均趋写实。若南垣之墙外奇峰，断谷数石，则专重写意。可云狮林仅得其形，戈得其骨，而张得其神矣。”

“沿革”一目，论苏杭各地名园，以为杭不及苏，其言曰：

“杭州私园别业，自清以来，数至七十。然现存者多咸同以后所构。近且杂以西式，又半为商贾所栖，多未能免俗，而无一巨制。俞曲园（樾）主持风雅数十年，惜其湖上三楹，不出凡响。苏杭并以风景名世。唯杭之园林，固远逊于苏矣。”就造园而论，此意甚是，俞楼局促孤山一隅，固不能名园，其他诸庄，亦皆无完整巨构。读张宗子《梦

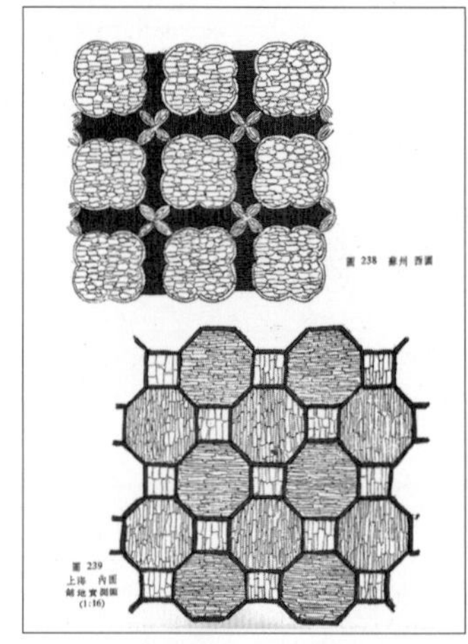

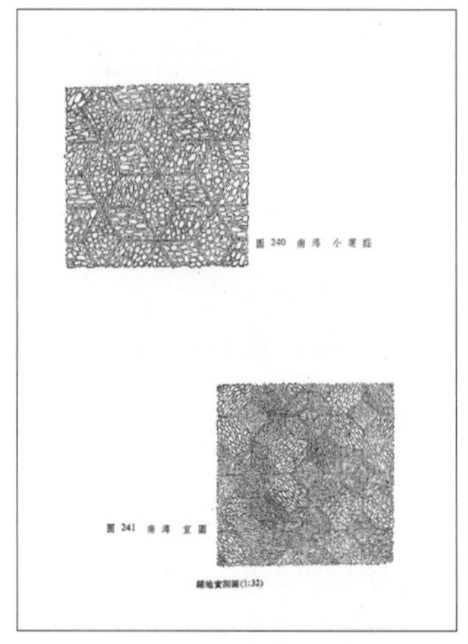

《江南园林志》内页及插图

忆》、《梦寻》，知明末湖上尚不少名园，异代之后，逐渐澌灭以尽，为可惜也。说到扬州，“则邃馆露台，苍莽灭没，长衢十里湮废荒凉。”作者文字尔雅，画出了20世纪30年代扬州情状。写景宛如《伽蓝》一记，实在是学术论文中难得的笔墨。

作者论拙政园说：

“盖咸同之际，吴中诸园，多遭兵火。今所见者，率皆重构。斯园得以幸存。数十年来，并未新修。故坠瓦颓垣，榛蒿败叶，非复昔日之盛矣。唯谈园林之苍古者，咸推拙政。今虽狐鼠穿屋，藓苔蔽路，而山池天然，丹青淡剥，反觉逸趣横生。……爱拙政园者，遂宁保其半老风姿，不期其重修翻造。”

这些话实在说得太尽情了，读了未免觉得有些笃旧，然实有至理。60年前说的这些话，实在是老建筑师提出的“整旧如旧”论，今天已经成为古建筑修复工作的共识。作者随时提出批评，如评狮子林，“惜屋宇金碧，失之工整”；论无锡太湖诸园，“除渔庄外，多掺杂西式，混以水泥，殊可惜也。”论南浔刘园，“园有西式住宅，颇为刺目”；论苏州留园，“修缮之余，未改旧观，更不可谓非林泉之幸也”。可与此相发明者，尚有“成园”一论——“为园勿急求成。‘成’者，非必朝营夕就也。山石亭池成矣，而花木仍有待。盖杨柳虽成荫，而松柏尚侏儒。且石径之苔藓未生，亭台之青素刺目，非积年累月，风剥日侵，使渐转雅驯不为功。”这与作者提出的“造园-艺术，游赏又-艺术”的道理是相通的。嘉兴的烟雨楼，其妙只在烟雨二字。“烟雨与楼台之妙，纯为诗人幻梦。……楼之有赖于烟雨者，盖南湖水狭，四望皆岸，甚少极目丘壑、汪洋无际之感。惟朦胧云物、山色有无中，始觉近于理想耳。”这就使我想起吴梅村的画“南湖春雨图”。此图所写为吴来之的故园“竹亭”，地近烟雨楼，然并不直写南湖，江山平远，烟渚依稀，林木中隐见一塔，实在因为南湖无可写，遂以此草草见意而已。

一卷《江南园林志》，不只可见作者的观点议论，为研究中国传统园林艺术开山经典著作，更能欣赏作者的美文，如读《洛阳伽蓝记》，绝非后出的说园诸作可比。作者任教于南京工学院。1983年游金陵，本拟往谒，而先生已逝，不禁怅然。先生生于1900年，卒于1983年3月28日。辽宁沈阳人。

（原载《文汇报》2000年3月17日第12版）

一部激励进取的“创作经”

——评布正伟《创作视界论——现代建筑创作平台建构的理论与实践》

黄为隽

近年来，相对于建筑创作的繁荣，建筑理论研究有些沉寂。在此境况下，布正伟先生的新著《创作视界论》跃然问世，犹如顺应“时令”所需，受到许多读者的青睐。我有幸初读，亦感受益良多。理论研究与创作实践分工、分家的现象在中国建筑界已司空见惯，行者不言，言者不行，行言兼务者只占极少的人群。个中原因除建筑师的主观因素外，对创作“短、平、快”的时限与要求，也是难让建筑师有暇静心总结、深刻思考；另外，“长官意志”和开发商素质不高的意愿双管齐下，更磨掉了创作者的个性和原创精神。“作”（品）不由衷自难言，理论探索也就自然地让位给专门从事研究工作的人去做，从而造成创作者不闻理论，而一些理论研究因不介入现实矛盾又常陷入纯理想化的说教，使闻之空泛，无助于行。对此，我一直期望能见到几本由职业建筑师从自己实践中体验、总结并升华到理论见地的著作，以裨益理论与创作间的交流，使二者和衷共济推动我国建筑创作水平的提高。没想到这一奢望竟然在《创作视界论》这本新著中得到回应，这要感谢布正伟先生的奉献，他作为整日劳顿于管理、创作与实践的职业建筑师，多年来不顾客观干扰，以执著于事业完美的追求，自强不息地拼搏在理论探索与设计创新之间，并用长期积累的学识和身体力行的经验所得，熔铸成这本集理论验证与创作升华为一体的厚重之作，体现了一个有胆识的建筑师难能可贵的奋进精神。

初读这本书，就感到了它的丰厚和吸引力。其颇具魅力和激情的启迪性与挑战性，足以激发从事创作者和入门学子的阅读兴趣，说它是一部可资创作借鉴的学术力作或学习建筑者的必读教材，都不为过。《创作视界论》以其新鲜而具有深度的立题，抓住了建筑师进行创作所应具备的基本潜能展开论述，对建筑创作所涉及的范围和有关建筑创作的见识进行了方方面面的论证，其目的在于用自己的心得奉告读者：面对浩瀚的知识海洋和日新月异的大千世界，如何学习理论、体验实践，从观察和思辨中去获得广见、卓识；又如何掌握分寸、把握时机，在高视点、宽视域为基础构筑的创作平台上，去争取事业有成的契机。老一辈建筑家曾教导我们：“做好设计必须眼高、手高”，这精辟之言其实说的也就是创作的视界问题。虽然半个世纪过去，但这句话依然言简意赅，只是时代的发展使之蕴含的内容更加深广。那么用今天的眼光看，怎样才算眼高？又怎样才能做到眼高、手高？对于这些令人迷茫的问题，书中许多透彻之解、精到之论达到了指点迷津的作用。

全书从文化视野、城市与环境视野、艺术视野和创新视野等全方位地论证了在建筑创作中认识与方法层面的诸多问题，涵盖内容之丰、观点之新，给人以开卷有益之感。其中许多引人入胜的细小命题以其生动而切中时弊，又发人深省。作者或借助在国内外考察的心情，或以自己创作实例的体验佐证，深入浅出地论证了理论导向和创新机制间互动、互进的密切关联以及偏离其一的弊端，从而找到了我国创作水平提高缓慢的症结和变革现状的对策。同时也为建筑师欲成“完作”指点了方向。

《创作视界论》里熔建筑创作的认识论与方法论于一炉，但却不像有些理论书籍越读越难懂。它具有的甚强解惑力，乃是作者严密的逻辑思维功力和词意互达的质朴语言所企及。书中既无故作深奥的生造词句，也无教师爷般的说教口吻，有的却是敞开心扉，实话直说，在如同与读者面对面的交流中，传达着深刻的创作哲理。有些他的自我反思，却因颇具思辨的逻辑，反能给人以深刻的启示。在一些关于理论的阐述，如“在修炼中跨越自我障碍”一节中，所提出的“有界也无界”、“有教也无教”、“有常也无常”、“有我也无我”、“有法也无法”、“自在也非自在”等论点，聚凝着极强的辩证关系，体现了作者甚高的理论造诣。书中引以佐证的许多佳作，无论是体验城市特质的烟台莱山机场航站楼、挖掘珠光宝气之外美韵的北京“独一居”酒家，还是与环境艺术有机结合而锦上添花的重庆两座机场航站楼，以及许多融入环境并为之增色的环境艺术作品，都以带有几分拙气的艺术魅力和深刻内涵，诠释着作者对创作认识论和方法论的理解与运用，同时也展现着他的多才多艺和不凡的艺术素养。文如其人，作（品）如其人，这本专著的可读性与作者豪爽、直言的外化性格达到了天然的谋合。如果说可读、可学是优秀理论书籍必具的品格，那么这本书应是当之无愧的。

素质是创新之本，素质也是育才之道。《创作视界论》将素质培育与职业修炼作为论证的重要篇章，对于从理论导向上纠正当今功利甚盛而素质回落的现象，尤其具有现实的意义。作者恰当的用“修炼”二字形象地概括了无论心理素质还是业务素质的提高，都需一个不断磨炼且与时俱进的艰苦过程。他反复强调心理素质对创造力的培养和发挥的决定作用，并提示：“永不满足”的进取意识是激励建筑师创新、攀高、永不言败的原动力。这不仅对职业建筑师的创作自省指明了宏观目标，也对建筑教育提出了责任的要求。作者深谙其理，也在创作中身体力行。重庆江北机场航站楼设计，就是他在“永不满足”的意识下，自谦自励，不断吸纳，不断改进的创作过程。他学习大师的气质和思想，也听取年轻学子的建议，在超越自我的兼听则明中，突破思维定式，使作品跃上了新的高度。

然而，在现实中忽视心理素质的现象并不少见。尤其是有些建筑师，一具功名就骄于自满，不再去吸纳新理论、新思想、新观点，思想日渐僵化，创作逐成套路，事业停滞不前。如此素质不高的状况，也是我国难出世界级大师的原因之一。现已漫延到建筑界的急功近利现象，更是与高素质相悖的短视行为。例如，在建筑创作领域：不重“原创”，盛“拿来”，“快餐式”作品、过眼烟云般的“时髦”建筑层出不穷。“抄袭”使自己的作品落于别人的窠臼，何能“脱俗”？又何能出新？在建筑教育中：以电脑的速成替代艰苦的思维和功力磨炼，以逸待劳地将杂志中他人的思维成果不经消化转为自己的作业；有些学校教师甚至准许让“电动”（电脑）替代手动的基本素质训练……难怪有些设计院的老总抱怨学生今不如昔！电脑本是先进的智能手段，用之不当会适得其反。在建筑设计的竞标中，经常可以看到，本具“虚拟现实”功能的电脑演示，经过职业操守低下的竞争者任意夸张，竟变成了“虚假”的建筑表现。面对如此种种世风日下的浮躁现象，重读这本书中提示：“素质预示着未来”的警句，当不可掉以轻心。回归素质教育！回归建筑创作的正确目标！应是当今建筑教育和建筑创作亟待建构的行为准则。

令人高兴的是，在本书的最后章节，作者又在操作层面上从方法论的角度提出了中国建筑师的素质应从建筑语言美做起的新观点，他在剖析中国现代建筑语言中诸如生搬、走调、孤零等“流行病”的基础上，提出应自觉规范和净化建筑语言的任务，并将本书中提示的要点引申到另一本专著《建筑语言论》展开研究。我钦佩作者锲而不舍的治学精神，也期待他的后续作品早日问世，为建筑理论研究再作新的奉献。

中国自古就懂得“学而不思则罔，思而不学则殆”的道理，今人更明白“实践–理论–实践”循环往复不断上升的真理。然而在实践与理论之间有一个体验与思辨的转化过程，而作者就是“在创作中思辨，在思辨中创作”这样独特境界中写成了这本著作，可以说“思辨”是贯穿全书的灵魂，因为思辨才能前进，思辨才能创新。值得欣慰的是他的这些深刻认知，正是始终不渝地秉承自己导师——老一代建筑家徐中教授的遗训：“做能动脑的建筑师和能动手的理论家”，并在几十年的建筑生涯中，持之以恒地在理论与创作的双轨线上行驶所获得的。书中所言也是他多年劳作的总结。

这部著作的题外成就，还体现在写作方法的别开生面。它集生动性与学术性于一体，不拘一格，殊途同归地达到说理的终极目标。虽说是作者的个性使然，但却开理论书籍多样化的先河，有助于打破理论研究重教化、轻交流的沉寂氛围，活跃了学术研究与创作实践间的沟通与对话。今天它虽是一家之言，相信当众家之言汇聚之日，也将是我国建筑理论与建筑创作的共荣之时。

入门的启示

——评彭一刚《建筑空间组合论》

齐康

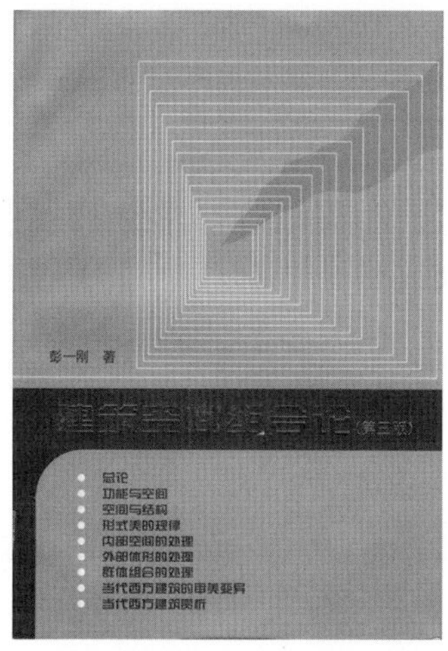

彭一刚同志所著《建筑空间组合论》一书的出版，是建筑设计工作者的一件喜事。特别是对初学建筑设计的同志，这本书将成为他们的良师益友。

编写一本建筑构图的书，确是件十分困难的事，它不仅要有建筑设计的实践经验，而且更要有相当的教学实践经验。因为建筑构图艺术水平的提高是和建筑设计者的建筑历史、建筑美学、建筑科学、工程技术、经济、艺术文化等等的广泛知识水平分不开的。建筑构图是一种关于建筑设计方法规律的研究（方法之一），也是一种关于建筑美学规律的研究，它必须综合科学技术、经济和功能，并在分析组成建筑的诸要素中，明确其主次，衡量其轻重，如若没有辩证的分析，那是不行的。可以说，《建筑空间组合论》这本书基本上做到了这一点。

在不同的历史时期，人们对建筑构图艺术的认识是不相同的。作为反映建筑实体、空间和环境组合的文献，这本书在内容的研究上可以说是达到了一个新的高度。它不是抽象地叙述一些定义、概念，描绘一些现象，而是从形式美的规律出发来探讨构图手法，不仅用通俗易懂的文字，而是用建筑的语言——图，特别是分析图来阐明建筑的空间组合，以便于初学者学习，使读者具有建筑空间形象的概念，这是十分难能可贵的。

编写这一类书，一是要有科学的逻辑思维，二是要有良好的形象思维。本书以辩证唯物主义的观点分析了形式和内容、功能结构与空间、形式美的法则，并以大量的实例来分析内外建筑空间的组合，这对初学者来说是十分有益的。

评价一本书的优与劣，需要有鉴别，最好要有自己的实践。记得20世纪50年代初期，我从事建筑设计教学，那时有的老师对我说："看设计的好坏只可意会，不可言传。"又说："尽信书不如无书。"我常为此百思而不解。20世纪60年代初，我有机会比较系统地看了些国内外有关建筑构图书，诸如，匹克林、罗伯逊、克尔蒂斯、哈木林，还有哈伯逊等人所著的构图原理。往后又较广泛地阅读了相关的书籍，其中包括清华大学建筑系编著的《建筑构图原理》，这本书在当时应当说是一本有价值的教学用书。我深感编著一本适合建筑系学生和自学建筑者阅读的构图原理该多么有意义，今天确实现了，我钦佩一刚同志的刻苦、坚毅的工作和学习精神。

评价一本书内容的多少、研究的深度，还要有历史的观点，因为它与作者所处的时代十分有关。杨廷宝老师当年所学的构图原理是 *The Principle of Architectural Composition*，作者是他的老师霍华德·罗伯逊（Howard Robertson），那是20世纪20年代初的构图书。当时建筑思潮正处于复古主义、折中主义时期，因此，书中的原理更多的是从古典建筑艺术手法中脱胎而出。所论述的构图的统一性、形和体的对比、设计中特征的表现、建筑细部的比例陪衬和尺度、平立面的关系、功能的表现，大多只分析建筑实体的外形构图和古典学院派平面的组合。哈木林的构图原理是50年代的著作。他是从建筑美学、统一、均衡、比例、尺度、韵律、序列设计、规则与不规则的序列设计、性格、风格和群体规划设计等方面来论述的，应当说他对建筑构图的分析是跨前了一步，他探求了建筑空间的特征，人的活动对建筑的影响，空间和实体在建筑表现上给人的感受，以及从时间的观念作出对建筑序列设计的分析。但这本书的内容和方法上相当部分仍沿袭了传统的古典建筑样式中形式美的分析方法和观念。而《建筑空间组合论》一书比之以前的书是进了一步，作者大体上以内外空间为主体运用了一般建筑艺术规律来分析，提出了自己的见解，有着它自己独到的设想。我想当然也会有不同的意见，但是这可以相互磋商，从而有利于学术探讨。

20世纪20年代出现了现代建筑，它的实践和理论影响波及整个世界。环境科学、现代科学技术、新的建筑技术和建筑材料、视听系统、计算机、太阳能等等得到了运用，它们已更多地参与到室内空间设计中来，并不断地用来适应人们的生活、生理和生态上的要求。人们对审美、建筑构图的要求在理论上实践上都起了很大的变化。这些总地反映了上层建筑和经济基础的变化和变革。

我国社会主义新建筑的发展还只是开始或者说还处于比较低级的阶段，许多新建筑理论及其适用还将有个实践和探索的阶段。新建筑的实践和理论必将产生新的建筑空间组合。我们在发展自己的建筑文化的过程中必将出现一个吸取、结合、创新的过程，它如何反映到构图著作中将是个研究课题，对于这一点我们不宜苛求。

我盼望这个领域的研究会有所扩大和延伸，热切希望一刚同志会有更多的新著。

（原载《建筑师》21期）

评单霁翔 《从"功能城市"走向"文化城市"》

郭桂香

城市，是人类文明发展到一定程度的产物，是文明物化的载体。城市的发展标志着文明的发展程度。文化则是城市的内涵与形象，没有自身特色文化的城市，是缺乏灵魂、缺乏魅力的城市。城市和文化，宛如一个人和他的精神。

近年来，城市化、全球化在带来经济发展、文化繁荣和生活改善的同时，也给当代人带来巨大的挑战。经济发达国家和地区正千方百计将他们的价值观念和生活方式渗透给较落后的发展中国家，致使人们的价值取向、审美情趣都在悄然变化。城市发展正面临着传统消失、面貌趋同、形象低俗、环境恶化等问题，建设性破坏和破坏性建设时不时见诸媒体。前不久，就有多家媒体批判183家地市级城市提出建设"国际化大都市"设想是头脑发热，纯属胡闹。这充分暴露了一些地方政府在城市建设中不尊重城市自身发展规律、不尊重城市规划、不尊重城市自身文化、贪大求洋的心理。事实上，在全国109座历史文化名城中，有相当多的城市存在不同程度的建设性破坏。我们的城市应该是一个什么样子，我们的城市应该怎样建设、怎样发展，文化与城市是一个怎样的关系呢？……在这样一个复杂的转型期过程中，城市如何发展是一个值得关注的课题。单霁翔先生在2007年第二个中国文化遗产日前夕出版的《从"功能城市"走向"文化城市"》一书，用通俗的语言回答了我们所迫切需要廓清的一系列理论问题。

作者身为规划师、建筑师，主管国家文物保护工作多年。他结合实地调研和管理实践，在城市发展和文化遗产保护研究方面建树颇丰。《从"功能城市"走向"文化城市"》是继《城市文化发展与文化遗产保护》之后又一本关于城市发展与文化遗产保护的力作。全书共八章，图文并茂，以文为主，旁征博引，视域开阔，从对城市、文化、城市文化的重新诠释到城市建设由功能城市到文化城市的必然走向作了鞭辟入里的剖析。

谁都知道，城市要发展、要建设，这是时代发展的需要。各地政府希望通过城市建设拉动经济增长，提高城市形象；一些政府领导希望为官一任，造福一方，政绩显赫。这都是无可厚非的。关键的是，如何发展城市建设，如何出政绩。《从"功能城市"走向"文化城市"》开篇开宗明义，从城市化加速进程的文化问题、文化遗产保护转型过程中的城市文化问题、新一轮城市总体规划修编中的城市文化问题等三个方面分析了新时期城市文化面临的形势以及当前开展城市文化研究的意义，认为，"一个有远见的城市决策者，不仅应该具有文化资源决定城市发展的思路，而且应该站在城市发展的角度重视文化规划的制定和推广，以文化资源决定城市发展的思路，以文化特色作为城市价值的所在”。

该书花较多篇幅阐述了文化在城市建设中的作用，城市文化的构成要素，城市文化遗产与文化城市的建设。城市是一个复杂体系，而文化则是其中的核心资源，是城市的内核，城市的灵魂。文化凝聚着城市发展的动力要素，是城市生存的基础和进化的动力；外化为城市布局、建筑形制、俚间生活习俗的城市个性文化，是一座城市区别于其他城市的特征，它决定了城市的精神，城市的形象。这种通过各种有形的物质形态载体和非物质的意识形态载体将城市文化一代一代传承下来，形成的城市文化保存了城市的记忆，明确了城市的定位，也决定着城市的品质，展示着城市的风貌，塑造着城市精神，并支撑和决定着城市的发展。

“在历史与现代、继承与发展的交叉路口，文化遗产是个充满魅力而又令人感到沉重的话题。”作者并没有因此话题的沉重而无奈、消沉，而是以文化战略的眼光进行审视，从全局的、宏观的、战略的和发展的角度，对在城市建设中文化遗产本体屡遭损毁与亵渎，盲目开发建设，割断历史文脉，拆真文物造假古董，以保护利用为名而造成的“保护性破坏”，以单体保护取代整体环境保护，不合理定位改变历史街区环境等文化遗产保护遇到的种种问题予以思考。这是一些城市决策者、城市规划者在改善居民生活质量、改善交通、提高城市知名度等各种响亮的、看似冠冕堂皇的理由下急功近利思想的行为结果，是没有认真研究城市特色，或者无视城市特色、不尊重城市发展规律的结果。这样的事例，是时有发生。今年5月，一个城市无视《文物保护法》，以支持北京迎奥运为名将反映该城市金融发展的一座全国重点文物保护单位予以拆毁。有学者提出，在全球化趋势下，中国社会发展要和而不同。也就是说在融入世界和谐发展的同时，要保持本民族、本区域、本城市自身的特色。所谓只有民族的才是世界的，也是这个道理。这个特色不是在经济方面，恰恰就表现在文化方面。令人痛心的是，在城市建设中，一些决策者往往将能够见证城市生命特征、延续城

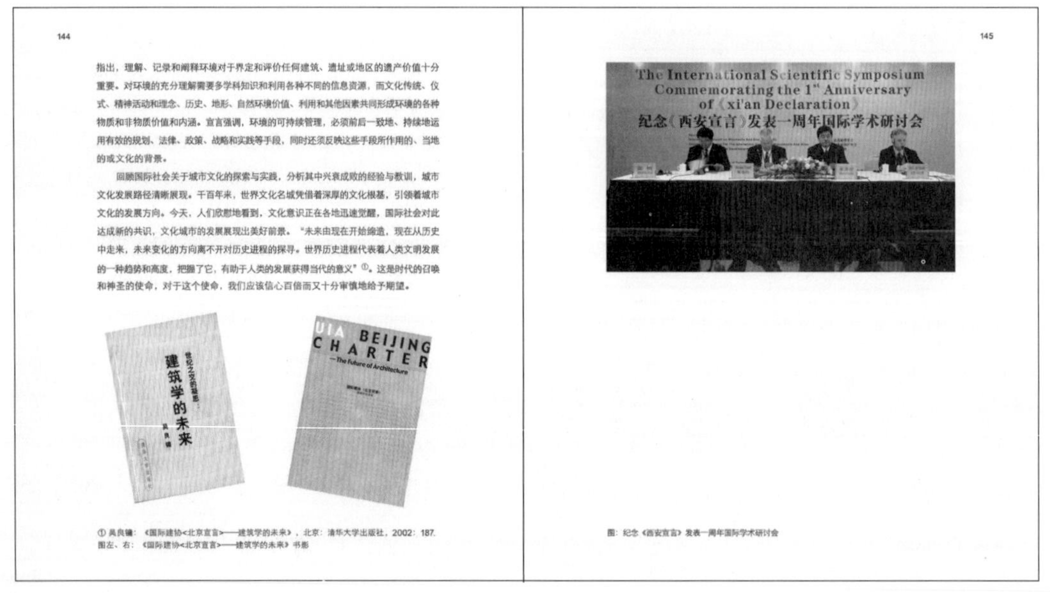
144

指出，理解、记录和阐释环境对于界定和评价任何建筑、遗址或地区的遗产价值十分重要。对环境的充分理解需要多学科知识和利用各种不同的信息资源，而文化传统、仪式、精神活动和理念、历史、地形、自然环境价值、利用和其他因素共同形成环境的各种物质和非物质价值和内涵。宣言强调，环境的可持续管理，必须前后一致地、持续地运用有效的规划、法律、政策、战略和实践等手段，同时还须反映这些手段所作用的、当地的或文化的背景。

回顾国际社会关于城市文化的探索与实践，分析其中兴衰成败的经验与教训，城市文化发展路径清晰展现。千百年来，世界文化名城凭借着深厚的文化根基，引领着城市文化的发展方向。今天，人们欣慰地看到，文化意识正在各地迅速觉醒，国际社会对此达成新的共识，文化城市的发展展现出美好前景。“未来由现在开始缔造，现在从历史中走来，未来变化的方向离不开对历史进程的探寻。世界历史进程代表着人类文明发展的一种趋势和高度，把握了它，有助于人类的发展获得当代的意义”①。这是时代的召唤和神圣的使命，对于这个使命，我们应该信心百倍而又十分审慎地给予期望。

① 吴良镛：《国际建协<北京宣言>——建筑学的未来》，北京：清华大学出版社，2002：187.
图左、右：《国际建协<北京宣言>——建筑学的未来》书影

145

图：纪念《西安宣言》发表一周年国际学术研讨会

《从“功能城市”走向“文化城市”》内页

市文化、显示城市独特魅力、促进城市健康发展的文化遗产视为城市发展的最大障碍，必除之而后快。

保护文化遗产的目的不仅仅是保存历史遗迹以满足人们对昔日文化的怀念、追溯过去苍老的故事；不仅仅是满足怀旧的心情，更是从物质和精神上沟通过去、现在与未来，使我们今天和今后的生活永远蕴涵传统文化张扬的不朽魅力，使我们的城市永葆青春的活力，不因为“千城一面”而那么苍白。“文化遗产滋养着现代科学、教育和文化，是民族自尊和获得国际尊严的力量源泉。”“城市决策者应使文化遗产成为城市发展的积极力量，使城市建设从单纯的房屋排列、市政设施建设转向一种高层次的文化活动。”

城市的功能是随着时代的发展而变化的，最先出现时最重要的功能就是为了抵御外敌，巩固统治阶级的统治。发展到现在，城市已经是人民安居乐业的场所，其功能表现出满足社会和人民生活需求的多方面：文脉功能、社会功能、精神功能、环境功能、使用功能和经济功能。一座城市不能缺少物质、经济方面的功能，但如果仅仅停留在简单的物质、经济功能方面，则是一个缺乏生气、缺乏发展动力的城市。文化软实力是经济社会持续健康和谐发展的支撑，是城市繁荣的重要标志。

城市的气质来自历史与文化的积累，城市的魅力体现于不同时代建筑的有机结合。城市的健康发展必然走向文化城市的高度，是一个人们心向往之的宁静、舒适、安全、和谐、具有独特文化的宜居城市。这是我读此著的最大感受。

关于《中山纪念建筑》致建筑文化考察组谢函

黄建武

尊敬的金磊主编，殷力欣执行主编，周学鹰教授：

蒙折简相召，盛情接待，有幸参加《中山纪念建筑》首发仪式盛典，眷顾攸加，渥厚逾恒，深受教益，无以言宣。返港后杂务冗忙，迟谢为歉。

作为一个其家族同中山纪念建筑有深厚历史渊源而又是椎鲁无文的门外汉，我以惊喜和兴奋的心情拜读本图文并茂、史论同举的鸿篇巨制。其基本史料翔实珍贵，研究深邃细致，论点精辟不群，结论公允实际；意到笔随，印刷精美，设计不拘一格，为迄今同一论题研究著作中仅见，本书编著出版可谓意义重大。

功力深厚的史人和编著者之辛勤劳作，把几十年来由于种种原因而为人有意无意疏漏和埋没之吉光片羽的史料发掘出来，经过搜集，整理，编纂，研究，使之真实系统地重现眼前，令世人可以分享这部分宝贵的精神财富，继承这份珍贵的文化遗产。她对两大中山纪念建筑及其特点和在中国近现代建筑史上划时代意义的阐述和对它的设计者大建筑师吕彦直先生及其建筑哲学和设计思想实践的研究，给我们以利用世界先进建筑观念和技术，材料结合我国固有优秀文化来探讨自己的发展方向道路提供了启示，具有强烈的时代现实性。窃忖此书付梓，将会口碑载道，产生巨大反响，对学界就此领域的研究和祖国珍贵文化遗产的探索和保护，影响也将会深远。

感谢编著者对先严檀甫公和家族数十年来历尽磨难，想方设法保存下来的资料文物进行整理研究，使之重见天日，去芜存菁，成为研究吕彦直建筑哲学和我国近现代建筑史的重要史料。而檀甫公本人，这位曾协助志同道合的挚友组织两大中山纪念建筑工程，并完成其未竟事业但在建筑史上鲜为人知的过客，亦承奖饰，被赋以历史地位，得到很高评价。作为后人，欣慰之余，感愧无任，谨此再谢。

先严晚年，舍弟妹曾随侍在侧，晨昏定省，遗下资料文物之保存与整理，也端赖他们努力，对先父思想及资料内容来源，知之甚详。今后如数据进一步交换，史料订正核实乃至合作承诺等项，请径与舍弟建德商洽。如有驱策，亦请不吝赐闻，以效绵力。

单霁翔局长、陆冰副市长、王鹏善局长等领导关怀、支持，便中请代为致谢。张宇副院长、杨永生编审，《建筑创作》诸位先进处，亦请代为致敬。

即颂

道安！

推荐保障校园安全的一本书

——《保证学校在地震中的安全》读后的启示

金磊

2008年四川“5·12”汶川8级大震虽已过去200多天，但每每忆起其中最揪心的还是那8 000余座校园的坍塌，以及数以万计中小学生为之付出的鲜活的生命。2008年7月当黄汇总建筑师与我谈及建设部正委托天津市建筑设计院及北京市建筑设计研究院要修编迄今已沿用了21年之久的《中小学建筑设计规范》时，我当即表示愿参加其中的工作，因为这不仅仅要加强中小学建筑设计中的安全减灾观念，更重要的是要以可持续发展的目光及行动去关注中小学校园的安全建设。11月4日，《建筑创作》杂志社在京主办以“教育建筑空间防灾避难功能思考”为题的“建筑师茶座”，召开京津两地参与中小学建筑设计规范修编的建筑师、工程师，大家议论最多的是如何找到国外先进规范及设计个案，为中国的校园安全设计提供示范。正基于此，我将新近读到的《保证学校在地震中的安全》（联合国经合组织编，中国发展研究基金会译，中国发展出版社，2008年7月第一版）一书做些点评，特别希望向读者，尤其是四川灾区建设者提供，以期能对灾后重建有直接意义。

《保证学校在地震中的安全》一书是在2004年2月，经合组织“学校建筑项目”和地质灾害国际组织专门召开了一个国际会议，邀请来自五大洲14个国家的知名专家组成特别专家组，讨论学校在地震中的安危问题。该书是众多专家集体成果的反映，其成果摘要强调：要确认改善地震中学校安全的重要性、要特别认清改善学校地震安全的障碍、专家组明确了若干学校地震中应注意的安全原则、要评估学校与教育系统的地震易损性和风险、要识别改善学校地震安全状况的策略及程序，同时给出了欧盟六个地震风险较高国家（奥地利、法国、希腊、意大利、葡萄牙、西班牙）对校园实施安全加固时需要的成本。

《保证学校在地震中的安全》一书可贵之处是，它从具体的案例入手，逐一展开对防震安全性的认知，共先后分析了九个国家校园的抗震脆弱性，如阿尔及利亚布米尔达斯于2003年5月21日晚7∶44发生里氏6.8级浅表地震，受灾人口230万，死亡2 289人，10万人无家可归，1 800所学校的564所受到严重破坏。幸运的是，由于地震都发生在放学后，在校死亡的学生不多，但它启示人们的是必须强化校园建筑的质量控制；1989年美国加利福尼亚发生洛马——普列塔地震后，伯克利市的社区就努力强调要降低学校的地震风险。该社区成功通过了1.58亿美元债券的动议后，政府依次在1992年、1996年及2000年将减灾税提交表决。在2002年莫利塞中等震级地震中，意大利圣朱利亚洛的某小学倒塌，造成1名教师及27名学生死亡，为此意大利地震规范作出规定，校舍设计应保证校舍的抗震性能比普通建筑（如公寓）高出20%，同时要求必须通过迅速而可靠的易损性评估来确定最脆弱的建筑。1997年7月9日下午3时24分，委内瑞拉东北部发生地震，两幢校舍倒塌，造成74人死亡，522人伤。委内瑞拉全国从学前班到中学共有28 119所教育机构，大约有70%的学校，即19 516所位于"高度"到"强高度"地震灾害区划之中，政府的对措指向是提高这些学校的标准抗风险指标；前南斯拉夫马其顿共和国开展有效的减灾工作及危机处理的经验。该书强调欧洲与地中海重大危害协定（MHA）成员国全部位于灾难多发区，学校和医院经常受到灾害的破坏，所以危机管理必须遵循五大步骤，即：了解当前面临的风险，估计风险的可接受性，对可供选择的减小风险的方法进行评估，选取最适宜的方法等；尽管新西兰以"颤抖的岛屿"著称，但自1840年建立主要定居点以来，它只经历过1931年发生在霍克湾的7.8级地震。由于新西兰的学校都已根据现代标准改善了结构，因此对其破坏性只能靠合理的假证，它涉及如何评估高损失、设计标准、学校安全的保障措施等。

值得注意的是，该书还详尽给出几十个国家或城市学校防震减灾计划及对策，并特别介绍了联合国经合组织对于学校地震安全指导方针的建议。其一，明确了指导原则，它具体包括：要根据地震风险等级制定清晰而可衡量的目标；确定各国及不同地区的地震危险水平，制定相应的建筑规范和标准并将其付诸实施；校舍设计施工的安全目标是，发生地震或地表破裂或发生次生灾害时，校舍不会出现倒塌及危及人类生命的状况；新建校园的安全是首位的；学校安全是长期事业，切不可只作为权宜性短期行为；尤其要采取多灾种的思路来解决学校安全问题等；其二，学校有效的抗震安全计划要点：要提供依据可持续性标准的学校抗震安全各类政策；从校园安全问责制出发，宜让所有计划、设计、监督和执行过程透明化；创造建筑规范的可靠执行机制；有效的全国性计划应要求教育部门和学校采取行动来降低学校的地震风险；能否真正地改善学校抗震安全性，完全取决于社会公众的理解和参与度；特别提醒，由于校舍的加固是许多国家的责任所在，所以要求负责任的官员必须投入力量去关注那些在各方面（不仅仅指地震）都处于高风险状态的校舍，从而实现保护下一代生命的目标。以上是我对这部仅22万字译作的点评和推荐意见，权希望引发建筑师、规划师等业内外人士的阅读的共识。

《中国古代建筑文献精选》序言

路秉杰

1986年前后，同济大学建筑与城市规划学院建筑历史与理论专业硕士、博士研究生导师陈从周教授，鉴于研究生古代汉语能力明显不足，甚至连普通的繁体字都不识，严重制约了中国建筑历史与理论研究的开展与深入，因此建议设置《古代汉语》课，特聘海宁蒋启霆（字雨田）老先生授课，我负责具体依据考查研究需要选择合适的文章和组织上课。每周两学时，共计32学时，计2学分。

在教学过程中逐步体会到我们所需要的并不仅是古代汉语，而是“古代汉文”。古代汉文实在太多了，汗牛充栋，时间有限，我只能选一些与建筑有关而又简单的文章。因此直到1996年我将十余年来的讲课成果集结成文时，正标题还是用的：“古代汉语”，副标题才是“中国古代建筑文选”。2000年以后，才正式改成《中国古代建筑文献》。

因为博士研究生入学考试的专业课原来与硕士生的专业课都是三门：建筑历史（含中外）、建筑设计、建筑文献，现在国家规定只准考两门，三门课中的中外建筑史是必考的，因此只能在古代汉语与建筑设计中选一门作为第二门考试科目。经过再三考虑和比较，最后我们保留了古代汉语即中国建筑文献课。因为考建筑历史与理论专业的几乎全是建筑学专业的，对建筑的认识和理解以及实际设计能力已达到了一定水平，而所缺少的正是中国文化的兴趣与素养、语言文字的识别和理解能力。而要培养出优秀的中国古建筑研究家来，必须从根本上提高他们中国文化的素质和修养，才有可能达到目的。最后，我们选择了古代汉语，也正式改称“中国古代建筑文献”课。

1986年集结成文的教材，共计87篇。文章顺序由近及远，这是考虑到难易问题，最后涉及青铜器、金石铭文，但也不是我们全部教学过的。还考虑到有关中国建筑的文献散布零落且流布极广，极不易搜寻。易得易寻的，我们就少选或不选了。尽量选一些对我们很有意义又不太易搜寻得到的，以减少同学们的搜寻之苦。有些选文直接和建筑相关，有些则间接相关，有些则纯粹是思想方法和理论指导性的。

到最后，我们仍是感到不够满足，后来又逐渐发现了许多很精彩的篇章，如南宋董楷《受福亭记》，可以说是上海有建制以来关于市镇记载的第一篇；杜佑《通典·食货志：黄帝经土设井》段，完全是一篇小区规划理论……于是我又补充了约18篇。这些文章有的有注解，有的无注解，文字极端不规范、不统一。要想将之全部加以注解，非一两人短期内所能胜任，因此长期以来仅是维持教学而已。我曾先后邀请几位专门研究古文、古文献专家协助进行注释，结果也都没有完成。

幸而近年得识程国政同志，武汉大学古文献整理与研究专业1987届研究生毕业，从周大璞、李格非、宗福邦等师受业，受过较为严格的古文献整理、研究方法之训练。来同济大学，闻古建筑文献读本阙如之情形，立下宏愿，广搜典籍，汇文成册，矢志补建筑历史与理论专业长期无正式入门教材之憾。寒暑数易，腋终成裘。老朽闻之，不胜欣慰！

书虽以拙稿目录为基础，但增文仍多，五代以前即达150篇。选文大多允称精当，且多有发现，业内人士不知或少知的文献多有载录。置诸各篇正文眉前之提要，简明扼要，切中肯綮，颇便初学者领会。注释文字，规范简明，较为适合建筑历史与理论专业及其他相关专业研究生或有兴趣于此道诸君子之需要。

此书有幸面世，对中国建筑文化研究之作用，甚有益补。吾虽老眼昏花，犹朦胧望见矣！

靠特色取胜
——评张钦楠著《特色取胜》

王国梁

2005年10月，钦楠先生将他刚刚出版的新著《特色取胜——建筑理论的探讨》邮赠与我。拆开包装纸，读了书中的前言、目录和后记后，立即被简朴的文字及精辟论述所吸引，我放下手头繁忙的工作，一气读完了这本近17万字的专著。随即，我将这本专著推荐给我的几位在读博士生和硕士生，还介绍给许多朋友。凡拜读过这本书的人，异口同声地说好。可见，世间一切事和人的评判标准：好坏自有公论，是千真万确的。

张钦楠先生

于是，写一篇书评的冲动油然而生。又是丢下手头繁忙的工作，奋笔疾书，一气呵成。写书评的目的是将钦楠先生的这部力作推介给更多的人。理论的缺失，将导致创作的苍白，已逐渐成为人们的共识。如果中国建筑师普遍有了如饥似渴地学习理论的欲望和劲头，持之以恒，中国建筑的明天将会更加辉煌。

一

《特色取胜——建筑理论的探讨》这本专著究竟好在哪里？

1. 好在一言矢的地阐明了“我们输在哪里”，输在建筑理论的贫乏和建筑实践的盲目。钦楠先生毫不隐瞒自己的观点，坦诚赞成“差距论”，并指出了我们与外国建筑师所存在差距的原因和克服差距的方略。更有意义的是钦楠先生强调了理论建设呼唤“群体的活动”，而不“只依赖于一两名杰出人物”。笔者赞同这一观点，其实理论建设和实践创作都需要群体的活动。建筑本是千百万人的事业，仅就建筑设计而言，也不囿于“一两名杰出人物”。建筑设计的主创人员，可能是一两名建筑师，但完成一项建筑设计任务必须借团体的通力合作，这是常识。不少建筑设计方案出自有才华的青年建筑师之手，但账却记在了总建筑师或是主任建筑师头上，这本不公平。从这个层面上讲，我国现行的评定“勘察设计大师”的制度是否值得商榷？

2. 好在廓清了建筑理论的普适性与地域性、民族性的关系。钦楠先生撷取了相当多的建筑精品和建筑名著来解析建筑理论的普适性，同样又撷取了令人信服的建筑实例去诠释建筑理论的地域性、民族性，同时又梳理出两者的互相包容关系。俗话说“越是民族的，就越是国际的”，在此得到了再次验证。一句话，好的建筑理论和好的建筑实例都“是以‘可持续发展’为前提的”。中国没有理由再搞“建设性破坏”和“破坏性建设”了，我们不能愧对子孙后代。

3. 好在明确地指出了建筑的特色从何而来。钦楠先生将建筑的民族性和地域性特色的来源归结为“对本国、本地建设资源的最佳利用”，而建设资源是广义的学术概念（包括了自然的和人文的），并辅以三个典型实例佐证。这样的论断，从根本上颠覆了长期以来人们惯用的建筑评价标准。换言之，建筑的评价标准应由建筑本体论价值取向转为建筑本体论价值取向与生态价值取向相结合。因此，这一论断具有可持续发展的理论意义。一旦确立了这一论断，建筑批评就有了明确的方向，其他问题都会迎刃而解，诸如表述“建筑不等同于装置艺术”这样的观点，就更毋庸再费口舌了。

4. 好在从时间和空间两个维度暗示了中国最宝贵的传统：用贫物质资源建造高文明。钦楠先生以全新的视野去解读中国的历史、文化和资源条件，为中国特色的建筑理论体系建设作了铺垫。小学的教科书就告诉我们，祖国地大物博，资源丰富；然而用庞大的人口数目作分母，分数值就非常小了，使得“我们资源条件由富转贫，生存环境变得十分脆弱”。由于“建立了多民族的大一统国家”和“中国人善于以丰富的文化资源来弥补物质资源的匮乏”，所以“我们的祖先长期在贫（物质）资源的条件下创造了丰富的文明和文化”，结论可谓水到渠成，顺理成章，令人信服。在当下语境中，继承中国最宝贵的传统，我们责无旁贷。

5. 好在详尽地阐述了中国特色建筑理论体系建设的方方面面，这是全书的重点，篇幅也最大，书中列为第四章。这一章的文字表述达到了“三通”境界：中外通、古今通、义理通；表述的内容十分广泛：哲学观念，城市特色，环境观，建筑心理学和行为学，语言学与构筑学特征，意境美学，性能和效益，建筑师执业等。这一章成为建筑理论探索的核心内容，相信不同阅历的读者，会有不同的读后感，见仁见智。

6. 好在篇末点题。在本书的第五章（最后一章），钦楠先生提出了“中国特色建筑理论体系构架的初步设想”，作为建筑理论探讨的一个阶段性成果；又以“后记”的形式，概括了该书的九个主要观点，第九个观点回到了书名《特色取胜》，使该书画上了一个圆满的句号。

二

中国实在是建设得太快了，快得令中国建筑师们始料未及。红红火火的建筑设计市场，给当代中国建筑师尤其是中青年建筑师提供了前所未有的大量的设计实践机会，他们遇上了好时代。这使老一辈建筑师羡慕，更令外国建筑师惊羡。随着我国加入WTO，外国建筑师打了进来；于是，便发生了“若干年来，在我国举行的一些大型建筑项目的设计招标中，外国建筑师的方案频频取胜”的情况；针对这种状况，又有了各式各样议论，“差距”论就是其中之一；于是，建筑界的有识之士开始究其原因，初步探究得出的结论是中国的建筑理论建设大大滞后于建筑实践创作；于是，中国建筑学会的张钦楠、张祖刚两位先生，以高度的社会责任感和历史责任感牵头组织开展了“中国特色的建筑理论框架研究”。此项研究参加人员有顾孟潮、王贵祥、汤羽扬、业祖润、李先逵、邹德侬，王国梁、张在元等，还有香港的钟华楠先生，这些专家都是课题组的创始人。

该课题组于2000年11月3日在北京召开了座谈会，大家交换了看法，确定了开展研究的初步计划。2001年5月10日在北京召开了“中国特色的建筑理论框架研究”第一次会议，与会者一致认为：建设中国特色的建筑理论体系，切中时弊，十分必要，十分紧迫；作为建筑理论体系建设的第一步，应该建立建筑理论体系的框架；这一框架理应是开放型的，具有广泛的包容性，旨在吸纳更多的人予以关注和参与，也是可持续发展的，需要与时俱进地修正框架，不断充实和丰富其内容，使之成为广大建筑师和学者的共同事业，从而促使中国特色的建筑理论建设渐臻体系。

2001年8月起，《建筑学报》增设了“建筑理论”专栏，陆续刊出大家的研究专题论文。

2002年5月20日在杭州召开了“中国特色的建筑理论框架研究”第二次会议，会议由中国美术学院设计学部承办。课题组增添了不少新成员。

在此基础上，《中国特色的建筑理论文库》正在编写付梓中，钦楠先生的专著《特色取胜——建筑理论的探讨》率先于2005年9月正式出版。自张钦楠、张祖刚两位先生发起至今的短短五年间，中国特色的建筑理论研究，已经结出了硕果，并得到了广大建筑师和高校建筑学专业师生的积极响应和认同。这对提高我国的建筑创作水平、加强建筑理论建设、改革建筑职业体制、促进城市建设的可持续发展，无疑可以起到积极的推进作用，为中国建筑的明天作出了应有的贡献。

三

年逾古稀的钦楠先生出版了专著《特色取胜——建筑理论的探讨》，仅此就令晚辈的我十分钦佩，更值得广大中青年建筑师效仿。凡接触过钦楠先生的人，都有一个共同的感受：先生思想敏锐、知识渊博、阅历丰富，见解独到、分析精辟，善于从人们司空见惯或习以为常的现象中捕捉到本质，并常常在不经意中闪烁出睿智，秀外慧中而不张扬。先生的专著，不像七旬老人所写，倒使读者可触摸到先生永远年轻的脉搏。专著的文风清新，深入浅出，旁征博引，图文并茂，雅俗共赏；专著又似一本教科书，教科书是神圣的，先生回答了建筑创作实践和建筑理论研究的众多问题，又留下了许多空间，让读者去遐想、去回应。在遭遇西方强势文化的今日中国，专著是积极向上的、鼓舞人心的，钦楠先生实实在在地带了头，推动了中国特色的建筑理论研究。

为使专著再版时更优秀，笔者斗胆进言二则。一是，第四章第八节“中国的建筑实践方式”，花了近30页的篇幅（全书约200页），详尽地论述了中外建筑师的实践史比较以及建筑师职业的建立和规范化。如果能适当压缩篇幅，而将本节的最后一段话，即“……中国的建筑师的职业环境主要还不在于此，而是要回到维特鲁威的要求，才能真正承担起我们的历史使命”，作适当的展开，相信专著会更精彩。鉴于时弊，读者很想仔细聆听先生的一席话，如今显然已经隐去。亦许因“隔代修史”，钦楠先生不便说，权当苛求吧！二是，书中多次出现“现代文脉”一词，建议改用“当下语境”，似更为妥帖。诚然，二则建议，仅供先生参考。

怀着激动又虔诚的心情，拜读了钦楠先生的新力作，感慨系之。具有讽刺意味的是残酷的现实：当今中国的建筑量如此巨大，但还未涌现出足以影响世界建筑潮流的精品，还未脱颖而出被全世界所公认的建筑大师。今日之努力，都是为了中国建筑之明天。无论建筑理论探讨还是建筑创作实践，均要靠特色取胜，钦楠先生已经为我们指点了迷津、指明了方向，并留下了信史。横看、竖看，钦楠先生这部专著的写作风格，很像建筑界前辈童寯先生于1979年写就的《近百年西方建筑史》。众所周知，童寯先生人品高洁，治学严谨，勤于笔耕，真正的大师，深受学界晚辈敬仰。

建筑国学的建构

——评张良皋的《匠学七说》

陈纲伦

"匠，有学。"

持是论，且为之著书立说者，张良皋古今天下第一人也。

或曰，有知张先生之名，而不知张先生之事；不可。读其书当知其人。已故清华大学周卜颐先生1982年从北京南下武汉创办华中工学院建筑系，首批邀请到的教授是其昔日南京中央大学校友。其中有47届师弟同班三人：黄兰谷、童鹤龄、张良皋。张，稍长，生年1923，奉夫子圣训，"十而有五志于学"，学在荆楚；未卜命运多舛，身不由己，历经内战、"反右"、"文革"数重浩劫。之后，张先生长舒一口气，终于熬到了和平生活、自由学术的出头天日；不觉已届花甲（按中国民俗农历虚岁），真应了一句今人新解："六十而立"。看官，迄今2004，二十又二年的潜心学问，以《匠学七说》集大成，全都是在从60岁至80岁的高老龄阶段完成！仅此一点，足令人不能不读"匠学"，不能不刮目相看《七说》。

一

予观之，《匠学七说》堪称建构我中华建筑国学的开山之作。其特点、其成就，笔者自惭功力不逮，仅能略识大概。

1. 树立了建筑国学研究的新里程碑

先治史、后治学——为学常规，中外皆然。

对于中国的古代建筑历史的系统研究，始于1929年成立的"中国营造学社"，由梁、刘发其端，二公传人踵其事。经几十年风雨，积几代人奋力，以我之见，今已大功告成；中国建筑工业出版社近年陆续出版的潘谷西、郭黛姮等分卷主编多卷本《中国古代建筑史》和于倬云、陆元鼎等分集主编全集本《中国美术分类全集·中国建筑艺术全集》，应当视为标志。在治史领域以内，把史学研究从史料（查寻、考证、耙梳、辑录）推向史论（批注、评价、比较、议论），捷足先登者，南有李允鉌（《华夏意匠》，香港镜像出版社），北有侯幼彬（《中国建筑美学》，黑龙江科学技术出版社）。

而在治学领域以内，综观 p-媒体与 e-媒体发布的研究成果，称得上填补空白、创发新见的，首推建工版"建筑意匠与历史中国书系"之《匠学七说》。古人既无出其上，今人亦无出其右。《匠学七说》并不排除史料考据，相反，题中每每左右逢源；《匠学七说》也不排除史论推理，相反，题中常常纵横捭阖。与上述各位学术大家不同，张良皋先生虽耳目于史，然心意在学，从而必有所破，必有所立。

中国古代社会实行"家天下"的宗法制度，又独尊儒学正统的史官文化。因此中国古代的知识系统犹如中国古人的宇宙观，讲究的是天人合一，浑然一体，没有产生西方式的学科分化。由于近现代欧美国家机器大工业与市场大商业，以及当代电子计算机等高新技术的领先，西学取得了主宰人类文化叙事的话语权。纵使我们中国人是回首中国自己建筑的历史，也必得采取西人的方法，使用西学的系统。于是多数人认为，中国古代建筑有科无学、有匠无学。张先生立论之难，可见一斑。

与上述各位学术大家一样，张良皋先生也曾有幸聆听梁、刘二公解学，得其亲传。张先生《匠学七说》既是中国古代建筑国学研究的天然延续，又是中国古代建筑国学研究的必然转折——伊在中国建筑学研究辉煌征程途中树立起一块新的里程碑。

2. 建构了建筑国学的基本学术框架

国学、国学，中国之学（尤指中国古代之学）。近现代学界，于中国哲学、中国史学、中国文学、中国医学、中国美学……无不拥有大量研究队伍、大量研究成果，以完全独立的形态跻身于世界学术之林。建筑的情况怎样呢？我们有建筑物，我们有建筑术，我们有建筑史，我们有中国建筑学吗？

单以建筑而论，所谓西人的方法，学科研究须按西学门类：建筑策划、建筑设计、城市设计、城市规划；所谓西学的系统，成果表述应用西人概念：功能、空间、环境、造型、构造、结构、物理、设备……如此说来，与外人道者，中国建筑何学之有。不是别个，恰恰是张良皋先生《匠学七说》让世人看到，一旦返身中学为体，这一切就都有了。

建筑国学的主体论：班、垂、匠、工——西学今称建筑师。“班垂”之早，不让古埃及Imhotep；“班垂”之能，岂逊文艺复兴Michelangelo（第189~236页：六说）？其雄厚的社会基础是广大而普通的居者，他们因地制宜、随机应变，发明了坑院、楼居（第33~68页：二说）。

建筑国学的本体论：国、都、京、城——西学今称国土、城市；祖、社、朝、市——西学今称建筑组群；院、庭、堂、室——西学今称建筑空间；明堂辟雍、合院干栏——西学今称建筑型制；脊兽门钉、斗栱、圭臬——西学今称建筑符号。在中国，无论相土尝水而选址，还是兴城迁都以营国，城市早已成为政治、经济、文化合一的聚落实体（第136~188页：五说）。这一点西方人或许能够理解。但西方人不可思议，在中国，无论城市、乡村，还是建筑组群、型制、空间，一切营造、修缮活动的首要使命是对礼制的承载与规约，如，东向坐礼和双开间房的互动（第69~100页：三说）；跪拜行礼与布筵席居共生（第1~32页：一说）。建筑本体显著的礼制性是形成中国封建社会超稳定结构和中国礼仪文化恒久传统的重要原因之一。

建筑国学的方法论：体、经、营、造、修、缮——西学今称国土规划、城市规划、建筑设计、室内设计。西方开创了人类需要的绝大多数科学技术，就是没能发明风水术。风水是中国特色的生态、环境、景观科学暨美学，以至具体的建筑设计学（第101~135页：四说）。不管风水是科学，还是迷信，结果都一样，中国建筑就在风水中产生了；不懂风水，就很难懂中国建筑。

建筑国学的发生学：中国建筑原型有三大类：庐居、巢居、穴居，分别产生于北方、南方和中原彼此不同的地理与物产条件下。中国人这三种住居方式，以及随之而来、与之相关的观念、制度、器具、术语都各有其发展、演变、衰退的个别历程。尤其是，中华建筑文明的起源与文化的传播，规模宏大，经历传奇（第237~281页：七说）。

张良皋先生精辟、缜密的分析论证，豪情激越、文思飞扬的铺张描绘，向世界同行全面展示了中国匠学博大精深的学术风采。孔子有言："吾道一以贯之。"《匠学七说》七说勾连、一气呵成，搭建起中国建筑学的古典体系架构。诚然，话语权悲剧，无人能幸免。张良皋先生《匠学七说》力图展示国学的华语魅力，终究要正视语境现实，势必使用西学术语阐明这一切，为的是让今天的国人和洋人读得懂。

《匠学七说》名为七说，实则百题，举凡发生在华夏九州的人类社会全部的建筑文明活动与事项，无不从浩瀚史料缕缕钩沉、就现世遗存款款辨析，遂使建筑国学面目渐渐清晰、明朗。毫不夸张地说，张良皋先生《匠学七说》简直就是一部论建筑国学的古罗马维特鲁威《建筑十书》，尽管维氏是古代当事人，张师是当代述史者，历史并不能阻隔学术研究的一致性。在此，我建议张先生往前更走一步，冶七说于一炉，改结集为专著，书名就叫《建筑国学》或《中国匠学》。

3.示范了建筑学科治学的行为典范

《匠学七说》著者张良皋先生早年考入中大建筑系，并非专攻建筑历史，而是学建筑设计；新中国成立后在武汉院也是做设计。本书的学问全赖近20余年边习边做，若非目标专一、矢志不渝，焉能成就。张先生为后学展示了治学典范。

①学识渊博

了解的人都知道，张先生识通今古、学贯中西。读《匠学七说》最突出的感觉就是作者学识渊博。张先生一生最喜读书，亦好游学。他不但在国内从沿海发达地区（沪、宁、江、浙、鲁、闽、粤），走到内陆发展地区（湘、豫、赣、川、桂、滇、黔）；而且在国外从第一世界（北美、西欧），走到第二世界（东亚、南澳），走到第三世界（北非）——名副其实的"行万里路，读万卷书"。不仅如此，而且无论在行、在读，他总是不住地发现、不住地思考、不住地写作、不住地讲学。这样的劲头，学人谁能？当然，张先生有自己得天独厚的条件以及对来在身旁的种种机遇及时恰当地把握。他蒙学根深、业学叶茂。抗战赴国难，匹夫有责，先生毅然投笔从戎；烽火前线练得好体魄、好气质、好性格、良好工作作风和良好生活习惯；更因担当译员，美军是盟军，英语如国语，为日后漂洋过海预架好桥梁。

②学思机敏

了解的人都知道，张先生以六十岁、七十岁高龄带本科生古建实习、带研究生课题调研，甚至八十岁随专家组外出文物考察，跋山涉水，如履平地，而且是走一路、看一路、说一路，思维敏捷，语言机智，情趣昂扬。所以，他能见微知著、举一反三，总有与众不同、高人一筹的新得。张先生赞赏一条"造化作用"的规律："造趋同，化趋异，作趋齐，用趋变"，言巧而意远（二说：第48页）。《匠学七说》从帐庐论及顶式（二说：第48页；三说：第85页）、从峡谷悟到轴线（四说：第124页；五说：第171页）、从诗赋读出商经济之悠久（五说：第138页；六说：第191页）、从山川（"大别"）看见巴文明之广袤（五说：第156页；七说：第268

页）；特别是指“石敢当”为“现象”　（四说：第125页），破译“南北三古道”、“语言一线通”成就中华文明大融合（七说：第237页）诸说，使人不禁拍案叫绝。

③学风严谨

了解的人都知道，张先生兼有一副好口才、一手好文章。《匠学七说》洋洋洒洒二十七万言，却非只是嘴上与笔头功夫。二十年来，为了弄清楚筵席、干栏、圭臬、风水、朝市、班垂种种现象、制度的源流和远古民族迁徙、文化传播的路线，张先生不但阅读国典经、史、子、集，而且搜索方志、族谱、碑题；不但参加国内国际学术研讨会，而且深入考古发掘现场。他成功地申报并主持了两项国家自然科学基金科研课题，内容都是有关中国匠学研究的。在国家使命与个人抱负双重支持下，张先生及其门人一行多次、一次数旬，翻山越岭、沐雨餐风，走访了苗寨、侗寨、瑶寨、壮寨、土家寨和汉族村落，为写作本书获取了大量第一手建筑、民俗及史地资料。

④学德高尚

了解的人都知道，张先生德高望重，是华中科技大学举办的“大学生人文素质教育”讲坛上人气极旺的老教授，每次讲演，总能赢得满堂喝彩。“七说”里还没有说《红楼梦》。红学研究亦是张先生醉心一生的得意学问，但称只是业余爱好。张先生以倾生之作献给鲍鼎先生，鲍鼎先生曾供中大建筑系主任之职，人云却不是学建筑的；这在门户成见深似海的建筑科班，冒的是大不韪，必定是知恩图报，敬仰其人。翻开《匠学七说》，谦词、谢意随处可见；受主并非只是前辈大家、国外巨擘，也有晚生、后学；只要曾经受其书、听其言、引其文、掠其美，随文随致，从不错过。

4.奉献了多学科交叉的科学读本

西方人称建筑为“艺术之母”，又称建筑为“石头的史书”；中国学者、张良皋先生挚友、东南大学郑光复教授的建筑观，则定义建筑是“生活的型化”。所有这些命题言外之意意味着共同的理念，即认为建筑涵盖人类社会的方方面面。《匠学七说》这部中国建筑学说同时兼说中国哲学、中国史学、中国文学、中国医学、中国农学、中国地学、中国工学、中国美学，以及中国古代的人类学、民俗学、民族学、海事学、军事学……　具有这样广大的知识包容性。

图书的底封印有该书的宗旨概要：“万世一系——图释中国古代建筑文化历程”。观其内容实不局限于建筑文化。《匠学七说》之“一说”说席居，连带也说到了中国古代的家具、中国古代的服装、中国古代的测量模度；“二说”说干栏，连带也说到了中国古代的宫廷礼仪、中国古代的少数民族及其习俗、中国古代的旅行家徐霞客、中国古代的国土开发和聚落减灾；“三说”说圭臬，连带也说到了中国古代的测量学、中国古代的丧葬制度；“四说”说风水，连带也说到了中国古代的造船、中国古代的天象、中国古代的禁忌；“五说”说朝市，连带也说到了中国古代的民族迁徙、中国古代的商业经济活动、中国古代的睦邻通边政策；“六说”说班垂，连带也说到了中国古代的用具兵器、中国古代的官职、中国古代的文学（作品、作家）绘画（画家、画院）；“七说”说纵横，更是说到了中国古代的地形地貌、中国古代的军事工程、中国古代的盐铁命脉。书中还多次涉及中国古代不少的历史人物、历史事件、历史文献，以及古文字的辨异、训诂，可谓包罗万象。

不敢说各学科领域专业人士要从本书了解很多自己专业的内容，但是可以说，如果意识到人的任何活动皆与建筑相关，从而想依据这种相关反观本领域曾经发生过的某些事，恐怕该读一读“七说”。因此可以希望，本书适合于多种领域的研究工作者参考；作为了解中国传统文化的高级休闲读物随手翻看，也能引人入胜。《匠学七说》将拥有较为广大的阅读群。

二

张先生学风严谨、人品正直。每于学术歧见，批注、评论，该出手时就出手；然向来对事不对人、文惊心不惊；且执礼有加，必先奉揖，尔后论剑，无别内外。内如，抱憾中国建筑文化考古研究家之双开间解读（七说：第271页），外如，“开罪”英国斯坦因等“几位来自西方的前辈学者”之华夏文明史源说（七说：第278页）。鉴于以上，遂令我评介罢本书后，还想再写以下的文字。

按当下流行的解释学说法，解读须先具备“前结构”，并预期“视界融合”。先生学问高深，小子难望其项背。大作读懂尚不易，又如何评得。所幸草创不久，我亦进了华工建筑系，得以目睹自1983年始、并在创刊不久《新建筑》总第八期上发表首篇匠学研究论文《秦都与楚都》(1985) 的张先生治学。此后，不时听闻先生对本书诸说发凡布道、高谈阔论，每至子夜；也曾随先生上武当、下鄂西，申报自然科学基金；并就席居、圭臬、干栏等等问题请教。如此说来，评此书，我责无旁贷。

纵然不信太史公竟致笔误，也不得臆断巴出巫女擅弄鬼、帝感穴丹利成仙（七说：第259页）。但有一条，古代中国与古埃及同属东方中央集权的帝制社会，亦同有过一朝皇陵集中布置、甚或整体构图的情形发生。《匠学七说》依据文王八卦“为埃及古人改图”，对古王国时期第四王朝吉萨大金字塔群重新布了局（四说：第133页）。当然这是中国人的理想，然而这是不是中国古人的理想呢？书里却没有援引汉唐明清或别朝帝陵以为证例。这不能不说是一处闪失。智者一失，不掩千虑；辩言强词，只为夺理。世上每个人都有其历史局限性。我们说本书是“开山之”，而不说“终结者”；如果是“终结者”，必不是“第一人”。书中有一些问题，还需要再进一步探讨；书中有一些问题，还可以再进一步商榷。前者如“圭臬”，后者如“席居”。

整个“三说”，论证了圭孔、臬柱如何从器物演变成符号。关于1973年春发现的浙江海宁汉墓内前后室隔墙北壁中门两侧的符号，《匠学七说》写道：“本书作者斗胆断言：门左的‘圆拱门状望窗’，乃是‘圭窦’，门右的‘浮雕拱柱’，乃是‘臬柱’。一圭一臬……这是两个建筑符号。”（三说：第69页）此话不错。只是，似乎还应当进一步说明，为什么会“门左”是圭，“门右”是臬？按说中国古人在这些地方一向十分讲究，特别是关乎礼制、用于意义之处，深浅得给个讲儿，例如，左钟右鼓，左祖右社。

通览全书，逻辑起点在于“席居”。“席居”之论贯彻始终。张先生不远千万里搜寻到南美印第安人蹲、跪、盘三种坐姿，是想说明，中原席居起源南方；中华文明流传异邦。在我看来，全人类共同的祖先，是猩、是猿，坐姿无非两种可能：坐在地上；坐在树上。前一种须屈腿，后一种可垂足；地上若是石上，坐之则屈垂由人。因此，不仅"我们敢于断言中国曾是席居制度的一统天下"（一说：第5页），而且应当说"这也不是中国独家发明，全人类都经过这一阶段"（一说：第16页），"即使史文有阙，我们也不难相信，席居是人类的本能。"（一说：第28页）。按照生物进化论和文化进化论的规律推想，结果就是如此。

作为一种生活方式的"席居"，发展到一定阶段到处都会出现"居席"。只不过也许是因为，中原长草，就发明了"蓆"；江南生竹，就发明了"筵"；漠北养畜，就发明了毡、毯。把"蓆"铺在地上，人再坐卧在"蓆"上，就叫做"蓆地而居"，简称"蓆居"。其他时候或者其他地方的人铺的是革是草不是"蓆"，甚至什么物件都不铺，只要往地上一坐，也叫"蓆居"。随着语言文字改革，"席"代替了"蓆"，而且有了行动（席地、席卷）、位置（席位、坐席）、身份（主席）等多重含义（好似本义之衍生）；同理，"筵席"替代"筵蓆"，除表示铺件之外，主要指成桌的宴局（仿佛六义之"指代"）。

作为一种礼仪制度的"席居"，其筵席之规、重席之制似由周人所创，与居马舆服论资历、讲等级一样，是周礼的一个组成部分。

张先生全方位、全时程地探讨了"席居"的来龙去脉。"中国古有席居，今无席居，这古今之间，席居断于何代呢"（一说：第26页）？《匠学七说》写道："我们只能说，在中原，作为主体的生活制度，消失的过程是在南北朝之末，隋唐之初。"（一说：第28页）同时，除了汉具胡化、林木匮乏，而"随着干栏之退潮而引起筵席的衰微，这才是深层的、物质的原因。"（二说：第56页）

对"席居"我也感兴趣。不过，我只想知道去脉，"席居"到底往何而去？刘敦桢老先生《中国古代建筑史》的说法是："西北民族进入中原地区以后，不仅东汉末年传入的胡床逐渐普及到民间，还输入了各种形式的高坐具，如椅子、方凳、圆凳、束腰形圆凳等。这些新家具对当时人们的起居习惯与室内的空间处理发生了一定的影响，成为唐以后逐步废止床榻和席地而坐的前奏。"（中国建筑工业出版社，1980年10月第一版，第83页）

未见《匠学七说》提供相对上文再新的考古证物或史料证言，张先生根据多年研究提出自己的解释。张先生称巢居、穴居、庐居为"中国建筑三原色"，并认为与之"相应的中国家具也有三大件：巢居发展到干栏就兴起了几筵，穴居发展到窑洞也出现了床榻，庐居……在成为游牧民族的传统居住形式之后，也发明了马扎，后来演变为交椅"（二说：第48页）。为什么"床榻……发明权必然属于穴居民族"（一说：第8页）？书中说的原因在于"周人本是穴居民族……藉地坐卧究竟不舒适，再精致的筵席也顶不住土地上的冷感，他们会'被迫'发明。所以到一定时期，床成为高级卧具"（二说：第49页）。能不能认为，假使是周人发明了床，那也是在住上了木架泥墙的地面房屋之后？自然他们继承着穴居先人的席居传统。按上引刘老先生的话，塞外更冷而有胡床。说来难以置信，竟然是那些在庐居室内搞"席居"、而在庐居户外搞"骑居"的游牧民族发明了高坐具；凳与床（无靠背）、椅与榻（有靠背）大抵也在汉武帝"胡服骑射"以后进入"中国"。

有些话当年向张先生讨教时已听他讲过。只是我一直十分纳闷，中华民族大智慧，既然发明了那么好的"席居"，怎能甘心任其"毕竟东流去"（二说：第55页），必定要寻个两全之策。中原人可能是看到了席居虽有益于身健（收坐禅、伽瑜之功），却不利于身高（现今沿用旧式席居的地区和国家，体长相对较小），从而另行发明。但是，林狭原广的穴居地区发明的不是“木床”，而是“土炕”！张先生指出，穴居易为土台（少挖几鍬而已）。土炕离土台仅一步之遥，却显出更大智慧。炕既是起居设施，又是热工设备（烧火通风、铺席垫棉，土炕同土房一样，冬暖、夏凉）；空间限定度比席、筵还强，使用方式更兼有席、床所长。与时俱进，席居在三个层面上顺势嬗变：一是由宫廷转入民间；二是从制度变为习俗；三是把席地改成席炕——真正“礼失求诸野”。炕居至少在三个方面与席居共通：①上炕并非只是盘坐（“甚至现代，北方人一上炕，仍习惯用盘坐。”二说：第49页）；也时常跪、箕、蹲、坐（坐炕与蹲地相似，但臀不离席）。②上炕并非只为睡卧；居家吃饭、闲谈、议事、会客，老人训示、大人打牌、小人玩耍，甚至一些家务、副业活，也多在炕上（西北炕，看张艺谋电影《秋菊打官司》；东北炕，看赵本山小品剧《刘老根》；老影片《地道战》里还能看到河北炕）。③炕上铺席；计有苇席、草席、竹席、革席、毡席，种类繁多，上面另铺被褥、皮毛，随地域、天气用宜。炕居与席居两者不同处，堂屋不设炕，炕下不铺席。据国学名家柳诒徵先生研究，周人“堂上行礼之法，立则不脱屦，坐则脱屦”（《中国文化史》，北京：中国大百科全书出版社，1988年3月第一版，第172页）。传统炕居，遵照礼俗，卑、幼者在炕下（不脱鞋），或站、或坐、或跪；尊、长者在炕上（有时也不脱鞋），或炕面上屈腿踞、跪，或炕沿边垂足跂、翘——因事而异，俚语称“看客下面”。迄古至今，民居而外，更完整的席居制度保留在僧院、尼庵、回寺、道观。所以，并非只有“在日本，席居制度甚至保持得相当完整”，不但“席居并未在亚洲消失”（一说：第28页），同样，席居在中国中原也未消失。

对以上结论，我完全不能提供任何学术性的证据，仅凭自己的生活经验，直觉另类与张先生不同的解释。张先生生于斯、长于斯，对巴山楚水情有独钟，了如指掌，急欲抬举巴楚文化的中华文明本源地位。可他对北方大概不太熟悉。我本秦人，祖籍陕西省华县，大学毕业许回“老家”，岂料发往河北省邢台地区沙河县刘石岗公社孟石岗村劳动，时称“一竿子插到底”。自兹，有问“何方人氏？”必答河北邢台。两个故乡有最大共同点，就是住四合院、睡炕，故有炕居情结（陕山冀豫四合院东西厢房常置炕，而且常用双开间：一间门间，一间炕间；或者两间分立，每房紧临中柱开门，深处安炕，平面、立面俱依中柱左右对称——满像高介华、刘玉堂著《楚国的城市与建筑》一书中介绍的屈家岭文化中期湖北郧县青龙泉遗址的“双室型”住房（三说：第90页）。现居新房在装修时就做了个大炕。我正是坐在炕上，一口清茶、几页“七说”，猛然顿悟：（北方）席居结局是炕居，炕居可称“后席居Post-Sheet Living”（建筑理论家詹克斯在《后现代建筑语言》一书中解释“Post-”为是指你所离开的地方，而不是到达的地方）。

张良皋先生《匠学七说》丰富我们的知识，启迪我们的智慧，坚强我们的信心。中国匠学必以其独立内容、特色的体系屹立于世界东方。

（摘自：《建筑师》2005年01期：92–97）

请向兴亡事里寻

——《中国现代建筑史》读后

马国馨

冯友兰先生曾以“若惊道术多迁变，请向兴亡事里寻”来表示他一生哲学史研究方式的多次转向，其实如果回顾中国现代建筑近百年的繁衍变化，也是完全符合这一概括的，这可以说是读过邹德侬先生的鸿篇巨著《中国现代建筑史》以后的最深印象。

国人对中国建筑史的著述，始于1942年梁思成先生应国立编译馆之托，于1944年完成初稿的《中国建筑史》，那主要是对古代建筑史的研究。近半个世纪以来，对古代建筑史的研究已拓展到城市史、园林史、技术史、艺术史等，但有关近代建筑史的研究却一直举步维艰。建筑科学院在1959年编写了《中国近代建筑史〈初稿〉》并在1962年缩编为大学教授的《中国近代建筑简史》。此后正如建筑史学家们在1985年所呼吁的：“中国近代建筑在中国建筑史上占有重要地位，它们冲破了中国建筑原有的传统形式和体系，使中国建筑开始进入了广泛与外国建筑文化交流的历史新时期；它们所保留的历史信息极为丰富，是祖国宝贵文化遗产的重要部分；它们对研究中国建筑发展史，对研究中国近代的政治、经济、文化和对外关系史都有重大的意义。”现代史的研究又何尝不是如此呢？大学教材原已撰写的现代建筑部分，在1979年出版时又临时被删掉了，但建筑史学界的专家们并未停止工作的进程，1989年龚德顺、邹德侬和窦以德三位先生的《中国现代建筑史纲》出版，与此同时陈志华先生的《中国现代建筑史大纲》也在香港《城市与建筑》杂志上连载，这些成果都对中国现代建筑史部分提出了一个比较完整的框架。2000年2月，包括现代建筑史在内的新高校教材《中国建筑史》（第四版）问世，一年之后，国家自然科学基金资助项目《中国现代建筑史》得以出版，从这本书30mm的厚度中我们可以感受到它的“分量”。

德侬先生的这本巨著我是在几个月的时间里断断续续读完的，许多地方还来不及消化，但对书中所描写的那个时代，尤其是后50

年的内容还是比较熟悉的，所以在品味之余，深感其写作难度之大，如果没有坚强的毅力，史家的“好奇心”，严谨的方法，过细的梳理，没有各方面的支持和合力，研究成果的逐年积累，是无法完成的，纵观全书我以为有以下特点或难度。

首先是作为“现代建筑史”的学术难度，人们常说历史（指文明史）是人类有思想的活动的历史，梁启超先生说：“历史者，叙述人群进化之现象，而求其公理公例者也”，这是进化史观的提法。而唯物史观提出历史发展具有不以人们意志为转移的规律性，承认历史前进的决定性因素是生产力、生产方式的发展，并把阶级斗争看作社会前进的动力。如果从反映我们人类活动的某一专门方面来讲，建筑史属于专史研究，建筑是人类文明史的伟大记录，是集哲学、科学、美学和工程技术于一体的伟大人工建造物，所以它不能像传统的科学史或技术史的写法那样流于一般的成就描述，限于从专业技术的角度来回答专业技术问题，而必须涉及专业学科与社会的互动关系，把专业思考和人文思考结合起来，从而表现出建筑学专史的独特个性，而作为近现代建筑史，尤其是中国的近现代建筑史，必须涉及政治、经济、社会、人事种种方面，涉及许多敏感的事件和人物，而脱离开这些重要的背景是根本无法展开研究的，所以我想这是当代史研究，尤其是当代建筑史研究中特有的学术难度。

其次是史实难度。史学家翦伯赞先生提出“论从史出”，首先注重具体史料的科学考察分析，然后才提出结论，这已成为史学界的共识。德依先生求学于20世纪60年代，耳闻目睹了他的研究课题70年时间跨度的2/3以上。由于身临其境，对历史史实有亲身的感受和理解，便于相对较准确地把握所处各时期事件的关键，应该说与只靠研读过去文献史料的史学家相比，具有认识上的优越和学术上的可靠。但实际上距今几十年的事情有时看起来却是模模糊糊的，需要艰苦细致的披沙沥金的工作。一是长期以来强调“集体创作”，当“无名英雄”，加上机构的调整变化，人员的调动改行，要找当事人提供可靠的第一手资料要做大量的调研；二来我们的当事人很少有这方面的回忆材料问世，每当我看到日本《新建筑》杂志以前开辟的“近代建筑的目击者”专栏就会联想到这点。张镈先生晚年凭他超人的记忆力留下一本《我的建筑创作道路》，为我们留下许多史实和细节，但类似的资料实在太少了，只得依靠作者的采访笔记和录音——确实是“好记忆不如烂笔头”；三是许多档案文献还没有完全公开。正如作者所强调的：“史实的全面和正确应该是这部建筑史的第一意义”，现在看来作者的目标还是基本上达到了。

通读全书后给人的印象是作者在梳理这70年错综复杂的历史史实时是依照三条主线依次展开，这就是①政治和经济；②建筑形式、技术和理论；③与外界的融合交流。三条线交织渗透，好像由三个粗大的根系形成了树木的主干，而各时期的设计作者是树叶和果实，作者的分析和评论作为连系它们的枝条，从而在读者面前展现了20世纪70年代既曲折起伏，而又脉络分明的中国现代建筑之树。同时也可以看出他写作的重点仍集中于后50年，在篇幅上要占全书的80%以上，而以改革开放为界，前后各占一半左右。

正如作者所述：“建筑活动一向受到政治环境的影响，古今中外概莫能外。在中国现代建筑中，政治因素影响强度之大，持续时间之长，世界范围也就少见。”这是这段历史的最重要的特色，也是一个比较敏感的话题。在我们印象里，改革开放以前的年代，除了文艺界之外，紧接着的各类运动和批判的重点就是建筑界。当时人们认为阶级斗争无所不在。所以一方面是全国范围的大环境，诸如“七八年来一次，一次七八年”的运动，同时还有结合建筑行业特点的小环境，像“设计革命”，下楼出院“掺沙子”，反对各种主义，诸如复古主义，形式主义、结构主义……同时各类建筑设计作品由于泛政治化和意识形态化的影响，常与国际斗争和国内斗争的各种事件联系在一起，贴上政治标签。“它和政治思想、意识形态问题直接关联，涉及民族解放，阶级立场等大是大非问题，以至把建筑形式同国家兴亡，民族荣辱联系在一起。”“建筑活动基本上成为政治活动的一部分”。政治是经济的集中体现，建筑和经济的关系就更密切。建筑业和国计民生息息相关，它要耗费本已稀缺的物资，花费本已紧张的资金，所以在长期计划经济的体制下，国民经济的运行，经济因素周期性地困扰从而在“反浪费、调整、整顿……”口号下首当其冲的就是基本建设战线，在这种形势下出台的“适用、经济、在可能条件下注意美观”的建筑方针“实际上是一定政治条件下的建筑政策，而且是偏重经济性的政策”。所以在各个时期的叙述中，作者都要在当时的时代背景中，仔细地梳理出与建筑活动有关的事件，使人们对一些难以理解的建筑现象能够了解其来龙去脉，“纵观1950年代以来在建筑设计领域里的多次运动，直到设计革命运动乃至‘文化大革命’中设计领域所发生的事情，看似曲折变幻，其实质一目了然，认为设计领域有激烈的‘阶级斗争’，而措施是思想改造和‘反浪费’”。

建筑形式、建筑技术和建筑理论涉及建筑创作的主体——建筑师群体，也是作为理想主义者的建筑师们在一代一代的壮大传承中所表现出的使命感和责任心。这部分内容是这部专史的主要部分，也就是作者所强调的：“重要的是史实。”所以作者编排了这70年中将近700个建筑实例（建成和方案），附上了相关的外景照片、内景照片和有关图纸将近千幅，其中绝大多数作品，作者还千里迢迢亲临现场加以体验和考察，而且还细心地注明了设计单位和设计者的姓名。虽然在内容的介绍上还偏重于技术功能方面，但可以说已经较完整地勾勒出了20世纪70年代建筑创作的现状，反映了作者对于建筑形式、技术和理论方面的梳理及看法。建筑创作的繁荣有赖于理论的丰富，理论的丰富依赖于思想的活跃。在学术和理论的探讨上，虽然有过若干次大的讨论，但“由于这种‘建筑政治’的主导作用，还造成了建筑理论和政治理论的交叉，学术思想和政治思想交叉以及设计业务和政治运动交叉……”所以在那种政治形势下，这种讨论一种是更多地表现为在当时的历史语境中对政治理想的方针政策的靠拢和诠释，在讨论中加入过多的政治或意识形态标签；另外或是力求用政治的一元化来代替建筑的多样化，从而力求找出一条大家必须遵循的方法和通路来指导本应是多彩多样的建筑表现，从而出现简单化模仿，怕担风险的千篇一律。当然还有从第一代建筑师就开始的表现传统，探讨民族形式的情结，在与适当的国际国内环境以及行政方面的推动结合时，出现一次又一次的起伏。总之，“繁荣建筑创作”的倡导，使建筑创作逐渐步入了中国现代建筑史上的最佳创作时期，初步认同并形成了多元并存的新局面。

最后要提到的一条发展主干是中外建筑文化的交流融合和选择。从发展上看基本包括了20世纪20～40年代的被动引进，50～60年代政治上一边倒地学习苏联和改革开放以后主动的引进和交流，从时间上看断断续续，但在中国现代建筑史上的作用却不容忽视。作者的观点十分明确“一个不与世界交流的民族是没有希望的民族，不与世界交流的建筑是没有希望的建筑，中外建筑文化交流是建筑发展的天然需要”。尤其是改革开放以来的20多年中，经济的全球化同历史上任何一次时代格局的大变动一样，再次带来了文化的扩张和融合，即经济全球化的影响会超出经济领域，跨入政治、文化等领域，即异质文化的交流和影响已成为不可避免的普遍现象，但这并不意味着放弃本国传统的价值观、制度和习俗，而是要利用这个契机来促进本国文化的复兴，有关这方面的发展还有待进一步的观察。

还有一点应该说就是创新的难度。历史研究必须有新见解，有创新，而这种创新又必须在前人研究的基础上，准确细致，戒急用勤。作者在序言中特别提出：“当代人写当代事难免有个人的偏见，因此，观点反而显得并不十分重要……”历史学的研究需要距离，需要时间，当距离过近时由于视野过窄，视点不高容易造成认识障碍，另外也需要作者有意识地自觉地抑制“个人的好恶”，即由于个人的情感偏好或利害关系所造成的历史考察扭曲。但正如历史学家何能武所说：“史实并不等于我们对史实的理解。事实本身并不能自行给出理解，否则的话就没有进行任何研究的必要了。”我们固然希望通过阅读达到史料的丰富和记忆的加深——因为我们虽晚于德侬先生，但基本还是属于同一个时代的，而更感兴趣的是希望看到他在当前新的史学研究理论指导下，从分析走向整合，从技术走向人文，从单一的对象走向整个学科和门类的综合研究的过程中，总结出有益的经验和教训，以增强这一学术成果的解释和启发功能。在这里我们看到了许多精辟的论述，表现了作者的秉笔直书、独立思考和价值判断，除了文中已经列举出的一些外，还可以看到许多。如在学习苏联的“一边倒”上：“向苏联的学习有得有失，得在中国社会主义体制和工业建筑体系的确立，失在苏联建筑理论的夹生引进及其长期的不良影响。”“由于把学术与激烈的阶级斗争混在一起，在方法上也过于简单、强制，更像一场政治运动，因而缺乏对引进对象及其生存条件的客观分析，带有相当程度的主观性和盲目性。”在谈到刘秀峰的《新风格》报告时，作者认为：“这是写作背景和社会作用都极其复杂的报告。它是学术报告，但又具有行政文件的性质；它活跃了学术气氛，但又局限了未来的思路……”对于浮躁的“新形式主义”，作者究其原因：“一方面经济过热状态下对规划设计的高速需求；二是业主缺乏建筑文化修养；三是建筑师或屈从业主的不合理要求或业务能力所限；四是主管部门或推波助澜或无能为力。”等等我以为都是很有见地的。

最后本书的特点还在于它的讨论性，培根曾说过：“历史的真正职责，只有记述人生的事实以及它们给人们的教训，至于见仁见智，各陈己见，则让人们运用才力，自由判断好了。”作为第一部比较系统、全面地反映近现代历程的建筑史，作者所提出的分析的观点，包括体例编排、时代分期、学术评价以至内容取舍等，肯定会受到大家的关注，甚至会有商榷和讨论。历史科学依靠知识的积累向前发展，也依靠对先前的解释不断做出重新解释向前发展，每一代人都会用新的方法对历史事件做出新的解释。更何况当代史还有一个最大的不利之处，“即缺乏关于当代事态之未来后果的充分知识”（雷蒙德·阿隆语）。这大概也是作者在交稿之后仍感“写出的东西依然充满了遗憾”的缘故。

德侬先生是我十分尊敬的老师，我们因山东同乡而认识，由认识而熟识。为了这本建筑史，他耗费了44岁到62岁整整18年时间，从中年走入了花甲。18年是什么概念？我们的建筑师一年里就要勾画出多少方案和草图，建成几个作品，有的连作品集都能出好几大本了，但德侬先生却用大量时间翻译了《西方现代艺术史》和《西方现代建筑史》两本巨著180万字，总厚度100mm，我想这也是为他本书写作的铺垫。当然为了项目的进展也要做一点设计，但更多的精力还是在写作、调研，带研究生上。历史学家卡尔说："历史是历史学家跟他的事实之间的相互作用的连续不断的过程，是现在跟过去之间的永无止境的问答交谈。"德侬先生在本书付梓之后仍希望广泛听取意见再做一次修订，其执著之情让人感动，敬佩。我们预祝他在这一领域的研究工作能不断取得进展。

（摘自：《世界建筑》2002年01期）

《中国古典园林史》评述

贾珺

中国古典园林是华夏文明史上的奇葩，数千年来，每一朝代均有名园佳景呈现，前后相继，蔚为大观，形成了皇家园林、私家园林、寺庙园林、公共风景园林、衙署园林等不同的园林类型以及江南、中原、华北、蜀中、岭南等不同的地域风格，其中集建筑、掇山、理水、花木、匾联、陈设等多重艺术于一体，达到了极高的艺术成就。

明清以降，关于园林记述的书籍很多，还出现了《园冶》这样高水准的理论总结之作，但始终未出现一部融会古今的园林史专著。民国以来，陆续有中国学者开始编纂《中国建筑史》，其中虽包含园林内容，但尚未出现独立而完整的园林史叙述，而一些外国学者如瑞典的喜仁龙（Osvald Siren）、日本的冈大路却有相应的专著问世。

就学术研究而言，探讨一个微观的个案相对容易把握，而撰写一部具有学术意义的通史则是十分艰难的宏大工程，非常人所敢想敢为。尤其是古典园林这样涉及面极广的领域，其难度更大，这也是国内迟迟无相应专史出现的原因之一。新中国成立之后，中国古典园林研究积累了丰硕的成果，涌现出以刘敦桢先生的《苏州古典园林》、陈从周先生的《扬州园林》、清华大学建筑系主编的《颐和园》等为代表的大量著作和论文，为进一步专修通史奠定了基础。改革开放以后，中国学术界终于先后有数部中国园林史专著出现，令人欣慰，其中最为出色的一部，无疑是周维权先生所著的《中国古典园林史》。

周维权先生1927年出生于云南大理，1951年毕业于清华大学建筑系，留校后长期从事建筑设计教学和工程实践，并致力于古典园林研究，数十年磨一剑，于1988年完成《中国古典园林史》的初稿，1990年正式出版了第一版，后于1999年修订出版了第二版，受到海内外园林史界的极大重视。在周先生去世一年多之后的2008年年底，清华大学出版社又推出了第三版，为这部皇皇巨著画上了一个圆满的句号。

笔者近十余年来 直在清华大学建筑学院学习和工作，周先生是笔者的老师之一。作为后学，笔者对周先生的人品学识十分钦佩，屡承周先生当面教诲，而且对《中国古典园林史》的不同版本都反复捧读多次，不但获益良多，也有较多的机会和心境细细体验其中的高明之处，故而在此不避浅陋而妄加评论，以期向更多的读者推荐这本好书，同时也以此作为对周先生的一点微薄的纪念。

作为一部高质量的学术专著，《中国古典园林史》在很多地方都取得了超越同侪的卓越成就，难以尽述。以笔者浅见，其最重要的特色在于史料翔实、体例独特、评述精当、文笔高超、学风严谨五个方面，尤其值得读者予以关注。

中国历史上出现过的古典园林佳作多若繁星，但除了部分明清时期的实例留存至今而外，大多早已踪迹全无。但同时自先秦以来，又有大量的关于园林的文献记载流传，成为今人研究园林史的宝贵材料。对于当代的学者而言，不但对于明清以前的园林探析几乎完全依赖文献的描述，而且一些晚期园林的建置沿革也必须通过文献资料进行考证。周先生凭借深厚的国学修养和古文献功底，在《中国古典园林史》中引述了极其丰富的文献史料，其中包含自最早的甲骨文卦辞以降的历代史书、方志、诗词、文赋、笔记、碑刻、档案以及大量的园林古画，搜罗广泛，从而借助文字和图像信息对已经消失的很多历史园林实例作了最大程度的复原。

对于同一实例，书中往往将多种相关文献对比参证，取舍得当，更见功力。例如第二章第五节记述西汉上林苑，通过《史记》、《汉书》等正史，《三辅黄图》等地理著作，《西京杂记》等野史以及《上林赋》、《西都赋》、《西京赋》等文学作品，为今人重新描绘出宏大的上林苑全貌以及其中大量的山水、宫观、植物、动物景观；又如第五章第三节讨论北宋皇家园林艮岳，即引用了《宣和遗事》、《艮岳记》、《华阳宫记》、《艮岳百咏记》、《枫窗小牍》、《癸辛杂识》等不同记载，能够从历史沿革、格局、筑山、置石、理水、植物、建筑各个角度全面展现艮岳的营建过程和景观风貌。清代皇家园林和私家园林流传文献数量更多，作者不但尽力详加取资，而且剪裁编排更为精审，避免了“掉书袋”的弊病。

书中充分借鉴了大量近现代以来国内外园林史研究的成果，同时还参考了若干历史、地理、考古等其他学科的成果，如殷墟遗址、汉甘泉苑遗址等，进一步保证了基础资料的全面性和完整性。除了文献资料而外，本书同样十分注重实物资料，书中重点分析的31处晚期现存实例除了台湾的林本源园林以外作者均亲自做过调研，有若干图纸和照片是作者（或其助手）第一手测绘和拍摄的结果，体现了研究的原创性。

园林史的叙述可以有不同的体例安排。《中国古典园林史》的体例很有特色，其历史分期方式尤其独特，不同于其他同类著作简单以朝代划分再加以叙述的模式。作者从宏观的角度出发，把整个古代园林的发展历程分为生成期（殷周秦汉，公元前11世纪到公元220年）、转折期（魏晋南北朝，公元220~589年）、全盛期（隋唐，公元589~960年）、成熟期（宋元明、清初，公元960~1736年）、成熟后期（清中叶、清末，公元1736－1911年）五个大的段落，将三千多年的园林发展史铺陈于统一的框架之中，然后再一一分述，其中甚至打破朝代的束缚，以清初归属于中国园林成熟期的第二阶段，却将清中叶~清末单列为成熟后期。

对此分期划分，作者提出的依据是“中国古典园林的漫长的演进过程，正好相当于以汉民族为主体的封建大帝国从开始形成而转化为全盛、成熟直到消亡的过程”。因此以此五期囊括三千年的历程，其中生成期是中国园林产生和成长的幼年期，社会形态由奴隶制向中央集权的封建帝国转化，故以宏大的皇家苑囿为代表；作为转折期的魏晋南北朝长时间处于分裂动荡之中，士人阶层的崛起初步确立园林美学思想和发展基础；全盛期正值隋唐鼎盛之时，中国园林的体系和特征已经基本形成；两宋至清初，封建社会发育定型，园林在自我完善中走向全面成熟；清代乾隆时期是中国封建社会的最后一个盛世，自此以后属于成熟后期，其造园活动一方面继承传统而更趋于精致，另一方面则带有衰颓的倾向，逐渐失去前期的创新精神。这样的体例是否恰当，学界和读者自然会仁智互见，但从通史编撰的角度来说，确实能够做到涵盖全面、脉络清晰却又重点突出。

全书首尾有绪论和结语二章为综述，绪论介绍中国古典园林的世界背景、类型、分期和主要特点，结语部分更从宏观角度对全书作出总结。主体部分每一章均设总说和小结，并根据各时期的具体情况按照更具体的时代分划和园林类型再分节一一叙述。第七章为清中叶以后的园林，遗存实例最多，因此各节增加了实例解析部分。如此谋篇布局，兼顾早晚不同时期，各部分详略比重较为均衡，而且又具有一定的灵活性。

作为一部园林通史，本书涵盖的内容当然不仅仅是主要朝代的代表性园林。作者在突出重点的同时，并不偏废，对于东晋十六国和五代十国时期的一些割据政权的苑囿均有记述，对明代造园家、造园著作理论以及学界相对较为忽视的寺观园林、公共园林、衙署园林、村落园林和书院园林也专门辟有独立的单元，对于不同地区的园林以及少数民族的园林同样予以相应的关注，例如北方和岭南的私家园林、台湾园林及西藏的罗布林卡等园林在书中均有详细分析，反映了作者全面的考察视野。

园林史不但要叙述史实，还需要有明确的观点和精辟的分析。《中国古典园林史》在此也体现出鲜明的特色。

对于很多重要的园林实例，作者并未满足于文献的罗列，而是综合各种记载绘制了复原平面示意图，体现了研究的深度。对于每一名园、每一时期、每一类型乃至每一地域风格，书中均有或短或长的评述，往往一语中的，入木三分，很多论断几成定论。如书中评论宋代文人园林的总体特征，用“简远、疏朗、雅致、天然”八字概括，言简意赅，至为妥切。

对于不同时代的园林，书中均首先分析当时的经济、政治、文化基础，在随后的讨论中也始终紧扣历史背景，绝非单纯的手法解析，并常有独特见解。例如述清代皇家园林大盛的原因，作者总结道：“清朝统治者来自关外，很不习惯于北京城内炎夏溽热的气候，顺治年间皇室已有另建避暑宫城的拟议。再者，他们入关以后尚保持着祖先的驰骋山野的骑射传统，对大自然山川林木另有一番感情，不乐于像明代皇帝那样常年深居宫禁，总希望能在郊野的自然风景地带营建居住之地。”在分析具体实例的时候，更进一步通过皇帝的御制诗文和其他历史记录，探讨皇帝园居生活的情态和观景感受，在浓郁的历史氛围中勾勒园林图景。对于其他时期的其他园林，也花费很多笔墨描绘历史上的游园和生活场景，从而在一定程度上还原历史园林的原始生态，避免“见物不见人”的弊病。

对于每一地域的园林，书中更关注不同地理、气候条件与造园活动的关系，对于一些重要的园林城市强调园林在城市中的地位以及对城市建设的促进，例如唐长安大明宫、曲江池，清代北京的什刹海和西北郊，均对城市具有举足轻重的影响，书中加以重点论述。此外，书中为历代首都一一绘制了园林分布示意图，对于读者了解一时一地的园林全貌有更直观的帮助。

对于一些著名的实例，大多已经有很多专著做过各种详尽的分析，而本书却依然能够独出机抒，作出别有洞见的评述。作者在撰写本书之前曾经对颐和园做过深入研究，因此书中对颐和园（清漪园）的分析最为出色，以将近30页的篇幅详细论证了清漪园与杭州西湖的关系、建筑的类型与功能、水系、山景以及各景区的特点，对其中央建筑群的平面和立面更有进一步的几何分析，其深度非其他专著可及，令读者印象十分深刻。

作为研究古典园林的专著，此书还有一个重要特点，就是对于历史园林并非一味拔高，把传统捧到至尊无上的地步。书中对于很多实例分析常常是有褒有贬，态度公允。作者对于传统与现实的关系有着更为清醒的认识，特别强调："人类社会过去的发展历史表明，在新旧文化碰撞的急剧变革时候，如果不打破旧文化的统治地位，'传统'会成为包袱，适足以强化自身的封闭性和排他性。一旦旧文化的束缚被打破、新文化体系确立之时，则传统才能在这个体系中获得全新的意义，成为可资借鉴甚至部分继承的财富。就中国当前园林建设的情况而言，接受现代园林的洗礼乃是必由之路，在某种意义上意味着除旧布新，而这'新'不仅是技术和材料的新、形式的新，重要的还在于园林观、造园思想的全面更新。"显然，作者并未将传统看作是固定不变的准则，而是应该随着现代社会的发展而不断更新。中国古典园林辉煌的历史也需要注入"新"的活力因子并继续延续下去。这是园林史给予作者的启示，也是给予整个园林界的启示。

古人作史，素重"史识、史料、史笔"三重要素。《中国古典园林史》体现了作者卓越的见识能力和扎实的材料把握能力，同样也展现出高明的文字叙述能力。

这本书的文字的好处，主要在于简洁、干净、准确而又不失生动。如第七章第五节述北京清漪园所在的地区明代称西湖，其景为"湖中遍植荷、蒲、菱、茭之类的水生植物，尤以荷花最盛。沿湖堤岸上垂柳回抱，柔枝低拂，衬托着远处的层峦叠翠。沙禽水鸟出没于天光云影之中，环湖十寺掩映在绿荫潋滟间，更增益绮丽风光之点缀。"短短数行，描摹画境，极有韵致，令人神往。类似的文笔在书中几乎俯拾即是。

目前有些园林著作好以晦涩难人或以满篇术语理论唬人，《中国古典园林史》却毫无故作高深之言，所述所论，均为明白晓畅的文字，逻辑清晰，深入浅出，堪为学界的榜样。读这本书，不但可以了解丰富的专业知识，也时时可以领略作者佳妙的文笔，这也正是笔者喜欢一再重读此书的原因之一。

编撰这样一本鸿篇巨制，没有严谨的学术态度是不可能成功的。前面所说的史料、体例、评述和文笔四个方面，其实也都体现了作者扎实的学风，是作者呕心沥血、反复推敲的成果。以上大者，自不待言，同时需要注意的是本书在很多细节方面同样体现了严谨的作风。

作者在编辑段传极先生的帮助下，对书中的大量引文作了反复校对和勘正，虽非全然无误，但在同类著作中差错是最少的。每节文末均详细标明出处，书中所引插图也一一注明资料来源，严格遵守学术规范。书末附有索引，为读者查找相关园林提供很大的方便。

本书的第一版出版之后，一再重印，受到读者的极大欢迎。但周先生依然不满足，仍在反复修订增补，后于1999年出版第二版。周先生不幸于2007年4月辞世，去世之前的数月中仍在校订第三版。如此永无止境的学术追求，更足以为后生的楷模。

虽然周先生本人并未亲眼看到《中国古典园林史》第三版（2008年11月）的正式出版，但笔者相信先生没有留下太大的遗憾。相比前两版而言，第三版继续增补了一些实例和理论阐述，更正了一些细节错漏，而且装帧、印刷均有很大的提升，全书的内容和形式臻于完美，足以告慰周先生的在天之灵。另外值得一提的是，《中国古典园林史》前后三版的总印数达到73 000册之多，在严谨的学术著作出版中算得上是一个奇迹。

周先生在《中国古典园林史》第八章“结语”的最后一段留下这样的文字：“展望前景，可以这样说：园林的现代化启蒙完成之时，也就是新的、非古典的中国园林体系确立之日。博大精深的中国园林亦必然会发挥其财富的作用，真正做到从中取其精华、弃其糟粕，而融会于新的园林体系之中，发扬光大，并对今后多极化世界的园林文化的发展作出新的贡献。”这样冷静而乐观的态度，值得我们深思。周先生身后，中国园林史的研究仍在继续，相信今后也会有新的中国园林通史出现，但笔者以为，《中国古典园林史》作为园林史上一部里程碑式的巨著，其学术意义和承先启后的巨大价值，是永远不会磨灭的。

对工业时代与近期多元论建筑的探索

——《20世纪世界建筑精品集锦》欧洲北部、中部、东部卷读后

罗小未

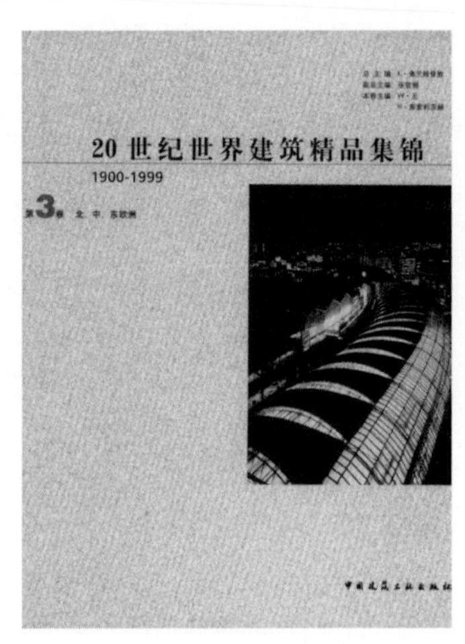

《集锦》第三卷展示了欧洲北部、中部、东部17个国家的一百项建筑。它们是位于欧洲北部的芬兰、瑞典、挪威、丹麦、冰岛、英国与爱尔兰等七个国家;位于中北部的德国,中西部的比利时、尼德兰（荷兰)和中部的奥地利和瑞士等五个国家以及位于东部的捷克、匈牙利、波兰、罗马尼亚、斯洛伐克等五个国家。这些国家在国土上相互接壤,在政治、经济、文化上则各有其悠久的历史,远的可以追溯到古罗马帝国,近的也到中世纪。近几百年来由于政治、军事上的控制与反控制形成了这些国家之间的复杂关系,但文化上的联系都比较密切。后者可以从他们的言语系统而见一斑。例如有些国家讲同一言语,如德国、奥地利和65%的瑞士人同讲德语,比利时两种官方语言之一是荷兰语,芬兰两种官方语言之一是瑞典语,瑞典也同样以芬兰语作为官方语言之一;有些国家语言虽不同但属同一语族,如丹麦语、挪威语与瑞典语同属日耳曼语族,捷克语、斯洛伐克语、波兰语与德国东部的土语(索布语)同属西斯拉夫语族;英语本来只流行在不列颠岛及其的殖民地,但第二次世界大战后也遍及欧洲。虽然如此,各国经济与工业发展的不平衡,形成了他们在建筑发展上的差别。特别是19世纪中叶以后,由工业发展带来的人口爆炸、城市范围无限膨胀、城市交通堵塞、城市环境卫生恶化以致城市成为不再宜人居住的地方等等问题已经充分暴露。对于这样的现实,建筑师该如何对待工业与工业发展,建筑是否应该变革与如何变革成为了建筑发展的关键问题。《集锦》不是建筑史,对这些问题不可能有系统与全面的阐述,但《集锦》第三卷所选的项目都反映了这个地区对待上述问题的态度与所采取的方法以至该地区在最近20、30年中对多元论建筑的探索。这对于我们那些对现代与当代建筑创作思想与方法特感兴趣的人来说是有裨益的。

本卷的编辑是威尔弗雷德·王（Wilfred Wang)和黑尔加·库索利茨赫（Helga Kusolitsch)。W.王生于德国汉堡,曾在英国受教育,是国际知名的建筑理论与建筑评论家。自1986起任教于美国哈佛大

学设计研究生院，现为该院客座教授，自1995~2000年任德国法兰克福德国建筑博物馆馆长，现兼任建筑杂志《3H》的副主编。库索利茨赫为奥地利研究文化与文化政策的学者，专攻建筑文化，并从事历史建筑保护工作。七位项目提名人都是这个地区或美国著名大学的建筑历史与理论教授或研究员，并多著有名作；其中也有兼任建筑师或杂志主编或博物馆馆长者。在提名时他们谦虚地表示由于个人视野的局限不可能看得很全面，虽然在提名时已考虑到应该在建造年代与所在国家上有较为均匀的分布，但结果很难做到。如东部的捷克、匈牙利、罗马尼亚、波兰等国家在第二次世界大战后的20、30年因意识形态关系脱离了西方的建筑文化轨道，很难把它们放在一起评论；此外各国建筑的发展的确是不平衡的。在选择的原则上，他们认为应选择设计意图明确、工程已经完成，其成就足以促进建筑发展以及对社会有意义的项目。在选择中虽然要考虑典型性，但更要注意把有创造性和影响大的优先于典型性；同时要注意对项目的投票其实也是对建筑师的投票，应尽可能把20世纪这个地区有创造性、有代表性和有影响的建筑师包括进来。

《集锦》第三卷与其他各卷一样把所有项目按建造年代先后分为每20年一计的五个阶段。对于该地区，编辑W.王认为按其发展特点可分为四个阶段。即世纪之初的第一阶段、两次世界大战之间的第二阶段(20年代初~50年代初)、第二次世界大战之后第三阶段（50年代初~70年代）的与 70年代~世纪末的第四阶段。

英国虽是世界上最早发展工业和最先遭到由工业发展带来的城市痼疾的国家。但它在19世纪下半叶所采取的 （以艺术与工艺运动为代表的）把城市中有条件的市民迁出城市、重新享受手工业时代的田园生活的做法，虽然无意识地潜伏了后来发展卫星城镇的出路，但在建筑的改革上还是比较轻微的。而19世纪末与20世纪初欧洲大陆的这个地区都采取了相对来说较为现实的态度，即认识到新的工业时代的来临必须有能适应与反映这个时代的新建筑，于是把这个地区推上了建筑改革中心的地位。他们一方面同当时占主导地位的复古主义、折中主义决裂，开展了对新建筑的探求，同时尝试运用当时的新材料——铁和玻璃——来为新的功能、结构与装饰服务。本卷所选的头几个项目都是这方面的。如苏格兰的格拉斯哥艺术学校(1896~1909)和比利时布鲁塞尔的人民之家(1897~1900)属当时影响较大的新艺术派；荷兰阿姆斯特丹的证券交易所(1897~1900)属阿姆斯特丹派，德国达姆施塔特的恩斯特·路德维希住宅(1899~1900)与奥地利维也纳的邮政储金银行(1903~1906)属维也纳分离派，这两派追求形式上的净化并运用新材料来适应新功能；瑞典斯德哥尔摩的市政厅(1902~1923)属北欧的国家浪漫主义；芬兰赫尔辛基的火车站(1906~1914)是北欧国家浪漫主义与芬兰有机建筑的结合。其中最为突出的如德国柏林的AEG汽轮机厂(1908~1909)、德国阿尔费尔德的鞋楦厂(1911~1913) ，它们不仅采用了并在形式上展示了新材料与新技术。这些特点是当时德国一个提倡通过改革工业产品的设计来提高工业产品质量，以便在国际市场上竞争的组织——德意志制造联盟——的主张。以上各派共同为日后的现代建筑打下了坚实的基础。

第一次世界大战之后，人们在经历了四年战火的洗礼后，破旧立新的愿望更为迫切，于是产生了与旧世界彻底决裂的现代派建筑。现代派建筑按《集锦》主编K.弗兰姆普敦的分析主要含有两个方面，即讲究理性的现代建筑先锋派和偏重人情的现代建筑有机派。先锋派以德国的包豪斯为核心；有机派从全球来说常以美国的F.L.赖特为代表，但在欧洲也有突出的表现，这就是芬兰的阿尔托和德国的黑林与沙龙等人。包豪斯在德骚的校舍(1925~1926)是先锋派的经典作品,它的注重功能,合理采用与表现新材料与新结构,将建筑的构筑形态(tectonic)作为建筑形式的主导,以至把大小、高低、质感不同的盒子形体量和谐地组合等等,使先锋派成功地成为现代建筑的主导。该建筑的设计人是我国建筑界人所共知的格罗皮乌斯,是包豪斯的第一任校长。以后,包豪斯的第三任校长密斯·凡·德·罗又以1929年巴塞罗那世界博览会中的德国馆(不在此卷)和在捷克布尔诺的图根哈特住宅(1930)宣告了先锋派建筑的空间美、材料美与室内外空间流动为人们生活带来美好享受的可能性。这些成就再加上阿尔托在例如芬兰诺尔马库的迈雷阿别墅(1937~1939)所表现出来的,从整体以至细部处处渗透着为人的生活、感觉与感受着想,以至把建筑设计成为文明、文化与艺术结晶的努力,使这个地区无疑地成为了两次世界大战之间的现代建筑中心。至于曾在思想与手法上对现代建筑产生过影响的其他流派,如德国的表现主义和荷兰的新造型主义等等,《集锦》并没有把它们遗忘。德国波茨坦的爱因斯坦天文台(1919~1921)属前者;荷兰乌德勒支的斯罗德住宅(1923~1924)属后者。

《集锦》第三卷还充分地展示了这个地区在大跨度建筑、工业建筑和大众住宅中的创新。1912~1913建于波兰弗罗茨瓦夫的百年大厅是当时跨度最大(直径65m,在有壁龛处达100m)的钢筋混凝土券形框架结构,它无论在结构体系、建筑空间与光线效果上均使人开了眼界。荷兰鹿特丹的范·纳尔工厂(1927~1930)、英国诺丁汉姆的布茨工厂(1932)把工厂建筑纳入到最现代化与优美的建筑前列。现代的大众住宅就更不用说了,这个地区自20年代起便不断地向世界提出了现代大众住宅的范例。德国斯图加特的魏森霍夫住宅区(1926~1927),奥地利维也纳的卡尔·马克思公寓(1927),以及后来在瑞士伯尔尼的哈兰住宅区(1956~1961),英国纽卡斯尔的拜克尔住宅区(1969~1981)等等都因其在不同要求与不同条件下杰出地对住宅设计作出不同的贡献而被列入西方建筑史册。

第二次世界大战后,现代建筑仍然是这个地区建筑创作的主导。但社会经济、人们的生活方式与意识的发展与变化使正统先锋派建筑的形象显得有些欠缺,取而代之的是更为丰富、更近人情、更有个性或具有新的仪表性(monumentality,此词过去我们翻译为纪念性)的建筑表现。芬兰萨纳蔡罗的市政厅(1950~1952),德国柏林爱乐音乐厅(1956~1963),柏林的国家美术馆新馆(1962~1968),瑞士里瓦·圣维塔莱的比安希住宅(1972~1973,当今名建筑师M.博塔的开山之作)等等都以不同的方式为此作出成功的探索。这里特别值得提起的是荷兰A.范艾克的孤儿院(1957~1960)和H.赫茨贝赫的中央贝赫尔保险公司大楼(1970~1972),这两幢建于不同年代与不同性质的建筑,各自运用了适合自己功能的在三向度上均模数化了的标准空间单元,像细胞似地组合而成。这种组织严密、层次分明的设计思维被称为结构主义,但它的人体尺度与室内外空间(在保险公司大楼则是公共的大空间与办公的小间)的相互渗透,为人际交往提供了贴近人情的场所。

20世纪70年代由美国发起,但迅速遍及西方的批判现代派单一性的浪潮,掀起了各种讲究建筑形式含意与借用语言学来促进与改变建筑表现的创作思潮。它们被统称为现代主义之后或多元论建筑,但在这顶大帽子之下又各树旗帜。不过在欧洲,越有成就的建筑师似乎越不太主动地把自己标榜为什么派,而是把它们作为用以加强自己作品的形象效果的方法。德国斯图加特的国家美术馆扩建部分(1980~1984,英国建筑师J.斯特林主持设计)是当时流行于美国的后现代形式主义在欧洲大陆的开端。这里不仅可以看到19世纪柏林老博物馆和20世纪初斯图加特火车站的痕迹,还可以看到俄国构成主义和勒·柯布西耶的处理。位于已被拆除的柏林墙遗址旁的日托托儿所(1988,设计人葡萄牙建筑师A.西扎)是一成功地插入到原有建筑群内院中的新建筑,它的尺度和在钢筋混凝土框架外的砖墙面获得了与该场地在场所感上的认同,被认为是一座称为新地域主义的精品。在德国波恩的原新会议厅(1987~1992,设计人G.贝尼什)和在荷兰阿姆斯特丹的艺术馆(1990~1992,设计人R.库哈斯~OMA)同为所谓新现代派的杰出实例。两者均内容丰富而外形简洁,但内部空间的或重叠或并列或自由地从一边向另一边舒展,形成了耐人寻味的效果。前者在室内外(一个公园)的交流上创造了形似简单而极其丰富的室内环境。两幢英国的高技精品,斯坦斯德的机场(1987~1990,设计人N.福斯特)和伦敦的滑铁卢国际列车终点站(1990~1993,设计人N.格里姆肖等),其规模之大,内容之复杂与结构、设备技术上的尖端是无需赘述的了;但它们在造型上引人赞叹的富有高技感的艺术表现说明了当代高技派不同于过去仅仅是采用与表现新技术的特点。最后要提到的是已广泛引起人们注意的柏林博物馆中的犹太人馆(1997,设计人D.利布斯金德)。这是一座所谓解构主义的作品,但它运用得那么得法——如建筑外形看上去像一颗被砸碎了的(用以象征犹太人的)大卫之星以及在展区中有时会有一个什么都没有的象征“缺席”的空间——以致强烈地引起参观者关于纳粹对犹太人的残酷迫害与大屠杀的联想与沉思。

总而言之《集锦》第三卷的内容十分丰富,是一本很有裨益的读物。望一切对西方建筑感兴趣的人不要错过。

编辑W.王在前言中说,建筑的发展与变化,从低级到高级,从一种解决方法到另一种,是社会文明不断“自主化过程”中的一个方面。所谓“自主化”即人类为了更好地生存与生活努力寻求各种可以摆脱自然或社会偶发事件对人的控制与压力的方法。建筑在它的整个历史发展中充分反映了对“自主化”的努力并获得了成果,例如建筑越来越专业化,新建筑类型层出不穷、建筑与方法在反复分析下的经验积累、建筑在量和质上的不断提高、建筑基础设施的持续拓展以至通过形式的创造来追求建筑与时代要求的认同等等。在这个过程中会出现很多矛盾,如理想与现实、个人与集体、城市与乡村、理论与实践、形式与空间、科技的新发现与传统的思维与生活方式以至经验的否定之否定等等。而推动创新的力量是知识、智慧与寻求“自主化”的精神。假如我们在阅读的时候,能经常联系到W.王的这个见解来思考问题,可能会对什么是创作与如何创作有进一步的理解。

阳光普照下的地中海建筑文化
——读《20世纪世界建筑精品集锦》地中海卷

郑时龄

《集锦》的第四卷是地中海建筑卷，本书介绍了在20世纪地中海沿岸国家建筑的概况，包括法国、意大利、西班牙、葡萄牙、希腊、埃及、阿尔巴尼亚、阿尔及利亚、安道尔、波斯尼亚、黑塞哥维那、克罗地亚、利比亚、马耳他、毛里塔尼亚、摩纳哥、摩洛哥、葡萄牙、塞尔维亚、斯洛文尼亚、突尼斯、梵蒂冈等国的建筑共100项。经过讨论，这一地区的以色列、黎巴嫩、叙利亚、土耳其建筑被列入到中东建筑卷。实际入选的建筑则来自西班牙（32项）、法国（28项）、意大利（25项）、葡萄牙（6项）、希腊（3项）、斯洛文尼亚（3项）、埃及（2项）和阿尔及利亚（1项）等国家的建筑。按照时期划分的话，1900年～20年代15项，1920年～40年代25项，1940年～60年代有20项，1960年～80年代有20项，1980年～1999年选入20项。

这些国家的建筑文化在地域上有着松散的相互联系，同时又有各自不同的历史与社会背景，长期以来历史学家和批评家们由于历史与意识形态的局限，受到以中欧和美国为中心的思想的影响，应当说，当代国际建筑界对地中海地区建筑的认识还是很不全面的，过去还没有将地中海地区建筑作为一个体系来研究。因此，本书的出版将填补这一领域的空白。但是，要将如此丰富多彩的建筑发展仅用100项建筑就全面地加以展示是十分困难的。选材工作由威尼斯的马可·德·米凯利斯、巴塞罗那的胡安·何塞·拉韦尔塔、巴黎的雅克·吕甘、雅典的约尔格斯·西梅奥弗里迪斯和卢布尔雅那的亚历克·沃多皮维奇完成。主编由瑞士苏黎士高工建筑系的维多里奥·兰布涅尼教授担任，并撰写了关于20世纪地中海地区建筑的论文。

地中海地区的建筑具有很深厚的生命力，而由于受语言和文化的影响，我们过去对这一地区的建筑，认识不够，介绍也相对比较少。对个别建筑介绍比较多，而没有将整个地中海地区的建筑作为一个体系来介绍。地中海地区的建筑具有很多原创性，对于世界建筑的贡献在历史上是显而易见的，尤其是对欧洲建筑而言，可以说是领导了欧洲建筑的潮流。很多伟大的思想是从这里发源，而在其他地区开花结果的。地中海地区对当代建筑的贡献则表现在乡土特征，简洁的几何形体，纯净的建筑风格以及技术表现主义等方面，以丰厚而又细致入微的传统手工技艺结合高技术的素质，以及对城市文脉、建筑空间、材料品质的敏锐意识，对未来城市与建筑的完美理想和执著的追求，在当代世界建筑史上写下了十分光辉的篇章。尽管人们受到美国现代建筑中心论的困扰，不能坦率地承认地中海地区建筑的先锋性，实际上，当代世界建筑的新思想有相当重要的部分是出自于这一地区的，勒·柯布西埃就曾经从地中海建筑中寻找欧洲建筑的根。随着意大利建筑师阿尔多·罗西、伦佐·比阿诺，葡萄牙建筑师阿尔瓦罗·西扎，西班牙建筑师拉菲尔·莫奈奥，法国建筑师波赞帕克在近十年间相继获得普里茨克建筑奖，人们越来越认识到当代地中海建筑所具有的十分难能可贵的原创性、传统性、环境性和地域性。

阅读地中海卷会从头至尾给人们以一种理想主义的建筑思想，这卷中所收录的作品除了密斯·凡·德·罗的巴塞罗那国际博览会德国馆（1929）和弗兰克·盖瑞的毕尔巴鄂古根海姆博物馆（1997）以外，全部是这一地区建筑师的作品。实际上，毕尔巴鄂位于大西洋边上，毕尔巴鄂古根海姆博物馆代表了地中海卷收录在内的极为有限的外来建筑文化。书中甚至连贝聿铭的卢浮宫金字塔（1987）和约翰·奥托·冯·斯普雷克森的巴黎拉德方斯大拱门（1989）以及塞维利亚世界博览会的优秀建筑都没有选进，令人惋惜。

地中海卷是对20世纪这一地区建筑的一个总结与回顾，介绍了这一地区的政治、经济和文化的特殊背景。从起源上看，在20世纪初的时候，欧、美的大部分地区都已经普遍实现了工业化，南欧的地中海沿岸国家的工业化进程比北欧和中欧要稍晚一些，法国在经济发展方面又不同于南欧，而北非地中海沿岸国家则仍然依赖于传统的社会结构，工业、农业、社会和文化的现代化进程都相应地有所延迟。欧洲的建筑文化与其他的文化领域一样，十分活跃地参予了社会的变革并致力于创新。首先，技术上的创新成为灵感的重要源泉。1889年的巴黎世界博览会成为新建筑发展的一个里程碑，在新的机械造型中体现了一种全新的美学概念。也是这一年，古斯塔夫·埃菲尔设计建造了埃菲尔铁塔，为这种美学观念竖立了一座永恒的纪念丰碑。

在世纪末的欧洲，各种思想流派纷呈迭至，象征主义、历史主义占据了主导地位，人们正在寻找一种全新的造型语言，从过去的古典主义词汇中解放出来的建筑语言，以代替折中的历史主义。发端于19世纪晚期的新艺术运动在法国和比利时应运而生，在德国出现了新艺术运动的分支——青年风格派，奥地利有以奥托·瓦格纳、贝尔拉格为代表的分离派，在意大利则有自由派，西班牙建筑师则创造了感情洋溢的折中主义的现代派，作为新艺术运动的加泰隆学派首先在巴塞罗那留下了印迹，他们的代表人物是高迪和蒙塔纳尔。新艺术运动的建筑师们试图用美学的手法去处理一切生活用品，利用线条来表现视觉的精神力量，广泛采用装饰花纹，并以线条构成建筑的特征，使艺术造型渗入生活的世界。

20世纪初，建筑发展的动力来自于技术领域：钢筋混凝土材料在建筑领域的应用对未来的建筑艺术有着巨大的影响。几乎所有激进的现代派建筑都应用了钢筋混凝土结构以及它的多样的表现形式，但是对于新的建筑语言来说起决定性的影响则来自于造型艺术。20世纪初的人们以一系列的先锋派运动对19世纪的建筑艺术危机作出反应，新的建筑美学首先起源于德国的表现主义、法国的立体主义、意大利的未来主义、俄国的构成主义和至上主义、荷兰的新造型主义、瑞士的达达主义以及法国的超现实主义。

法国建筑师古斯特·佩雷和托尼·嘎尼埃深入探讨了用钢筋混凝土结构实现古典主义语言的可能性，马亚尔和弗雷西内等工程师则发展了一种动态的形式语言，这种动态语言以独特的线条表现了新材料的力学性能。影响最大的发展归功于年轻的勒·柯布西耶，他在1914年构思的多米诺住宅，成为钢筋混凝土框架建筑的典范，使得这种艺术风格在20世纪几乎风靡了整个地中海沿岸地区。而未来主义作为一种新的机械美学的代表首先在意大利出现，圣艾利亚等人的未来主义建筑画表现了建筑师在现实基础上对未来城市的一种设想，这种立体城市的理想最终在美国的大都市中找到了实现的机会。

第一次世界大战后出现了严重的住房危机。自从18、19世纪的人口爆炸和工业革命以来，中欧、北欧和地中海地区形成了从农村到城市的大规模移民，住房短缺的问题日益尖锐。而战后20世纪20年代猛涨的建筑造价和高额的资本费用也严重地限制了建筑的发展。在各种因素的巨大压力下，人们开始尝试将工业化的系列产品运用到建筑上来，出现了大量新式的房屋。建筑师从远洋轮船、飞机、汽车的机械造型上汲取灵感。

植根于第一次世界大战前的理性主义运动，对于当代欧洲和美国的建筑有着深远的影响，这个运动在20世纪20年代开始繁荣并走向成熟。就实质而言，理性主义运动是古典主义的一种演化，其思想可以追溯到古典主义的原理。勒·柯布西耶努力表现古典的模度的原则，最终放弃了立体主义并宣告了纯粹主义的诞生。勒·柯布西耶在20世纪20年代设计的萨伏伊别墅（1931），不仅是古典现代主义的完美典范，同时他那立体的表现形式和白色的建筑造型也表达了地中海地区对抽象意念的一种崇拜。

1926年在意大利，成立了理性主义七人集团，在这一领域的代表人物是费吉尼，利培拉和戴拉尼、理性主义建筑依然强调传统形式的完美与国际式建筑语言的结合，代表作有在科莫的法西奥宫（1936）。1930年七人集团发展为意大利理性建筑运动，包括巴尔德萨里，利陶尔菲，BBPR事务所，卡代拉和米开鲁契等意大利新一代理性主义建筑师。另外，极富创造力的工程师奈维的作品也和理性主义有密切的关系，并体现了表现主义的特征。而未来主义则以先锋派的另一种变体的形式得到延续。

理性主义建筑运动在城市建筑方面的理想在一些居住区的设计上得到了体现，狂热地追求光线、空气和太阳，同时提出了富于创造性的关于大众住宅的设想。相应的理性主义城市规划理论则主要集中在将城市功能划分为居住、工作、游憩和交通四大功能，在CIAM于1933年举行的第四次大会上得到总结，并在勒·柯布西耶的主持下发表了《雅典宪章》。

理性主义只是20世纪20、30年代建筑的诸多潮流中的一个组成部分，理性主义建筑运动致力于创造新的建筑艺术，而又不违背传统建筑的根本立场，将建筑艺术的变革和手工技艺联系起来。主张建筑与地域环境相适应，建筑形式尽可能简洁，以实用为主，建筑材料也按照不同的需求来选择。放弃了后历史主义的各种沉重的负担和理性主义的无装饰风格，对理性主义建筑的形式语言进行了改造。地中海卷选了十项理性主义建筑师的作品，此外，也选了更多的走理性主义建筑道路的建筑师的作品。

在法西斯统治的意大利首先发生了一场思想上的革命，在建筑上表现出一种偏爱新古典主义的折中倾向，使理性主义偏离了理想的方向。新古典主义自18世纪以来在欧洲、美国及其他非欧洲国家不仅没有中断，甚至在部分地区出现了更大的复兴。在法西斯统治下的罗马，出现了服从于形式意志蔓延的建筑作品。古典主义的柱廊，雄伟的阶梯，装饰线脚在建筑的新客观主义的禁欲风之后重新出现。轴线、对称性和序列性成为主要的建筑形式语言，以纪念碑式的比例，超大型的建筑尺度作为手段用来表现国家的权力。同一时期在法国也出现了新古典主义，而且来势更猛。1937年的巴黎世界博览会就是这方面的标志，满足了资产阶级对于表现风格的要求，新古典主义的建筑风格已经成为新时期文化的一种权威。

西班牙现代主义的代表人物是梅尔卡达、塞尔特，而马尔西亚在1932年为巴塞罗那所做的规划，以它的高层建筑和它的分区规划思想可以看作是现代主义的代表。作为独特的钢筋混凝土结构的实验家，工程师托罗哈在萨苏埃拉宫跑马场（1936）的设计上以那羽毛般轻盈的屋面结构脱颖而出，在地中海沿岸地区值得一提的还有希腊建筑师皮金奥尼斯的早期作品，表现了朴素的现实主义风格。

在地中海南部的殖民地区，地区传统主义方向得到表现。对于欧洲建筑师而言，这里的气候、文化条件都是新的，因而导致了同本土传统分离的建筑风格，并加以理性化和艺术化。除了古典主义以外，在北非的城市中，直到20世纪30年代都仍然活跃着与伊斯兰历史建筑形式紧密联系的历史主义风格。这种复兴的伊斯兰风格往往被看作是文化独立的象征，尤其是在北非国家处于英、法的殖民统治下的时期。20世纪初的历史主义风格大多用于从欧洲引入的建筑类型上，在20世纪20年代就与装饰艺术运动的国际潮流联系在一起。

在北非，法国的建筑推动了理性主义的广泛传播，摩洛哥通过强制的手段推广理性主义，港口城市卡萨布兰卡从20世纪20年代后期起出现了具有现代风格的住宅和商店建筑，显示出一个现代大都市的风貌。在阿尔及尔和突尼斯，这一时期也出现了不少具有法国式风格的建筑。

1925年的巴黎国际装饰艺术和现代工业展览会以后，装饰艺术风格越来越成为传统和先锋派的中介因素。它应用从立体主义和现代主义发展而来的几何形状并加上装饰花纹，并以此来证明建筑的实用性。它的风格不仅在新世界，同样在殖民地国家得到广泛的传播，并形成了一种容易为人们所接受的新时代风格。在开罗、突尼斯、阿尔及尔以及卡萨布兰卡，被广泛用在电影院等为蓬勃发展的社会中产阶级服务的建筑上。

第二次世界大战结束后的欧洲经济已经濒临衰竭，建筑物的受破坏程度十分惨重。如何在废墟中重新建设是欧洲所面临的首要问题。与第一次世界大战后相似的是，人们总是将战争的暴行与科学技术的进步相提并论。随之而来的则是一种文化领域的倒退，国际式风格与地方主义倾向相互交织在一起。一种浪漫化的、对地方传统的追求成为许多国际先锋派建筑运动的表现方式。

两次世界大战都给欧洲带来了严重的住宅问题，住宅建筑吸引了许多建筑师，甚至是十分著名的建筑师，例如勒·柯布西耶、阿尔多·罗西、阿尔瓦罗·西扎、科德尔赫等都曾投身于住宅建筑的设计，取得了极其突出的成就。地中海地区的住宅建筑有着鲜明的地方特色，表现了朴实的理性主义与环境的完美结合。这也是为什么在这卷书中有26项住宅建筑入选的原因，其中包括两次大战之间的9项和第二次世界大战后的14项住宅建筑。

建筑学正处于十字路口，一种不再向历史回归，而主张与传统建立朴素的联系的建筑思潮得到推崇，这一趋势在全世界范围得到传播。首先出现的是意大利文化领域中的新现实主义，由建筑师夸罗尼、利陶尔菲和菲奥伦蒂诺将它移植到建筑上。在20世纪40和50年代，西班牙和葡萄牙建筑师脱离了欧洲的主流建筑，他们以相对而言比较传统的建筑技术表现地中海式的现代建筑风格，与他们的邻居，意大利建筑师有着更多的共同语言。与此同时，西班牙建筑师亚历杭德罗·德拉索塔等人则致力于风景如画般的建筑风格，在居住区的建设中融入了地方特色。在城市建筑方面，有致力于发展现代建筑语言的巴塞罗那建筑师科德尔赫的作品，这一卷选有他的两个住宅设计。法国的地方主义具有一种纪念性，普荣设计的阿尔及尔"法国风土"居住区（1957）追求古典理性主义，另一方面却常常拥有当地建筑特有的岩石墙面的坚实外表。卡萨布兰卡附近的艾因舒克居住区就显示出了浓郁的地方特色。

希腊建筑师始终试图与传统保持一种延续的关系，并努力创造扎根于希腊地中海文化的现代建筑的发展。希腊新建筑的风格建立在古典主义与爱琴海白色住宅原型的基础上，皮金奥尼斯为雅典卫城与菲洛帕普斯山景观设计（1958）在探索原始的和永恒的空间感方面创造了典范。希腊当代建筑的代表人物还有佐克西亚季斯等。

战后欧洲的经济状况变化得比人们预想的还要快。1947年，作为马歇尔计划一部分，通过了美国在经济上支持帮助西欧经济重建的政策。经济的增长引发了建筑业的高速发展。文化界的许多构成艺术的代表人物首先延续了两次大战之间的先锋运动的特色，并受抽象表现主义影响延续了几何抽象表现风格，在1950年前后出现了对建筑有重要影响的光效应艺术。建筑面临着新的问题，传统的设计方式和工程管理已不能满足庞大的计划及综合性的要求。个体建筑师被团队或建筑公司所取代，应用科学及工业工程学的方法转而被使用在建筑上。一方面使建筑生产提高了效率，另一方面使建筑从整体上摆脱了个人主义的局限性。

由于理性主义引起的意识形态上的空白，美国的城市与建筑的形式迅速进入了这一地区。建筑形式隐喻着一种信条：高耸而细长的建筑物象征了对经济增长及技术进步的无限信心，在全空调的建筑中，钢和玻璃结构的光亮时髦的幕墙外形象征着拥有无限的能源，自由、灵活的平面布置包括开敞的空间、可移动的墙，表现了对组织、动力、成就和交流的信仰。机械式的玻璃盒子以密斯·凡·德·罗的美国式战后建筑为样板，像雨后春笋一样涌现出来，人们想让巴黎和米兰的城市面貌变得像芝加哥、纽约或东京、里约热内卢一样的国际化。缺乏内涵的建筑风格显露出设计思想的贫乏，与古典的形式主义相对，浮华的风格构成了新的形式主义，人们尝试用表面形式的多样来掩饰内容的单调。

与此同时，一种扎根于个人主义和神秘主义的新的表现思潮得以成熟，艺术家建筑师的倾向开始抬头。勒·柯布西耶首先设计了造型自由的朗香圣母教堂（1955），以后，米开鲁契在佛罗伦萨施洗约翰教堂（1964）上又将建筑的雕塑性充分加以发挥。同时，与之平行发展的还有意大利建筑师埃内斯托·内森·罗杰斯等与国际式建筑风一直在寻找形式语言的有创造性的发展，并作出了创新。书中也收录了埃·内格的大论战，他们继承了地方经验主义和新现实主义，并将它汇入新自由派的建筑思潮之中。其他的建筑师，如斯卡尔巴和萨蒙那，继赖特之后，罗杰斯等人的维拉斯加塔楼（1957）和斯卡尔巴的布里昂墓园（1978）。

经济的快速增长必然带来一些问题。工业国家在社会生产总值上有了巨大的增长，这种丰裕的表象只是建立在摇摇欲坠的政治基础之上。随着20世纪60、70年代全球政治的动荡与分裂，经济领域的新问题逐渐浮现。同时，人口和生产的增长在工业化的两百年里同地球上能源的劫掠及环境污染相互关联。生态问题被重新加以考虑，20世纪70年代的国际石油和能源危机对世界经济产生了严重的影响。另一方面，先进技术也取得了巨大进步，人类进入了太空时代。建筑师们在技术的启示下对建筑的未来重新加以审视。同时，最早的对建筑工业化所怀有的浪漫主义的热情，在战后重建的失败教训中，也有所收敛。

20世纪60年代中期，波普艺术和概念艺术得到发展，它继续了20年音乐会艺术的尝试，声明对艺术作品做技术、知识的试验，有时甚至尝试作为纯粹的意识结构而完全放弃创造过程中材料的实现。在致力于通过艺术活动来展示社会变化的脉搏的过程中，艺术上同样表现出多样性和矛盾性，出现了多种艺术分支：街道艺术、地景艺术和行为艺术。尽管有各不相同的分歧和争论，人们仍然可以分别找到符号学、历史主义、形式主义这三大来源。

面对20世纪70年代经济的迅速增长，不少建筑师的反应是逃避现实。对传统环境的关注导致了普遍性的乌托邦，幻想用构图的方式解决问题。年轻的建筑师们像超级研究室，成员有纳塔里尼和阿基佐姆等，用他们的攻击性的社会政治、技术的极端主义使建筑文化带上不满情绪。另一方面，在这种文化中出现了一种同样激进的对自我原则证明的回忆风格。在意大利，阿尔多·罗西建立了理性主义的建筑风格，他提出了基本的几何形式及一种新的赋予灵感的雄伟的建筑原型。在1966年的著作《城市建筑》中他强调了城市环境中建筑物的权威性。格雷戈蒂在《建筑中的领域》一书中声明了建筑艺术独立的领域。格拉西在1967年的著作《建筑的逻辑结构》中强调了建筑的固有原则。

艺术上的历史主义和建筑符号学最终导致了后现代主义。它的引人注目的代表人物例如意大利的波尔多盖希，以广泛的舆论宣传活动为后现代主义的推广作出了贡献，其中，最有代表性的是1980年威尼斯的第一届建筑艺术国际博览会上展出的“崭新的街道”。在意大利，建筑的表面形式与其本质有着同样重要的意义，阿莫尼诺、普里尼等都是这次涉及面十分广泛的后现代主义运动的重要代表人物。在西班牙，后现代主义则更多地接受了装饰现代主义的特征，作为这方面的代表，建筑师波菲尔首先在法国实现了一些复兴古典主义的作品。

其间，结构及技术工艺的原则在某种艺术潮流中作为塑造的因素一直富有生命力，这种艺术潮流违背了对地球资源有限及能源危机突发的认知而致力于在建筑中利用先进的工业化带来的可能性，不仅为了更快、更便宜、更好地建造，也为了开辟一种新的形式世界。不同的人士如意大利建筑师莫朗蒂或比阿诺在这一点上是共同努力的。法国建筑师波赞帕克则更表现出对勒·柯布西耶后期作品的追随，代表作品是巴黎音乐城（1995）。

今天的地中海国家的建筑事实上是在很困难的社会经济条件下发展起来的。法国、意大利和西班牙的建筑业的经济化往往导致了建筑质量的低劣。在通过欧盟资助的国家和希腊、葡萄牙则出现了建筑的推动力，但是没有一种成熟的建筑文化来管理广泛的质量。在巴尔干国家民族主义得到了理性的发展。北非国家则再次与后殖民主义进行斗争，这个地区在这个时期或处于像埃及那样资本主义的发展中，或像摩洛哥那样处于稳定的君主统治之下，阿尔及利亚和突尼斯面临着重要的挑战，而利比亚则陷于孤立中。与此相应，只有为数不多的建筑具有质量较高的建筑艺术。

在此期间对历史主义的建筑艺术的深入研究则取得了丰硕的成果，这方面的代表有意大利建筑师格拉西为萨贡托罗马剧院所作的修复设计（1995）和希腊建筑师克洛诺斯的塞萨洛尼基拜占廷文化博物馆（1994）。20世纪80年代的西班牙建筑成功地将建筑思想的探索与建筑空间、建筑材料以及城市文脉完美地结合在一起。重要的代表人物有拉菲尔·莫奈奥，他的梅里达罗马艺术博物馆（1985）将传统的结构和建筑材料与现代的展示方式加以艺术的表现，他与葡萄牙建筑师阿尔瓦罗·西扎所遵循的是古典现代主义的典范，将理性主义建筑的原则改造成为具有不同风格的诗意的语言。很多年轻建筑师继承并发扬了这个方向，各种流派种类繁多，出现了从禁欲主义到法国建筑师多米尼克·佩罗的几何纯粹主义，他的作品入选的是巴黎国家图书馆（1995）。

地中海沿岸国家的建筑艺术在共同的探索中表现出一种追求简洁的风格，分别在不同的程度上以不同的方法进行尝试。其中也有多方面的技术表现主义，它是伦佐·比阿诺在20世纪70年代所崇拜的，追求高技术和精美的建筑形式。另外还有让·努维尔以及他的丰富多彩的创新，他在每一项新的建筑任务中都并不刻意追求，而是真正作出创新并且不断地使之完美，他的阿拉伯世界研究所（1987）在创新中始终遵循着清晰的原则。

人们有可能将地中海地区的建筑归纳为批判的地区主义，然而在深入研究之后又会发现，地中海地区的建筑有着远比批判的地区主义更为复杂而且也更为广博的内涵。其中最突出的一点就是多元化的历史和文化背景下所形成的地中海文明，这种文明是与地中海地区的特殊气候条件在深远的历史长河中的熏陶分不开的。即使在地中海各国的各种细微的差别中依然显示出一种共同的文化特性，这种特性已深深扎根于它的历史和环境之中。有过一个时期，曾经将历史传统理解为古典英雄主义和帝国风格，而当代的地中海建筑则更为理性，更为朴实，更注重与环境的融合。地中海地区的建筑师们试图把地区的共同特性从过去延伸到现在和将来。地中海地区的这样一种积淀丰厚的文化环境会引发出与传统紧密联系在一起的创造，以一种不张扬的沉着冷静去克服条件的制约，或者利用条件的挑战性。这里的建筑师与他们在其他地区的同行相比，更加浮想联翩，热情奔放，富于创造性，然而又不至于背离理性。在新的历史条件下，他们把对传统的执著，精湛的手工技艺与有人性的高技术完美地结合在一起。本书的出版有助于让人们深刻理解地中海建筑所特有的典型的原创性、深厚的传统性、协调的环境性和鲜明的地域性。

（摘自《建筑学报》2000年第10期）

《20世纪世界建筑精品集锦》编后感

张钦楠

十卷本的《20世纪世界建筑精品集锦》（英、中文版）相继问世。承蒙《建筑学报》特约，给予一定篇幅予以介绍。在这里，我把本丛书的缘起、指导思想和本人的一些感想汇报如下。

一、缘起

在筹备国际建协第20次世界建筑师大会初期，学会几位同人：张祖刚、刘开济、张钦楠等提出，这次大会主题是“21世纪的建筑学”，如能对20世纪建筑做一较为全面、系统的回顾与总结，则更为有力。于是产生了编辑一套丛书的设想，得到了学会和建设部领导叶如棠、周干峙等的支持，吴良镛教授也从医院传来赞同。中国建筑工业出版社两届领导周谊、刘慈慰均勇敢地承诺了这项艰巨的项目，并指派王伯杨负责其事。事情就这样开始了。

从一开始，我们就认识到，这是一项需要各国学者和建筑师共同参加的工作，于是在1995年就邀请了美国哥伦比亚大学肯尼思·弗兰姆普敦教授（以下简称弗教授）和德国建筑博物馆馆长W.王教授来华，在国内，则聘请了罗小未教授共同组成编委常委。

两位外国教授一听到我们的计划，就表示赞成。弗教授当晚在旅馆中写了一份大纲。他的建议主要是：①书名：*World Architecture,1900–2000: A Critical Mosaic,*《世界建筑，1990～2000：一部批判的织锦》，用“马赛克”（织锦）来反映多元化的世界建筑文化；②按地理与文化区域分为10卷（即：加拿大与美国；拉丁美洲；北、中、东欧；地中海沿岸；中东和土耳其；中、南非洲；独联体国家；南亚；东亚；东南亚和大洋洲；③十卷共选有代表性建筑1 000项，即每卷100项，并将20世纪按20年为一期分为五个时期，每期每卷选入应不少于十项；④每卷聘请一位熟悉本地域的学者为编辑，并聘请5～8名知名评论家为“评论员（提名员）”。由编辑组织评论员提名项目并投票选定。每项平均提供2.5页篇幅，包括图照与200字左右的文字评介；⑤每卷编辑撰写一篇5 000～10 000字的综合论文，总编辑写全面的总论文。

这个大纲迅即得到常委的大力赞同，并同意每卷再设中方编辑一名。经协商，聘请了以下各卷编辑：①加美卷：R.英格索尔（美国锡拉丘兹大学意大利分校教授）与刘开济；②拉美卷：J.格鲁斯堡（阿根廷国家美术馆馆长）与刘开济；③北欧卷：W.王（德国建筑博物馆馆长）与罗小未；④地中海卷：V.M.兰普格涅亚尼（瑞士ETH大学建筑学院院长）与郑时龄；⑤中东卷：H–U.汗（美国麻省理工学院副教授）与罗小未；⑥非洲卷：U.库特曼（美国华盛顿大学退休教授）与张钦楠；⑦独联体卷：Y.格涅道夫斯基（俄罗斯建筑家同盟主席）与张祖刚；⑧南亚卷：R.梅洛特拉（印度建筑师、作家）与张祖刚；⑨东亚卷：关肇邺与吴耀东（清华大学教授与副教授）；⑩东南亚与大洋洲卷：W.林（新加坡建筑师、作家）、J.泰勒（澳大利亚昆士兰理工大学教授）与张钦楠。丛书总编辑为弗兰姆普敦教授，张钦楠为副总编辑，王伯扬、张惠珍、董苏华为责任编辑。各卷编辑又聘请了60余位“评论员”。

这一计划，随即得到国际建协理事会的热烈支持，主席S.托佩森与秘书长V.史戈泰斯（后当选主席）欣然同意担任丛书顾问，并撰写贺词。

随后，在1996年巴塞罗那世界建筑师大会期间，召开了第一次编委会会议，通过了弗教授的大纲。历时五年的，被史戈泰斯称为“赫丘里斯计划”和库特曼称为“世纪性事件”的“长征”就此正式启动。

在编辑过程中，许多入选项目的建筑师都无偿提供资料；各建筑博物馆、档案馆、基金会、照相社也以优惠条件提供图照；还有一些已故建筑师的家属积极提供珍藏图照，给我们以很大鼓舞。奥地利斯普林格出版社负责英文版的联合编辑及全球发行，并聘请该国知名设计师T.埃尔本进行封面与内部版式的装帧设计。

当然，也有一些人（包括好心的朋友）怀疑中国是否有能力组织出版这样大型的国际性文献。确实，难度是很大的，特别是语言方面，涉及英、德、法、俄、西、意、葡、波、日、韩、中等诸国文字的交叉翻译（在这里，我特别要提出那些从事文字翻译的专家们的努力，例如李德华教授除了带病亲自翻译外，还在译名统一上提出了大量宝贵意见）。有的困难远远超出了原来的估计，以致未能在建筑师大会期间出版，推迟了半年左右。在它终于问世之后，人们也会发现这样那样的不足，然而，它的学术、文献和信息价值却无可

否定。日本的长岛孝一曾感慨地说，这样的事，现在也只有中国能做到。在这里，本人特别要提到中国建筑工业出版社社长刘慈慰先生的决心和毅力。

二、指导思想

这套丛书，包含了极为丰富的信息和深刻的思想，恐怕不是一两次简单浏览所能吸收。我在这里重点介绍弗教授的总论文以及自己的一些感受。

弗兰姆普敦的论文，最初计划写五、六千字，但经几易其稿后，最后发展到两万多字，前后用了将近八个月的时间。据他本人说，这是他最费心、费时和费力的文章，其中仅插图就有160多幅，几可单独构成20世纪世界建筑的演变图集。

在这篇论文中，作者把20世纪世界建筑发展视为多种“轨迹”此起彼伏的交替。他的分析，使我们从错综复杂的、静态的“织锦”（马赛克）中看到了为数不多的、动态的“轨迹”的起伏，从而能增进对建筑创作一些本质问题的理解。

作者分四个部分来叙说：①先锋派与延续性（1887~1986年）；②有机性的时代（1910~1998年）；③全球文明与民族文化（1935~1991年）；④生产、场所与现实（1927~1990年）。这四个方面，正是20世纪建筑师所面临的几个核心问题：创新与继承；自然与人工；全球与民族（地域）；科技与场所。

在第一部分中，作者列举了从20世纪早期开始相继出现于欧洲的多种先锋派潮流，包括：意大利的未来主义、俄罗斯的构成主义、荷兰的新装饰主义、德国的包豪斯（涉及其三位主任的不同观点）、法国的纯粹主义和粗野主义以及意大利的理性主义等。他们的兴起，都是针对工业社会和大城市的蔓延而试图做出反应，并且必然对前工业社会中统治的古典主义进行了反复的冲击。然而，事情不止于此，在这些先锋派的冲击中，都一而再地触及了建筑的本质：它是实用产品还是艺术的问题，还是二者兼有，不可偏废的两个侧面。

在第二部分中，作者列举了当时在现代主义的浪潮中处于“非主流派”的赖特（美国）、夏隆·海林·门德尔松（欧洲表现主义）以及阿尔托（芬兰）等人创作中的有机性“轨迹”。他们似若“保守”、复杂、崇尚无则的自然和反技术的有机性，与那些“先进”、简洁（纯粹）、崇尚几何性、规则性和机械的无机性相对立，然而，通过历史的洗礼，现在已明显地成为建筑创作中两条相辅相成的途径。

在第三部分中，作者特别突出了勒·柯布西耶和L.康（或译卡恩）通过自己的作品和弟子对非西方国家的影响。然而，他们的似若“放之四海皆准”的创作，就像阳光投入水面之后，在一个个地域和一代代新人的手中，都出现了不同程度的“折射”，例如在日本，就从前川国男到丹下健三到安藤忠雄再到更新的一代，从而产生了全球画面中所贡献的“织锦”部分。这种现象，在拉丁美洲（尼迈耶—巴拉甘—里戈莱他）、南亚（多西—柯里亚—巴瓦）、东南亚（洛克新—朱姆赛依—杨经文）和中东、非洲都毫无例外。

在第四部分中，作者对比了“产品—形式（product-form）”和“场所—形式（place-form）”，前者以

N.福斯特和R.皮亚诺等“高技派”为代表，通过最先进的技术手段来满足功能要求同时表现时代精神；后者以西扎、里戈莱他等为代表，强调建筑要反映场所特征，包括利用地方材料和色彩等。这又是两条平行发展的“轨迹”。

从作者论证的四个方面出现的“轨迹”来看，我的认识是，在建筑创作中，始终存在着一对对互相排斥，又无可消灭对方的“伴侣”。其中有的或可兼顾，如皮亚诺最近在太平洋岛屿上所设计的特吉巴奥文化中心，就既采用了最先进的材料和结构，又体现了当地文化的特征，但正如作者指出的：这并不是在所有场合下都能做到的。更多的时候，人们可以对同样任务，做出完全不同的答案，如“英国的福斯特和荷兰的赫兹伯格，在相近的年代，欧洲类似的中等城市，同样的功能要求（保险公司大楼）和规模下做出了两个决然不同又各自成为经典的范例。如果说，在本世纪初，勒·柯布西耶和他的导师A.佩雷为了水平横窗和垂直立窗的正确性”争论得几乎导致决裂的话，那么到世纪末，人们在接受多样性的时候，会对这种争论感到奇怪，这是否是时代的一个进步呢？

然而，弗教授在列举了本世纪建筑创作的诸多成就和发展“轨迹”之后，在文章的末尾，又不无忧虑和悲观地回到另一对“永恒”的“伴侣”，即建筑师的理想和现实的关系。如果说，世纪初的各种先锋派，针对工业化社会的弊病，信心十足地提出各种改造河山的宣言，那么，到了世纪末，在人们谈论全球化和信息社会的同时，贫困依然广泛存在，环境不断恶化，许多城市功能受到扭曲等，而建筑师对此很少能起到作用。相反，被视为“革命”替代物的现代主义建筑，却像前川国男在后期所叹息的：出现了非人性的倾向（库特曼还认为，在非洲独立较晚的国家中，现代建筑也成为殖民主义的象征）。他的这种悲观情绪，也反映于他在北京人民大会堂所做的主题报告之中。

三、感想

这里讲一个插曲：在弗教授论文初稿的末尾，他引述了奥地利一位80高龄建筑师P.雷纳在访问中国后写的一段话：“此时此刻，我们会发现有意义的是在三至四千年中竟有几亿人一直在一个相对小的面积中过着有修养的生活——他们的世界不是用机器而是用花园构筑的。”我在翻译此稿时读到这一段话，不禁感慨万千。当我把感受告诉弗教授后，他在终稿中加了几个字：“就像雷纳在中国走向目前的现代化之前，在他1973年所写的……”

这个插曲向我又一次提出了一个不甚新鲜，但未能解答的问题：为什么我们往往视别人赞美的价值为“非价值”，而又把别人视为“非价值”者视为“价值”呢？

在参与编辑这套丛书时，我当然对那些来自欧美的经典作品（特别是地中海国家的精品）赞赏不已，但是更勾起我沉思的，是来自南半球世界（拉美、大洋洲、中东、南亚、中南非洲）的信息。

例如：巴西在现代化的过程中，由于钢材要进口，就大力发展混凝土。他们从一开始，就制订了非常严格的混凝土质量标准，从而使尼迈耶等的那些翅翼般的壳体得以飞翔，加上布尔马克思在热带丛林发现和培育的植物，使巴西的建筑和园林在世界上独树一帜。

又如：澳大利亚建筑界在总结本国自然条件和土著民族的传统后，特别倾向于宽敞的外廊和轻薄的覆盖，于是，在我国被视为低级材料的铁皮板得到了很大的发展，产出了具有各种曲线、色彩的品种，不仅用于住宅，还被采用在一些国家博物馆，创造了一种具有澳大利亚特色的独特建筑形象。

这样的例子还很多。它们使我联想起中国传统材料——砖瓦的命运。本应是中国建筑骄傲的"秦砖汉瓦"，却多年来受到毁灭性的否定，成为一项耻辱性标志。多年来，我国的砖瓦专家们帮助亚非拉许多国家生产了多品种的高质轻量的空心砖和多孔砖，但是在国内，我们的许多设备良好的国营砖厂却在"扶植乡镇企业"的口号下，被那些浪费资源、污染环境的小砖窑打得溃不成军。为什么我们总是只能在0与1之间进行选择呢？

弗教授的论文中，还引述了美国一位建筑师H.H.哈里斯的一段话：

"与限制型地域主义相反是另一种解放型地域主义……一个地域可以开发观念，一个地域可以接受观念，在20年代末和30年代的加利福尼亚，欧洲的观念遇上了一种正在发展中的地域，而另一方面，在新英格兰，欧洲现代主义却遇上了一种僵硬的、限制型的地域主义，它们首先抵抗，然后投降。新英格兰接受欧洲现代主义完全是因为它自己的地域主义已经沦落为一堆限制的集合。"

这段话给我很大的震动。它提出了两个问题：一是我们如何对待自己的传统？二是我们如何对待外来的文化？用限制型，还是解放型的地域主义？还是连地域概念也不要了？我们这里有没有"先抵抗，后投降"的例子？能否正确吸收外界的"价值"，很大程度决定于我们能否正确地对待自己的"价值"。

由此，我又一次强烈地感到建立有中国特色的建筑理论体系（实际上也是价值体系）的必要性和迫切性。

下面我评介非洲卷和东南亚与大洋洲卷。

1、非洲建筑的"神秘"魅力

《集锦》第六卷包括中、南非洲近30个国家。世界考古学家似乎已经公认：人类起源于非洲。非洲大陆也确实滋育了灿烂的文化——包括建筑文化。埃及的金字塔就是突出的例子，它比我国的夏商文化还要早几千年。事实上，不仅非洲帝王的陵墓，而且普通的人居，都是人类学长期来研究的对象。20世纪中期，荷兰结构主义建筑师A.凡·艾克，就在他知名的阿姆斯特丹孤儿院的设计布局中，吸取了非洲民居的特色，认为它反映了人居的本质。

然而，到了近代，非洲却成了被外界掠夺的对象，黄金、象牙、珠宝之外，人也被掠夺作为奴隶。结果，很多白种人对非洲产生了带有某种犯罪心理的恐怖感，称非洲的腹地为"黑暗的心脏"而有一种浓厚的神秘感。

在本丛书中，我们把北非列入地中海卷，把中、南非洲单列一卷，是从文化角度考虑的。即使这样，中、南非洲已包括了近30个国家，有难以计数的种族，除了土著信仰外，有伊斯兰教、天主教、基督教等多种教派，其文化是极其多样的。

本卷编辑为U.库特曼博士。近20多年来他的编著有几十部之多，涉及艺术和建筑史，特别是发展中国家的建筑。由他邀请的三位评论员，两位是非洲人，一位是长期在非洲做设计的英国建筑师，在他们的紧密合作下，编成了这卷首次问世的覆盖面如此广阔的文献。库特曼本人称此项工作为“世纪性事件”。

在本卷的综合论文中，编者指出：非洲大陆长期受殖民主义压迫，比拉美、亚洲来说，其相继独立，要晚一两代。如此就出现了一个独特的现象，就是当许多亚、拉国家把现代主义作为独立的象征（如：昌迪加尔和巴西利亚）时，它在非洲却一度成为殖民统治的表现形式。然而，横贯整个世纪来看，我们可以察觉一股“非洲力量”始终强烈地显示在其建筑之中。这是因为，即使是最热衷于把西方古典主义搬向世界各地的建筑师，也不得不服从当地的客观条件，至少是其气候条件。我们在勒琴斯和贝克的作品中，就可以看到与他们在印度次大陆设计的差异。如果再看当时修复的一些非洲本土建筑（如马里大清真寺），或许可察觉一丝无意识的联系。

到接近20世纪中期的时候，我们可以看到一些西方建筑师，在为殖民当局设计标志建筑时，已开始自觉地探索适合当地气候特征的热带现代建筑。这方面做出杰出贡献的是英国的弗莱夫妇，他们系统地总结和开拓了一套热带现代建筑的理论和实践，以致在柯布西耶设计昌迪加尔时，还专门邀请他们参与。后来在英国设计国家剧院并取得爵士衔称的D.拉斯顿，年轻时就在他们的事务所工作，也在非洲做了一些设计。

再后来，我们可以看到，一些欧洲的建筑师，除了适应当地的气候特征外，还进一步探索非洲文化特征的再创造。其中突出的有瑞典的J.达辛顿（设计了米蒂亚那教堂）和比利时的L.克劳尔（设计了卢旺达的修道院）。

我们还高兴地看到：我国建筑师援非的作品也被选入：程泰宁的加纳剧院和马里会议中心，被编者评论为“他用中国的建筑语言丰富了非洲的当代建筑，并运用非洲的舞蹈、绘画、雕塑艺术传统来实现一种有效的表达”。

从20世纪下半叶起，非洲本土的建筑师（包括在非洲出生和长期工作的白人）开始登上设计舞台。他们的设计更是自觉地试图显示非洲特色，其杰出者有尼日利亚的O.奥鲁米瓦（他在丹下之后，接替负责了新首都的规划设计）、南非的威登博加尼特等。更值得一提的是：在反映非洲走向经济独立和地域互助的西非共同体经济发展银行的设计中，非洲建筑师P.G.阿特巴和W.P.索瓦多哥分别设计了在

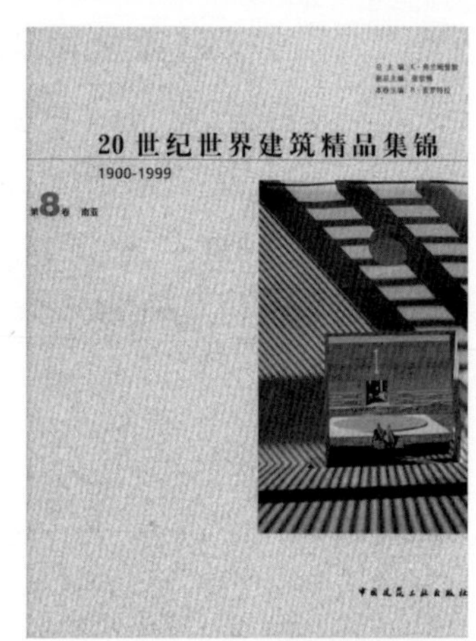

多哥和布吉诺法索的总部大楼，雄浑有力，显示了“非洲力量”，使人想起沙利文的早期建筑。

那么，非洲建筑的“神秘魅力”究竟存在于何处呢？库特曼博士在大量研究比较非洲的艺术和建筑创作后，认为它存在于一种突出的“动力感”。这使我想起英国作家J.康拉德的知名小说《黑暗的心脏》（被美国导演F.科波拉改编为描写越战的《现代启示录》），当小说的主人迫近黑暗的腹地时，他见到的究竟是什么，让我们留待有心的读者去领会和解答吧。

2、来自季节风的海洋文化

——《20世纪世界建筑精品集锦》东南亚与大洋洲卷读后

《集锦》第十卷覆盖东南亚和大洋洲各国。编辑是新加坡的林少伟和澳大利亚的J.泰勒。另外有13名评论家作为“评论员”参加项目提名和评价工作。

所以把二者放在一卷主要出自篇幅原因。事实上，二者虽属毗邻，但在政治、民族、经济、文化方面有很大区别，因此按两个分卷处理，各有一篇综合论文和50个项目介绍。

东南亚

东南亚10国是个多民族集居的地区。在20世纪前半期，除泰国外，隶属英、美、法、荷殖民地。到二次大战后相继独立，并取得了经济和文化的发展。它的建筑，在上半期多属本土文化与殖民文化并立；到后半期，则在本国建筑师的努力下，出现了具有强烈本土特色的现代热带建筑。

关于本土性，泰国建筑师S.朱姆赛依把它形容为“水生文明”。他说：“广义地说，地球上只有两种文明：一种本能地是以受拉材料为基础的，另一种则以受压材料为基础。前者产生于水上技能和求生本能，在需要时只在最少辎重下流动。”在炎热、潮湿的环境下，自然通风成为建筑的最关键因素。这也决定了骑楼在城市建筑中的普及性。建筑的精华，则往往表现在皇宫、清真寺和庙宇，出自于一些老匠人之手，除造型外，雕刻艺术极为丰富多彩。

殖民主义在建筑文化上的统治，比起在印度要松懈得多。相反，有的出生于当地殖民家庭的建筑师，反而力图采用适用于本地气候的构图并利用地方材料和构造方式（万隆理工学院，1920年，印尼万隆，建筑师H.M.庞特）。

在第二次世界大战之后，一些在英、美留学的本国建筑师逐个登上设计舞台。他们虽然十分崇拜像勒柯布西耶和赖特等大师的作品，但是对地域气候特征的尊重以及民族自尊心的高涨，使他们很少有可能搬用北半球国家的现成表现方式或印度的殖民主义的古典风格。于是很自然地他们需要从本土建筑中吸取养料来实现本国建筑的现代化。这方面杰出的有菲律宾的L.V.洛克辛以他的菲律宾文化中心，雄浑有力，颇有柯氏遗风，但又好像飘在空中，据说是取材于本国的“草屋”建筑。同样，泰国的朱姆赛依为本国一批年轻银行家设计了机器人大厦（1986年），以嘲讽的手法屹立于充满了搬抄外国昂贵得多而平庸得多的“舶来品”的曼谷中心区，并自豪地称之为“后高技派”风格。在新加坡，林少伟与郑庆顺等设计的金里程和人民公园建筑群等也在综合利用、提高土地利用率、节能等方面做了有益的探讨。

进入20世纪90年代后，东南亚的建筑在发扬地域特色方面更有新的创造。杨经文的“生态摩天大楼”、林倬生的“风水”住宅、F.马诺萨的海岛别墅以及K.希尔的一批乡土气息的旅游建筑等，在生态设计方面处于国际领先和超前地位。

作为本卷的中方编辑，我曾经向编辑和几位评论员请教：有些近期的外国人设计，还有新加坡的公共住房，全球闻名，是否可以入选。编辑与评论员讨论后，一致否决。作为“游戏规则”，我们只有尊重。

大洋洲

大洋洲有3万多岛屿，人口占世界的千分之一，语种却占1/3。其主要人口集中在澳大利亚、新西兰、巴布亚新几内亚等国。本卷的5位评论员，也来自这三个国家。

澳大利亚和新西兰，从文化体系上应属于西方国家，尽管他们（特别是澳大利亚）很想靠拢东南亚和东亚（特别是日本）。然而，由于地理位置、气候条件、政治历史等关系，它们又和欧美等西方国家有不少差别，这也决定了它们的建筑的某些特征。而位于海岛上的国家，则更强调自己的民族文化传统。

澳大利亚人总觉得与其他国家比，自己的历史过于短促，因此他们特别关心对历史文物（包括建筑）的保护，并且花很大力量探讨白人移居前的土著文化，认为虽然简陋，却有其存在的合理性，特别是采用轻薄的材料和结构，反映了对土地——母亲的尊重，这对他们的现代建筑也有指导意义。

与此同时，澳大利亚是个很开放的国家。在20世纪中，全国三项最大的规划设计项目（首都堪培拉规划、悉尼歌剧院、议会大厦）都通过国际竞赛由外国人中选。到现在，虽然不排斥外人，但本国建筑师所达到的水平，以及他们对本土文化的理解和体现能力，已经保证了其统治地位。

笔者在这里介绍几栋不同风格的澳—新—巴建筑：由赖特弟子格里芬夫妇（堪培拉规划获奖者）设计的墨尔本大学纽曼学院（1917年）、由奥地利移民来的H.赛德勒设计的罗斯·赛德勒住宅（1949年）、由新西兰建筑师I.阿什菲尔德设计的自宅（1965年起不断“生长”）、由P.柯克斯设计的悉尼足球场（1983年）、由C.贺根等设计的巴布亚新几内亚国会大厦（1984年）（这里还没有包括大家熟知的悉尼歌剧院和堪培拉新议会大厦）。我们从它们可以看到大洋洲建筑的开放、多样、轻质、尊重自然等地域特征。

最后，笔者要特别介绍由R.皮亚诺设计在前法属殖民地的新喀利多尼亚首都努美亚的特吉巴欧文化中心。特吉巴欧是牺牲在独立斗争中的民族英雄，法国总统专门拨款为纪念他而建造这所献给当地人民的文化建筑，包括演艺、展览、信息等内容，由皮亚诺设计为分别处于大型“盾牌”保护下的建筑（称为“村落”）。这些盾牌一字排开，犹如战斗方阵。在功能上，它们又起防风的作用。“盾牌”用模拟地方材料的先进结构材料筑成，体现了高科技与场所的结合。这组完成于世纪末（1998年）的建筑群被作为第101项外添在本丛书最后一卷的最后一页，是否也有其特殊的意义呢？

（摘自《建筑学报》2000年5期）

独特的建筑文化

——介绍《20世纪世界建筑精品集锦》第七卷：俄罗斯—苏联—独联体

张祖刚

《20世纪世界建筑精品集锦》（以下简称《集锦》）第七卷是俄罗斯—苏联—独联体国家，编辑是现任俄罗斯建筑师协会主席尤·拜·格涅道夫斯基，另有5位建筑专家作为“评论员”参加项目提名和评介工作。

过去介绍这两个地区建筑的书刊已出版不少，但比较系统地综合分析该地区20世纪建筑发展概况的图书，直至目前当属此。

1998年9月，为了编辑、出版《集锦》中第七卷之事和参加俄罗斯建筑师协会主办的国际学术研讨会，我应邀赴莫斯科并参观了彼得堡的城市与建筑，此期间会见了尤·拜·格涅道夫斯基等许多俄罗斯著名建筑师，从实地观看建筑与交谈中，给我留下了两点比较深刻的感觉和印象。一是俄罗斯的城市与建筑有着深厚的俄罗斯建筑文化内涵，他们的建筑教育至今仍然非常重视这一方面的内容；另一点是建筑受政治领导人的影响比较明显，他们常向我介绍说，这是斯大林时代、那是赫鲁晓夫时代或是勃列日涅夫阶段的建筑作品。

这本“俄罗斯—苏联—独联体”卷，深入地反映了我的两点感觉。此卷与全书体例相适应，选出了100年间的100个作品，以20年为一阶段，分为五部分，这种划分与其历史阶段的更迭并不完全一致，但基本上可以看出占地球16土地面积的20世纪建筑连续发展情况及其重要特征。

1901~1920年阶段，是俄罗斯国内民族企业快速发展的时期，建设了大量的住宅、公共建筑和工业建筑，此时期发展应用新工艺、金属结构、玻璃材料和现浇钢筋混凝土结构体系，出现了构成主义，表现在构图的自由和强调“构件”的现代处理。在社会政治方面，1914年爆发了第一次世界大战，打断了俄国建设的浪潮，最终导致了十月社会主义革命的成功；十月革命后，虽然面临经济困难，但前卫艺术在建筑、文学、绘画等领域的地位得到加强，前卫艺术家们拒绝传统的“资本主义”和“封建主义”的艺术。艺术家塔特林完成的“第三国际纪念碑”，力图成为把艺术与政治相结合的象征，成为改造社会新理想的表现。同时，复兴古希腊、古罗马和文艺复兴的“永恒”思想观点亦存在，在各地留下了大量的俄罗斯古典主义的建筑作品。

1921~1940年阶段的前10年，可以说是传统派和前卫派同时存在并互相竞争的时期，在实践中，前卫派的代表人物美尔尼科夫创作的莫斯科卢萨科夫俱乐部、巴黎博览会苏联馆等，充分展示了革命精神，并得到世界范围的承认。传统派的代表人物也完成了一些著名建筑作品，像舒舍夫设计的列宁墓和福明设计的莫斯科第一批地下铁车站等。1923年莫斯科总体规划方案获得通过，重视总体合理的布局，计划建立理想的“社会主义城市”。此阶段的后10年，30年代初为苏维埃宫（新政府办公大楼）举行了国际竞赛，除选出方案外，还对建筑创作提出了“民族形式和社会主义内容”的新要求。此后，学院派占据了主导地位，创立了苏联建筑科学院，各建筑创作团体被取缔，成立了统一的苏联建筑师联盟（1932~1937年）。此时苏联各地进行大规模建设，激发了广大建筑师的爱国热情，许多“前卫艺术家”转向学习与运用传统历史。30年代末期，后来被称作是“斯大林式建筑”的过渡阶段。

1941~1960年阶段的开始，苏联进入了战争，包括第二次世界大战，建筑活动停止了5年。二次世界大战后，各地城市进行着大规模地恢复和重建工作。这期间重建的街道、广场、公共建筑等，大量采用了凯旋门和柱廊形式，象征着胜利喜悦的主题，具有英雄式的特征。最具代表性的是，于1950年前后在莫斯科兴建的8幢高层建筑，高度为20层左右，包括有26层的莫斯科大学、斯摩棱斯克广场上行政大楼等，这8幢高层建筑分散布置在山丘上或河旁，构成了莫斯科有起伏的城市主体轮廓线。其建筑本身，屋顶是传统俄罗斯风格的钟楼或塔柱，楼身具有凹进凸出的垂直划分和装饰构件，这些建筑的整体外貌，雄伟庄严，纪念性很强，成为斯大林时代建筑发展的高峰。50年代中期以后，苏联新领导人赫鲁晓夫从实用、经济的角度出发，从根本上改变了对建筑的要求，各类建筑造型简单，适合装配式钢筋混凝土构件的工艺要求，住宅形制单一，空间缩小，从总体来看，此时的新建筑比较枯燥乏味。

1961~1980年阶段，1964年赫鲁晓夫退出历史舞台后，进入了勃列日涅夫时期，艺术创作逐步打破学院派的规矩，建筑创作逐步摆脱功利观念，公共建筑的创作出现自由化倾向，表现西方现代建筑和探索“民族风格”同时并存，大规模的住宅建设改变了定型化体制的约束，住房空间亦有所增大。就总体而言，展示着向“新古典主义”的回归。但在此阶段的1967年，在莫斯科建成了当时世界上最高的奥斯坦丁电视塔，这座电视塔是由许多工程师和建筑师合作完成的，是预应力结构、空间结构等最新技术成果的直接体现；此时正值苏联在宇航领域取得重大突破之际，这一建筑成为建筑新技术、新施工工艺的象征。

1991年至今，该阶段与本世纪头20年俄罗斯状况相似，可分为革命前和革命后两个段落，但其特征正好相反。1985年随新领导人戈尔巴乔夫“公开性与革命”思想的提出后，导致了苏联的解体和由原苏联各加盟共和国组成独联体的成立。在建筑方面，1991年以前建造的建筑功能与风格，都带有计划经济时代的特点，居住区功能单一，住宅楼还是按标准设计进行；单独设计的许多公共建筑，大都具有丰富的立面造型，各加盟共和国，仍然坚持探索民族形式的特征。后一阶段的8年，属于新经济体制时期，建筑新材料、新工艺不断涌现，逐步走上自由选择技术与艺术手段的道路。新建办公、银行、旅游、商业建筑占据主导地位，此外重建或修复原有教堂建筑也占有一定的比例。重视恢复和保护城市与建筑的历史面貌，对新建筑的创作，强调在“历史文脉”中寻找出路，在保持地方文化特点的前提下与地方环境谐调。如新建成的由俄罗斯建筑师协会主席尤·拜·格涅道夫斯基设计的莫斯科文化中心以及莫斯科马涅什广场地下商场等建筑。同时，亦出现少量的更为创新的与原有“历史文脉”联系较少的现代建筑，如莫斯科商城设计方案，持反对意见者为数很多，但最终还是它可作为背景烘托莫斯科历史文化建筑而通过，现正在建设中，它具有新的突破。

（摘自《建筑学报》2000年5期）

南亚建筑文化的多元化特征

——介绍《20世纪世界建筑精品集锦》第八卷：南亚建筑

张祖刚

《集锦》第八卷是南亚各国，编辑是印度孟买城市设计研究院执行院长拉胡尔·麦罗特拉，另有6位评论员按统一规定完成该卷的编辑工作。

南亚的国家包括印度、巴基斯坦、孟加拉、阿富汗、斯里兰卡、尼泊尔、不丹和马尔代夫，这些国家的特点是历史文化悠久，属于正在发展中国家，传统与现代、繁荣与贫穷、中世纪社会与现代高新技术并存，由此构成了南亚地区各个方面包括城市与建筑多元化的特征。

从建筑来看，1901~1920年阶段，这一时期英国人统治南亚，大部分地区为英国殖民地。1902年被任命为印度政府首任建筑顾问的建筑师詹姆斯·雷森说："政府要求我们在加尔各答的建筑中采用古典式，在孟买的建筑中采用哥特式，在马德拉斯的建筑中采用撒拉逊式，在仰光的建筑中采用文艺复兴式，而英国式的别墅应遍布整个印度平原"。这种生硬的殖民地化的做法延续到30年代。但同时也出现另一对立面，即由杰珂波编著出版的六大卷《斋浦尔建筑细部图集》的影响下，创作出印度——撒拉逊建筑风格。它在外观上具有印度风格，受到官方的喜爱，这种建筑出现在南亚的各大主要城市，到了20年代风格逐渐减弱，欧洲古典风格的建筑保持其在政治、金融、商业建筑方面的主导地位。

1921~1940年阶段。这一时期的建筑特点是，同时反映民族主义和现代主义的萌芽。在英国建筑师勒琴斯30年代初期完成的新德里总督府建筑中，吸取了传统建筑精华（屋顶凉亭、石挑檐等）加以抽象，并满足当地气候条件与政治上象征意义，人们称他的这些作品是为印度——撒拉逊风格的建筑做出了一个圆满而合乎逻辑的结论。民族主义者中的印度复兴主义建筑师们，主张南亚（特别是印度次大陆）的现代建筑应该建立在传统风格基础上，希望建筑中反映佛教、笈多时代的建筑原型。另一方面，民族独立的领导人甘地所倡导的简朴，隐含着现代主义的思想，尼赫鲁更是接受了现代主义思想。一些国际建筑师们为南亚上层人物设计了一些形式、空间、结构全新的建筑，现代主义建筑出现在南亚的不同地方，它体现着民族主义事业的目标，它与旧时代脱离。

1941~1960年阶段。1947年8月印巴分治，1950年1月成立印度共和国，建筑表现从殖民主义中获得独立的民族国家的特点。此期间尼赫鲁的社会主义规划成了主导模式，他邀请法国建筑师柯布西耶设计印度旁遮普州的首府昌迪加尔城，柯布西耶大师解决了复兴主义和现代主义者的争论，他的进步社会观念和建筑思想符合尼赫鲁对印度所抱有的雄心壮志，体现其设想的印度形象。这一城市规划，布局规整，主体行政中心突出，位于顶端山麓下，将议会大厦、法院和神堂等相互组合，以空间、水面取得变化和联系，建筑考虑遮阳降温、自然通风，这组建筑群气势雄伟，简洁粗犷；博物馆、图书馆、大学等文化建筑位于行政中心附近，绿化空间穿插各地，整体象征着一个生物形体。在这一阶段，柯布西耶作品被认为是独立民主印度的榜样，影响着周围地区。1999年1月印度举办了昌迪加尔建城50周年纪念活动，众多国际和印度知名建筑师参加，在学术研讨会上肯定其历史成就并指出许多不实用之处。

1961~1980年阶段。这一时期及其以后，形成了现代主义建筑扎根在南亚的局面，他们称其为建筑"纷繁"时期。从50年代后期直至本阶段，印度艾哈迈达巴德市的规划与建筑又有进一步的发展，该地有着多层次的传统与文化背景。除柯布西耶外，萨拉海家族努力把美国建筑师路易斯·康等介绍到印度。这些大师重视吸取当地的历史文脉，不是模仿而是吸收再创造，为在南亚地区开拓出一条现代主义与特定的当地文脉相结合的建筑创作之路；同时造就出探索民族性地方性的新一代的建筑师，包括有印度的A.堪温德、B.多西、C.柯里亚、H.莱曼、L.贝克尔、R.里瓦尔、斯里兰卡的A.博依德、G.巴瓦等人。他们都致力于寻求民族特性和明显的地方特点，努力摆脱国际风格。如在艾哈迈达巴德C.柯里亚设计的甘地纪念馆，B.多西设计的建筑学院，都是根据印度的湿热气候条件，吸取传统文化和现代技术，创造出符合印度情况的印度新建筑文化。

1981年至今阶段。面对全球化的趋势，南亚建筑的多元化更加明显。现有四种实践模式：一是地方主义的建筑，继续在探索提高现代技术和地方特点的融合，所反对的只是僵化了国际主义，而不是现代主义；二是不考虑当地情况的国际式建筑，这种实践模式，得到跨国组织、发展商和建筑商的支持，进入90年代后，又得到政府的支持；三是大量采用本地材料和地方建筑技术，并与地区的宗教和文化传统相结合，得到文化机构和一些中产阶级的支持；四是随着大量庙宇、清真寺以及学院建筑的兴建，采用再现古代建筑的模式。这四种模式的出现，正是由于本节文章开头所述南亚各国政治、经济、技术、文化的社会背景所形成的。

笔者认为，南亚地区在下一世纪，首先要重视提高业主、政府领导的文化素质；城市与建筑创作的发展，应以不断创新具有南亚地方特点为主流；重要的、具有标志性的建筑要体现出有新的突破，如近几年建成的C.柯里亚设计的博帕尔邦议会大厦、B.多西设计的艾哈迈达巴德侯赛因——多西画廊等；对于大量的为广大人民直接居住或生活需要的建筑，应是采用适宜技术的具有各地特点的适宜建筑与环境。这一看法，大概也能适应其它一些地区。

（摘自《建筑学报》2000年5期）

走向“新自然美”的道路

——介绍《20世纪世界建筑精品集锦》第一卷：加拿大和美国

刘开济

《集锦》的第一卷和第二卷包括整个北美洲和南美洲。美国和加拿大的地理环境和气候条件虽有所不同，在文化上却非常相似。合编在第一卷。将中美洲的墨西哥、哥斯达黎加、古巴等国家，与南美洲诸国统编在第二卷，拉丁美洲卷比较适宜。

加美卷的编辑由R.英格索尔担任，并邀请5位加拿大和美国的知名学者作为评论员共同完成第一卷100个项目的提名、选定和编写工作。论文由英格索尔撰著。

论文以《建筑，消费民主和为城市奋斗》为标准论述加美20世纪城市和建筑的发展和变化，指出在世纪初美国建筑（还有稍后在加拿大形成的类似平行发展）有三个重要趋势：①城市美化运动中成功的古典主义，②摩天楼的折中主义风格和萌芽的工程技术，③具有地方敏感性的工艺运动、对20世纪初的美国和加拿大的诸多运动、流派和趋势作了较全面的阐释。

20世纪30年代和40年代欧洲现代主义运动和美国建筑的发展有着不可低估的影响。W.格罗皮乌斯、密斯·凡·德·罗从欧洲移居美国后更在教学上、在理论上影响美国建筑创作。收入本卷的一些经典作品对我国建筑师并非陌生，但是经过美国学者结合历史、文脉、环境、条件进行分析和介绍，我们对这些作品又有新的认识。剖析对比密斯的范斯沃思住宅和菲利普·约翰逊的玻璃住宅，观察比较SOM的利华大厦和密斯的西格拉姆大厦，再推敲研究L.I.康的作品和F.L.赖特的作品，在温故中有新的收获和体会。

现代主义以后的一些建筑流派通过萨里南丰富多彩的作品（功能主义的表现主义），晚期勒·柯布西耶、保罗·鲁道夫、亚瑟·埃里克森的清水混凝土建筑（新野性主义），文丘里、格雷夫斯的历史主义“复兴”建筑（后现代主义），理查德·迈耶的白色建筑（晚期现代主义）等等得到阐述和表现。

英格索尔在选定本卷项目时，希望有较广泛的代表性，录选一些经典作品以外的建筑，一部分我们不甚了解的作品，都十分精彩，令读者耳目一新，大开眼界。如克拉克和梅尼菲在查尔斯顿设计的米德尔顿旅店，安东·普雷多克的百年综合体——美国遗产中心和艺术博物馆，埃塞立克的住宅和工作室，还有在华盛顿的芬兰大使馆，加拿大的来西索加市政厅和市民广场等作品。米德尔顿旅店建在幽静的松林中，设计将客房、休息厅、餐厅等主要活动场所“挂”到一个长长的交通廊道上，体现L.I.康的“被服务空间”和“服务空间”的设计原则。旅店由几组这样的“单元”组合而成。交通廊道在构思上如一个“栈道”，从较小规模上实现了勒·柯布西耶未能实现的阿尔及尔城市化构想：将城市住宅“插接”到高速道上的规划思想。建在美国西部怀俄明大学的美国遗产中心和艺术博物馆由A.普雷多克设计，建筑师力求创作具有美国西部自由精神的建筑形象。他从当地印第安人的帐篷、土坯墙、举行宗教仪式的地下建筑获得灵感，构思了该中心的圆锥体和台阶式的裙房，普雷多克力主利用被动式太阳能源，在他的设计中，厚墙、小窗、阴凉的庭院、遮光的藤架等等既具有生土建筑的形象，又节约能源。芬兰驻美大使馆坐落在华盛顿的一个住宅区里，为了使体形较大的使馆建筑与环境协调，设计构思了几个通透的"层面"环绕中心交通厅组成大使馆。最前面临街的一个层面是一个独立长满爬藤的铜构架，建筑后墙与绿化结合构成交错变换的一层，侧墙采用绿色花岗石镶面，更使建筑与环境融合相映。加拿大米西索加市政中心是一次国际竞赛的成果，由英国建筑师E.琼斯和美国建筑师M.克柯兰合作设计。设计属后现代派的作品，布局对称，层次分明，再现学院派的设计手法。中心的设计受A.罗西和L.克里尔城市形态研究的影响是体现后现代主义对传统类型和城市空间关系设计精神的一个成功的例子。

美国进入20世纪80年代对节约资源、生态平衡、可持续发展等议题予以关注，在北美，对解决可持续发展问题有两种态度，它们都深深扎根于北美的经验，一种是高科技的、追求物尽其用，另一种是低调的主张适当技术的策略，倡导反对工业社会无节制的浪费，提倡与有限的自然资源和谐共处。在早期，在R.巴克明斯特·富勒、保罗·索莱瑞、理查德·诺伊特拉、克里斯托弗·亚里山大的尝试和实验的基础上，新一代的建筑师进行十分有益的探索。本卷中20世纪80年代和20世纪90年代有以下几个突出的例子：伦佐·皮亚诺在休斯敦设计的门内尔藏品馆（1980~1987），它运用高科技手段再创造适应美国南方炎热气候的典型形式，使该馆成为具有地方感的一个最佳案例。汤普森和罗斯在佛罗里达设计的大西洋艺术中心（1987~1997）建造在松林之中，为了最大限度利用自然通风、节约能源，其屋面组合十分突出，形象不凡。威廉斯和秦在设计神经科学研究所（1995）时通过空间的变换、通透的处理、精美的细部使坐落在山坡上的这座建筑群具有新自然美所倡导的特质。S.霍尔在西雅图设计的圣依那修礼拜堂按照宗教仪式的序列在简洁的礼拜堂屋顶上布置了7个罩状锌板采光窗。采光窗的彩色玻璃使照进来的天光五光十色，变化无穷，具有神秘气氛。建筑主体为现场浇灌在地上的混凝土墙板，凝固后提升组合成一个简洁的立方体，与天窗形成对比。建筑细部处理十分独特考究，给人以难忘的印象。帕特考事务所在温哥华地区作的草莓谷学校代表今天加拿大西部建筑创作的一种趋势。这个国家西部地质地貌千变万化，受环境的启发，帕特考的设计用倾斜的构件支撑盘曲蜿蜒的屋顶，构成紧张和对立。在学校中漫步，断绝破裂的构件被裸露的构架连在一起，犹如在山峦的岩石缝隙中穿行一般。还有前面的安东·普雷多克为中国遗产中心所作的印第安式的圆锥建筑也和以上这些作品都可以归类为不规则、仿效自然的作品。接近世纪末，在北美众所称誉的建筑，一般都展现出一种想和景色融合化一的倾向。新的创作手法在模仿自然中，在与自然的结合中，与旧的"方格网"城市斗争，追求变化，追求"步移景异"，形成"新自然美"的创作道路。

（摘自《建筑学报》2000年5期）

拉丁美洲的批判性地域主义

——介绍《20世纪世界建筑精品集锦》第二卷：拉丁美洲

刘开济

拉丁美洲包括中美洲和南美洲的各个国家。编辑由阿根廷国家美术馆馆长J.格鲁斯堡担任。6位评论家来自巴西、智利、哥伦比亚、厄瓜多尔、墨西哥和乌拉圭均为熟悉拉美地区的知名学者。论文《拉丁美洲建筑》由格鲁斯堡撰写。

在“新大陆”被发现以前，美洲早就存在发展水平较高的三种文明：阿兹特克文明、玛雅文明和克丘亚或印加文明。这三种文明的形成至少可推至公元前1500年。这个古文明遗留下来的城市和建筑以其恢弘的气势和华美的造型令西班牙人赞叹不已。然而从14世纪起，在来自欧洲的征服者统治下，旧大陆的影响对拉丁美洲早期的建筑是十分明显的。欧洲中世纪的尖拱，文艺复兴的廊柱，巴洛克的曲线和装饰都在拉美的建筑中得到体现，提到“巴洛克”，拉美学者马努埃尔·图森特曾写道：“没有哪个地方能像拉丁美洲那样，使作为精神方式的巴洛克同作为艺术表达方式的巴洛克保持这种非常紧密的联系……巴洛克恰恰是拉丁美洲独有的表达方式。”

到19世纪拉丁美洲各国先后实现独立，摆脱西班牙的影响，在建设中先是受意大利新文艺复兴风格的影响，后来到20世纪30年代又受到法国艺术风格的影响。选入本卷中的阿根廷布宜诺斯艾利斯的科隆剧院（1908）、还有巴西里约热内卢的国家美术馆（1904）、墨西哥的艺术宫和众议院、波哥大的孔第纳马加内务部、智利圣地亚哥的艺术博物馆等等建筑都是新波旁风格的突出实例。

第一次世界大战中断了拉丁美洲和欧洲建筑创作上的交往。战后，联系虽有恢复，拉美自己的建筑师也已成长，他们有自己的创作愿望，折中主义、新哥特风格、新浪漫主义风格、新艺术风格、装饰艺术派先后在建筑创作上出现，拉丁美洲的建筑开始摆脱刻板的传统模式向全新的艺术方向发展。这阶段的例子有：墨西哥建筑师C.卡洛斯的卫生部（1929）、古巴建筑师埃斯特万在哈瓦那的巴卡尔迪大

厦 (1930) 、智利圣地亚哥的工人保险大厦 (1930) 、乌拉圭蒙得维的亚的里纳尔蒂宫等等。与此同时拉丁美洲还盛行过有重大影响的“新殖民主义运动”。当时的拉丁美洲正处在民主化的进程中，要从当时的政治、经济和社会背景去理解这次拉美文艺复兴运动。新殖民主义运动在文艺方面取得三项巨大的成就：①对拉美各国建筑传统的发掘和重视；②激发真正属于拉美的建筑理论的产生；③寻求具有地方特点、代表拉美的建筑风格，同时又不与国际风格和技巧相违背的表达方式。新殖民主义风格的作品在拉美建筑史上占有重要的地位，举几个例子：1921年布宜诺斯的塞万提斯国家剧院、1917~1924年秘鲁的大主教宫、1925年玻利维亚的拉巴斯市政厅、1925年智利圣地亚哥的阿里兹蒂亚宫、1925~1930年里约热内卢的师范学院、1937~1954年危地马拉的国家宫。

20世纪30年代，现代主义运动经勒·柯布西耶开始进入拉丁美洲。此后有无数反映现代主义思想的例子，但是通过仔细观察可以看出拉美的新建筑以具有批判倾向的地域主义对现代主义运动进行了独特的演绎。乌拉圭艺术家、教育家和哲学家佩德罗·费加里 (1861—1938) 曾提出有必要建立一种与国际特点相融合的、全新的、具有本土特征的拉丁美洲美学方式，解决和表现拉美地域化问题。费加里曾写道：“我想将我们的作品地域化为‘美洲的作品’……并不是对旧大陆所积累的宝贵财富淡然置之……正相反，我们要带着自己的批判来利用它，而不是简单地模仿：这才是地域化……”费加里提出的带批判性的地域主义深刻地影响着拉美的建筑创作，代表这一理论的优秀建筑有；墨西哥的国家心脏病医学院 (1937) 、巴西里约热内卢的卫生教育部 (1939~1943) 、乌拉圭的蒙得维的亚工程学院 (1945~1953) 、哥伦比亚国立大学工程学院 (1939~1943) 等实例。“批判性地域主义”一词在20世纪80年代由阿雷桑德·佐尼斯和里亚内·雷洁伊福雷启用在建筑领域。肯尼斯·弗兰普顿又提出自己的见解。但在20世纪40年代“批判性地域主义”已在拉美建筑领域传播发扬。在拉美批判性地域主义不仅仅代表一种程式或风格，它已构成一种伦理态度、一种美学才能，它充满活力，关注世界和本地区的形势和环境，将一致性建立在多样化的基础上。

本卷中所选录的从1940年至世纪末的作品反映20世纪下半叶拉美建筑在“批判性地域主义”理论下丰富多彩的发展和演变。这个时期有两次高峰，以1943年奥斯卡·涅梅耶在巴西贝洛奥里藏特设计的“潘普利亚”娱乐中心和1998年开始第二期建造的阿根廷布宜诺斯艾利斯马得罗港区城市改建为标志。潘普利亚娱乐中心是涅梅耶比较早的一部作品，包括一个航海俱乐部、一个接待中心、一个赌场和一个小教堂。涅梅耶在总体上表达一种自由造型的理念，建筑物由曲线和直线组成，形成对比，是20世纪拉美建筑的一个杰出代表。涅梅耶的名字必然要同巴西新首都的建筑紧紧联系在一起，在卢西奥·科斯塔制定的总体规划的基础上，涅梅耶设计的巴西利亚的许多建筑——黎明宫、普拉那尔托宫、联邦议会和最高法院都收录在本卷中。这些作品突破了当时国际式建筑的直角、冷峻形式，发挥混凝土材料的可塑性，创造了充满抒情、别具一格的拉美现代建筑。墨西哥建筑师路易斯·巴拉甘像涅梅耶一样享有极高的国际声誉。他的作品如塔库巴亚住宅兼工作室 (1947) 、加尔维斯住宅 (1955) 、费尔克·艾格斯特罗姆住宅 (1968) 均属批判性地域主义建筑的佳作。巴拉甘在设计艾格斯特罗姆住宅时从墨西哥的传统建筑中吸取灵感，厚墙、坡顶、内院等手法都源于当地生土建筑，再配上喷泉水池、彩色墙面，创造了一座既现代化又具民族特色的大作。巴拉甘提出："我们应该努力在现代建筑中表现出（墨西哥的）前哥伦布时期民间建筑在面层、空间和容积所具有的魅力。当然，我们不能重复那些建筑形式，但我们可以通过分析掌握那些花园、广场和建筑空间所特有的令人愉悦的因素。"继巴拉甘之后，R.莱格雷塔（UIA20届大会金奖获得者）在墨西哥传统文化和地方气候形成的环境条件下进行创作并取得卓越的成绩。伊斯塔伯皇家大街旅馆（1968）、蒙特雷新莱昂自治大学的中央图书馆都是他的代表作，建筑外墙适应地区气候条件厚而实，窗窄而小，虚实对比强烈。与巴拉甘相同，莱格雷塔在设计上用色大胆，作品色彩鲜艳强烈，极富墨西哥特色。

拉丁美洲20世纪下半叶的许多建筑作品别具一格，举世瞩目，有国家人类博物馆（墨西哥，1964）、塔马约博物馆（墨西哥，1981）、埃切维利亚高级理工学院（古巴，1968）、公园住宅（哥伦比亚，1965）、曼萨尼奥略城堡住宅（哥伦比亚，1981）、考苏布西地奥城堡（哥伦比亚，1991）、拉美经济委员会大楼CEPAL（智利，1966）、阿特兰蒂达大教堂（乌拉圭，1960）、阿根廷国家电视台ATC（布宜诺斯艾利斯，1978）、马德罗港（阿根廷，第一期1992~1997，第二期1998起，尚在进行中），等等。马德罗港的城市化建设颇具影响，布宜诺斯艾利斯市通过对它在1887和1898年建造的第一港口的改建，获得170公顷的土地进行开发。在这块土地上，一半建造住宅，另一半用于公共设施的开发（公园、步行街、水面、娱乐等），随着各阶段工程的竣工，改建和建成的办公楼、住宅、学校、影院、餐馆等为这个地区带来了勃勃生机，城市也从而延伸到帕尔塔。拉美建筑师的许多作品富有想象力，卓尔不群，他们把新技术、新形式与传统精神结合起来，创造了具有地域特色的新拉美建筑。

（摘自《建筑学报》2000年5期）

建筑史学与考古学的遭遇

——杨鸿勋《宫殿考古通论》一书的引介

江柏炜

一、宫殿考古的重要性

继《建筑考古学论文集》(北京：文物出版社，1987)、《江南园林论》(上海：上海人民出版社，1994；台北：南天书局有限公司，1994)两本重量级的巨著之后，国际知名的建筑史学家杨鸿勋先生汇整了多年学术工作的思路与独特的见解，出版了《宫殿考古通论》(北京：紫禁城出版社，2001)一书，为中国古代人文学科(humanities)领域再创新局。

在这本著作中，杨先生以反映思想意识、最高技术成就与象征表现的宫殿建筑为研究对象，结合考古学与建筑史学的理论方法，大大提高了我们对于中国古代建筑与古代社会的理解；他在书的绪论中提到："宫殿是中国建筑史学研究的重要组成部分。西方古代最伟大、最辉煌的建筑是宗教建筑，而中国历史上长期以来以儒立国，古代轻于宗教，着重伦理，使得宫殿成为建筑最伟大的代表，可以说是中华民族以儒为基本伦理的文化载体。辉煌的中国宫殿，是一本伦理教科书"(2页)；同时，"宫殿建筑是王(皇)权的象征。不论对哪个国家来说，宫殿都是一种特殊的建筑。它的建造，集中了民间建筑的经验，同时赋予宫廷化的严谨格律。在中国，它集中体现了古代宗法观念、礼制秩序及文化传统的大成，没有任何一种建筑可以比它更能说明当时社会的主导思想、思想和传统"(3页)。因此，从宫殿建筑切入来了解古代中国社会制度、哲学思想、工艺技术、文化美学，是十分适当且精准的。

长期在中国科学院考古研究所任职，曾客座于上海复旦大学、日本京都大学、台湾大学且发起"中国建筑史学国际研讨会"、"中国古典园林国际研讨会"，担任世界营造学社(WSYS)筹委会主席的杨鸿勋教授，累积了丰富的第一手史料，佐之以扎实的论证，使得这本书在论述的广度与深度，远远超过先前以断代为分期的中国建筑史的一般性写作，已经自成体系而成为一门学科(discipline)，学术价值极高。在这里，我仅从方法论及其学术贡献，向有兴趣的朋友加以引介。

二、学域整合的研究视野："建筑考古学"的兴起

众所皆知，土木结构的中国建筑并不耐久，加上中国封建政治更迭时的破坏，隋唐以前的建筑实物几乎付之阙如。然而，大约早在东汉时代，中国古典建筑文化的体系已然成形，深入在了解实有其必要性。当缺乏完整史料的困境遇上了关键性课题时，过去的研究不是语焉不详，就是纯从文献臆测、论断建筑，因此产生了许多无法说服人的假说与看法。

杨鸿勋教授的贡献，正在于他提出了建筑考古学的理论方法，实际地解决了古代建筑史学的困境，也对过去忽略空间史料的考古学本身有所助益，正如这本书中所提："从考古学来说，古聚落、古城市、古建

筑遗址和古墓葬是同等重要的考察对象；就建筑史学而言，前期阶段缺乏或者没有遗留下完整古代建筑实物，唯有依靠考古学才能获得文献所不能提供的实物材料”，同时“在历史上，越是早期，建筑越是重要。它的生产几乎集中了当时社会生产的各个门类，因而它集中反映了社会生产力的状况；在一定的程度上，也反映了社会生产关系和意识形态的状况”（页6）。确实，居住遗址的发掘与研究对于历史的认识，具有无可替代的重要价值，一如摩尔根（Lewis Henry Morgan）在《古代社会：从蒙昧·野蛮到文明》（台湾：商务印书，2000）书中所提“与家庭形态及家庭生活方式有密切关联的房屋建筑，提供一种从野蛮时代到文明时代的进步相当完整的例解”。建筑史学的重要性，不言而喻。

因此，建筑考古学的重要性，除补齐缺乏实物的古代建筑之理解，也帮助了传统以“墓葬考古”为主流的考古学（Archaeology），重视“遗址考古”中的空间复原课题（建筑考古学）。以仰韶文化遗址为例，多数学者将之区分为“居住、制陶、墓葬”三区，居住区内围着中央广场四周建屋的向心规划布局，反映氏族公社的秩序及成员平等的母系社会原则；到了龙山时期的聚落则打破此一布局，广场上出现住房、甚至墓葬，居住区也有陶窑，住房也出现变化，室外的公共窖藏被移到室内，说明了私有概念、贫富差距及偷盗现象的萌发，揭示了向父系社会过渡的例证。因此，杨先生才会说：“遗址所保存的历史残留信息是极其丰富多彩的，它为具备智能的考古学家提供了大量认识历史的依据”（7页）。并谦称这是一种“特殊考古学”或“专业考古学”。事实上，杨先生的宫殿建筑考古学已经建构了一个崭新的、有价值的学域视野，将中国人文研究推上了顶尖的学术之林。

三、从“风格分类学”到“科学”的建筑史

《宫殿考古通论》即是建筑考古学方法论的集大成之作。在书中，杨先生进一步阐述了其认识论与方法论，指出科学性的复原对建筑史研究的重要性，“发掘遗址不等于就是‘建筑考古学’”（5页）；“建筑考古学的核心是复原研究……一是复原的首要原则在于忠实于遗迹现象；另一点是，古聚落、古城、古建筑的复原，需要借助于必要的有证据或根据的科学论证”；“不应只是抱着史料的观点，而是要有历史的观点。考古学的基本对象是实物，它与侧重文献的所谓‘历史的研究’不同”（7页）。换言之，建筑考古学是一门严谨的实物复原科学，必须透过理论的辩证获得新的诠释；同时，也与一般的人文学科的历史研究不同，因为“任凭文献的历史学方法研究古代建筑的演变是不能解决问题的，只有在考古学研究的基础上才能真正建立起可靠的建筑史学”（8页）。

在这里，我认为杨先生的见解事实上已经触及一个核心的老问题，那就是常规建筑史可说是一门“风格的分类学”（typology of style），以形式主义的风格作为铺陈建筑史页的主轴，而建筑考古学所欲指涉的是一个科学性的认识论，可属科学史的范畴，这样一来除透过考古史料复原建筑实物，也还原了古代建筑在社会文化发展的应有地位。

四、横跨时间与空间的宫殿建筑考古

在多达583页的厚重著作中，作者除了《绪论：宫殿考古概说》的认识论与方法论引介外，另随着中国历史发展的进程，以二十五章的庞大架构铺陈了一个跨越新石器时代至明清时代的宫殿建筑考古历史，分别是《宫殿与社稷的前身：新石器时代的“大房子”与“昆仑”》、《论宫殿的雏形：从大地湾F901看“黄帝合宫”》、《论二里头遗址所反映的原始宫殿》、《商都亳的宫城：偃师商城1号址》、《郑州商城的宫殿》、《殷晚期的离宫：小屯的“殷墟”》、《殷商的方国宫廷建筑：黄陂盘龙城及周原凤雏遗址》、《从考古学材料推断“周人明堂”形制》、《东周王城宫廷建筑遗存》、《从东周诸侯国宫城遗址看周朝宫殿制度》、《东周列国的“高台榭、美宫室”》、《周朝宫廷建筑的营造成就》、《秦帝国气吞山河的宫殿群落》、《“非壮丽无以重威”：西汉宫殿》、《南越王和闽粤王的宫殿》、《东汉雒阳的宫殿》、《三国南北朝的宫殿》、《划时代的隋朝宫廷建筑》、《大唐宫殿》、《渤海国上京王宫》、《从形象材料管窥北宋宫殿的一斑》、《西夏皇帝的陵塔》、《元中都宫殿遗存》、《明中都与南京宫殿遗存》、《明北京奉天殿两庑·明清紫禁城巡守值房》等。每章俱可独立成篇，亦又前后连贯，形成完整的历史论述体系。

值得注意的是，除对于中国上古、中古时代中原地区宫殿建筑的着墨外，杨先生也揭开了神秘的“华夏边缘”国度的宫城，如南越国及闽越国宫苑、渤海国上京王宫、西夏王朝陵塔等，从文化比较学的观点来看，甚具意义。这些具体而微的研究成果，都呼应了作者于绪论一章所提出的理论方法，不仅为建筑考古学奠下坚实的基础，亦打造了国内外后辈学者短期内难以超越的高大结构。

五、破解中国与日本上古史之谜

在这本书中，最吸引我的内容之一乃是关于上古史“昆仑”的论证，以及日本原始神社建筑的起源。首先，杨先生旁征博引，以建筑考古学、语言学的知识，指出古籍中所载的“昆仑”即是“干栏”(ganlan)，而“京”就是干栏的原始语音，其形、音、义都表达着原始“明堂”——“社”(奉祀农神)与“稷”(谷仓)。甚至以《三国志》卷三十“高句丽传”为证，指出深受中原文化影响的朝鲜半岛，亦将高架谷仓称作“桴京”，说明古代东亚文化的共通性。这一论点的提出，除检证了干栏是上古时期极为神圣的建筑形式外，也直接证实了《史记》中记载“黄帝时明堂”的正确性。

不但解决了上古干栏建筑形式之谜，杨先生把握在日本担任客座教授的时间，考察了弥生时代的“社”，以鸟取县羽合町长濑高滨聚落遗址、群马县前桥市鸟羽聚落遗址为例，推论这种原始氏族晚期的“社”(后世日本“神社”的祖型)应是距今四千年左右(绳纹时代后期)从中国传入了稻作技术与原始的农神崇拜(即为“社”)，到了距今三千年左右的弥生时代聚落，“社”的设置已然普遍，而“社”的建筑形式就是干栏。据我所知，这个观点的提出，在日本学界造成极大的震撼。因为在过去，日本考古学界总相信绳纹时代与弥生时代的文化是源于日本本土，而非来自中国的影响。杨先生铿锵有力的观点，提出不同于既有日本上古史的看法，让许多人哑口无言。

六、南越王宫殿释疑

另一篇令人感兴趣的论文为南越王宫殿的考释。汉初赵佗曾受封为龙川令，治理岭南卓有功绩，后势力扩大遂而称王，为南越国五主之首。其宫殿即设于番禺（今广州市区），南越王墓也被发掘而成为广州著名的考古现地博物馆。

1970年代中叶，广州市区发现一处秦至西汉时期的大型建筑遗址，唯未经全面发掘，仅开了三条东西32米、南北4米的探沟，田园考古即认为是"造船工场"的"船台"遗址。此一结论甚至加载1986年出版的《中国大百科全书·考古学》之中。然而，杨先生以考古地层学、文化类型学、环境总体关系、建筑学等专业，力排众议地指出这座遗址不是船台，而是一座宫殿遗址。他仔细检视考古资料，"让证据说话"，归结二十二项有力的理由，逐一反驳"船台说"；此外，复原了南越王宫苑建筑遗址十四间大殿平面图与干栏式的剖面，以及宫苑"以石激水"的园林景象。通过杨先生的考证与复原，让南越王宫苑遗址的发掘还原其历史的真实性，并帮助我们了解西汉初期宫殿建筑的情况，也对"太液蓬莱，仙山楼阁"、"积沙为洲屿，激水为波澜"等宫廷园林艺术能有实物的例证。

七、宫殿建筑的发展：中国建筑史辉煌的一页

在这本巨著中，杨先生安排了一个历史时间的序列，以大量的考古材料及严谨的复原推论，展开了华夏文明萌芽之初至清代之宫殿居住建筑的发展。一如作者所云："利用考古学所提供的宫殿遗址材料，结合文献的记载进行复原考证；以求尽可能如实地认识历史，对中国宫殿的发展有所了解。本书的论述，仅限于目前可能利用的考古材料，不可能是完善，也还不可能揭示更多的发展规律"（3页）。而作为一门新兴的整合性学科，近三十年来建筑考古学逐渐受到重视，扩大了特殊考古学的领域，而宫殿考古是建筑考古学的重要内涵。

不仅是对于考古学的贡献，杨先生创建之建筑考古学亦弥补了狭义历史学的不足，特别是对于建筑史、城市史等空间研究领域，"仅凭文献的历史学方法研究古代建筑的演变是不能解决问题的，只有在考古学研究的基础上才能真正建立起可靠的建筑史学。所以'建筑考古学'也可以说是建筑史学的基础学科，它的形成，把建筑史学置于一个坚实的基础之上，从而促进了建筑史学的发展。"

综而言之，中国古典建筑史、城市史的研究，在杨鸿勋先生以建筑考古学的科学方法下，运用了建筑学、工程学、考古学、民族学、工艺学等多领域的观点，大大扩展了我们对于消失了建筑实体的理解，也具体考证了过去史籍对于建筑记载的真伪。无疑地，这项工作站上世界学术的尖端，是继梁思成先生之后，让中国建筑史学界向前迈出一大步。

（作者：台湾金门技术学院建筑系副教授兼系主任、闽南文化研究所所长）

“组合”与建筑知识的制度化构筑
——从《建筑空间组合论》、《住宅建筑设计原理》和《中国建筑史》三本书看20世纪80~90年代中国建筑实践的基础

李 华

2001年，《大跃进》，一本关于当代中国建筑的红皮书出版。书中以大量低解析度的图片，描绘了一幅与“正统”建筑学价值观相对应的图景：以“质量”为代价的快速和高产，以实用主义为主导的随意和灵活。然而，如果抛开书中政治、经济决定建筑生产的推断，这种现象描述式的演绎却忽略了一个重要的事实，一个或许作者并不关心的事实：在看似“无序”的高产背后，有一个相当理性和完整的制度化体系——中国建筑的职业训练，而这个训练所遵循的却是相当“正统”的建筑教育——修订后的“布杂”体系。这个体系并非没有问题，但不可否认，它的确在一定程度上满足了大规模生产的需求，并保证了一定的质量。因此，在检讨这个体系的得失之前，我们有必要对其构筑本身进行认识，即是什么样的知识结构支持了这样的生产和实践?

本文以三本“教科书”的解读为基础，试图从“组合”的角度，揭示这个知识结构的“布杂”基础，以及这个结构的现代性。本文选择的三本书是《建筑空间组合论》、《住宅建筑设计原理》和《中国建筑史》（以下称《组合论》、《原理》和《中建史》），它们分别对应着三个方面知识结构的构筑：设立控制建筑形式生成的基本原则；规范化与建筑实践相适应的设计方法和手段；构筑与建筑特色的表达相对应的历史知识。

一、研究背景

至今，这三本书还没有得到应有的重视。在当前的各种研究文献中，它们几乎没有被提及和讨论。然而，事实上，它们却是构筑建筑知识的基础。《原理》和《建筑史》都是当年的统编教材，其作者来自于五所学校的两个编写组。《原理》第一版于1980年出版，一直沿用到1999年第二版发行。《建筑史》第一版于1982年出版，历经第二、第三版的修订，直到2001年的第四版，结构上才做了比较大的更动。《组合论》虽然不是教材，但可能是至今为止，由中国建筑师著述的、流传最广的、处理建筑形式的著作。从1983~2006年，《组合论》共印刷了26次，发行了158 640册。可以这样说，这三本书的影响从20世纪80年代初延续到20世纪末，并在今天仍具意义。当然，在具体的教学中，这些书的内容也许没有被完全遵循，也可能根据需要进行了调整。然而，以我个人的经历和观察，它们组织内容的结构方式和系统化的处理设计问题及提出解决方案的模式却依然保持着。

值得一提的是这些书的出版时间：20世纪70年代末到80年代初。这不仅因为在1978年，正规的高等教育被恢复，而且，在制度化的层面，它开启了一个更为统一和标准化的职业训练。其标志之一，即是当时由多学校联合编著，中国建筑工业出版社统一出版的教材。我们可以想象，在正常的建筑出版被压抑了将近20年之后，这些教材或以教学为目的的书籍实际上担负了一个承上启下的作用，即将过去在实践、研究和教学上的经验，以更为规范化的方式延续。因此，如果说20世纪50年代，由于政治因素的介入，中国建筑教育形成了"布杂"大一统的局面的话，那么，20世纪80年代，借助行政化的管理，这种局面被继续维系着。不过，经由20世纪20年代的美国、50年代的苏联等渠道承继的"布杂"传统，这时已完成了在中国条件下的调校。与巴黎美术学院相比，隶属于工科范畴的建筑职业训练在中国似乎更强调理性和规范化的操作，并吸纳了"现代主义"在技艺和技术上的某些观点与成就。

二、"布杂"体系的现代性

提起"布杂"，很多人可能会联想到保守的折中主义或复古主义。事实上，作为一种知识体系，"布杂"本身不是一种风格，而是一种现代的知识组织方式。从历史的角度看，它建立了第一套完整的建筑学的自主体系，为在不同地方工作的设计师提供了共同的设计方法和训练模式。"布杂"体系不仅使19世纪各种风格的出现成为可能，而且满足了当时城市发展对新建筑类型的需求。正因为如此，它才得以在世界各地广泛传播，并在20世纪70年代，随着"后现代主义"兴起而复兴。

"组合"(composition)是"布杂"体系的基本工具(essential technique)和构筑知识的方式。作为一种设计活动，其关注的中心是如何将部分结合在一起形成一个整体。达到这一目标，需要经过一系列规范化的操作：为方案选择一个最好的解决方式(parti)，选择适当的元素；针对特定的目标、遵循一定的原则，对这些元素进行调整，并将它们有序地组织在一起。这个选择和调校的过程完全是个人的和自由的，但却不是随意的。它们依靠两个基础的建设：建立可供选择的分门别类的资源和设立将部分组成整体的法则。这些分类和法则不仅是形式上的，而且也是功能上的。值得注意的是，"组合"是一套系统化的工具和方法，其目的是将不同的设计构思"转译"成适当的物质形态。它本身既不与任何象征意义的表达有关，也不是一种风格。所以，艾伦·科洪(A.Colquhoun)说，"组合"是一种手段，"一种能够建立起所有风格所通用的设计规则的手段"。

三、关于《建筑空间组合论》的解读

"形式的生成与控制"是建筑设计的基本问题之一。然而，如何将其转化为系统化的、可传授的知识却是建筑教育中的一个难点。彭一刚在回忆当年写作的动机时说：

就我看来，那个时候学生的设计水平更多地取决于学生的构图能力，即composition。给学生改，总要涉及构图问题，但总是讲不系统。当然，建筑不仅是构图，还涉及功能等等，但需要通过构图将它们体现出来形成一个比较具体的方案，不然的话，只是一些概念。我们当时的设计教学，是将各种建筑的功能，通过diagram将各种关系联系起来。对于这个，学生是很容易理解的，但要通过组合形成一个完整的方案。平面、立面、剖面等等，一旦涉及这些构图的问题，就讲不清楚了。有的老师说这个东西你们自己去体会。只可意会，不可言传。我认为应该不是这样的。

与“布杂”体系中关于“组合”的论著相似，《组合论》要解决和规范的中心议题是部分与整体的关系。它的内容可以分为两个部分：阐述控制这些关系的原理；提供解决问题的普适性方法，即所谓“parti”的来源。《组合论》从最基本的单位—房间—开始，论述了功能对单一空间在大小、容量、形状及物理特性上的规定性；由局部而整体，逐步阐述了多空间组合、单体建筑组合和群体组合的处理方式；集中论述了形式美的原则——“多样统一”——及其六点规律，并列举了它们在不同尺度的组合中的应用。书的后半部分提供了大量的、附有简约注释的图解（diagram）和图示的案例。我们可以想象，这是一本相当实用的“手册”。它不仅易于理解、便于操作，而且具有普遍的适用性。也就是说，《组合论》针对的不是一种建筑类型，也不是某种特定的建筑风格，而是在讨论各种建筑类型和风格所共享的、普适性的工作原理和工作方法。

“组合”，更准确地说“构图”，是中国建筑师长期关注的议题之一。而这种关注直接与“布杂”的影响有关。1984年，齐康在评价《组合论》时谈到，他的老师杨廷宝当年在宾夕法尼亚大学“所学的构图原理是*The Principle of Architectural Composition*，作者是他（杨廷宝）的老师霍华德·罗伯逊（Howard Robertson）”。而罗伯逊曾于1909~1912年在巴黎美术学院学习。齐康本人从20世纪60年代起，对“构图”发生了兴趣：

60年代初，我有机会比较系统地看了些国内外有关建筑构图书，诸如，匹克林、罗伯逊、克尔蒂斯、哈木林，还有哈伯逊等人所著的构图原理。往后又较广泛地阅读了相关的书籍，其中包括清华大学建筑系编著的《建筑构图原理》，这本书在当时应当说是一本有价值的教学用书。

《组合论》没有列举一个类似的文献目录，但彭一刚认为他的写作受到了柯第斯（N.C.Curtis）的《建筑组合》*(Architectural Composition)*和哈姆林（T.Hamlin）主编的《20世纪建筑的形式与功能》（*Forms and Functions of Twentieth-Century Architecture*，以下称《形式与功能》）的启发与影响。作为一种延续，《组合论》的目的是将柯第斯等论述的原理引入到“现代建筑”中，并在古典的形式原理与现代的空间概念之间做一个连接。

这里，有两点值得注意。第一，《组合论》所受的影响并不直接来自于巴黎美术学院。它所承传的是“二手”的，以加代（J.Guadet）为代表的“布杂”的理性主义传统。柯第斯的《建筑组合》出版于1923年，在加代的《建筑要素与原理》《*Elements et Theories de l'Architecture*》发行20年之后、现代主义建筑兴起之前。哈姆林的书出版于1952年。虽然当时正值“现代主义”的盛期，它却与柯第斯的一样，沿袭了加代关于元素组合（*elementary composition*）的理论。由此，我们不难理解为什么相比于巴黎美术学院，中国“布杂”更注重工具实用性，并对“现代主义”的技艺有较大的兼容度。

第二，虽然《组合论》使用了空间一词，却很难说它是一个“现代主义”的文本，如果我们同意“空间”是一个与“现代主义”话语相关的概念。就《组合论》的内容来看，它讨论的不是“空间”问题，而是“建筑形式的处理问题”。对于“建筑形式”，《组合论》认为它是一个包含了“空间”和“装饰”等各种元素的集合。

人们经常提到的“建筑形式”严格地讲，它是由空间、体形、轮廓、凹凸、色彩、质地、装饰……种种要素的集合而形成的复合的概念。这些要素，有的和功能保持着紧密而直接的联系；有的和功能的联系并不直接、紧密；有的几乎与功能没有什么联系，基于这一事实，如果我们不加区别地把这一切都说成是由功能而来的，这显然是错误的……

那么，与功能有直接联系的形式要素是什么呢？是空间……从这一点出发，有的人更进一步把建筑比作容器——一种容纳人的容器。所谓内容决定形式，表现在建筑中主要就是指：建筑功能，要求与之相适应的空间形式。

然而，对“现代主义”来说，无论“形式”本身的含义多么复杂，作为一个概念，它表明的是一个与“装饰”相对立的范畴（category）。而“空间”作为建筑所具有的本质特性，不仅不是一个与“装饰”、“形体”等平行的物质元素，而且也不隶属于“形式”之下。因此，在《组合论》中，使用“空间”和“形式”等词汇并不表明“现代主义”和“布杂”体系在范畴上的区分与对立。相反，以“组合”为基础，《组合论》将“现代主义”的很多观点、方法和实践融入到了“布杂”的体系中。事实上，将“布杂”与“现代主义”相融合而不是分离正是中国现代建筑的特点。

四、关于《住宅建筑设计原理》的解读

对于本文来说，《原理》不只是关于住宅设计的。它的结构反映了两个相关的议题：建筑设计方法（approach）的规范化和设计课程的教授方式。前者直接导致了最终产品（product）的形成，而后者是整个职业训练的核心。

作为全国通用的设计教材，《原理》具有两个典型的特点。①具有理论结合实践的普适性和可操作性。它的内容涵盖了过去30年住宅研究和实践中的主要议题，并兼顾了不同气候和地形条件下的差异。②书的编写结构与课程设计的安排紧密相连。一方面，与年级教学相对应，书中的住宅类型从“简单”向“复杂”推进；另一方面，如学校、酒店、影剧院等一样，整本书的结构准确地体现了类型式的设计教学。在这一点上说，《原理》是框架而不是具体内容，反映了“训练和培养学生分析问题和解决问题”的普遍方式。值得一提的是，这种以建筑物类型为基础的课程设计，与素描、水彩和渲染一样，是“布杂”体系训练的特点。

在很多人眼里，住宅设计在中国最具“现代主义”的特点。这个推断也许来自于住宅简单、没有装饰的外表，以实用和经济优先的考量，以及标准化设计的广泛运用。然而，我们需要在此做一点说明。的确，住宅，更准确地说集合住宅，是“现代主义”的一个中心议题。作为一种建筑类型，它不曾出现在19世纪巴黎

美术学院的竞赛课题中。不过，20世纪“布杂”体系的一些著作里却包含有这方面的内容。以《形式与功能》为例，全书有三章涉及大规模住宅（mass housing）的设计。也就是说，在技术的层面，“布杂”体系同样具有适应大规模生产的可能。

“布杂”体系对大规模生产的适应在中国似乎尤其明显。集合住宅的设计原理、方法、模式，以及“标准化、工业化和机械化”的理念最初来自于苏联。但在中文的文献中，构成主义建筑师金兹伯格（Moisei Ginzberg）、尼克拉夫（Lvan Nikolaev）等人对此的贡献从未被提及。同样，《原理》也没有讨论相关的构成主义和现代主义的理论与实践。它主要关注的是当下的现实，而不是其历史和理论的来源。然而，对于深谙“组合”原理的中国建筑师，标准设计的方法似乎并不难接受和操作。如果“组合”设计的核心是将不同的元素集中在一起形成整体的话，那么标准设计就是将不同类型的元素标准化和统一化。这不等于说“布杂”和“现代主义”没有区别，而是从一个侧面证明，“布杂”和“现代主义”共同拥有现代性这个基础。

总体来说，《原理》与《组合论》有着相似的结构，并承担着相似的功能。阐明设计的步骤，提供可供参考的解决方案。不过，与《组合论》相比，《原理》的内容更具体和实际。针对住宅建筑的特点，它认为“‘户’是住宅设计的基本单位，在住宅设计中首先必须对‘户’的大小及组成进行分析研究，然后再考虑户与户之间的组合关系。”由此出发，《原理》依次论述了从较小的单位到较大的整体的设计原则：每一户的功能房间；房间之间的关系和组合；并由房间形成户，由户形成单元，由单元而成组合体。从低层、多层到高层住宅，一方面，同样的原理被不断地重复；另一方面，根据不同的类型，又各有变化和特点。同时，《原理》也阐述了适应不同条件和需求的原则，如气候、地形、复合功能的使用、工业化。外形与美观的问题等。所有这些原则又兼顾了功能、物理性能（如朝向、通风等）、技术支持和经济性的考量，并对各种解决方案的特点、优点和缺陷进行了分析与描述。与《组合论》采取的技术手段（technique）相似，《原理》中有大量的图解和图示（231页中共454幅图），通常以举例的方式来说明理论原则在实践中的应用。于此，我们可以看到《原理》构建了一个设计法则的阵列（array），从理论上说，通过它，不同的需求将可以导向最终的结果。

然而，我们对《原理》的影响应该有审慎的认识。在现实中，很多学生可能没有从头到尾阅读过教材，也可能在他们的方案中没有采纳教材中的具体建议。相反，他们可能更愿意从“新”的出版物和国外的杂志中寻求“新”的灵感、“新”的形式和“新”的解决方案。然而，由于《原理》的结构与教学的框架相符合，它实际上构成了这种寻求和借用的基础。其影响主要体现在以下四个方面。①它界定了设计中要解决的普遍问题。②它界定了建筑类型的基本功能和使用方式（programmes）。③与以上两点相对应，它设定了方案合理性判别的原则。④它建立了设计原则与解决方式之间的对应关系。我们可以想象，这种教学的框架很容易在实践中运用和操作。因此，我们可以这样说，这种课程设计的教授方式为建筑的生产奠定了基础。

五、关于《中国建筑史》的解读

设计中对“中国特色”的表现有赖于建筑史的系统研究与阐释，而这个阐释本身却带着“布杂”体系的烙印。从实践的角度看，《中建史》的影响似乎并不直接。与前两本书不同，它没有对设计给出任何具体的建议。然而，从知识结构的角度看，它提供了认识、提炼和归纳传统建筑的框架。相较于书中对具体构件和结构的叙述，这个认知框架对实践的影响更为重要。本文将从两个方面讨论“组合”对这个框架的影响：识别建筑特征的原则及建筑与建筑元素的分类方式。

作为一本历史教材，《中建史》没有直接谈论分析和处理历史史料的原则和方法，而是将它们体现在对中国古代建筑的空间处理、设计方法等成就的具体解释中。全书关于古代建筑的部分共有八章。其中四章讲述的是几种建筑类型：宫殿、坛庙、陵墓、宗教建筑、住宅和园林，两章描述了木构建筑的特征及清式建筑的做法。总体来说，全书关注的重点是以技术进步为基础的风格的演进。例如，书中总结了故宫在五个方面的建筑成就，前四个均是形式上的特点：“强调中轴线和对称布局”；“院的运用和空间（尺度）的变化”；“建筑形体尺度的对比”；“富丽的色彩和装饰”。与此同时，《中建史》对建筑单体和构件进行了分类重组。与“组合”相反，这是一个将“整体”分解成“部分”的过程。

中国古代木构建筑变化很多。单体建筑有殿、堂、厅、轩、馆、楼、榭、阁、塔、亭、阙、门、廊等；平面有方、长方、圆、三角、五角、六角、八角、扇形、曲尺、工字、山字、田字、卍字等。由这些单体又组成了从住宅到庙宇、宫殿等各种建筑群。

单体建筑在外观上大致可分为台基、屋身和屋顶三部分。其中变化最显著的是屋顶，形式有庑殿、歇山、悬山……

根据书中的论述，每一个部分都有不同的形式，在形态、材料、尺度和颜色上不同的构成元素，以及将这些元素连接在一起的不同方式。对于如何将“部分”统一成一个和谐的整体，《中建史》认为：

（中国古建筑）在建筑的设计和施工中很早就实行了类似于近代建筑模数制（宋代用“材”、清代用“斗口”作标准）和构件的定型化。对于建筑整体到局部的形式、尺度和作法，都有相当详细的规定……

于是，从整体到局部，《中建史》构建了一个解读的系统：将建筑物划分成类型、单元和构件，并根据不同的用途和技术可行性，找出它们之间的连接方式。

然而，这种系统化的解释并不是简单地对历史史实的记录，或者将古代的文献翻译成现代的术语。相反，这种历史材料的结构方式是对“传统”的一种现代“构筑”。为了更加清楚地说明这一点，让我们来看两个比较的事例。一个是宋代的《营造法式》和清代的《工程做法则例》；另一个是亨利·墨菲（H.Murphy）对中国古代建筑特色的总结。

宋代的《营造法式》和清代的《工程做法则例》是中国建筑史研究重要的参考资料，并为其提供了所有的技术术语和建造的规范。然而，它们的结构与目的似乎与《中建史》并不相同。就目的而言，它们是与造价控制紧密相关的建造手册。以《营造法式》为例，全书共36章，其中2章是术语解释；15章是关于建造的方法，包括测量、地基、石作、木作、彩绘等；6章是图样；13章是关于人工和材料的计算。书中没有论述建筑物的形式和建筑群体生成的法则。尽管这些指令可以在不同的条件下应用，但它们似乎并不是现代意义上所谓的“设计方法”。在研究梁思成的学术体系时，赵辰指出，以梁思成为代表的中国学术传统，是以西方建筑的构图原理分析中国古建筑的立面，即“试图分析出一定的比例关系来定义中国古代建筑的风格”；将立柱视为“控制全部建筑立面的基本要素”；以及将“材”和“斗口”看成是“确定建筑立面的比例和尺度”的“基本因子(ratio)”。

与此类似，《中建史》中对建筑类型的划分既不存在于《营造法式》中，也与《工程做法则例》有着相当大的差异。的确，《工程做法则例》中列出了27种建筑的种类，如大殿、城门、凉亭等，但它们的区分似乎更多的是在结构和建造的差别上，而不是现代意义上的类型式区分。在研究苏州城市形态的发展时，许亦农发现：

中国的城市和乡村建筑缺乏形式与风格上可辨析的差别，其根本是由建筑类型与社会机构之间不存在一个形式特色上的对应关系而决定的。

赵辰和许亦农并没有直接讨论“布杂”体系的影响，但他们的研究至少向我们证实，《中建史》对中国古建筑特色的归纳事实上是一种“传统”的现代构筑。

第二个比较的案例是墨菲对古代中国建筑特色的总结。1928年，墨菲在《中国的建筑复兴》*(An Architectural Renaissance in China: The Utilization in Modern Public Buildings of the Great Styles of the Past)*一文中，总结了中国古建筑的五个特征：向上翻卷的曲面屋顶；由矩形平面和轴线对称形成的井然有序的布局；构造的直率暴露；华美色彩的使用；建筑元素间完美的比例关系。墨菲没有阅读过中国古代的营造手册，而且他的观点与《中建史》也不完全相同。然而，如上文所示，他对形式特征的分析方法几乎与《中建史》如出一辙。考虑到墨菲接受的新古典主义传统和中国建筑师接受的“布杂”训练，我们可以这样说，《中建史》是以“布杂”的知识结构为基础的，对中国传统营建的“现代”阐释。

我们不应该忘记，中国建筑史研究的最初目的是为了“发扬国粹”。除了整理、研究古代的建筑与文献外，其愿望之一是帮助创造新的中国建筑。鉴于此，从1935~1937年，中国营造学社出版了十卷本的《建筑设计参考图集》，由梁思成指导、刘致平编纂。这套图集相当于一个建筑“语汇”的图书馆。每一卷是一种构件或细部的集合，如台阶、栏杆、斗拱等等，提供有大量的实物照片，并伴以少量的制图和简要的说明。对于它们产生的影响，我们今天很难做出准确的评判。不过，傅朝卿的观察可以为此提供一个线索：

(《建筑设计参考图集》)对20世纪30年代以后，中国古典式样新建筑之影响是无可计量的，这可由当时所建之此类建筑中有显著增多之细部装饰一事中得到佐证。

事实上，1953年，在“社会主义内容，民族形式”的鼎盛之时，曾有另一套类似的图集出版。当然，很难说《中建史》对实践有这样直接的影响。但是，建立在同样的结构基础之上，《中建史》在实践中的作用更像是提供了一套系统化的方法，引导设计师如何分析、认识建筑的“传统”特色；从已有的建造中提取具有特色或象征意义的元素，并将它们放置到现代结构的分类中去。于是，创造具有传统特色的建筑形式可以说是“选择”和“调校”的过程。

六、小结

显然，这三本书写作的目的、涉及的领域和使用的材料都不相同。事实上，除了《组合论》，“组合”并不是《原理》和《中建史》关注的中心。然而，从以上的讨论中，我们可以看到它们在提炼 (abstract) 、阐释、结构和构筑材料、叙事、分类及设计方法和设计原理上，是基于同样的基础。在本文看来，这个基础就是“布杂”的“组合”——一种现代的建筑知识的构筑手段和体系。在此，我们需要注意两点。①这个体系本身并不与“现代主义”的某些观点，尤其是技术相对立。《组合论》和《原理》都大量地引用了“现代主义”的案例。但是，由于这些案例已完全脱离了原有的理论、社会和实际的语境，“现代主义”更像是被分解和融入到“布杂”体系进化的过程中 (evolutionary sequence) ，而不再是其批判性的对立面 (critical opposition) 。②由于这三本书均出版于20世纪80年代初，它们中的某些内容到20世纪末可能已不再适用，甚至已经过时。但只要建筑教学体系 (pedagogy) 仍然遵循着它们的结构，我们就很难说中国建筑已经脱离了“布杂”的影响。

20世纪90年代后，建筑教育的改革逐渐在不同学校以不同方式推行，“布杂”大一统的局面正面临着前所未有的挑战。同时，很多卓有成效的研究表明，中国建筑在过去80年的历程中，曾有一些个人和学校行进在通往现代主义的路途中。然而，就整个知识体系的结构而言，中国建筑并没有经历过一个完整的“现代主义”的过程。更多的时候，“现代主义”被当成是一种“风格”的更新或“技术”的进步而被片断地接受。今天，我们对中国建筑所属范畴的讨论不应该是一个简单的“先进”与“落后”的评判，而是如何回到建筑学本身的各种议题上，重新认识这个知识结构的缺失与贡献，以及它的适用条件。如此，我们才不会盲目地追随所谓“新”的形式，在一次次“新”的修辞中迷失自己。

（感谢彭一刚先生、邹德侬先生、朱昌廉先生在百忙中接受笔者访谈。）

（摘自《时代建筑》2009年3期）

中国建筑图书奖

图书出版日益繁荣，如何读到好书，推荐好书成为一种工作。

为什么要策划“中国建筑图书奖”

金磊

国家近年来设立了一系列期刊与图书奖，它们在鼓励选优上发挥了作用，尤其在公众文化普及上产生了影响。但我一直认为，无论是新闻出版署的国家图书政府奖，还是国家图书馆的文津奖，它们都是在大众文化上的一种推进与引导，而对于某个专业化领域的图书评奖事宜却很难深入。我国《科学普及法》中强调要最大限度地提高公众的科学素质，但对于关乎国民建筑科学与文化素质却很难有清晰的界定，至今虽建筑科技与艺术类图书出版如潮，但行业对优秀建筑图书推荐不够，建筑师期待读有用的书，高校师生期待用有用的书，国民建筑审美更迫切需要优秀建筑佳作的导引。为此，在中国建筑师分会、中国图书馆学会的大力支持下，BIAD传媒《建筑创作》杂志社于2008年元月十五日召开了“第三届建筑师与媒体新年论坛”，它主要向业内外媒体正式宣布首届“中国建筑图书奖”评选活动开始。

应该追溯的是，2007年4月23日正值联合国教科文组织确定的第12个“世界读书日”，《建筑创作》杂志社适时在天津市建筑设计院举行由京津两地建筑师、媒体人、图书馆学专家等参加的主题为“建筑师的非建筑阅读”建筑师茶座。由于大家在视野开阔、话题平和的气氛中交流，由书名、书斋、书中人物与建筑联想到从童年开始的梦，令与会者颇有感慨。大家的兴奋点不是在专业上，而是在由阅读产生的影响力方面。2008年元月十五日的“中国建筑图书奖”评选启动仪式上，建筑师代表、作者代表及中国图书馆学会领导

都从不同视角上阐发了对设立并评选“建筑图书奖”的意义，粗略地归纳集中在两方面：①全民族的建筑文化素质亟待提高，这不仅是社会发展、城市化建设的需要，更是一个文明国度文化艺术大繁荣的标志，不如此我们何谈一个国家的文化软实力。我以为要提高全民族的科技文化水准不是空话，更不是泛泛口号，对当今城市化大潮而言，不可放过建筑文化普及这个时机，所以抓建筑文化普及不能忘记从阅读开始；②主动地策划并开展“中国建筑图书奖”的评选，不在于一次能评出多少奖项，而在于通过评奖让社会、让海内外关注中国建筑界的这则文化动态，在业内外同时用图书和阅读评价这个时代的建筑及建筑批评，纯粹的建筑评论会通过这种大众建筑批评的势力得到加强，但我以为最受益的还是全社会建筑觉悟、建筑审美、建筑理念和建筑作品的提高，到头来丰富的是城市的风景线。如果说现状建筑评论与建筑批评有什么误区，那就是批评已变成了某种“研究”，那种鲜活的令业内外关注并有感染力的声音和文字不仅出现了媚俗之争，还出现了愈发抽象的创作方案；不仅时代需要新批评的内容和方式，更希望真正贴近公众的建筑文化自省。正基于这些基本点，“中国建筑图书奖”的文化意义、评论意义及公众意义就愈发重要。

中宣部等单位启动2008全民阅读第一阶段重要活动，“读一本好书”向全国有奖征文，主办单位称活动旨在培养全体公民崇尚阅读、自觉阅读的良好习惯，推动全民阅读活动不断深入开展。由此启发我们的是如何做才能使这件颇有意义的事做好做扎实做公正。最近读到由刘华杰主编，山东教育出版社2007年10月版《拟子摇车——激动人心的科学文化图书》，产生了诸多有益的联想。“摇车”即摇篮（cradle）引申为某某发源地。“拟子”（meme）是著名进化论学者、英国“公众理解科学”教授道金在《自私的基因》中提出的“文化信息传播单位”的概念，也译作“谜米”。科学思想、音乐旋律、宣传口号、广告词等都是拟子，他认为当人离开人世时，留下的东西只有两样即基因和拟子，所以探讨“拟子摇车”就是研究一种新型的科学传播方式，并最终用科学文化为人类造福。作者建议，如果各学科专家能够定期推荐一些好书，最希望是推荐一份较充分的书目单，做成一套丛书，就可以让更多的外行及公众少浪费时间鉴别并尽可能避开一

些貌似经典的“烂书”，无疑这是公众阅读的福音，是一项功德之举。《建筑创作》杂志社近年推出的《2005~2006中国建筑设计年度报告》及每季度杂志上的《中国建筑设计年度报告》（季度版）已在努力地推荐重点图书，但需作好的不仅仅是坚持，更重要的是每本推荐图书要配上专家点评、图书信息和相关导读。在《拟子摇车》一书中分了五大板块即博物·生命；经典·前沿；历程·浪漫；运作·出版；本性·警省等，它们力图概括科学文化的方方面面，从而担当起科学文化图书“大典”的使命。我无意非要学习《拟子摇车》这样的作法，但为建筑师、为高校建筑师生、为社会建筑文化的公众等不同层面的人荐书则是十分必要的。值得注意的是，国际竞争中的文化建设日益严峻，外来文化出版与发行公司对中国倾销很严重，在学术上、理论和概念上束缚了我们的视野，对此文化应对策略是，只有迅速、有力地推进自身的文化建设，切不可造成中国建筑文化的“真空”。既要有开放的胸怀与广阔的视野，广纳外来的优秀建筑文化，另一方面要用文化的自强之心，兴起中国建筑文化出版与阅读的新高潮。

感春气而先发，是《建筑创作》杂志社适时推出“中国建筑图书奖”的思路，这种适时不是为了抢时间，而是要抓住2008年北京奥林匹克的契机，要让为建筑和建筑文化的书写随书而定格，要让公众通过建筑学人的交谈而发现建筑师的社会责任与人性。虽看似闲来建筑的书林漫步，但也有阅读风尚，也有越来越集中的建筑文化学者的阅读体会和问题建言。建筑文化传统复兴，怎样就变成了商机？理性对待建筑文化，既要打捞，更需甄别。我十分赞赏有的文化大家之言：“我们不能当鸵鸟，必须面对现实……如果完全沉迷于其中，拜倒于它，迎合它，进而为它所控制，那必然导致思想和文化的平庸化，会导致知识分子思想批判针芒的丧失，思想创造力的丧失。”大批建筑师及其创作都应符合这样的心路历程，不了解这一点就无从深度地把握建筑人才的灵魂，相反通过建筑的、非建筑的广泛阅读与思索，可以了解到亲切自然、充满情趣的建筑故事，了解到为建筑和为建筑师的创作，感受到为人的品德和为文的风格。“中国建筑图书奖”是在这个不寂寞的春天启动的活动，虽然每个人对春天的感受是不一样的，虽然迄今已有数十个出版社递交了不同内容的数百册参赛图书，但文化的馨香及安宁的心境却是共同的，因为它们突出了建筑的文脉及新图书作品的可贵追求。

从一般意义上讲，传播好书，旨在推动阅读。那么，“中国建筑图书奖”不仅要推动全社会对建筑文化图书的阅读，还要关注业内外人士的建筑精神的成长。为此，不仅要把握活动启动时的评选初衷，还必须以当代社会对建筑思想文化特有的热情，真正的沙里淘金，真正的使评选榜体现公正第一的价值。纵观科技文化类图书市场，建筑类图书属小众读物，但建筑文化图书则是大众的，拥有广大的非建筑专业的读者。据调研，海外建筑人文类图书有较大的规模，如果国内建筑文化出版从选题到标准体现出高品质，国内一定会有一个相对稳定的发展空间，现在国内知识界、科技界读建筑、艺术类图书的人在增加，只要有思想、有文化、有趣味且厚重大气，会极大地在建筑旅游及文化珍藏两方面得到发展。从对中国建筑文化的普及和发展上看，评奖本身是一种文化守望，但它更是开启对优秀建筑图书的关注，因为有不少的空白需要我们这些耕耘者继续“劳作”和“填补”。为此我们在评奖时特别要公开我们的阅读主张：

我们主张严肃而有趣的书评，不仅有建筑立场、专业品质，还要有独立理念；我们主张阅读对公众建筑文化思想发展和社会进步产生影响力的好书；我们评价书评文稿的标准是要赞美更要批评，因为没有批评，赞美便失去意义，热望与期待的是一定要通过评奖追寻到建筑人性与美的力量。

面向建筑的文化盛典

——第一届“中国建筑图书奖”颁奖典礼侧记

2008年4月23日，在联合国第13个“世界读书及版权日”到来之际，中国建筑学会建筑师分会与中国图书馆学会、《建筑创作》杂志社联合，在国家图书馆文津厅举行了“第一届中国建筑图书奖”颁奖典礼。国家文物局局长单霁翔，中国图书馆学会理事长、国家图书馆馆长詹福瑞，中国建筑学会副理事长马国馨院士，中国文物学会名誉会长、著名古建筑专家罗哲文，北京市建筑设计研究院副院长、《建筑创作》杂志社社长张宇，资深建筑学编审杨永生，中宣部出版局副巡视员王萍，文化部社会文化与图书管理司陈胜利，中国图书馆学会副理事长、首都师范大学图书馆馆长胡越，联合国教科文组织文化项目官员卡贝斯女士等领导和嘉宾参加活动并为获奖图书作者和出版社代表颁奖。颁奖仪式由《建筑创作》杂志主编金磊和中国图书馆学会秘书长汤更生共同主持。张宇社长宣读第一届中国建筑图书奖获奖图书名单，胡越副理事长宣读第一届中国建筑图书奖推荐书目。

这是全世界写书人、读书人、出版人、藏书者和所有爱好读书的人的节日，是所有人的节日。建筑类图书的作者、译者、编者和读者济济一堂，著名建筑学者东南大学刘叙杰教授、清华大学吴焕加教授、陈志华教授、李秋香教授、中国文物研究所殷力欣研究员等以获奖作者及家属的身份出席了颁奖典礼，同时出席典礼的还有中国建筑工业出版社、清华大学出版社、天津大学出版社、生活·读书·新知三联书店、知识产权出版社、中国水利水电出版社、江苏科学技术出版社等多家出版社代表以及北京地区和全国公共、高校、专业等八个系统的图书馆界代表。中央电视台、北京电视台、《人民日报》、新华社、《光明日报》、《中国日报》、《文汇报》、《中国文化报》、《中华读书报》、《中国青年报》、《北京青年报》、《北京日报》、《北京晚报》、《中国新闻出版报》、《新京报》、《博览群书》、《新华书目报》、《中国建设报》、

《中华建筑报》、《中国图书商报》、《科学时报》、《中国文物报》等三十余家媒体进行了报道，北京人民广播电台“首都生活·读书俱乐部”栏目进行了专题访谈，Far2000进行了网上报导。

国家图书馆詹福瑞馆长首先致辞，他谈到，一个民族的精神境界，在很大程度上取决于全民族的阅读水平，全民阅读是构建社会主义核心价值体系的需要，是全民享有普遍均等的阅读权益的需要。阅读可以丰富人生，知识因传播而美丽，知识被利用才能显示出力量。在全民阅读事业中，图书的传播是连接知识创造和知识利用的中介环节，图书馆是一个致力于知识和信息的社会性传播的公益机构，是读者——公众利益的代言人，中国图书馆界愿意与社会各界精诚合作，承担起自身的社会职责，完成自身的社会使命，为促进知识和信息的合法、有效传播，为繁荣祖国的科学文化事业，为推动全民阅读事业、建设阅读社会贡献自己的力量。

马国馨院士代表中国建筑学会建筑师分会表示感谢中国图书馆学会和《建筑创作》杂志社，他认为这是为广大建筑师和建筑界做的“功德无量”的事情。建筑被称作是石头书写的史书，已说明建筑与书籍之间的不解之缘。随着北京奥运会一天一天地临近，很多出版单位编纂出版奥运建筑丛书，同时剪彩开幕的“北京奥林匹克建筑文化展”即是用照片的形式展现奥运场馆的建造历程，从中可以看到中国建筑蓬勃发展的态势。特别是改革开放以来，与境外建筑师不断学习和交流，我国在城市建设中从建筑形式、设计理念到施工技术、建筑材料等各方面都呈现出的巨大进步。“世界读书日”的宣传活动，唤起社会大众对奥运建筑的关注，了解奥运建筑，了解建筑行业。

单霁翔先生以获奖作者的身份畅言，中国建筑图书奖的设立意义在于起到嫁接建筑界和文化界两方面的桥梁作用。他看到这次在获奖图书里有一个非常好的趋势，很多图书都表现出了对文化遗产的尊重和理解，而且动态的发展着的保护理念都在图书中有所展示，这是令人可喜的希望。他还希望更多的人参与到文化遗产保护事业中。他还说，无论是经济、文化、政治等方方面面，图书都是载体，把自己的真实感受都写出来，有利于社会的和谐发展。

联合国教科文组织卡贝斯女士认为，图书在构建和维护我们社

会的教育、文化和经济体系方面起着多方面的基础作用。联合国教科文组织致力于在世界范围内创建一个大型网络，将编辑、图书销售商、图书馆、学校、文化机构、作家协会以及其他对书籍和阅读有着共同爱好的人们聚集在一起。今年的第13届世界图书与版权日有着特殊的意义，因为2008年被联合国大会宣布为国际语言年。联合国教科文组织总干事希望强调出版事业在语言方面的重要性，因为“当一种语言不能被应用于出版业时，这种语言和使用它的人们将无法参与某些很重要的社会知识与经济活动。”因此她借此机会传达联合国教科文组织总干事的号召，“希望联合国教科文组织的成员国、伙伴和朋友们都参与我们的共同努力，通过实践来充分认可书籍和阅读对真正语言多样化的世界所带来的利益作出的贡献”。

第一届中国建筑图书奖的评选，是1949年以来第一次对我国的建筑图书进行专项评选，意义重大，不但全面体现了2005~2007年中国建筑图书出版工作繁荣发展的状况，也必将对促进建筑文化的发展和繁荣，引导阅读产生一定的影响。此次参评图书数量大、品种多、涉及领域广，基本上可以说明建筑图书学术及文化普及的盛况。评选活动从2008年元月15日开始启动，得到有关部委的大力支持，联合国教科文组织特别授权中国大陆使用的4.23“世界读书日”标识（logo）首次在中国建筑图书奖颁奖评选活动中亮相，这也是中国建筑图书出版界的荣耀。经过近三个月的申报，共收到来自全国40家出版社和专家推荐的近200种（套）书籍，基本上涵盖了建筑学各个领域。经由建筑师、建筑界学者和图书馆界专家组成的评委会进行评选，产生了第一届中国建筑图书奖的10种（套）图书。

对此，殷力欣研究员评价到，在获奖人中，已故老一代中国营造学社先贤刘敦桢、陈明达师生二人的呕心沥血之作同时在此次评奖中获奖，堪称一段学界佳话；吴焕加教授毕生从事西方建筑史研究，矢志不渝、老而弥坚，令人肃然起敬；正值年富力强的王贵祥、赖德霖教授等，学贯中西、思路开阔、严谨译著、成果斐然，正说明建筑学事业后继有人、前途无量。

颁奖典礼上还公布了面向不同层面和人群的三类推荐书目。《梅县三村》等68种（套）图书入选向全国图书馆推荐书目，《建筑理论》等26种（套）图书入选向专业院校学子、学者和建筑设计院专业人士推荐书目，《一代宗师梁思成》等8种（套）图书入选向青少年推荐书目，这将有利于指导各级各类图书馆的馆藏建设，有利于促进传播建筑文化，有利于引领和推广全民阅读。

金磊主编在主持时归纳说，从一般意义上讲，传播好书，旨在

第一届中国建筑图书奖获奖书目

序号	书　名	作　者	出 版 社
1	刘敦桢全集	刘敦桢 著	中国建筑工业出版社
2	梅县三村	陈志华　李秋香 著	清华大学出版社
3	蓟县独乐寺	陈明达 著	天津大学出版社
4	外国现代建筑二十讲	吴焕加 著	生活·读书·新知三联书店
5	建筑理论(上、下)	[英]戴维·史密斯·卡彭 著 王贵祥 译	中国建筑工业出版社
6	从"功能城市"走向"文化城市"	单霁翔 著	天津大学出版社
7	中国营造学社汇刊	中国营造学社	知识产权出版社
8	可持续发展设计指南	[法]SERGE SALAT (薛杰) 主编	清华大学出版社
9	地下空间科学开发与利用	钱七虎　陈志龙 王玉北　刘　宏　编著	江苏科学技术出版社
10	近代哲匠录——中国近代重要建筑师、建筑事务所名录	赖德霖 主编	知识产权出版社 中国水利水电出版社

推动阅读。"中国建筑图书奖"不仅要推动全社会对建筑文化图书的阅读，还要关注业内外人士的建筑精神的成长。纵观科技文化类图书市场，建筑类图书属小众读物，但建筑文化图书则是大众的，拥有广大的非建筑专业的读者。据调研，海外建筑人文类图书有较大的规模，如果国内建筑文化出版从选题到标准体现出高品质，国内一定会有一个相对稳定的发展空间，只要有思想、有文化、有趣味且厚重大气，会极大地在建筑旅游及文化珍藏两方面得到发展。从对中国建筑文化的普及和发展上看，图书评奖本身是一种文化守望，但它更是开启对优秀建筑图书的关注，因为有不少的空白需要耕耘者继续"劳作"和"填补"。他还表示，希望"中国建筑图书奖"能成为一个品牌，在2009年共和国成立60周年前夕，通过第二届图书奖的评选过程，对中国建筑图书大系作一次梳理，一定会有更多的收获、发现和新贡献。

"中国建筑图书奖"的设定，不仅架设起建筑师与图书之间、公众与建筑图书之间的桥梁，更在于通过中国建筑图书的宣传将中国建筑学术与文化置于国际性阅读活动的大背景下，通过建筑作品、建筑文化（含文化遗产）、建筑人物、建筑事件等寻找中国建筑文化的根基和振兴之路，为建筑图书树立起中国精神，这是中国建筑界和中国图书界的幸事。

中国建筑图书奖评选活动的目的是为传播建筑文化，即将举办的北京奥林匹克体育盛会将传播和谐、共同发展的体育文化，魅力无限的奥运场馆建筑是承载奥林匹克运动精神的最好载体，与中国建筑图书奖颁奖典礼同时开展的还有"北京奥林匹克

建筑文化展”，该展览由BIAD传媒《建筑创作》杂志社、中国建筑学会建筑摄影专委会、中国图书馆学会策划主办，是迄今为止国内在奥林匹克建筑文化方面举办的首个展览。单霁翔局长、詹福瑞馆长、罗哲文先生、马国馨院士、王萍局长、张宇副院长和卡贝斯女士为奥林匹克建筑文化展剪彩。展览分第1~28届建筑文化和第29届建筑文化两大部分，不但全面回顾了自1896年第1届雅典现代奥林匹克运动会至2004年第28届雅典奥运会的城市建设与场馆文化的场景，而且详细展示了第29届北京奥运会场馆建设历程，以照片的形式向观众展示了北京奥运会“绿色奥运、科技奥运、人文奥运”三大理念所成就的崭新风貌。公众在共同欣赏奥运建筑场馆的精美图片的同时，享受“阅读”奥林匹克运动带来的精神愉悦。会上还首发了《建筑师的非建筑阅读》一书。

刘敦桢先生是我国著名建筑史学家和建筑教育家，毕生致力于中国及东方建筑史的研究，一生著有大量的学术论文和专著。《刘敦桢全集》收录了刘敦桢先生全部的学术论文和专著，包括《苏州古典园林》、《中国住宅概说》等重要著作以及未曾出版的一些重要文章，手迹，教学科研、调查考察等照片。全集反映了刘敦桢先生在利用文献考证古代建筑方面和在传统工程技术文献史料研究整理方面的卓越贡献；体现了刘敦桢先生对古代建筑实物进行的大量调查研究之成果。其中《中国住宅概说》和《苏州古典园林》是具有开创性的研究成果，其主编的《中国古代建筑史》至今仍是建筑史研究的经典著作。本套书是一份宝贵的建筑学术遗产，具有珍贵的历史文献价值。

《刘敦桢全集》

作者：刘敦祯
出版时间：2007年10月
出版机构：中国建筑工业出版社

乡土建筑是中华建筑的艺术瑰宝，也是传统文化的具象载体，它蕴含着传统文化的诸多因素，诸如人文历史、哲学伦理、地理风貌、民俗风情等等方面。这套丛书最让人感动的是年近八旬的文化老人，对传统文化深厚的情感及对中华乡土的深切悲悯情怀。清华大学的老教授，带领清华大学建筑学院乡土研究组的师生，二十多年来孜孜不倦地深入民间，调查研究和保护乡土古建筑，在物欲横流的年代依旧守望传统文化。这一套《中华遗产·乡土建筑》丛书中的梅县三村处于客家文化的核心地区，留存有创建于清代中期以前的早期围龙屋。本书有三大特点：人文性，介绍了村落人文历史与风俗民情；专业性，古建筑的构造、功能介绍得很完备；通俗性，散文体的学术著作，便于普及，利于宣传文物保护。

《梅县三村》

作者：陈志华 李秋香
出版时间：2007年5月
出版机构：清华大学出版社

辽代蓟县独乐寺在中国古代建筑史上占有独特地位，本书在已故建筑历史学家陈明达先生遗著的基础上，汇集了历年测绘资料、影像资料，在对古代建筑进行深入细致的个案理论研究的同时，为这一建筑经典建立了一个完整的工程技术档案，是继1966年出版《应县木塔》之后的又一为古代建筑实例出版集研究、测绘、照相资料和历史文献资料于一身的古代建筑文物遗产专著。书中积累了老、中、青三代学者的研究，体现了产、学、研多家机构精诚合作的成果。同时本书图片精美，印刷精良，除为专业人士提供高水平的理论专著外，还为所有热爱中国建筑、中国传统文化的广大读者提供一个高水平的艺术欣赏图籍。

《蓟县独乐寺》

作者：陈明达
出版时间：2007年8月
出版机构：天津大学出版社

本书以讲座的形式，历述两百年来，在历史、社会大变迁的背景下现代建筑的产生与发展，及科学的进步、思想的更新对建筑发展的影响，整体仍是一种建筑史的脉络。然而与古代建筑不同的是，风格的多元化、建筑大师的角色凸现，加之对建筑作品及思潮的评价，使得本书显得支脉纷繁，线索多维，整体更显丰富多彩。全书共分二十个章节，以应“二十讲”之名，大体因应着一个历史的脉络，然其叙述并不单调，基本上追随着以标志性建筑、具有里程碑意义的建筑及对后世的建筑思想有着深远意义的建筑流派为主轴，综述现代建筑的萌生、发展及潜藏在背后的科学技术、人文思潮的影响。作者文笔流畅，娓娓道来，纷繁复杂的历史图景在本书中展现得条理清晰，主次分明。

《外国现代建筑二十讲》

作者：吴焕加
出版时间：2007年1月
出版机构：生活·读书·新知三联书店

这套两册本的《建筑理论》是一个涵盖了西方古代、中世纪与现代哲学史与建筑理论史的概要性阐述的理论著作，汇总了建筑学的诸多基本原理，并以一种新颖和娓娓道来的形式，将这些原理呈现出来。

书中定义了成功的设计和评判所必需的知识领域，并且在建筑文献的历史上，第一次将所有概念统一起来，形成一个均衡且包罗万象的整体，目的是要寻求和确立曾经影响了20世纪西方世界的建筑理论的原理与学说。 作者在书中不拘一格地插入了各个时期具有代表性的建筑作品的图版，还以相关主题的图解性分析贯穿于上、下两册。这部两册本的理论著作，无论是合而为一地加以研读，抑或是分册阅读，其价值对于建筑师与建筑系的学生及相关学科的专业人士而言，都将被证明是无可估量的。

《建筑理论》

作者：[英]戴维·史密斯·卡彭
翻译：王贵祥译
出版时间：2007年1月
出版机构：中国建筑工业出版社

进入21世纪，中国的城市化加速进程吸引了全世界的目光。中国城镇的面貌正在发生着前所未有的巨变，而城市文化的传承和发展却面临着沉重的压力。

与此同时，中国的文化遗产保护呈现出新的发展趋势，为城市文化建设注入了新的活力。城市文化是建设和谐城市的重要基础，是城市竞争力的核心内容，是城市创新发展的强大动力，影响并决定着城市发展的前景和方向。

从传统的功能城市到今天的文化城市，文化已经成为城市生活中举足轻重的关键元素。

《从“功能城市”走向“文化城市”》

作者：单霁翔
出版时间：2007年6月
出版机构：天津大学出版社

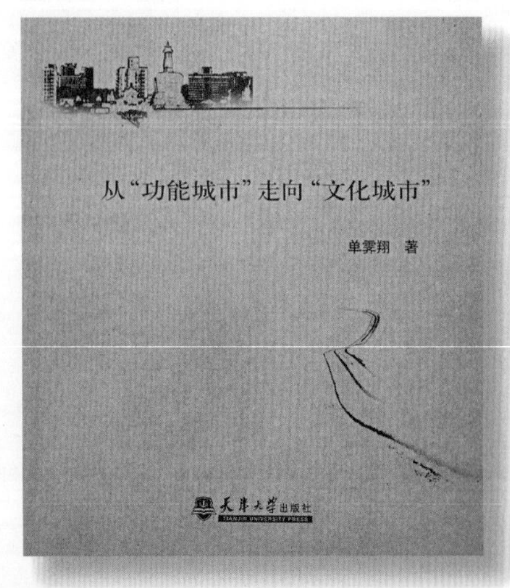

本刊最早刊行于民国时期，共23期22册，16开本，约5600页，图版逾千幅。

1930–1945年，朱启钤、梁思成、刘敦桢、阚铎、梁启雄、单士元、陈仲篪、王璧文等一大批中国营造学社同仁，先后调查了全国15个省220多个县的历史遗构，测绘、调查、摄影了2000多个建筑，对唐、宋、辽、金代的建筑有了一个基本的了解，基本上掌握了自魏晋到明清时期的建筑实物资料；在文献典籍整理方面，他们对浩瀚的古籍进行考辨源流，对中国建筑自远古至明清时期的历史发展脉络有了较清醒的认识，为他们后来的研究工作深入发展奠定了坚实的基础，对中国建筑史学研究做出了极大的贡献。这些成果全面反映在《汇刊》上，是我国一笔极其重要的文化财富。

2006年知识产权出版社严格按原版重排制作的《中国营造学社汇刊》，文字较原版更加清晰，照片质量几乎接近原版，墨线图质量超过原版。2006年重排本新增总目一册，极大地方便了读者对23期《汇刊》篇目和图版的检索。

《中国营造学社汇刊》

作者：中国营造学社
出版时间：2006年10月
出版机构：知识产权出版社

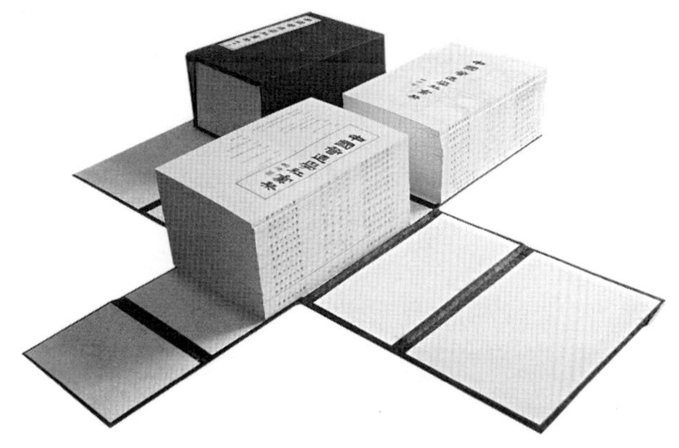

本书由建设部与法国建筑科学技术中心合作编写，旨在从中国城市发展的实际出发，借鉴世界可持续建筑设计方面先进的理念和经验，服务于中国的城市发展建设。

本书详尽地描述了可持续计划和设计方案的主要构成元素和特征，以及如何使设计方案和建设工作得以付诸实践并取得成功。本书系统地论述了可持续建筑设计方面新的设计原理和实践、新科技、新系统、新产品和新原材料。这些新的理念和产品在生态、环境保护和人性化方面都对城市的发展和建筑物的建设有着积极的作用。相信《可持续发展设计指南》的出版对科研、开发、设计和施工单位提供可供比较的经验与方法，也可为中国同行在推进建筑“四节”工作中，从规划、设计到施工建造提供创新思路。

《可持续发展设计指南》

作者：[法]薛杰
出版时间：2006年6月
出版机构：清华大学出版社

本书为国家“十一五”重点图书出版规划选题。走向地下，科学开发利用城市地下空间，是解决当前严峻的城市土地资源与环境危机的重要措施，也是贯彻落实党中央提出的科学发展观，实现城市可持续发展，建设资源节约型、环境友好型城市的需要。由钱七虎院士领衔编著和出版这部专著，旨在反映世界和我国地下空间开发利用方面的最新科技进展与成就，提高城市领导者和决策者对科学开发利用地下空间的重要性和必要性的认识，了解地下空间在实现城市可持续发展，建设资源节约型、环境友好型城市中的作用与意义，从战略高度引导我国未来的城市规划建设，同时也是对中国工程院院士工作很好的介绍和宣传。并且，这是国内第一部面向普通读者的地下空间开发利用方面的读物，对于响应政府倡导的普及科技知识、弘扬科学精神、传播科学思想、提高公众科学素养，具有深刻的意义。书中集中了丰富多彩的素材，很多是近年来国内外地下空间开发利用最新成果的图片，加之由设计名家担纲整体装帧设计，也是全书的一大亮点。

《地下空间科学开发与利用》

作者：钱七虎等
出版时间：2007年12月
出版机构：江苏科学技术出版社

中国近代建筑的发展，始于20世纪初，其中有在中国从事建筑设计的国外建筑师，而中国第一批留洋归国的建筑师的设计活动，为中国近代建筑真正带来了一次不小的繁荣和发展，也为中国当代建筑的现代性注入了动力。虽然，因为社会的动荡、第二次世界大战等的影响，他们的建筑活动持续时间并不算长，也无法有良好的外部环境，但是，他们的建筑设计、设计研究和教育等工作，为中国的当代建筑奠定了坚实的基础。

本书从赖德霖先生收录总结的1000余位建筑师的资料中，精选出250位最重要的建筑师和11所建筑事务所，其中包括他们的基础资料和建筑活动、研究成果，书后进一步对中国近代建筑教育作了一次系统全面的总结。对于中国建筑史，特别是中国近代建筑师的研究，本书是绝无仅有的，它对于中国建筑的贡献也是显而易见的。

《近代哲匠录——中国近代重要建筑师、建筑事务所名录》

作者：赖德霖　等

出版时间：2006年8月

出版机构：中国水利水电出版社／知识产权出版

第一届中国建筑图书奖获奖感言

吴焕加

20世纪著名的英国哲学家维特根斯坦为给姐姐建造房屋，曾中断自己的学术工作三年，事后他写道：“你认为哲学很难，可我告诉你，跟成为一个优秀的建筑师相比，它跟本算不得什么。”

对于建筑师，首要的当然是创作实践，可许多建筑师仍然挤时间读书，不断提升思想和学术水平。难，所以建筑师们会要经常“充电”。

这些年，公众对建筑的兴趣也日见增长，除了自已置办住房外，很多人又在国内国外旅行，见到这样那样的建筑，他们希望有更多更好的讲解建筑的读物。

这次三机构主办的建筑图书评奖活动是一个善举，必定有益于推动建筑图书的写作和出版。

第一届中国建筑图书奖专家评委讲话

金　磊："第一届中国建筑图书奖"初选会议于4月8日在BIAD传媒《建筑创作》杂志社会议室召开，参加初选评审的专家组由中国图书馆学会专家、在京的青年建筑师及本刊编辑共九人组成，由建筑学资深编审杨永生任顾问。此次初评本着梳理中国建筑科技与艺术出版现状，向世界展示中国建筑图书出版精品；提高建筑师及业内外人士对建筑文化的关注度，鼓励建筑评论；搭建读者、编者和出版社之间的平台，扩大优秀建筑著作的社会认知度；依托公众对建筑文化的热爱与参与，培养青少年建筑学兴趣及审美能力的活动宗旨，对参选的来自近40家出版单位的近200册（套）图书进行了评选，选出入围的图书共50册（套）及按照A（向全国图书馆推荐书目）、B（向建筑院校、设计院图书馆推荐书目）、C（向青少年推荐书目）三类的推荐书目。初选入围50余册（套）书基本覆盖征集内容中的相关系列。

张　宇："中国建筑图书奖"的评选是BIAD传媒公司《建筑创作》杂志社的一个非常好的创意，与中国图书馆学会及中国建筑学会建筑师分会等权威机构合作，把中国建筑图书出版及在业内外阅读使用上的情况进行归纳总结，这个活动非常有意义，我祝贺此次活动取得圆满成功。建筑创作的繁荣离不开传媒的宣传，媒体宣传的力量是"建筑服务社会"的重要依托方面。北京市建筑设计研究院作为建筑设计行业的国有大型机构，其旗下的BIAD传媒一直致力于"建筑服务社会"核心理念的宣传，致力于如何将建筑思想、建筑理念、建筑文化更好地传播给广大公众，在反映时代特色、发表行业建筑师之声的同时倾听行业内外专家和公众的反馈，现已经发展成为与业内外沟通的绝好平台。举办这样的活动说明BIAD传媒正在思考中前进。我希望BIAD传媒传播的内容和范围能不断扩大，我们的工作要更务实，更贴近建筑师，不仅在行业内的影响力要加强，在对全社会普及文化方面更要上一层楼。

马国馨：非常感谢图书馆学会对建筑类图书的大力支持，鉴于此次是首届建筑图书奖评选，经验不是很充足，因此我们也希望中国图书馆学会及社会各界能够对我们的工作加以指导，使这项有意义的活动能够坚持下去，为我们的建筑行业以及图书发行走向世界做好铺垫。建筑是一种世界艺术，建筑语言国际性约束相对其它类图书小，占有优势，因此这次活动的成功举办，更是意义非常，对于国际文化交流有很好的助力作用。此次评选最终要选出10本图书，此外，还要列出A、B、C三类推荐书目的名单，向公共图书馆、专业人士、青少年及广大社会群众推荐的书目没有数量限制，这是我们此次评选的一个目标。

王余光：向公共图书馆推荐的书目应再多些，古建方面的书由很广大的读者群，像《苏州园林》就是我们古文献学者很喜欢读的书，而且现在高校中都有自己的图书馆，也开设了一些世界文化遗产类的课程，很受欢迎，但这方面的书却相对贫乏，因为书中精美的图片，提高了书的成本，增加了读者的负担，所以我们在考虑推荐书目时要增加这方面的要求。世界遗产、文化遗产、建筑史、民居等内容的建筑图书具有普及性，带有大众阅读的特点，应该多向图书馆推荐。这次评选应该能提高图书馆对建筑类专业图书的重视。

杨永生：为建筑学及建筑文化图书举办全国性的学术团体评奖活动在我国出版史上前无古人。这是50年前不可思议的举措，因为那时全国累计三年中出版的建筑学图书总数也不及10种。我们相信，通过这次活动，不仅会鼓励专家们不遗余力地注意优秀作品，还会激励有关出版机构不惜工本出版创意好、内容精、影响力大的好书。同时这次评奖活动更突出的还在于为社会读者、专业人士及青少年分别推荐了一批阅读书目，很具有导读意义。

楼庆西：我仔细的翻阅了初选后的书目，深深感到虽然仅仅三年时间，确有一批好作品。《刘敦桢全集》、《梅县三村》、《从“功能城市”走向“文化城市”》、《蓟县独乐寺》等，他们都是填补空白的好著作。

和红星：我参加并主持过很多评选，但多数是规划方案和建筑方案，现在的趋势是在这些建设项目中也越来越追求方案是否体现文化性及其设计理性。我今天很高兴应邀参加了本次评选活动，我认为它有两个明显特点：其一，评选活动对近三年来中国建筑图书的梳理，实际上反映了中国建筑设计行业的创作状态，虽然尚有一批优秀著作未能入选，但获奖作品已经基本反映了中国建筑图书学术及普及出版的水准；其二，在获奖图书和推荐图书中，都有深受公众和青少年喜爱的读物，我尤其以为建筑文化普及读物对提高国民建筑文化与建筑艺术赏析能力很重有。

叶廷芳：我是研究外国文学史的，与建筑结缘的历史较早，我曾参加过两次全国建筑与文学研讨会。今天，我很高兴参加第一届中国建筑图书奖的评选，一下子能看到这么多建筑学与建筑文化的好书，我相信，评选活动一定能够让社会公众更好、更全面的认识中国现代与传统建筑文化艺术。

肖家保：《中国建设报》作为建设部的机关报，近年来十分关注并践行建筑文化的普及，我们与《建筑创作》杂志社合办“建筑文化专版”。已进入第五个年头，我十分理解并赞赏此次“中国建筑图书奖”的评选及活动策划，我认为此次评选活动为中国建筑文化普及及全民建筑图书阅读带了个好头。

胡越：作为非建筑专业的学者，我十分赞同中国建筑图书奖的评选，因为在我熟知的国外艺术系列中很早就包括建筑学的内容，我们国家虽然有着悠久的历史及历朝历代的精美建筑，可成体系的建筑文化教育尚未形成，国民更缺少建筑审美的教育，所以我觉得应扩大向社会推荐优秀建筑图书的篇目比例。此次评选活动从一个侧面在出版社、作者、读者之间架设桥梁，使更多的建筑文化普及读物跃上新华书店的书架，特别要丰富社区图书馆，以扩大建筑文化类图书的阅读面。

庄惟敏：本届中国建筑图书奖的评选对建筑文化普及无疑起到推动作用，但我更认为在全国的出版体系中将建筑学图书单独列出，予以评奖是“功德无量”的事。因为中国建筑师、中国建筑作品太需要宣传；中国建筑创作理念太需要从中国传统文化与西方现代文化的结合上汲取营养；中国建筑师及中国建筑作品要走向世界，离不开中国建筑教育的发展，而中国建筑教育的希望更有赖于中国优秀建筑图书及国外经典建筑学专著的指导。

邵韦平：中国建筑学会建筑师分会是联系全国建筑师的“纽带”，我们所倡导的办会宗旨就是要使建筑创作在个性化的同时更理性，要同时兼顾“适用、经济、美观”，而所有这些的实现都需要建筑师要有较好的文化功底和文化自觉，因此我们很荣幸与中国图书馆学会及《建筑创作》杂志社联合主办此次评选活动，他的意义不仅在今天，更在未来。中国建筑学会建筑师分会将一如既往支持这种旨在广泛联系与交叉、创新与发展的学术活动，希望本次评奖及推荐书目能在全国作个巡展或网上展示，让更多的业内外人士关注图书、阅读图书。

穿越图书欣喜地发现建筑里的文明世界

——第二届中国建筑图书奖评选活动

城市是人类文明发展的精华产物，但是在逐渐钢筋混凝土的城市森林里人们开始忘记了我们是如何建立起这样的文明的，人们逐渐忘却了这样一个个城市都是具有思想、具有灵魂、具有生命的。而建筑作为对一个国家历史、文化、传统最重要的物质印迹，并不被广大群众所理解。建筑的发展历程实际上承载了我们人类在这个世界上繁衍生息的生存发展历史。现代的人们忙碌地工作，每一个细节每一个瞬间都构成人类文明的一个小的部分。但是跑得太快了也要停下来休息,等一等跑丢的灵魂。这就是为什么人们在休息的时候喜欢静下来看一看书。阅读是我们寻找自我，了解文化，返璞归真最实用的方法和手段。因此，作为最贴近人类文明的两个朋友——“建筑”与“图书”，我们要让他们手拉手。于是就促成了这样的一个活动——“中国建筑图书奖”。我们选在这样一个特殊的日子“4.23世界读书日”是想借大家关注的目光，将它推广传播开来。也许就是多翻了那么一本书，你就会发现建筑的生命，建筑里蕴藏的我们可爱的世界文明。

每个城市都有每个城市的历史、文化和特色，通过这样的牵手活动，我们不仅要让大众通过阅读来了解建筑、了解到自己所生活的城市是什么样子的，我们也要让住在世界不同角落的人了解其他地方的人居住的城市，这就是文化的传播与交流。我们通过建筑书籍的普及和推广让住在大洋彼岸的外国人了解我们中国的思想、中国的文化。同时，让普通大众了解建筑、了解城市，实际上对我们的行业也有推动作用。本身建筑就是为人民服务的，更好地了解人们的愿望和需求才能切实指导我们进行新的创作。因此我们不仅要连接出版媒体和读者，连接建筑与图书，也要把建筑设计创作人员带进来，建立这样一个平台。

怀抱着这样的初衷和愿望，去年我们已经开展了第一届中国建筑图书奖，今年我们的活动继续进行。但是有所不同的是，今年恰逢新中国成立六十周年，因此我们要把握这个契机，对建筑图书进行梳理回顾。在23日颁奖典礼当天同时拉开“用图书镜像建筑——建筑中国六十年图书展”的大幕。图书展不仅作为第

前言

2009年是新中国成立六十周年，跨越甲子，建筑师、工程师走过了太不平凡的路，这其中不仅有建筑创作者的坎坷，更有用作品及事件凝聚起几代中国建筑师的精神档案。伴随着他们学术耕耘与创作的艰辛之路，伴随着他们心灵的探索之路，建筑图书作为另一种物质载体，以它独特的方式，忠实地记录了这六十年的建筑变迁，使人们看到了建筑创作经历了怎样的发展历程？中国目前的建筑创作环境，出现了哪些危机？中国目前建筑行业的整体创作水平，与它国的建筑师相比，还存在哪些差距？作为建筑师及其建筑学人，求索的社会责任是什么？我们应该怎样面对曾经走过的路，进行怎样的总结与反思，使建筑更贴近公众。

二届中国建筑图书奖的一个成果展示，更达到了向广大读者宣传建筑文化发展的目的。此次评选活动从去年12月开始面向全国出版机构征集图书，至2009年4月共收到来自中国内地30余家出版机构的推荐图书300册（套）。从4月9日的初选、4月16日的终选到4月23日的颁奖典礼，这一过程中陆续请来各界专家领导近70人，不仅选出了获奖图书并列出了推荐书目，也在活动中进行了很多交流，对于建筑图书的现状提出很多有待改善和解决的问题，对于未来的发展提出了很多有建设性的建议。这次活动不仅作为一项评选活动，也再一次激起了大家的热情和希望，十分感人。说是一场盛事联欢也不为过。

在图书展中《建筑创作》的主编金磊说到这六十年来建筑师、工程师走过了太不平凡的路，这其中不仅有建筑创作者的坎坷，更有用作品及事件凝聚起几代中国建筑师的精神档案。

建筑作为一件科技与文化综合类的创新“展品”，是社会的思想之树和艺术之果。作为建筑的传媒者，希望这个活动展览能对中国当代建筑图书史脉络有个清晰的回顾，让更多读者了解建筑、了解建筑图书。通过图书向社会打开建筑之门，这是新中国建筑历史上的第一次，它不仅是一种建筑思考与文化绝好的普及方式，更向业内外昭示：建筑承载了历史，建筑图书可以担当文化启蒙的使命。

在颁奖仪式暨开幕式发言上金磊主编提出了五个希望：

我们希望这些工作能对普及并提升中国建筑文化、认知世界建筑文化有所帮助及贡献；

我们希望这个基于学术组织的评奖活动能在政府主管单位的支持下更健康地发展，以形成中国建筑出版界的特色品牌；

我们希望中国建筑图书奖及其展览不仅能够帮助中国出版“走出去”，也能让世界认知中国建筑及中国建筑师；

我们希望有更多的社会组织及传媒机构参与并支持中国建筑图书的所有文化活动；

在今天第十四个“世界读书日”到来之际，我们希望，让建筑与艺术阅读普惠公众的同时，尤其不能忘

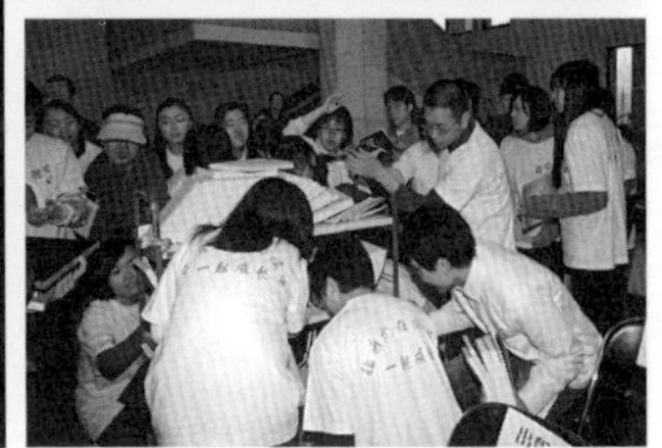

记开展让少年儿童学习建筑，提高他们对建筑科学与艺术兴趣的工作。

4月23日上午在中国国家图书馆外的广场上进行“让我们在阅读中一起成长”的“阅读中国”启动仪式，到场的有很多青少年儿童，我们也选择了一批建筑图书参与了当天的“图书接力”活动区的活动。虽然下着雨，天气还有些乍暖还寒，但是我们看到300余本图书顷刻间被学生们一抢而空。无论是这些青少年还是我们颁奖仪式上的专家领导，所有人都情绪高涨，充满了激情。到场的嘉宾包括图书馆界、传媒出版界、专家学者和以读者身份出席的各界人士。他们分别从不同的角度抒发了自己对于本次活动的一些感触。

在宣布获奖图书前，中国图书馆学会副理事长、国家图书馆副馆长陈力致辞：“中国图书馆学会在4.23这个重要的日子里和中国建筑学会建筑师分会、《中国建设报》、《建筑创作》杂志社再次联手，为全民阅读事业的发展贡献力量。建筑图书奖的评选希望通过建筑的角度推陈出新，让更多更好的建筑作品随着建筑图书的推广而受到普遍的关注，培养公众对建筑的审美意识，同时希望通过这种方式，吸引更多公众，尤其是青少年对科普和阅读的关心与重视，让科普读物成为青少年手中的知识财富。阅读可以丰富人生，知识因传播而美丽，知识被利用才能显示出力量，图书的传播是链接知识创造和知识利用的中介环节，图书馆是一个致力于知识和信息的社会性传播的公益机构，中国图书馆界愿意与社会各界真诚合作，承担起自己的社会职责，完成自身的社会使命，为促进知识和信息的合法、有效传播，为推动全民阅读、建设阅读社会贡献自己的力量。为早日建设一个人人爱书、读书的阅读社会而努力奋斗。”

中国建筑学会副理事长、全国勘察设计大师马国馨院士谈道：建筑中国六十年是一个曲折的过程。刚解放的时候出几本书都很困难，印象比较深刻的是《苏州园林》、《苏州旧住宅》，还有刘敦桢先生的书等等。当时结合学习苏联，出了很多苏联的建筑译本，比较有名的我现在还珍藏的一本，是陈志华先生和沈理源先生翻译的《西洋古典建筑史》。现在来看也是比较经典的。改革开放后建筑行业有了很大的进步，是大家了解建筑、认识建筑的一个非常好的时期，尤其建筑是一个公共艺术、视觉艺术。进入了新世纪，是一个群雄并起的时期。所以我希望中国建筑六十年的回顾通过我们一届一届建筑图书奖的评选，使我们出版界能够更近一步的发展和壮大，更重要的是要走向世界，让更多的国家更多的人了解我们中国建筑现状、中国建筑的历史和传统、中国的文化和发展。

谈到这里，我不禁回想起这次评选的整个过程。从第一届评奖到现在，每一次每一年我们都会结合当下设立主题。去年恰逢奥运会，今年是新中国成立六十周年。每一年我们都用心去做，《中国新闻出版报》阅读周刊的主编朱侠女士发自肺腑地说到：“说实话十分敬佩主办机构的勇气和志向，作为一个出版业经常跑采访的记者，我非常清楚图书评奖是一个非常繁琐、细致、辛苦的工作，是需要投入很多时间和精力的。这个活动也非常有价值，现在评选结果已经出来了，并且选择在这个特殊的日子、在这个充满书香的地方举行颁奖仪式，说明主办机构的良苦用心和对活动的重视程度。”

这次送选的300册（套）图书不仅有近两年新出的书也有上了年纪的历史读本。我们在对这些图书进行整理的同时也回顾了建筑中国六十年的发展历程并进行了梳理。在初选和终评两次会议上，各界专家评委都一致坚持几个基本原则，那就是“弘扬、鼓励、推广”。弘扬历史文化，尊重老一辈先贤大家；鼓励认真做学术，用心用脑来创新和推广普及建筑文化的传播。在4月9日的初选会议中资深编审杨永生老先生给大家讲了一个故事：在一次国际会议上，《浙江民居》的作者因为语言不通，于是他的老师梁思成先生便担当起翻译工作。其出色的表现赢得了在场

所有外国人的掌声。不仅因其绝好的语言能力，更让人十分尊敬一个老师给学生当翻译，实为一段佳话。

回忆4月9日进行的初选会议，我到现在仍然能够感受到当时的情绪，无论与会人员的身份与年龄，借用中国图书馆协会副秘书长孙学雷女士的话说“我很喜欢今天这种氛围，十分愉悦，我很开心。”我想应该用“可爱”来形容，他们具有的热情仿佛玩摇滚的人一样那么执著。来自建筑学领域、设计创作领域和文化出版领域的代表，分别从读者的视角、专业设计的层面和文化发展的角度出发，对送选图书进行审核挑选工作。《建筑创作》杂志社主编金磊表示筛选过程中只要有一人认为有入选价值的书就应当保留下来。甚至到了16日的终评活动中，曾经淘汰了的评选图书也供新一轮的评委们查阅，以免有所疏漏。终评工作经过评委会专家组三轮投票和激烈的讨论，最终从初选入围的150册（套）图书中共产生十本图书奖获奖图书，评出荣誉奖获奖图书及六个单项优秀奖，还面向不同的读者群列出了三类推荐书目。

在两次评选会议中，大家畅所欲言，对于现状提出了很多有待改善和解决的问题，对于未来的发展提出了很多有建设性的建议。杨永生说：“现在认真做研究的少了，很多书都是拼凑起来的，随便拍或找一些图片再从版权过了期的老书里搜刮一些文字就能拼凑成很多新书。因为没有用心自然也就没有价值可言。现在对文字的翻译和创造

也停滞了下来，很多原先因为翻译不了的优秀外文书籍现在都压在箱底没人来做。1971年我组织成立出版社，把《建筑设计资料集》从'文革中'抢救出来，钱就作为流动基金。现在应当到第三版了，可是没有钱，没钱就没人，编不起来了。另外发行渠道也是一个问题，'建工'是专业科技出版社，发行只能走科技渠道，不像社科类，很多书大众都不容易看到。"另外就翻译问题，他还谈到现在很多少儿读物直接对引进的文字进行翻译而不是编译，我们中国的孩子对外国的文化甚至比对自己祖国的文化了解得更多。我们应当更多地宣传中国的建筑师，避免将来中国的孩子只知道外国建筑师，连梁思成是谁都不知道。

《中国建设报》社社长肖家保也表示我们和外国的图书相比，就差在"科普"上了。专业的书太深，普通大众可能没兴趣也理解不了，这对于推广建筑文化来说是一个很大的问题。因此向公共图书馆推荐的书目，太专的应当去掉。教育要从小抓紧，兴趣也要从小开始培养。普及类的建筑书籍应当引起我们的重视。另外作为建筑图书，装帧还是应当尽量避免浮华，以免忽视了内容，做出错误的引导。

凤凰卫视主持人、著名学者王鲁湘说：现在很多图书因为装帧成本而定价太高，导致很多想看书的人买不起。另外还普遍存在一个现象，就是吃专业饭的人不太注重策划。好的理念没做出来，也无法吸引更多的关注。这是对于文化宣传和普及存在的问题。

马国馨院士谈到实际上普及的书不少，旅游类的书就属于普及的书，各地旅游的书介绍古建民居的有很多。在这一点上孙学雷女士也说出了自己的观点，她很喜欢看一些带有文化气质的小书，结合了建筑的文化书籍是使大众对建筑更感兴趣、更容易贴近了解建筑的一种渠道。她更希望专业图书能够更贴近大众，无论是从选题还是从装帧。她举了一个形象的说明，希望这可以是一本大家都愿意并且可以带到地铁上去看的书。

在此我借用温家宝总理在23日出席世界读书日活动时说的话：读书可以给人智慧，可以使人勇敢，可以让人温暖。知识不仅给人力量，还给人安全，给人幸福。

我想这就是我们的奋斗目标。

在颁奖典礼上，中国图书馆学会副理事长胡越和北京市建筑设计研究院副院长张宇宣布了获奖名单，并由领导和嘉宾为他们颁奖。获奖图书的作者和出版社代表发表了获奖感言。

中国建筑工业出版社社长王佩云说道："通过评选和推荐优秀的建筑图书，推动和引导读者阅读收藏。也为读者，作、译者以及出版社提供建筑文化学术交流的创作平台。建工出版社成立55年来始终坚持着正确的专业方向和社会责任，我们和作者、译者以及业界专家学者、院校师生和兄弟单位建立了良好的关系，我们的荣誉与他们的支持也是分不开的。中国建筑工业出版社将一如既往，始终把为社会和行业提供最好最有价值的产品和服务作为核心价值观，今后将与大家共同努力，继续坚持真诚合作，出版更多的优秀图书和传世之作，奉献给国内外关心支持中国建筑事业发展的专家学者和朋友们。"

天津大学出版社社长杨欢表示："面对建工出版社这样的老大哥，我们出版社年龄还比较小，也有很多需要学习的地方。但是我认为在责任和使命面前，出版社没有大小。怎么样把建筑文化传承下去、普及下去，作为出版人是我们应有的责任。文化作为一个国家的软实力，目前大家都知道尤其建筑图书，引进的多输出的少，如何把中国建筑的文化输出到国外去，这也是我们的责任之一。目前我们出版社也是在下大量的工夫想做这方面的工作，我们与外国的一些出版社也在接触当中。希望通过我们微薄的力量，把我们出版社现在已经出版的一些图书推广出去。”

《城市发展史》的译者宋俊岭先生以一个读者的身份谈到：“我很喜欢主办方提到的‘书香中国’的概念。我跟图书馆有很深的感情，从戴红领巾时就在图书馆里看书借书。八天前我们也是在这里有一个献书仪式，把我们刚刚从美国得回来的一本6 300页的2009年美国名人辞典*who and who in American 2009*献给了图书馆，代表我们读者对图书馆的一个回报。可见图书出版、写作、翻译对一个国家文明的传承起到多么重要的作用，希望以后我们可以做得更多，做得更好。”

同样以读者身份发言的还有《中国新闻出版报》读周刊的主编朱侠女士，她畅言：“在这样一个特殊的日子里能参加中国建筑图书奖的颁奖并站在这里说话，对我来说这个节就过得十分有意义。六年前一个偶然的机会开始参加主办方所组织的一系列活动，每一次活动都带给大家很多惊喜，今天能看到这么多关于建筑的有价值的好书，接触到建筑界这么多优秀的人物，是我的一个荣幸。其实关于建筑的专业知识我并不知道多少，但对这些书我都会非常珍惜的。因为这些书里面除了专业外，更有价值的是所呈现出来的建筑背后厚重的文化和精湛的艺术。也正是这些优秀的图书让我们了解到，专业可以有所不同，但是文化和艺术是可以相通的。所以从这个视角看过去，在我去每一个城市的时候我都会更加关注这个城市的建筑，开始把建筑当成有灵魂的生命来看。所以看世界的视角就变得更加开阔。金磊先生和他的团队一直是在致力于传承和普及优秀的建筑文化，一直在推崇弘扬建筑大师求真传道的精神。这也是我们媒体人的责任，我会尽自己所能来尽到我应尽的职责。”

颁奖仪式结束后由领导嘉宾为“用图书镜像建筑·建筑中国六十年图书展”进行了隆重的剪彩仪式。活动后所有与会人员共同参观了展览。至此，第二届中国建筑图书奖圆满拉下了帷幕。主办方金磊表示这次的内容很丰富，我们希望能挖掘历史、鼓励创新，发现对行业有推动作用的书，推广中外建筑的文化传播。在为世人开启了建筑之窗时，也在呼唤创立中国建筑文化普及的语境，在对历史品读、记忆、反思之后，希望中国建筑图书要力戒浮躁，少些泡沫之作，重在史料、文化、思想上的深度之作。带给中国当下建筑阅读更广阔的文化慧眼，让建筑阅读普惠公众。

最后引用一句赵家璧先生奉行了一生的名言：“书比人长寿”。我们可能不在了，但是书的影响，书的文化内涵和精神永远流传。

本书是肯尼思·弗兰姆普敦(Kenneth Frampton)继他的经典著作《现代建筑——一部批判的历史》之后又一部令人翘首以待的宏篇巨著，必将对现代建筑发展的讨论产生深远的影响。

一言以蔽之，《建构文化研究》是对整个现代建筑传统的重新思考。弗兰姆普敦探讨的建构观念将建筑视为一种建造的技艺，它向迷恋后现代主义艺术的主流思想提出有力的挑战，并且展现了一条令人信服的别开生面的建筑道路。确实，弗兰姆普敦据理力争的观点就是，现代建筑不仅与空间和抽象形式息息相关，而且也在同样至关重要的程度上与结构建造血肉相连。

组成本书的十个章节和一篇后记追根溯源，努力挖掘当代建筑形式作为一种结构和建造诗学的发展历史。弗兰姆普敦对18世纪以来法兰西、日耳曼和不列颠建筑史料的近距离解读为本书的理论框架提供了坚实的基础。他清晰地阐述了结构工程与建构想象是以何等不同的方式呈现在佩雷、赖特、康、斯卡帕和密斯的建筑之中，以及建造形式和材料特征是如何在这几位建筑师的建筑表现中发挥相辅相成的作用的。此外，弗兰姆普敦的分析还表明，这些元素贯穿在某位建筑师作品中的方式毒就构成了评判该建筑师整体建筑发展的基础。这一点尤其突出地体现在弗兰姆普敦对佩雷、密斯和康的建筑作品和思想态度的历史成份的分析之中。

《建构文化研究——论19世纪和20世纪建筑中的建造诗学》

作者：肯尼思·弗兰姆普敦 著 / 王郡阳 译

出版时间：2007年7月

出版机构：中国建筑工业出版社

ISBN 978-7-112-08867-6

一本论述和介绍中国苏、杭、沪、宁一带古典园林的专门著作，中国建筑学家童骏著。作者在抗日战争前遍访江南名园，进行实地考察和测绘摄影，以多年研究心得于1937年写成此书，1963年由中国工业出版社出版，1984年由中国建筑工业出版社再版。

本书分文字和图片两部分。文字部分包括造园、假山、沿革、现状、杂识五篇，论述中国造园的传统特色和一般原则，阐释假山艺术，介绍江南各地著名园林的沿革、现状、艺术特点并做出评价。第二版增收《随园考》一文，增补了部分图片，共收图片340多幅。

本书是中国最早采用现代方法进行测绘、摄影的园林专著。书中述及的一部分园林现已残破或者废记，这方面的资料尤具历史价值。

《江南园林志》

作者：童寯
出版时间：1984年10月
出版机构：中国建筑工业出版社
ISBN 7-112-01186-8

中国古典园林的历史悠久而漫长，从商周时期发展到明清时期，中国园林的成长经历了一个从襁褓中的婴儿到成熟韵致的成年人的过程。本书除了对中国古典园林历史进行剖析外，江南园林、岭南园林及其他地区园林，对园林的类型，发展阶段和历史沿革等进行了分析讲解。“图说”是本书最大的特点，图文并茂的形式读解园林的历史更有助于读者理解、参考和研究。

本书内容上化繁为简，图文并茂，读者群定位既有专业人士，又兼顾对园林文化、建筑文化感兴趣的人士。语言上通俗易懂，以图应文，贯彻“高深理论通俗化”的理念。建筑、环艺、园林等专业设计人员，院校相关专业师生，建筑文化人士和对古建筑、古园林感兴趣的人士。

这本《中国园林古典园林史》更偏重于用历史唯物主义观点去剖析园林在历史发展各个时期状况、特点以及对后来园林的影响，同时突出强调了现存园林从历史中传承下来的造园因素在其中的作用。

《中国古典园林史》

作者：周维权
出版时间：1990年12月
出版机构：清华大学出版社
ISBN 978-7-302-18298-6

本书是国家自然科学基金与博士学科点基金资助课题的研究成果，反映了建筑结合人文科学自然科学与技术科学的新成就。书中内容丰富，涵盖了建筑哲学思想与建筑设计方法论两大范畴，共有20章，包括当代西方建筑理论的进展；文脉主义；隐喻主义；建筑美学；建筑思潮；建筑符号学；建筑现象学；建筑心理学；环境心理学；行为建筑学；建筑类型学；当代西方建筑形式设计策略；建筑形态学；模式语言；数字建筑的理论和实践；西方建筑设计方法论；建筑装饰理论；图式思维理论；生态建筑学等。全书共120余万字，插图600余幅，是高等院校建筑系师生有关建筑理论与现代建筑思想的重要参考书，也是其他建筑工作者的有益读物。

本书为首批国家教育部研究生工作办公室推荐的研究生教学用书。

《现代建筑理论》

作者：刘先觉

出版时间：2008年5月

出版机构：中国建筑工业出版社

ISBN 978-7-112-09904-7

本书全面系统地介绍了外国造园艺术的四个主要流派及其代表作品——意大利的文艺复兴园林（附有古罗马园林），法国的古典主义园林，英国的自然风致式园林及伊斯兰国家的园林，阐明了它们所赖以产生的社会，经济条件和当时的历史文化背景，深入分析了各种造园艺术的内在规律，并对中国造园艺术在欧洲的影响作了开创性的穷根究底的研究。

作者文笔优美，以轻松风趣的笔调畅谈造园艺术，可谓别开生面。

《外国造园艺术》

作者：陈志华
出版时间：2001年1月
出版机构：河南科学技术出版社
ISBN 7-5349-2443-X/S·566

本书是美国著名的城市理论家、社会哲学家刘易斯.芒福德的重要著作之一，着重从人文科学的角度系统地阐述了城市的起源和发展，并展望了远景。内容包括：史前的城市，城市在美索不达米亚的诞生，古埃及城市，古希腊-罗马城市，中世纪的基督教、巴洛克和商业城市，近代和现代工业城市。作者从政治、经济、文化、宗教、社会、城市规划等多方面综合地研究了城市发展史，并对今后城市发展提出了战略性意见。本书可供从事政治、经济、文化、历史、社会发展战略研究、城市地理、城市规划与建筑、城市管理等工作者研究参考，也可供有关大专院校师生阅读参考。本书史料丰富，为提高实用性，书后编了中文索引，便于读者检索。

《城市发展史》

作者：刘易斯·芒福德　著

倪文彦　宋俊岭　译

出版时间：2005年2月

出版机构：中国建筑工业出版社

上海近代建筑是上海近代城市文化的一个重要组成部分，上海近代建筑在中国近代建筑史书上占有极其重要的一页。《上海百年建筑史1840－1949》试图从政治、经济、社会和文化等方面人手，探索上海近代建筑形成与发展的动因，寻求上海近代建筑的演变轨迹。《上海百年建筑史1840－1949》对近代上海各时期的建筑技术发展、建筑师及其建筑设计思想和建筑中表现出的风格特征进行了全面的考察和论证，并将寻其置于世界近代建筑史的大背景与上海近代史的大环境中进行了深入的分析与研究，其目的是试图展示一部较为完整，较为全面，也较为系统的上海近代建筑史，可供建筑、规划和历史研究人员及广大建箭爱好者阅读参考。

《上海百年建筑史1840－1949》

作者：伍江
出版时间：2008年
出版机构：同济大学出版社
ISBN 978－7－5608－3895－3

本书主要内容有：中国民居的历史演进；民居的分类；典型民居形制概述；民居建筑空间构成；民居结构与构造；民居建筑美学表现；传统村镇；传统民居形制生成诸因素的探讨；传统民居的研究与保护。中国民居书目举要。1~5批全国重点文物保护单位中的古民居及古村镇名录。

《中国民居研究》

作者：孙大章
出版时间：2004年8月
出版机构：中国建筑工业出版社
ISBN 7-112-06303-5

本书问世，作为一个重大工程的历史记载共有三个分册即《设计卷》、《施工卷》和《舞台设备卷》将分别出版。

本《设计卷》主要对该工程的土建及机电方面在设计上的问题进行了全面的扼要的阐述，供广大设计人员和建设单位在剧院建设和设计时参考。

本书共分十八个章节分别论述了：大剧院工程的历史演变和方案产生的过程；大剧院方案的构思、平面布局、公共空间的序列演变，四个不同剧场特征、周边环境的考虑，以及各相关的特殊功能用房和附属用房的设计，特别对消防设计和建声设计做了专题论述，此外还对结构工程、采暖通风工程、给排水工程、强弱电工程的系统设计参数及设备选型进行了介绍。

本书以最能体现建成效果的实景照片为主，并附有简单扼要的文字说明，为了能够更加深入了解工程的构造做法，本书亦附有一定数量的节点构造详图，以供参考。

《国家大剧院 设计卷》

作者：国家大剧院工程业主委员会 / 北京市建筑设计研究院
出版时间：2008年8月
出版机构：天津大学出版社
ISBN 978-7-5618-2733-8

本文分为上下两篇。上篇“调查记”是概括地介绍一下大致情况，以期在详细了解或研究之前，先有一个总的轮廓印象。其中的第二节“释迦塔建筑实录”，是综合记录塔的实测结果，主要是各部分的尺寸做法。这些东西在实测图或图版上已都有了，这里只是把分散在各图版上的情况和数字，按性质集中起来，或指出各种相似部分的异同之处，使眉目清楚，以备专门研究某些问题时查阅之便。

下篇关于寺塔的研究，就修建历史、原状、建筑设计及构图、结构等四项作了初步研究。此外，如彩画、瓦作、小木作、塑像、壁画以及结构的力学分析等等，都限于条件或专业范围，或只提出问题，或未敢涉及。

作者在编写之前，大致研究了塔的现状和具体条件后，决定以探讨当时设计方法为重点，希望总结出一点古代设计的经验。以突破单纯介绍古代建筑、欣赏古代建筑的圈子，从中找出一点具体的、对建筑设计有参考价值的东西。而逐步积累各时代、各方面的经验，这又是探索中国建筑发展规律所必须做的一项工作。

“大木作制度是古代建筑的重要部分，而材份制又是大木作制度的核心。”陈明达先生的《应县木塔》是对材份制的深入研究，将建筑史学研究尤其是大木作技术研究，引向广阔的学术天地，为我们提供了一把可以打开古人设计思想的钥匙。其巨大的学术价值已经、并将继续为历史所证明。

《应县木塔》

作者：陈明达
出版时间：2001年9月
出版机构：文物出版社
ISBN 7-5010-1305-5

第二届中国建筑图书奖获奖感言

《现代建筑理论》获奖感言

刘先觉

欣悉《现代建筑理论——建筑结合人文科学自然科学与技术科学的新成就》荣获第二届中国建筑图书奖，我作为本书的主编与主要研究者，首先要感谢评委会能对现代建筑理论著作给予高度的重视与评价，使本书获得了如此殊荣。其次是要感谢国家自然科学基金与博士学科点基金的支持，致使本研究项目能够取得丰硕的成果。第三要感谢这一项目的研究组始终不懈地坚持研究的目标，尽心尽力完成应有的任务，致使本研究项目获得了可喜成果。第四要感谢建筑工业出版社对本书的精心制作，致使本书能做到图文并茂，装帧精美，也为本书取得了很好的效果。

《现代建筑理论》是一个大课题，也是持续发展的项目，1999年出版了第一版，2008年已出版了第二版，虽然现在著作中已有20章有关的论题，但随着社会的发展变化，新理论仍在层出不穷，尚需我们拭目以待，用持之以恒的精神去继续将这一项目的研究推向前进。

近几十年来，许多建筑工作者都深感建筑理论对建筑创作的重要性，因为它能形成一种思潮和某些流行的手法，直接影响着建筑创作的方向。因此，搞清这些新潮流的来龙去脉和设计依据，避免生搬硬套，并借鉴国外先进的建筑理论和科学方法为我国现代化服务，提高现有水平，这无疑是有着积极意义的。一般来说，现在对建筑理论的研究，主要是围绕着建筑哲学思想与设计方法论两大范畴进行，因为这两大范畴对建筑创作的科学化和社会化有密切的关系，同时也表明了建筑师对建筑创作的认识。其实，这两大范畴就是回答建筑现象的Why（为什么）和How（如何做）的问题。它与建筑设计原理回答What（是什么）是相辅相成的。过去我国的建筑创作大多重视What，而忽略了Why和How，今天为了赶上世界潮流，重视对现代建筑理论的研究应该是时候了。当然，要求每个建筑师都能弄清当代这些复杂的建筑理论确实很不现实，也没有必要；不过，作为一名有修养的建筑师和建筑学者，如能及时掌握当代建筑理论的发展动态，明察当代各种建筑理论中可资借鉴的成分还是很有益的。

可能有些人会认为只要有一套设计手法，不问建筑理论照样设计房子。其实，手法和理论是不矛盾的，所谓手法本身已是某种理论的外显现象，是一种有规律的法则，应用某种手法已反映了是在不自觉地应用某种理论。如果我们能把不自觉地应用某种理论变成自觉的行动，变成一种既有思想性又有文化意义的创作过程，这岂不是更好吗？同时，如果建筑师能有较丰富的理论知识，必然能更有利于选择创作的手法和提高创作的水平。愿本书所提供的这些内容能为我国学习和借鉴现代建筑理论起到促进作用。

《城市发展史》获第二届图书奖感言

宋俊岭

主席，各位来宾，各位朋友：

感谢各主办方举办的这次活动。评选优秀图书对于促进文化发展很有必要，很有益处。对于默默无闻的耕耘者是莫大鼓励。想起在没有电脑的时代，一连数年笔耕不辍，又将此书索引汉化后编成卡片，摆满一地，再按中文笔画逐一编排的经过……忆起那些寂寞时光，此时此刻真感到莫大鼓舞。谢谢主办方，谢谢你们！

早在梁思成先生的时代，就曾打算译介芒福德的《城市发展史：起源、演变和前景》给中国，吴良镛先生则继续努力，很早就曾安排英文强手翻译此书，终因惧怕当时恶劣政治环境而作罢。我本人也曾设法将此纳入学术研究计划，包括举办芒福德百年诞辰学术研讨会，而都曾遭遇过障碍……如今，这本书不仅出版了，且一版再版，而且获得优秀图书奖，这都表明，如今社会立足点高了，文化框架大大拓展，这些都是国家社会发展进步的好消息。

本书得以出版和获奖，要感谢各方努力合作，包括老编辑吴小亚，包括资深译者倪文彦老先生，还包括继任编辑董苏华、姚丹宁，以及列位关心这项目的朋友，没有他们的巨大辛劳，就不会有本书的成功。

八天以前，我们曾经在这里（国家图书馆）代表文革中蒙难的父母给国家图书馆捐献了2009年版本的美国名人辞典，*Who's Who in America 2009*。这本书是兄弟因为杰出贡献名列名人辞典收到的赠书，全书6311页。我们兄弟们都是国家图书馆的长期受益者，从红领巾时代就在文津街老北图开始阅览了，是图书和图书馆帮助我逐步脱离了愚昧和野蛮，步入知识传播和创造的过程。所以，对于今天的活动，对于这个活动中提出的“建设书香中国”的理念，我非常认同。也准备贡献自己更大的力量。

《江南园林志》作者童寯的家属代表获奖感言

童寯家属代表

第二届建筑图书奖评委会组委会：

我是4月23日到会领奖的童寯家属代表，童寯的孙女童蔚。

感谢主办方全体评审委员将第二届中国建筑图书奖授予《江南园林志》的作者童寯。作为他的后代，我们深知这部著作，不仅对于今人了解部分已然消逝的故园起到了重要的作用，而且在向世界展现中国古典园林艺术方面，也具有深远的影响。该书是童　先生于上世纪30年代通过实地踏勘、调查、测绘、摄影，加之广为收集资料文献，并在此基础上诉诸以古雅文字笔墨阐述的双重珍品，为此，我们也要感谢1963年出版该著的中国建筑工业出版社的领导和编辑。

相信此次获奖，是对《江南园林志》作为中国建筑图书经典之作的肯定；使其在传统与现代文明衔接的历史长河中得以永久流传。

《建构文化研究》获奖感言

王骏阳

作为一部建筑学术著作的中文译者，很高兴能够获得第二届中国建筑图书奖。整个获奖的图书以学术类的为主，说明学术图书还是受到人们重视的，至少受到评委会的重视，也希望中国建筑图书奖能够成为促进中国建筑学术发展的一种力量。就学术译著的情况来说，如何提高翻译的质量，如何把翻译转化为一种学术研究，如何从机制上认可译著的学术价值，如何提高翻译的报酬，如何为译者的翻译工作留有充足的时间，如何在出版社建立更好的学术审稿制度和发行机制，都是有待相关各方共同努力和探讨的问题。愿中国建筑学术兴旺发达！

中国建筑出版机构辑要

出版建筑图书的出版社从一家独大到遍地开花，建筑图书的出版越来越丰富多彩，内容也日呈多元。从孤高自赏的学术殿堂越来越向社会普通民众渗透。

中国建筑工业出版社

我们把为社会、为行业、为读者提供最好、最有价值的产品和服务作为永恒的核心价值观。

力争成为“最受人尊敬的出版社”——这是建工出版人矢志不渝追求的理想境界。

中国建筑工业出版社诞生于新中国成立初期，至今已走过55年风雨历程。作为建设领域的专业科技出版社，半个多世纪来建工社一直肩负着弘扬建筑文化、传播建设科技的社会责任和历史使命。在各级领导的关怀支持下，坚持正确导向，突出专业特色，注重优质服务，不断开拓创新，一代又一代建工人用自己的勤劳和智慧、心血与汗水，积极地探索和追求，为读者奉献了数以万计的优秀图书，赢得了今日建工书苑的花团锦簇、满园芬芳。

1993年、1998年建工社两次被中宣部、新闻出版署表彰为“优秀图书出版单位”、“全国优秀出版社”，2008年又获得首届“中国出版政府奖”先进出版单位奖，捧得了象征新闻出版行业最高荣誉的奖杯。

坚持专业化出书方向。坚持在建设专业领域内深度开发，同时向相关专业领域拓展；依托高水平专业作者，推出高水准学术专著；坚持全方位服务于建设行业，出书专业面覆盖到100多个大小专业，满足不同专业层次的读者需求。累计出版学术专著、应用技术图书、普及读物等各类图书16 000余种，总印数2.8亿册。《中国美术全集·建筑艺术编》、《梁思成全集》、《20世纪世界建筑精品集锦》、《建筑施工手册》、《建筑设计资料集》、《室内设计资料集》、《国外建筑理论译丛》、《刘敦桢全集》、《城市规划资料集》等300多种图书获得国家和省部级奖项，受到社会各界的广泛赞誉。

注重出版资源整合。围绕建设事业发展，不断调整和优化结构，制订重点选题规划，突出学术理论、应用技术、文化积累和国家重大建设工程技术图书的出版，强调自主策划和原创性选题的开发。特别是“十一五”期间，《国家重大建筑工程结构设计丛书》、《2008北京奥运建筑丛书》、《建筑节能技术与实践丛书》、《西方建筑理论经典文库》等入选国家重点图书出版规划，推出了一批具有很高学术价值、社会价值和市场价值的优秀图书。

培育扩展销售渠道。建工社的发行销售渠道建设经历了一个从无到有，从小到大，从弱到强的发展过程。1995年开始进行专业出版物代理连锁经营，现在代理连锁站点已发展为遍布全国的网络系统，销售总量每年保持15%的增长。通过实施“图书流通信息交换规则”，更加快了销售渠道的提升与拓展，紧密了与新华发行集团的联系，读者满意率日益提高。建工版图书保持了“发货持续增长、退货率低、回款及时”的良性发展态势，在建筑专业图书零售卖场最高达到57.2%的市场份额（据开卷公司统计），综合代理连锁系统销售总计，在国内建筑专业图书市场占有率约达50%。

实施“走出去”战略。重视拓展海外市场，从20世纪80年代初开始，开展对外交流合作，在国际版权贸易领域一直较为活跃，并持续稳步发展，目前已与全球50多家知名出版机构建立了长期稳定的合作关系，引进和推出大量高质量图书，在国内外产生了一定影响，连续多年获得“全国版权贸易先进单位”称号。近几年，建工社年引进图书120种左右，年输出图书约30种，2007年建工社成为“中国图书对外推广计划”工作小组成员单位中的首家专业科技出版社。2008年输出版码洋达300万元，取得显著成绩。

视质量为生命。一贯重视图书内容质量，从质量控制要点和每一个细节抓起，实行全程质量管理，根据总署质量管理规定的要求，制订“出版物质量管理办法”，严把出版物质量关。定期举办质量展览评比，提高全员质量意识。2007年，建工社等36家出版单位、网站联合发出倡议，庄严承诺接受监督检查，实行次品召回制。多次在新闻出版总署组织的质量检查评比中受到表彰。

推广应用新技术。不断推进信息化建设，运用信息化技术改造和提升传统产业。建立数字化出版资源管理，开发利用出版信息资源，促进信息交流和知识共享，提高了图书质量、工作效率和决策的科学化水平。并创新出版物的内容和形式，积极尝试电子出版物、网上增值服务等多载体出版物的出版。通过转变观念、培养人才、转换机制和必要的投入，建工社数字出版实现稳步发展。

推进企业文化建设。着力构建以社会责任为核心的企业文化，坚持以人为本，文化兴社，大力推进企业文化建设。根据事业发展需要，制定了人力资源开发规划，培育不同层次人才，特别注重青年人才的培养、使用和激励，努力为员工提供良好的职业环境与发展空间，鼓励优秀人才脱颖而出，培育了一支高素质、竞争力强的专业人才队伍，营造出一个和谐、富有激情的环境。在当前市场经济大环境下，建工社强调要承担社会责任，把为社会和行业提供最好、最有价值的产品和服务作为永恒的核心价值观，力争成为“最受人尊敬的出版社”——这是建工出版人不懈追求的理想境界，形成了强势品牌效应和良好的社会信誉。通过提高软实力，增强了出版社可持续发展的综合实力。

基业长青，永续经营。当前新闻出版体制改革正积极推进，新技术应用加快，新的出版业态逐渐形成。这是摆在我们面前的新课题，既是压力，更是新的发展机遇。建工社将满怀信心，毫不懈怠，继续深入贯彻落实科学发展观，按照中央新闻出版体制改革有关精神，进一步解放思想，锐意进取，发扬优良传统，勇于改革创新，努力为建设行业的发展、为繁荣我国出版事业，做出新的更大贡献，再创佳绩，再谱新篇。

出版范围：建筑学、城乡规划、园林景观、村镇建设、建筑工程、建筑设备、市政与环境工程、工程管理、房地产、工业设计、艺术、旅游等方面的学术著作、应用图书、工具书、画册、教材、标准规范、期刊以及电子出版物。

（本文由中国建筑工业出版社供稿）

天津大学出版社

《清代内廷宫院》（书号为ISBN978-7-5618-0000-2）于2009年5月获得“第二届中国建筑图书荣誉奖”，这是天津大学出版社出版的第一本图书，也是开启了天津大学出版社出版建筑图书历史的一本图书。正是从这本图书开始，天津大学出版社走过了二十余年的建筑图书出版历程。

在建社之初天津大学出版社就依托天津大学建筑学科的优势资源开发建筑类图书选题。天津大学是教育部直属国家重点大学和教育部与天津市联合共建的高水平大学，有着悠久的历史和优良的传统，其前身为创办于1895年的中国第一所现代大学——北洋大学，1951年更名为天津大学。天津大学建筑学院的办学历史可上溯至1937年创建的天津工商学院建筑系，至今已有70余年的历史。1952年，全国高校院系调整后，津沽大学建筑系（原天津工商学院建筑系）、北京交通大学北京管理学院建筑系（原唐山工学院建筑系）与天津大学土木系共同组建了天津大学建筑工程系。1954年成立天津大学建筑系。1997年6月，天津大学进行学院制改革，在原建筑系的基础上，成立了天津大学建筑学院。提起天津大学的建筑学科，人们往往将其与清华大学、东南大学和同济大学的建筑学科相提并论，它们分别在建筑学和城市规划等领域享有盛誉，既是千万热爱建筑专业的学子向往的地方，也是培养众多建筑大师的摇篮。

天津大学出版社正是依托天津大学建筑学科在全国的广泛影响力，着力打造建筑图书出版重镇。除了《清代内廷宫院》以外，《天津大学建筑系师生作品集》系列、《西方现代建筑和建筑师》、《商业建筑外装修图集》、《城市规划作品选》、《城市风貌设计》、《后现代建筑佳作图集》、《古建筑写生与透视画辑》、《现代建筑表现图集锦》、《城市景观设计方法》、《清代御苑撷英》、《北京四合院建筑》等为出版社创建初期出版的建筑图书代表作。

随着改革开放的逐步深入以及建筑学科的不断发展，天津大学出版社出版的建筑图书种类也经历了逐渐丰富的过程，20多年来出版的建筑类图书涉及建筑设计与表现、建筑理论与资料建筑文化与历史、规划、景观以及知名建筑师及其作品等各个方面，许多图书已经成为建筑学科的教学参考书和各类建筑师的设计参考书。其中包括各类建筑设计作品集、设计大赛优秀作品选，各类建筑资料集、建筑年鉴，建筑表现系列、室内设计与家庭装修系列、古典园林系列、明星楼盘系列、前卫建筑师系列等各类知名品牌和经典套系。在文化与历史方面，出版了现代建筑思潮研究丛书、田野新考察报告系列、辽代木建筑系列、城市文化遗产保护系列、人文奥运文化北京系列以及手绘民居系列等丛书。

作为全国建筑类图书主要出版单位，作为全国建筑图书出版联合体的首倡单位，天津大学出版社出版的建筑类图书以其鲜明的特色、卓越的品质、深远的影响和广泛的市场认同在行业内占有重要的地位，对我国建筑行业的建设和发展做出了重要的贡献。

天津大学出版社不断拓展资源范围，发展了清华大学、同济大学等知名学府和中建院、北建院等著名建筑设计院以及中国文物研究院等合作伙伴，凝聚了一大批优质作者资源，丰富了选题内涵与基础，并不断推动图书内容、封面、版式和印刷等环节的创新，组织出版了包括建筑资料与教材、建筑设计与理论、建筑文化与历史、园林景观与环艺等方面的一大批系列丛书，在建筑行业有着极大的影响，赢得了社会各界的广泛赞誉。其中《建筑设计资料集成》、《中国建筑表现集成》、《室内设计集成》、《华夏意匠：中国古典建筑设计原理分析》、《设计结合自然》等品牌图书已经成为高校教师、学生和广大建筑从业人员必备的案头书，销售范围广泛，影响深刻。

2006–2008年，天津大学出版社建筑类图书码洋占总码洋的25%、34%和39%，呈现良好的发展势头。经过20多年的积累，天津大学出版社建筑类图书销售总量和动销品种数于2006年和2007年在全国出版社中连续排名第五，在大学出版社中排名第一（根据开卷调查）。

2004年天津大学出版社出版的《中国城市环境创造——景观与环境设施设计》获得中国图书奖；2006年《华夏意匠：中国古典建筑设计原理分析》获得首届“中华优秀出版物奖”；2006年，《从“功能城市”走向“文化城市”》一书列选“十一五”国家重点图书出版规划项目；2009年《蓟县独乐寺》获得第二届“中华优秀出版物提名奖”，同时《蓟县独乐寺》和《国家大剧院》还分获第一届和第二届“中国建筑图书奖”，《清代内廷宫院》和《北京四合院建筑》获得第二届“中国建筑图书荣誉奖”。

（本文由天津大学出版社供稿）

清华大学出版社

清华大学出版社成立于1980年，在发展初期抓住了蓬勃兴起的计算机图书市场黄金机遇，从而迅速崛起，成为中国出版领域一支重要力量。到1998年，清华大学出版社制定了向综合性出版方向迈进的战略，率先启动了经管和外语板块的发展计划；而土建领域的发展是从2002年在理工事业部中单独设置土建编辑室开始的。

回顾它8年来发展壮大的历程，可以总结为如题的16个字，即“志存高远·脚踏实地·顽强拼搏·持之以恒”。

清华大学出版社土建编辑室在组建之初，除了具有优异的品牌——清华大学和清华大学出版社之外，基础非常薄弱，既没有出版规划、发展目标，也缺少专职编辑，年新书出版不足十种、销售码洋只有几十万。但是新近引进的编辑室负责人徐晓飞有信心在清华大学出版社的平台上发挥自己的能力，把清华大学和清华大学出版社的无形资产转化成有形资产，使清华大学出版社的土建图书出版跻身先进行列，当时制定了在同业出版社中“三个一流”的目标：学术品位一流，图书品质一流，人均效益一流。这个目标就是要把“出好书”和“把书出好”作为立足之本；兼顾经济效益和社会效益，坚持把为作者和读者服务作为出发点；坚信先有一流的产品才能有一流的回报。在志存高远的“三个一流”信念激励之下，经过8年的不懈努力，清华大学出版社土建图书已取得如下五方面显著的阶段性成果。

(1) 在学术图书出版方面，一直以选题的学术水准作为列选与否的判断标准，坚持出版学术前沿领域的高标准学术著作，同时注重挖掘整理经典学术著作以满足当下读者需求。如龙驭球院士（等）所著的《新型有限元论》荣获首届“中华优秀出版物（图书）奖——正式奖”(2006)，出版了两院院士吴良镛先生的高水平新著《京津冀地区城乡空间发展规划研究（二期报告）》(2006)，重新整理相继出版了新中国建筑学科奠基者、学术大家梁思成学部委员的5部学术经典(2003~2009)；“中国乡土建筑丛书”入选“十一五”国家重点图书出版规划项目；《可持续发展设计指南》和《中国古典园林史（第3版）》分别荣获第一届“中国建筑图书奖”(2008)和第二届“中国建筑图书奖”(2009)。此外，“清华学人建筑文库”和“清华学人建筑作品书系”，也以“作者一流，编校一流，设计印制一流”在建筑界树立了无与争锋的品牌，其中《朱畅中先生印存》荣获第七届中国大学书籍装帧设计大奖(2008)。

(2) 高等教育教材出版是清华大学出版社的传统优势领域。能否组织起大批高质量、高水准的土木类教材，也是衡量图书总体质量的一个重要标准。在这个领域，通过艰苦努力和细致工作，组织了“清华大学土木工程系列教材”、“清华大学建筑学院广义建筑学系列教材”以及“交通工程系列教材”。这三套教材携手入选“教育部普通高等教育‘十一五’国家级规划教材”，使清华大学出版社一跃成为入选“十一五”国家级规划土建类教材品种最多的出版社。另外，出版了业内第一套土木类精选教材“土木工程教材精选”（2002~　），其中《土力学地基基础（第3版）》（年均销量近3万册）、《钢管混凝土结构（第3版）》等，都成为国内主流教材。此外，“高等院校建筑学系列教材”也被众多高校选用，成为主流系列之一。其中，《建筑速写技法》荣获第八届高校出版社畅销书一等奖（2008），《设计大师SketchUp入门》荣获第八届高校出版社畅销书二等奖（2008）。

（3）在建筑设计类图书出版领域取得的成绩，同样使清华大学出版社异军突起，如出版了代表当代中国建筑设计水准的“中国建筑设计研究院系列”（2002~2009）、《北京市建筑设计研究院作品选2004》、中国建筑设计大师崔恺先生的力作《本土设计》（2008），以及竞标获得出版权的《中国建筑设计研究院成立50周年纪念丛书》（2002）、《辉煌50年——中国建筑科学研究院成立50年纪念丛书》（2003）、《清华大学建筑设计研究院成立50周年纪念丛书》（2008）、中国地产界领袖企业万科的最新作品专集（2007），都标志着在建筑图书出版领域具有了一流的竞争力。另外，纪念著名设计公司深圳华森建筑设计与顾问公司成立25周年的《华森出品》荣获“第18届香港印制大奖”（2006）和“首届中华印制大奖”（2007）。

（4）把建筑与文化有机地结合起来，使清华大学出版社的建筑图书具有高雅的风貌，在土建图书出版领域独树一帜。代表作品如《梁思成林徽因与我》（2004）、《建筑师林徽因》（2004），双双荣登“三联畅销书排行榜”，其中《建筑师林徽因》荣获“首届文津图书奖”（2005）。

（5）在经济效益方面，达到人均净发货码洋700余万的业绩，经济效益显著，在土建出版领域名列前茅。

坚持精品出版之路是艰难的，他们在有限的人力物力的条件下处理好发展速度和产品质量的关系、兼顾近期利益和中远期利益的关系，并保持了超常规高速持续发展的状态。在这个过程中，坚持高标准挑选选题、认真加工、高标准设计印制，把“三个一流”的目标落实到每个选题确定、每本图书加工、每个封面和版式设计上，脚踏实地地实践着自己的承诺。

在目前日益激烈的竞争形势和不断加快的出版节奏下，图书出版不仅要好还要更快，这就需要在精力和体力方面给予更高强度的付出。例如徐晓飞8年来平均年出版新书在30种以上，其中2008年出版新书50种，是顽强拼搏和无私奉献的精神激励着他们在不断超越竞争者的同时也不断地超越自己。

鉴于土建编辑室取得的突出成就，2008年被单列为土建事业部，为土建行业读者提供更多更好图书的心愿对他们来讲不是一个梦。回顾8年来的发展，自觉地树立正确的出版理念，扎扎实实地苦干加巧干，并持之以恒地坚持、坚持、再坚持，这就是他们从土建图书出版的边缘走向主流，逐渐成为中国土建图书出版强势品牌的成功所在。

（本文由清华大学出版社供稿）

同济大学出版社

同济大学出版社成立于改革开放初期的1984年5月。25年来，我们牢记出版工作者的光荣使命，始终坚持正确的出版导向，坚持出版为人民服务、为社会主义服务的宗旨，以人类文明的积累和传承为己任，为我国的高等教育事业、为我国的经济建设和社会发展作出了积极的贡献。自2001年以来，我社为适应市场经济条件下自身发展需要，着力加强职工和骨干队伍建设，推进内部改革和企业文化建设，使企业获得了发展的动力和活力，走上了良性发展的道路，进入了一个新的发展阶段，取得了较显著的社会效益和经济效益。

拓展土建专业图书和教材的建设平台

土建、建筑类学术图书和教材历来是我社最重视的特色之一，建社25年来，我社在开发土建类专业图书和教材上投入了大量的人力、物力和财力。出版了一批具有较高质量和鲜明特色的专业图书，受到各界好评。我社许多建筑图书获全国各类图书大奖，如：《说园》获全国优秀科技图书二等奖并入选《中国文库》被国家图书馆收藏、《音乐厅与歌剧院》获全国优秀科技图书三等奖；《外国建筑历史图说》获全国首届图书金钥匙奖；《建苑拾英（第一辑）》（1989~1990）、《中国桥梁》（1991~1993）、《室内室外局部·细部设计与装修系列全书》（1993~1994）、《音乐厅与歌剧院》（2001~2003）获上海市优秀图书一等奖；《高层建筑施工手册》（1991~1993）、《中国建筑设计四十年》（1991~1993）、《天安门》（1997~1999）、《大都会从这里开始》(2003~2005)、《中国传统建筑形制与工艺》（2005~2007）获上海市优秀图书二等奖；《汶川地震灾后重建学校规划建筑设计参考图集》获2009第二届中华优秀出版物、《上海百年建筑史（1840~1949）》获2009年第二届中国建筑图书奖。

在土建工程实用类技术图书和建筑学术图书的出版中，我社对城市规划、城市景观设计与管理、建筑设计与施工、建筑安装、建筑装潢、建筑文化与保护等领域均进行了长期的跟踪与出版探索，为我国社会主义建设和城市发展出版了大量好书，为弘扬中华传统文化与文明作出了许多贡献。如，《室内室外局部·细部设计与装修系列全书》（共12册）、《跨世纪的上海新建筑》（共5册）、《建筑室内空间设计丛书》（共12册）《中国历代园林图文精选》（共5辑）、《建筑设计系列丛书》（共12册）、《世界室内设计师丛书·香港辑》（共9册）、《设计表现丛书》（共9册）以及《园综》、《中国古代建筑历史文献精选》、《扬州园林》、《杭州园林》、《古城笔记》、《智能建筑设计》等。

在教材建设方面，我社先后出版了一类本科层次的土木工程专业系列教材一套（共23册）、二类本科层次的百校土木工程专业通用教材一套（共11册）、新世纪土木工程高级应用型人才培养系列教材一套（共12

册）以及今年陆续推出的全国高职高专教育建筑工程技术专业新理念教材一套（共27册）、城市规划系列教材一套（共20册）、城市轨道交通工程系列教材一套（共16册）等。

为中国传统建筑艺术的传承与创新作贡献

在我国出版界，建筑图书的出版是一项耗时、耗力还耗钱的工程，纯图片的书虽可作为快餐迅速出版，可其文化含金量一般不高，这类建筑图书的同质化非常严重，特别是许多非专业的出版社拥挤到该出版领域后，几乎已形成恶性竞争。对于那些文化含金量高，图文并茂的图书，往往要花费作者多年，甚至十几年的工夫，写出来出版后，由于其读者群一般不会很宽，出版社往往要投入人力、物力或财力方面的补贴。大型建筑图书的出版，相对经济风险很大，因此我社投入的人力、物力比较有限。特别是彩色的图片类建筑书，在出版的结构上将这类书严格控制在一定比例范围，在这种无奈的情况下，我们经常是忍痛割爱。当然，有良好社会效益，而经济效益不太能保证的建筑类图书，我社每年也能出版一些，但品种不是很多，主要也是财力有限。而对于我社这样的专业出版社来说，有责任积极参与到保存、保护并传承这些珍贵的历史文化、民俗传统和城市建筑的空间形态行列中来。虽然我国城市的历史价值与传统建筑的历史风貌会在无可抗拒的"现代化"浪潮下日益消失一些，但许多有价值的历史资料和城市记忆，可以由出版社通过文字和图片的形式永远地记录下来，为中国传统建筑艺术和文化的传承与创新发挥应有的作用。同时，我们也希望政府有关部门对这类项目提供适当的资助，以弥补中小型专业出版社资金不足的困难。

我社在出版建筑学术图书具有一些先天优势，其一依托学校在建筑领域的学科优势和学校知名度及品牌效应，天然地形成了一大批忠实的读者群，其次"有近水楼台先得月"的地理优势，拥有了相对丰富的建筑学术图书出版资源和作者资源，再加上有25年出版建筑学术书的历史经验和一支具备相对高水平的编、审、校队伍，具备出精品、出含金量高、能传承中华传统建筑艺术书的基础。

从目前状况来说，由于种种原因，我社在人力、物力、财力和规模上，尚无法与那些历史悠久的名社、大社相比，因此，对国内外一流的学术专家吸引力不够。因此在耕耘建筑学术图书上要量力而行，依据自身的实际情况来深入发展建筑学术图书板块。我们对建筑学术图书的出版制定了更新的发展规划。

（本文由同济大学出版社供稿）

东南大学出版社建筑分社

共和国走过了一个甲子的轮回，作为年轻的建筑出版一员——东南大学出版社建筑分社是长期依托东南大学建筑学院、土木工程学院、交通学院、艺术学院等院系的重点学科及社会上相关学科专业院校和科研院所建设起来的重点版块，在建筑学、城市规划、景观设计、土木工程、工程管理、交通科学、艺术设计等类选题中，从理论、规划、设计、施工到管理等都有相应的图书出版，在国内建筑、土木工程、交通等出版领域业已形成了独特的品牌优势。

建筑分社图书出版方向：建筑学与建筑设计、城市规划与城市科学、园林景观与环境艺术、建筑美术与艺术设计、室内设计与装饰装修、建筑结构与建筑材料、建筑施工与组织管理、房地产与工程管理、交通运输与工程等。

建社以来，建筑分社累计出书近千种，其中作为我社的开篇之作建筑界泰斗——童寯先生的《近百年西方建筑史》，该书言简意赅、字字珠玑，清晰明快、史料丰富，为我社的学术出版之风打下了坚实的基础。

在我社出版的图书中大部分是高等学校各类教材、教学参考书、学习指导书和科研专著。不但保证了高等学校教学、科研所需，而且为提高教学、科研水平做出了应有的贡献，有力地促进了高校教材建设和教学科研工作。目前已有若干本教材被列为国家“十一五”规划教材。

近年来，分社还成功策划并出版了“九五”、“十五”国家重点图书，例如《新世纪城乡规划》大型丛书（第一辑、第二辑、第三辑），“十五”国家重点图书《城市建筑》丛书，《中国城市规划·建筑学·园林景观》博士文库等。

目前组织策划的《中国城市化建设》丛书被列为“十一五”国家图书重大工程出版规划项目，《城市规划新境域》丛书、《城市设计与建筑设计》丛书、《中国城市文脉研究》丛书等均被列为“十一五”国家重点出版规划项目。

建筑分社还有一大批图书荣获国家及部委各类奖项。例如，首届中国出版政府奖（《斗栱》（上、下册））；国家图书奖提名奖（《江南理景艺术》）；国家首届“三个一百”原创工程图书（《〈营造法式〉解读》）；教育部自然科学一等奖（“十五”国家重点图书《城市设计》、《城市建筑》等）。

建筑分社老中青三代编辑热诚欢迎国内外读者、作者和研究者与我们长期合作，策划出版更多更好的图书，为我国的科学研究、学术研究和城市建设打造一个在理论和实践上具有双重建设、指导价值的城市建设与城市科学图书板块。

（本文由东南大学出版社供稿）

中国计划出版社

中国计划出版社成立于1987年，是国家发展和改革委员会直属的事业单位。建社以来，认真贯彻执行党和国家对新闻出版工作的有关方针政策和法律法规，始终坚持为人民服务、为社会主义现代化建设服务、为全党全国工作大局服务的方向，连续多年被新闻出版总署评为良好出版社。1996年由国家科委、中国科协授予“全国先进科普集体”光荣称号。

中国计划出版社现有在岗职工47人，以出版宏观经济管理和工程建设标准、规范、定额以及工程建设类图书为出版特色。特别是在建筑图书出版领域，既有出版特色，又形成了健全的发行网络。着眼于我国工程建设，出版社及时出版国家（行业）建设标准、规范、定额，以及部分地方标准、定额。在此基础上，又陆续出版了一大批工程建设设计、施工、管理和装饰装修方面的实用性图书和工程建设方面的学术著作，同时出版了一系列装帧考究、印刷精美的建筑设计画册。目前，我社出书范围基本涵盖了建筑设计、建筑结构、建筑施工、建筑设备、建筑电气、建筑材料、智能建筑、城市规划与设计、室内设计、装饰装修、岩土工程、给水排水、环境工程、暖通空调、道路桥梁、建筑经济与管理、房地产开发与管理等专业。近年，国家建筑标准图也列入计划出版社出书范围，我社建筑图书的出版更是锦上添花。

现任社长兼总编辑徐平同志，自1995年主持出版社工作以来，积极、大胆推行人事、分配、管理三项制度改革。坚持改革创新，科学发展。对内强素质，优化管理；对外讲诚信，不断提高服务质量和水平，出版社效益连续大幅度增长。2008年全社人均生产码洋340多万元，销售码洋160多万元，人均回款实洋超过百万元。

党的十一届三中全会以来，国家确立了改革开放的大政方针，新中国进入了前所未有的大发展阶段，城乡建设出现了爆发式的增长，在这样的大背景下，中国计划出版社明确了服务工程建设的出版方向，形成了以工程建设类图书为主体的出版风格，即以国家标准、规范、定额为依托，以造价工程师、咨询工程师、招标投标师等职业资格考试教材为龙头，涵盖工程建设各个领域的建筑类图书出版特色。20多年来，已出版标准、规范、定额、国家标准图近1500种。1997年《全国造价工程师执业资格考试教材》由我社编辑出版以来，已经成为全国造价行业从业人员考试和学习的重要资料，该书已成为我社常销和畅销品种，产生了良好的社会效益和经济效益。同时，我社出版的《全国注册咨询工程师（投资）资格考试参考教材》、《全国建设工程招标投标从业人员培训教材》等考试教材，均成为工程建设领域执业资格考试的必备工具书。

在工程建设实用技术方面，我社出版大多是面向基层和一线的实用工具书。《建筑工人实用技术便携系列丛书》包括钢筋工、混凝土工、油漆工、钢筋工、装饰装修工、砌筑工、架子工、抹灰工、通风工、防水工、木工等工种的操作技术指南，《安装工人操作技术丛书》涵盖起重工、管道工、铆工、电气安装工、电焊工、气焊工等工种，《工程概预算实用丛书》包括建筑工程、电气工程、水暖工程等预算员必备的基础资料，《建造师一本通系列丛书》包括电力工程师、机电安装工程师、市政公用建造师、水利水电建造师、公路工程建造师、房屋建筑建造师、装饰装修建造师等，《建筑工程结构设计必备图表资料大全丛书》包括混凝土结构设计、钢结构设计、建筑地基基础设计、木结构设计、砌体结构设计、建筑抗震设计、轻型钢结构设计、特种结构设计等专业，《现代房地产丛书》包括房地产经济、房地产市场、房地产、估价、房地产经营与管理等。

计划版建筑图书获得了业内好评，许多图书获得国家和省部级奖励，多种图书获得“中国书刊发行业协会”年度畅销书奖，我社图书的出版质量也多次获奖新闻出版总署评定的印制质量奖。

多年来，我社凝聚了一支精诚合作的作者队伍。在与作者交往过程中，我社编辑能够与作者进行坦诚的交流，除了与著作者就著作本身的专业问题进行探讨外，还同他们交心，以认真的态度和敬业精神感染著作者，从而在出版行业面临激烈竞争的情况下为出版社赢得了作者，逐渐形成了一支稳定的作者队伍。

在做好编辑出版工作的同时，还建立了一个高效的销售渠道。随着事业的发展，我社图书品种由少到多，业内影响也不断扩大，计划版建筑图书业逐步占有了一定的比例。社领导一直高度重视图书的销售环节，不仅亲自拟定每年的销售计划，还与业务员一起带着书参加发行会议、走访书店。目前，我社已经形成了一个覆盖全国主要城市、符合工程建设类图书特点的销售渠道。特别是全国各大城市的建筑书店，为计划版建筑图书的发行做出了极大努力。

展望未来，中国出版业面临改制的大趋势，我社将抓住新的竞争机遇，依靠改革求发展，借助外力求发展。我们愿以真诚、务实、互惠的态度与更多朋友建立广泛的合作关系，共同迎接中国出版产业更加美好的明天。

（本文由中国计划出版社供稿）

辽宁科学技术出版社

自1949年中华人民共和国开国大典举行至今，整整六十载。我国的建筑作品一方面秉承着古老中国建筑体系下特有的设计语汇，同时伴随着新锐建筑设计师的辈出及境外建筑师屡次在国内的大手笔之作，源源不断地将崭新的设计理念与创新思想注入到新时代下的多元建筑设计中。

辽宁科学技术出版社有限责任公司隶属于北方出版传媒集团，成立于1982年，是一家建社时间较长、综合实力较强的综合性科技出版社。作为中国首家上市的传媒产业的组成公司之一，追求卓越，奉献精品，以超前的目光，追逐世界最先进科技发展，为读者及时提供领先的科技知识，贴近生活、贴近实际始终是其办社宗旨与追求。主要出版医学、建筑设计、工业技术、大众生活、经济管理等门类的图书，年出书品种逾400种。近年来，辽宁科学技术出版社分别与美国、加拿大、英国、德国、意大利、西班牙、俄罗斯、丹麦、澳大利亚、新西兰、日本、韩国及中国香港、中国台湾等国家和地区的100多家出版机构开展了卓有成效的合作。引进了数百种海外版图书，同时也有百种图书的版权输出到海外，为促进中外文化交流起到了桥梁和纽带的作用。

其旗下的国际图书出版中心将视角投向建筑、室内设计及平面设计书籍领域，专注于此四余年，出版图书百余种，图书发行范围覆盖全国及港澳台地区，并遍及国际多个地区与国家，借鉴了外贸操作方式，在成品书出口、贴牌出口、共版合作和来题加工方面全面开拓国际市场，与欧美、东南亚、非洲地区的出版商、发行商保持长期稳定的合作，目前已有种类众多的图书行销全球。其出版的《中国当代建筑》、《德国建筑竞赛作品集》、《设计与对话》、《设计的精神》、《十大建筑师系列丛书》等图书在国内外出版界、设计界中均取得了一致好评。

国际图书出版中心的建筑类专业图书选题方向新颖，紧跟建筑设计界思潮，稿件不仅来自于我国名优设计师，还取自世界各地名家名作；更有一批年轻优秀的编辑及设计队伍。随着“走出去”步伐的加大，书籍质量连年攀升，在国际书展上的身手也越趋灵活。与此同时，使中国出版“走出去”的想法与初步实践也得到政府有关部门的大力重视与支持，辽宁科学技术出版社有限责任公司正在着力筹备海外出版分支机构的建设工作，争取尽快尽早实现作者资源在外、销售渠道在外的战略方针。

于2007年出版的《世界创意建筑》则为读者们展现了来自德国、奥地利、荷兰、瑞士、比利时、日本、英国等地建筑师的最新重量级作品。当今的建筑风格多变，样式繁多，从功能到形态，从高科技的使用到维护的能效性和经济性，都在不同标准上挑战了设计师的创意。未来的建筑市场需要更多富有新鲜创意的建筑，《世界创意建筑》一书满足了将建筑师对建筑创意的渴求，书中这些独特的建筑造型和精湛的建筑工程技术，对世界建筑师都有启发。

（本文由辽宁科学技术出版社供稿）

百花文艺出版社

靳立华

百花文艺出版社始建于1958年8月1日，是新中国最早建立的文艺出版社之一。郭沫若先生欣然为之题写了社名。她编辑出版古今中外各种形式的文艺书籍，并以散文、小说为重点，而散文书刊的出版，更形成了一枝独秀的特色。1994年荣获中宣部、新闻出版署授予的全国优秀出版社光荣称号，并在2008年1月，荣获首届中国出版政府奖·先进出版单位奖。

建社之初，百花文艺出版社即提出编辑出版国内一流水平的作品；注重提高印制和装帧设计水平，力求精美，并追求自己的鲜明特色。先后出版了茅盾的《夜读偶记》、郭沫若的《洪波曲》、冰心的《把春天吵醒了》、叶圣陶的《小记十篇》、巴金的《倾吐不尽的感情》、老舍的《小花朵集》等文学大家的力作，以及众多著名作家的中、长篇小说，如：孙犁的《铁木前传》、梁斌的《播火记》、汉水的《勇往直前》、王西彦的《在漫长的路上》等一批优秀之作，受到广大读者的好评，从此奠定了百花文艺出版社在全国出版界的显著地位。

在改革开放新的历史时期，百花文艺出版社始终坚持为人民服务、为社会主义服务的出版方向，坚持百花齐放、百家争鸣的方针，开拓创新，突出特色，努力为人民群众奉献优秀的丰富多彩的精神食粮。

百花文艺出版社十分重视文化积累工作。为了大力弘扬中华民族优秀文化，从1998年开始出版建筑文化系列丛书，开创了文艺社出版大文化图文书之先河，受到广大读者青睐，也为普及专业知识做出不小的贡献。1998年出版梁思成的《中国雕塑史》、《中国建筑史》之后，1999年再度推出梁思成又一力作《中国建筑艺术图集》。其中《中国建筑史》荣获第四届国家图书奖提名奖，累计发行量达11万册，而《中国雕塑史》累计发行数达7万册，创下了骄人的双效。此后，我社将建筑文化类辟为社内出版的又一新板块，深入发掘选题，不断纳新，先后出版了《图像中国建筑史》、《建筑：不可抗拒的艺术》、《建筑美学笔记》、《建筑是首哲理诗》等系统解读建筑美学的作品十余种，罗哲文的《中国名楼》、《中国名塔》、《中国名桥》、《中国名祠》名建筑系列11种以及介绍国外建筑特色的《欧洲建筑漫步》、《街道的美学》、《外国建筑名作100讲》等。截至目前，我社共出版建筑文化类六十余种图书，初具规模，令国内出版界瞩目。

五十余年风风雨雨，五十余年新老出版同仁前赴后继、拼搏奉献，共同谱写了百花文艺出版社的辉煌诗篇。从1958年至2009年，我社在保有散文、小说特色的基础上，另辟出建筑文化、收藏文化、民俗文化、大众生活、音乐艺术、传记文学六大板块，共出版各类文艺书籍近6 000余种，其中两百余种在全国性的评奖活动中捧杯，百花文艺出版社以其累累硕果，为社会主义出版事业增光添彩。

（本文由百花文艺出版社供稿）

优秀图书举要

新中国六十年，建筑师群体用丰厚的理论和实践书写了一部浩瀚的历史图卷，它们已凝结在一部部书中。浏览这些书影，不仅可以看到新中国培养的一代代建筑师的成长足迹，更可感受到建筑学人为中外建筑设计理论与文化传承建树的理论丰碑。本书选录的这200部（套）图书，并不能代表中国建筑图书出版的全貌，但希望它能起到一种线索的作用，使业内外理解中国建筑学人们在理论求索上的贡献。

新中国六十年重要建筑图书举要

《窗格》

中央建筑工程部设计总局工业及城市建筑设计院 编著

建筑工程出版社，1954年

建筑工程出版社出版的第一部建筑图书

《古典建筑形式》

(俄) 伊·布·米哈洛弗斯基 著

陈志华 高亦兰 译

建筑工业出版社，1955年

《医院建筑设计》，*hospital Planning Requirements*

原著者：(英) G.埃迪史 (Guy Atdis) 原著；

原出版者Sir Isaac Pitman & Sons. Ltd.

译者：夏思舜 夏思禹

校者：夏敏娟，上海，科学技术出版社出版，1956年

《中国住宅概说》

刘敦桢 著，建筑工程出版社，1957年

这是第一部出版的关于中国民居住宅的记录。作者研究中国民居开始于抗日战争期间，本书是其多年研究的成果。

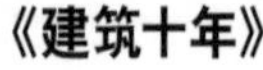

《建筑十年》

建筑工程部建筑科学研究院 编

1959年 (非正式出版物)

精装，彩色和黑白图片共545幅。

这是一部向建国十周年献礼的图书

展示了新中国十年建设的伟大成就。

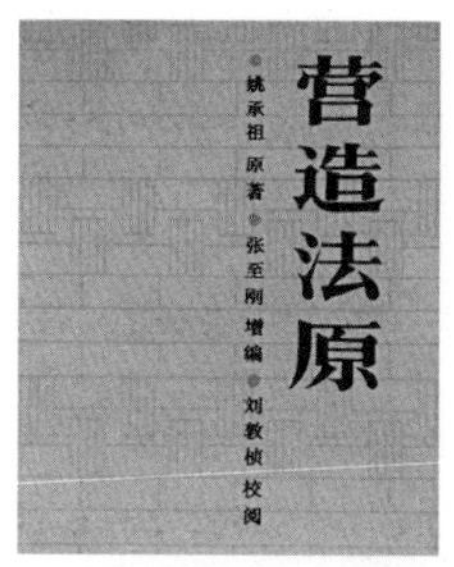

《营造法原》

姚承祖 著，刘敦桢 校

建筑工程出版社，1959年

中国建筑工业出版社，1986年

姚承祖著江南古代建筑实用操作手册，张志刚增编。

首届全国优秀建筑科技图书部级奖二等奖。

《西藏建筑》

建筑科学研究院建筑理论及历史研究室 编

建筑工程出版社，1960年

《绿化建设（上下册）》

原著：（俄）勒·勃·卢恩茨

译者：朱钧珍 刘承娴 马士伟 沈大纶 张育敏

校订：吴应祥

中国建筑工业出版社，1962年

第一部译自苏联的建筑学教材。

《江南园林志》

童寯 著

中国建筑工业出版社，1963年

这是第一部向世界介绍中国园林的学术著作。

《应县木塔》

陈明达 著

文物出版社，1966年

这是第一部全面完整地对古建筑单体建筑进行全面深入细致记录和研究的建筑史学研究著作。

《建筑设计资料集》

建筑工程部北京工业建筑设计院 编

中国建筑工业出版社，1973年

建筑师必备的权威性工具书。

第一版（3卷）获首届全国优秀建筑科技图书部级奖一等奖

第二版（1~10）获第二届国家图书奖、第七届全国优秀科技图书奖一等奖

《新中国建筑》

国家基本建设委员会建筑科学研究院 编

中国建筑工业出版社，1976年

新中国正式出版的第一部大型的建筑画册。

《毛主席纪念堂》

中国建筑工业出版社，1978年

《综合医院建筑设计》

建筑工程部建筑科学研究院、南京工学院合办公共建筑研究室 编著

中国工业出版社，1978年

《苏州古典园林》

刘敦桢 著

中国建筑工业出版社，1979年

系中国古典园林研究的经典著作，

获1979年全国第一次科学大会颁发一等奖。

《中国古代建筑史》

刘敦桢 主编

中国建筑工业出版社，1980年

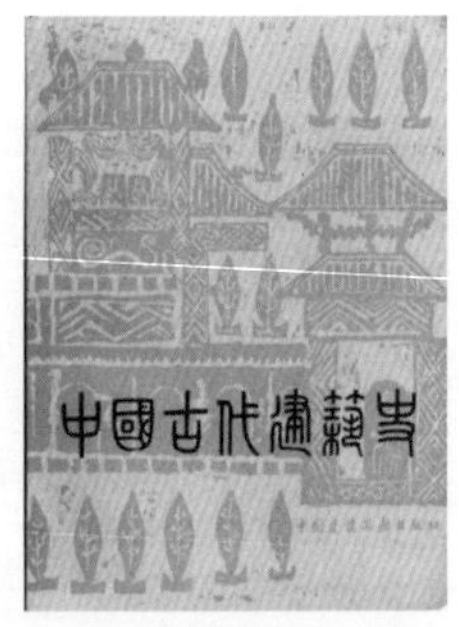

《清式营造则例》

梁思成 著，中国建筑工业出版社，1981年

本书是我国著名建筑学家梁思成先生于20世纪30年代初，对清代建筑的营造方法进行科学研究后，发表的第一部中国建筑的“文法课本”。

《中国古代木结构建筑技术》（战国—北宋）

陈明达 著

文物出版社，1981年

《古建筑游览指南》

《建筑师》编辑部 编

中国建筑工业出版社，1981年

《刘敦桢文集》

刘敦桢 著

中国建筑工业出版社，1982年

《承德古建筑》

天津大学建筑系、承德市文物局 编著

中国建筑工业出版社，1982年

《中国古代园林史》

汪菊渊 著

中国建筑工业出版社，1982年

《桂林风景建筑》

中国建筑工业出版社，1982年

《建筑形式美的原则》

Forms and Functions of Twentieth-Century Architecture

Volume II: The Principles of Composition

（美）塔勃特·哈姆林（Talbot Hamlin）编辑

Columbia University Press，纽约，1952年

邹德侬 译，建筑工业出版社，1982年

《杨廷宝建筑设计作品集》

杨廷宝 著

中国建筑工业出版社，1983年

中国第一代建筑师个人作品集。内容包括作者生平和作品。

《营造法式注释》卷上

中国建筑工业出版社，1983年

全国首届古籍整理图书奖一等奖。

《建筑空间组合论》

彭一刚 著

中国建筑工业出版社，1983年

《中国古建筑》

中国建筑工业出版社，1983年

《梁思成文集》

中国建筑工业出版社，1984年

《说园》

陈从周 著

同济大学出版社，1984年

《华夏意匠》

李允鉌 著

中国建筑工业出版社，1985年

《考工记营国制度研究》

贺业钜 著

中国建筑工业出版社，1985年

《中国建筑年鉴》

本书编委会

中国建筑工业出版社，1985年

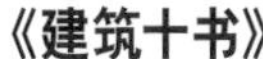

《建筑十书》

[古罗马]维特鲁威著

高履泰 译

中国建筑工业出版社，1986年

西方建筑学的经典著作。

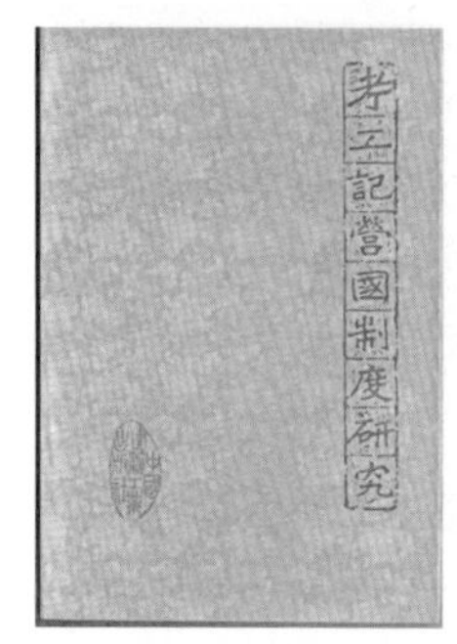

《云南民居》

云南省建筑设计院 编著

中国建筑工业出版社，1986年

《西方现代艺术史》

[美]H. H. 阿纳森 著

邹德侬等 译

天津人民美术出版社，1986年

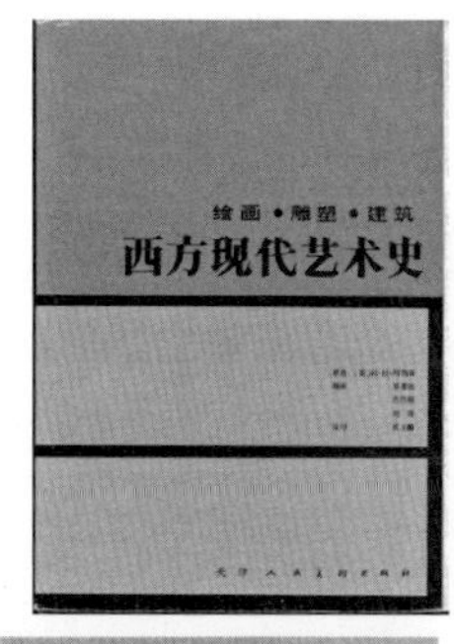

《中国古典园林分析》

彭一刚 著

中国建筑工业出版社，1986年

《结构构思论》

布正伟 著

天津科技出版社，1986年

《建筑绘画及表现图》

彭一刚 著

中国建筑工业出版社，1987

《建筑画选》

中国建筑工业出版社，1979年一版、1987年二版

《园冶注释》

陈植 著

中国建筑工业出版社，1988年

《中国美术全集·建筑艺术编》

中国建筑工业出版社，1988年

首届国家图书奖荣誉奖，首届全国优秀建筑科技图书部级奖一等奖，首届中国优秀美术图书奖特别金奖。

《中国大百科全书·建筑、园林、城市规划》

中国大百科全书总编辑委员会 编

中国大百科全书出版社，1988年

该书系统地梳理了建筑、园林和城市规划的发展脉络，是建筑专家学者的多年理论成果总结。

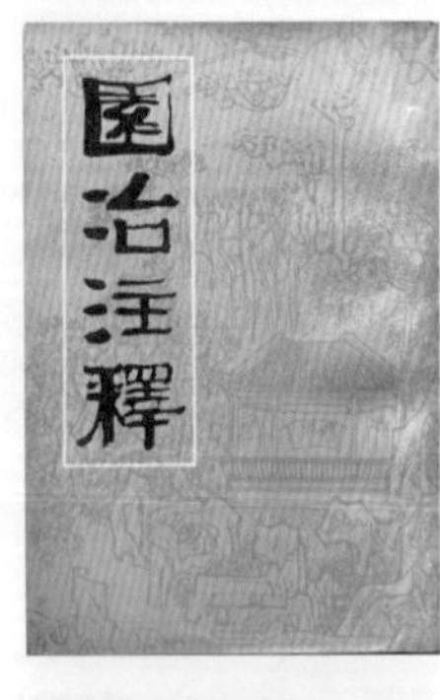

《中国现代建筑史纲》

龚德顺，邹德侬，窦以德 著

天津：天津科学技术出版社，1989年

《窑洞民居》

侯继尧、任致远、周培南、李传泽 著

中国建筑工业出版社，1989年

第二届全国优秀建筑科技图书奖一等奖

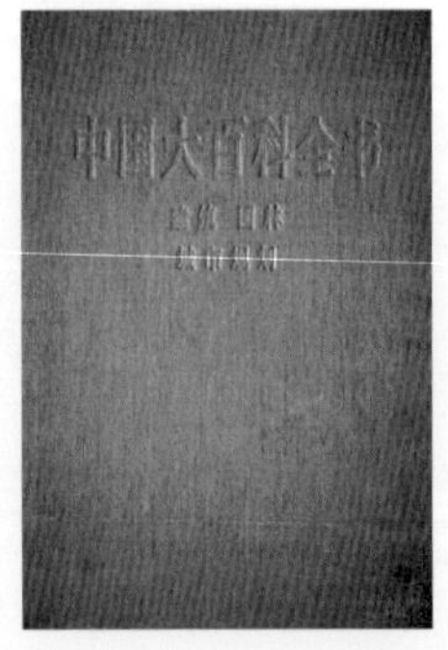

外国著名建筑师丛书（第一、二、三辑）

中国建筑工业出版社，

《F.L·赖特》；

《勒·柯布西耶》；

《W·格罗皮乌斯》；

《密斯·凡·德·罗》；

《埃罗·沙里宁》；

《A·阿尔托》；

《尼迈耶》；

《菲利浦·约翰逊》，

《路易·康》

《贝聿铭》：王天锡著，

《丹下健三》：马国馨著，中国建筑工业出版社，1989年

《雅马萨奇》

《黑川纪章》：郑时龄等编著，中国建筑工业出版社，

《詹姆士·斯特林(英)》：窦以德等编著，中国建筑工业出版社，1993年

《矶琦新(日)》；

《西萨·佩里(美)》

《约翰·安德鲁斯(澳)》；

《赫曼·赫兹勃格(荷)》；

《亚瑟·埃里克森(加)》；

《诺曼·斯特(英)》；

《查尔斯·柯里亚(印)》：汪芳编译，中国建筑工业出版社，

………

拉开了中国建筑对国外建筑理论和建筑师研究和学习的序幕。

《中国古代土木建筑科技史料选编——建苑拾英》

李国豪 主编，同济大学出版社，1990，1991年

《外国建筑史》(十九世纪末叶以前)

陈志华 编著，中国建筑工业出版社，

该教材几十年来一直是建筑院校师生了解国外建筑历史的基础读物。

《哈耶特20世纪建筑百科辞典》

[德]V.M.兰普尼亚尼 主编，楚新地 邓庆尧 译

河南科学技术出版社，1991年

《室内设计资料集》

张琦曼　郑曙旸 主编

中国建筑工业出版社，1991年

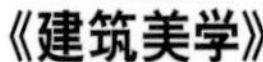

《建筑美学》

汪正章 著

北京：人民出版社，1991年

《新英汉建筑工程词典》

中国建筑工业出版社，1991年

《汉英建筑工程辞典》

北京市建筑设计研究院 主编

中国建筑工业出版社，1992年

《风水理论研究》

王其亨 主编

天津大学出版社，1992年

《中国古建筑大系》（10卷）

中国建筑工业出版社，1994年

《万里长城》

罗哲文等 编

中国建筑工业出版社，1994年

《中国建筑与中华民族》

龙庆忠 著

华南理工大学出版社，1994年

《福建传统民居》

黄汉民 编著

鹭江出版社, 1994年

《我的建筑创作道路》

张镈 著

中国建筑工业出版社, 1994年

《中国历代艺术·建筑艺术编》

中国建筑工业出版社, 1994年

《叩开鲁班的大门——中国营造学社史略》

林洙 著

中国建筑工业出版社, 1995年

百花文艺出版社, 2008年

《清华大学建筑学术丛书》(10册)

中国建筑工业出版社, 1996年

《中国古代城市规划史》

董鉴泓 著

中国建筑工业出版社, 1996年

《国内优秀室内室外设计作品图集》(第一辑)(第二辑)(第三辑)

天津大学出版社, 1996年

《东南园墅》(*Glimpses of Gardens in Easters China*)

童寯 著

中国建筑工业出版社, 1997年

《城市灾害学原理》

金磊 编著

气象出版社，1997年

《中国的世界遗产》

杨国华 编著

中国建筑工业出版社，1998年

《建筑百家言》

杨永生 编

中国建筑工业出版社，1998年

《建筑设计大师赵冬日作品选》

北京市建筑设计研究院 编

科学出版社，1998年

《天津的建筑文化》

荆其敏 张丽安 邱上嘉 著

天津大学出版社，1998年

《我眼中的建筑与环境》

刘心武 著

中国建筑工业出版社，1998年

《20世纪世界建筑精品集锦》（10卷、中文版）

中国建筑工业出版社，1999年

《中国传统建筑装饰》

楼庆西 著

中国建筑工业出版社，1999年

《中国土木建筑百科辞典》

中国建筑工业出版社，1999年

世界建筑史丛书

中国建筑工业出版社，1999年

《远古建筑》

《希腊建筑》

《罗马建筑》

《罗马风建筑》

《拜占庭建筑》

《哥特建筑》

《文艺复兴建筑》

《巴洛克建筑》

《新古典主义与19世纪建筑》

《东方建筑》

《伊斯兰建筑》

《现代建筑》

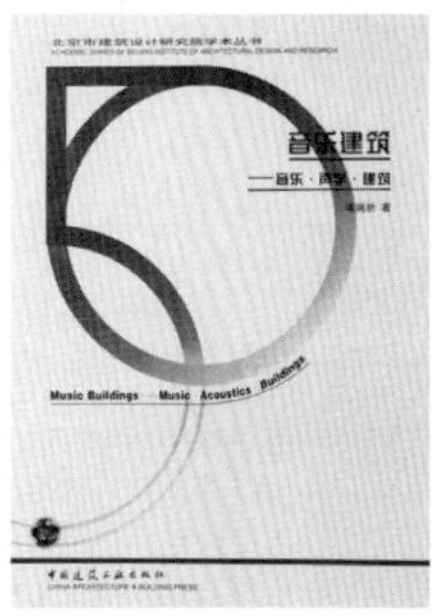

《音乐建筑——音乐·声学·建筑》

项端祈 著，中国建筑工业出版社，1999年

《创作·理性·发展——北京市建筑设计研究院学术论文选集》

《建筑创作》杂志社 主编

中国建筑工业出版社，1999年

《日本建筑论稿》

马国馨 著

中国建筑工业出版社，1999年

《中国古典园林史》

周维权 著

中国建筑工业出版社，1999年

《北京亚运建筑》

首都规划建设委员会办公室等主编

世界建筑导报社，1999年

《中国古建筑文献指南1900～1990》

陈春生、张文辉、徐荣 编著

科学出版社，2000年

该书是检索中国古建筑文献的专题性工具书。

《童寯文集》四卷

童寯 著

中国建筑工业出版社，2000年

建筑学家童寯大师一生重要著述已全部编入此文集。

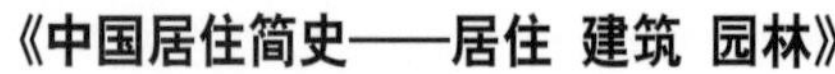

《中国居住简史——居住 建筑 园林》

刘致平 著，中国建筑工业出版社，2000年

建筑·科技·文化丛书

《现代建筑技术》：胡邦定 金磊主编，科学出版社，2000年

《现代建筑赏析》：王小工 徐建 杨春风等 编著，科学出版社，2001年

《城市无障碍环境设计》：周文麟编著，科学出版社，2001年

《近代音乐厅建筑》：项端祈编著，科学出版社，2002年

《城市设计十议》：何韶编著，科学出版社，2002年

《中国古代建筑史》（五卷本）

中国建筑工业出版社，2001年

刘叙杰 主编，中国古代建筑史 第一卷——原始社会、夏、商、周、秦、汉建筑

傅熹年 主编，中国古代建筑史 第二卷——两晋、南北朝、隋唐、五代建筑

郭黛姮 主编，中国古代建筑史 第三卷——宋、辽、金、西夏建筑

潘谷西 主编，中国古代建筑史 第四卷——元明建筑

孙大章 主编，中国古代建筑史 第五卷——清代建筑

《程泰宁建筑作品选 1997~2000年》

程泰宁 著，中国建筑工业出版社，2001年

《北京十大建筑设计》

北京市规划委员会 主编

《建筑创作》杂志社 承编

天津大学出版社，2002年

《浙江民居》、《吉林民居》、《云南民居》《广东民居》等分册

中国建筑工业出版社，2001年

《梁思成全集》（共9卷）

梁思成 著

中国建筑工业出版社，2001年

《南京民国建筑》

卢海鸣、杨新华 著

南京大学出版社，2001年

《中国古代门窗》

马未都 著

中国建筑工业出版社，2002年

《建筑摄影技法》

建筑创作杂志社 主编

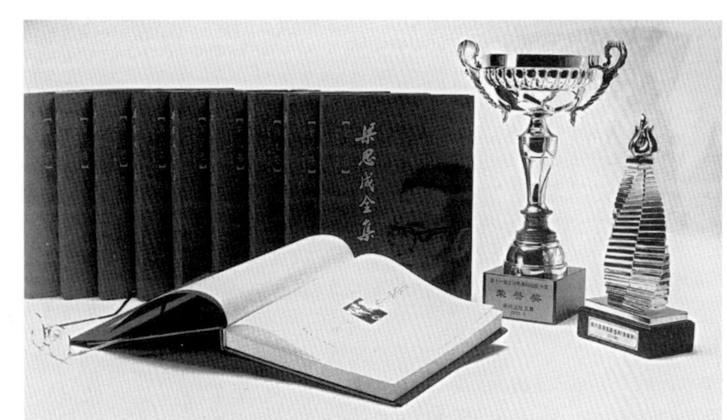

机械工业出版社，2002年

《奥林匹克与体育建筑》

北京市建筑设计研究院 主编

天津大学出版社，2002年

《首届中国建筑摄影大奖赛作品集》

UIA《北京之路》工作组，中国建筑学会 主编

天津大学出版社，2002年

《第二届中国建筑摄影大奖赛作品集》

UIA《北京之路》工作组，中国建筑学会 主编

山东科技出版社，2003年

《失去的建筑》

罗哲文 杨永生 等编

中国建筑工业出版社，2002年

《设计结合自然》

伊恩.伦诺克斯.麦克哈格 著

芮经纬 译

中国建筑工业出版社，2002年

天津大学出版社，2006年

《汪国瑜文集》

汪国瑜 著

清华大学出版社，2003年

《第一、二届梁思成建筑奖获奖者作品集》

建设部工程质量安全监督与行业发展司 中国建筑学会 编

机械工业出版社，2003年

《中国现代城市住宅1984～2000》

吕俊华 彼得罗 张杰 编著

清华大学出版社，2003年

《城市规划资料集》（1～11分册），中国建筑工业出版社，2003年

我国第一部关于城市规划学科的大型资料性工具书

《城记》

王军 著

生活·读书·新知三联书店，2003年

“高谈文化”印出台北版，2005年

“集广舍”印出日文版，2008年

梁思成、陈占祥1950年提出《关于中央人民政府行政中心区位置的建议》，以及后来二人相继陷入复杂人生境况的史实，是该书主要的叙事线索。

《莫伯治文集》

莫伯治 著

广东科技出版社，2003年

《建筑学教程1：设计原理》

[荷]赫次伯格 著

仲德昆 译

天津大学出版社，2003年

《建筑学教程2：空间与建筑师》

[荷]赫次伯格 著

仲德昆 译

天津大学出版社，2003年

《设计与分析》

[荷]卢本 著, 林尹星 译

天津大学出版社, 2003年

《长安街——过去·现在·未来》

北京市规划委员会, 北京城市规划学会 主编

北京市建筑设计研究院《建筑创作》杂志社 承编, 2004年

《建筑师看奥林匹克》

《建筑创作》杂志社 主编

机械工业出版社, 2004年

《北京建筑图说——北京20世纪的100座建筑》

《建筑创作》杂志社 主编

中国城市出版社, 2004年

《经典庐宅》

洪铁城 主编

中国城市出版社, 2004年

《建筑师宋融》

本书编委会 编

中国城市出版社, 2004年

《中国民居研究》

孙大章 著

中国建筑工业出版社, 2004年

《阅读城市》

张钦楠 著

读书·新知·生活 三联书店, 2004年

《建筑工程法汉/汉法常用词典》

《建筑创作》杂志社 主编

机械工业出版社，2004年

《哲匠录》

朱启钤 辑，梁启雄、刘敦桢 校补，杨永生 续编文献标点

中国建筑工业出版社，2005年，ISBN：7112067472

这是由中国营造学社社长朱启钤主持的梳理建筑匠师生平事迹及代表作品的建筑史料书。

《特色取胜——建筑理论的探讨》

张钦楠 著

中国建筑工业出版社，2005年

《天人合一，馆人合一》

中国图书馆学会 主编

中国城市出版社，2005

《印象——建筑师眼中的世界遗产》

《建筑创作》杂志社 主编

中国建筑工业出版社，2005年

“国外建筑理论译丛”

中国建筑工业出版社

《总体设计》1999年

《建筑美学》2003年

《现代建筑设计思想的演变》（第二版）2003年

《可持续性建筑》2003年

《文化特性与建筑设计》2004年

《空间的语言》2003年

《反理性主义者与理性主义者》2003年

《建筑与个性—对文化和技术变化的回应》2003年

《比例——科学·哲学·建筑》2005年

《建筑空间论——如何品评建筑》2006年

《建筑形式的视觉动力》2006年

《宅形与文化》2007年

《建筑·技术与方法》2009年

"国外城市规划与设计理论译丛"

中国建筑工业出版社,

《拼贴城市》, 2003年

《城市设计》, 2003年

《紧缩城市——一种可持续发展的城市形态》, 2004年

《城市发展史——起源、演变和前景》, 2005年

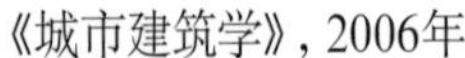

《城市建筑学》, 2006年

《1945年后西方城市规划理论的流变》, 2006年

《延伸的城市——西方文明中的城市形态学》

《大规划——城市设计的魅惑和荒诞》, 2006年

《城市历史街区的复兴》, 2006年

《我++——电子自我和互联城市》, 2006年

《街道与城镇的形成》, 2006年

《规划引介》, 2007年

《亚太城市的公共空间——当前的问题与对策》, 2007年

《城市和区域规划》, 2008年

《寻找失落空间——城市设计的理论》, 2008年

中国建筑100丛书

建筑创作杂志社 主编

山东科技出版社, 2005年

南开第二中学工程设计

中国美术学院

浙江美术学院

黑龙江省科技馆工程设计

天津博物馆设计

中国科学院图书馆设计

《安全奥运论》

金磊编 著

清华大学出版社，2005年

《北京中轴线建筑实测图典》

北京市建筑设计研究院《建筑创作》杂志社 编

机械工业出版社，2005年

《勒·柯布西耶全集》，（共八卷）

中国建筑工业出版社，2005年

由瑞士Birkhauser出版社引进，

堪称建筑界有关柯布西耶资料最为详尽的权威著作。

《当代中国建筑大师戴念慈》

张祖刚 主编

中国建筑工业出版社，2005年

《古都西安》

和红星 主编，中国建筑工业出版社，2006年

《唐长安的数码重建》

土才强 著

中国建筑工业出版社，2006年

《大唐芙蓉园》

张锦秋 著

中国建筑工业出版社，2006年

《近代哲匠录——中国近代重要建筑师、建筑事务所名录》

赖德霖主编，王浩娱 袁雪平 司春娟 编

中国水利水电出版社 知识产权出版社，2006年

《重建中国——城市规划三十年1949-1979》

华揽洪著李颖 译，华崇民 编校

生活·读书·新知三联书店，2006年

《中国第一代女建筑师张玉泉》

费麟 费琪 著

天津大学出版社，2006年

《匠人营国——清华大学建筑学院60年》

清华大学出版社，2006年

《图说李庄》

《建筑创作》杂志社 主编

中国建筑工业出版社，2006年

《颐和园排云殿－佛香－阁长廊大修实录》

颐和园管理处 编

天津大学出版社，2006年

《中国电影博物馆》

中国电影博物馆业主委员会 主编

建筑创作杂志社 承编

中国建筑工业出版社，2006年

《中国工程勘察设计50年——建筑工程设计发展卷》

中国勘察设计协会 编

中国建筑工业出版社，2006年

《中国青年建筑师188》

建筑创作杂志社主编

天津大学出版社, 2006年

《石阶上的舞者——中国女建筑师的作品与思想记录》

《建筑创作》杂志社 主编

天津大学出版社, 2006年

《建筑的七盏明灯》

(英) 约翰.罗斯金 著

刘荣跃 主编, 张璘 译

山东画报出版社, 2006年

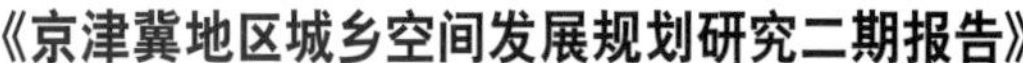

《京津冀地区城乡空间发展规划研究二期报告》

吴良镛 著

清华大学出版社, 2006年

《中国建筑彩画图集》

何俊寿 主编

天津大学出版社, 2006年

《中国造园史》

陈植 著

中国建筑工业出版社, 2006年

《中国造园艺术在欧洲的影响》

陈志华 著

山东画报出版社, 2006

《建筑史解码人》

杨永生 王利慧 著

中国建筑工业出版社，2006

《2005～2006中国建筑设计年度报告》

建筑创作杂志社 主编

天津大学出版社，2007年

《建筑理论》（上、下）

中国建筑工业出版社，2007年

涵盖西方两千多年哲学范畴史与建筑理论史的理论专著

《中国藏族建筑》

陈耀东 著

中国建筑工业出版社，2007年

《蓟县独乐寺》

陈明达 遗著

天津大学出版社，2007年

21世纪初中国首部辽代经典建筑遗存的研究专著。

《刘敦桢全集》十卷

刘敦桢 著

中国建筑工业出版社，2007年

《北京志 城乡规划卷 建筑工程设计志》

北京市地方志编纂委员会 主编

北京市建筑设计研究院 主编

北京出版社，2007

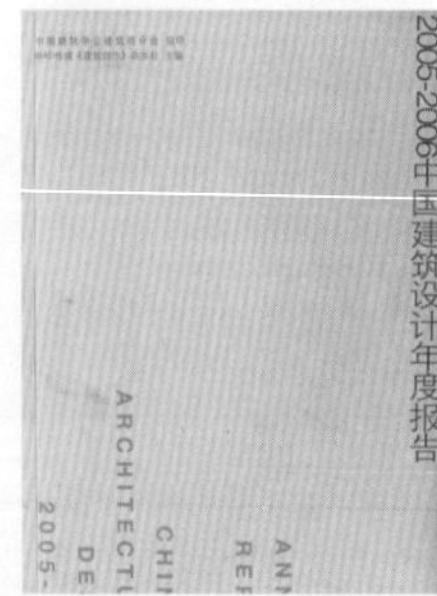

《卢绳与中国古建筑研究》

卢绳 著

知识产权出版社，2007年

《从“功能城市”走向“文化城市”》

单霁翔 著

天津大学出版社，2007年

《从“文物保护”走向“文化遗产保护”》

单霁翔 著

天津大学出版社，2008年

《体育建筑论稿——从亚运到奥运》

马国馨 著

天津大学出版社，2007年

《田野新考察报告》

建筑文化考察组 编著

天津大学出版社，2007年

《建筑生与灭：建筑如何站起来》

(美)萨瓦多里 著

顾天明 吴省斯 译

天津大学出版社，2007年

《建筑生与灭：建筑为何倒下去》

(美)马特斯·李维 (意大利)马里奥·萨瓦多里

译者:顾天明 吴省斯

天津大学出版社，2007年

《世界遗产 柬埔寨吴哥古迹-周萨神庙》

文物研究所 著

文物出版社，2007

《完美的房子》

(美) 黎辛斯基 著

杨惠君 译

天津大学出版社, 2007年

《金屋、银屋、茅草屋: 人类营造舒适家居生活简史》

(美)黎辛斯基 著

谭天 译

天津大学出版社, 2007年

乡土瑰宝系列·丁村、蔚县三村

陈志华 楼庆西 李秋香等

清华大学出版社, 2007年

《外国现代建筑二十讲》

吴焕加 著

生活·读书·新知 三联书店, 2007年

《可持续发展的设计指南》

[法]薛杰(Serge Salat) 主编

清华大学出版社, 2007年

《地下空间科学开发与利用》

钱七虎 陈志龙 王玉北 刘宏 编著

江苏科技出版社, 2007年

《再造魅力故乡 日本传统街区重生故事》

(日) 西村幸夫 著

王惠君 译

清华大学出版社, 2007年

《昭化寺》

文物研究所 著

文物出版社，2007

《义县奉国寺》

建筑文化考察组编 著

天津大学出版社，2008年

21世纪初中国首部由中青年学者完成的辽代经典建筑遗存的原创专著。

《北京奥运场馆建筑指南》

《建筑创作》杂志社 主编

天津大学出版社，2008年

奥运会前中国第一部全面展示29届奥运会场馆的“建筑手册”。

《宏构如花——奥运建筑总览》

《建筑创作》杂志社 主编

中国建筑工业出版社，2008年

奥运会前中国全面展示29届奥运会场馆建筑的技术专著。

《现代建筑理论——建筑结合人文科学与技术科学的新成就》

刘先觉 主编

中国建筑工业出版社，2008年

《采访本上的城市》

王军著，生活·读书·新知三联书店，2008年

《天津大学建筑学院院史》

宋昆 主编

天津大学出版社，2008年

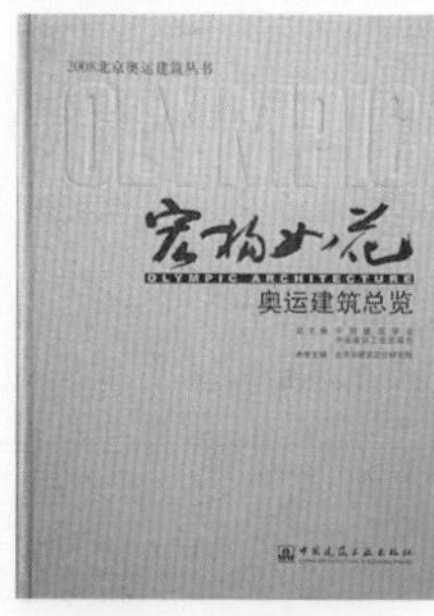

《中国建筑设计三十年》

建筑创作杂志社 主编

天津大学出版社，2008年

《中山纪念建筑》

建筑文化考察组 编著

天津大学出版社，2009年

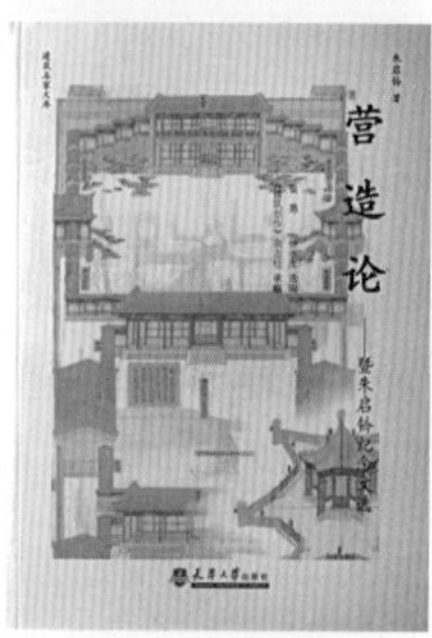

《朱启钤营造论——暨朱启钤纪念文章》

杨永生 崔勇 编

天津大学出版社，2009

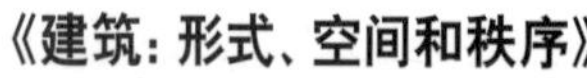

《建筑：形式、空间和秩序》

程大锦 著

刘丛红 译

邹德侬 审校

天津大学出版社，2008年

《非建筑》

张在元 著

天津大学出版社，2008年

《浙江东阳民居》

王仲奋 著

天津大学出版社，2008年

《2008奥运·建筑》

北京市规划委员会，北京市建筑设计研究院 编

天津大学出版社，2008年

《2008奥运·城市》

黄艳 著

中国建筑工业出版社，2008年

《国家大剧院》

国家大剧院业主委员会 编

天津大学出版社，2008年

《天津老银行》

高大鹏 高平 编著

天津大学出版社，2008年

《中国古代建筑文献精选》

程国政 著

同济大学出版社，2008年

《江苏近代建筑》

刘先觉 王昕 编著

江苏科技出版社，2008年

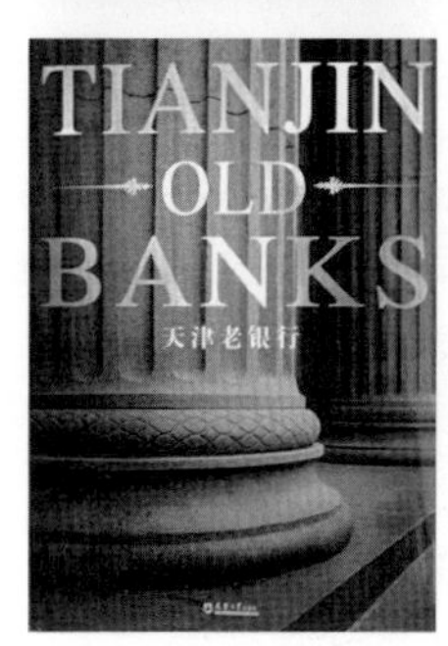

编前编后：希望是“建筑中国60年”的全记录

作为一贯瞩目中外建筑设计发展历程及思辨的《建筑创作》杂志社，早在2003年起便与《中国建设报》合作，先后推出时论文集系列“点击中国建设”，由于它们的前瞻性、文献性、批评性，使三个年度“点击中国建设”的《温故2003·启示2004》、《回眸2004·影响2005》、《铭记2005·倾听2006》深受业内外欢迎；尔后又在中国建筑学会建筑师分会的大力支持下，先后再推出“品牌年刊”《中国建筑设计年度报告》（2005—2006年版及2006—2007年版），它们不仅在理性上更趋成熟，更通过对业内大事的追踪、评述及记录，有效地宣传了中国建筑师及其作品的年度总结。

2008年12月正值中国改革开放30周年，《建筑创作》杂志社在忙碌完历经四年之久的第29届奥运会的图片、书刊专业化出版任务后，全力投入《1978~2008 中国建筑设计三十年》一书的策划、编撰之中。感谢北京市建筑设计研究院老院长、原城乡建设环境保护部叶如棠部长的题写书名；感谢中国建筑学会理事长、原建设部副部长宋春华的序言；感谢近百计的单位及学者的积极参与，从而使该书问世后获得强烈的社会反响。中国工程院院士张锦秋认为，该书的出版在建筑界是第一的作为，它大胆地填补了行业的“空白”，同时《建筑创作》杂志2008年第12期也刊发专辑纪念中国建筑设计30年的征程，应该说也从理论与实践两大层面书写了中国建筑设计的新篇。事实上，也恰恰在此阶段，时代要求建筑传媒人思考中国建筑设计发展的“大事”及“要点”。如何言说建筑中国，如何评价1949年—2009年60载时光中的建筑中国，是我思考良久的命题，如何将中国建筑60年这一甲子的思想与作品串起来更是个极为复杂的事。为此我先后作了一系列研究笔记计有《建筑中国六十年的历史如何书写》（《中国建设报》2008年10月7日）、《中国建筑设计改革30年的事件与作品述评》（《中国建设报》2008年11月25日）、《新中国建筑文化遗产谁来保护》（《中国建设报》2008年12月18日）、《建筑中国六十年建筑媒体该如何作为》（《中国建设报》2009年2月5日）、《北京当代新十大建筑评选理念及方法建言》（《中国建设报》2009年6月1日）等。它们均成为以《建筑创作》杂志社为主策划“建筑中国六十年系列丛书”的标志及要义。下面试从几方面阐述对该系列丛书的策划及组织编撰的要点。

1. 力求准确的主题策划

2009年5月《中国新闻出版报》全文刊发了中宣部、国家新闻出版总署的批复意见，已将“建筑中国六十年系列丛书”定为全国百部新中国庆典图书之一，这本身是对该策划的褒奖，是对该系列丛书在学术价值、出版意义上的肯定。对于该系列丛书的策划我以为还有两个“事件”要提及：

其一，2009年元月19日在由我刊主办的“第四届建筑师与媒体面对面及新年论坛”上，首发了

《1978~2008 中国建筑设计三十年》及马国馨院士的《建筑求索论稿》两书，我谈出了要做“建筑中国60年”的主题系列活动的设想，近30家专业及大众媒体记者共同探讨着这个主题。我以为建筑中国60年的道路，不仅有建筑创作者的坎坷，更有以作品和事件构成的几代中国建筑师、工程师们的精神档案。这里不仅有一座座城市建设成就的丰碑，更有一段段亦苍凉亦悲喜的生动故事。我们完全可从建筑前辈及大家身上感受到特有的精神轨迹，这能使当今的建筑师从中感悟到何为正本清源，何为深度诠释，何为永恒的可繁茂生长的中国建筑设计精神。据此我还以为，只有图书才能有效梳理建筑设计从人到物的历史。为此在2009年4月23日，我们成功举办了第二届中国建筑图书奖的评选，全面展开对1949年—2009年60载建筑图书的评选，并举办了大型建筑图书展——“用图书镜像建筑”。此举的意义超越了图书本身，呈现了用图书展示中国建筑设计60年历程的构想。

其二，前不久围绕从中央到地方（含北京）的60年城市标志性建筑或新十大建筑的评选，与某高校建筑学院高年级学生召开了一次“建筑师茶座”，面对层出不穷的“地标建筑”之评比，学生们有许多新见解，其中不乏反对新、奇、特、怪的种种说法，但令我不解的是有不少的学生不了解新中国第一个10年的“国庆十大工程”的项目，甚至除梁思成外已说不出多少老一辈建筑师的名字，更有的同学对已奉为建筑经典的诸如北京民族文化宫之类的新中国建筑视为应批判的反例。对此，我以为，根源不在学生，而在于我们的建筑教育史料太陈旧。为什么迄今新中国成立已经60载，我们的建筑史及其教育不能跟随时代而丰富些呢？所以，利用新中国60年建筑盘点的时机，大力宣传并审慎分析中国建筑设计的国际化及其走向显得十分必要。因为中国建筑师及其作品应该被褒奖，中国老一辈建筑师及其业绩应该被人知晓。

2. 书写“建筑中国六十年”是责任是使命

老实讲，无论是作为个人还是《建筑创作》杂志社，均未接到要“盘点”中国建筑设计60年的任务，但为什么我自身有某种负重感呢？恐怕是责任，恐怕是由于这些年从事前瞻性传媒工作所具有的自觉意识。事实上，在2006年12月出版的“中国工程勘察设计五十年”丛书第四卷《建筑工程设计发展卷》中笔者应邀完成了第一章《综述》，其中概述了中国建筑设计50年，特别从7个方面探讨了中国建筑设计50年的基本经验。它们主要是建筑设计理论、建筑设计的创新、中国建筑和建筑师在世界上的地位、工业建筑的发展、建筑艺术水准、中外合作设计、特大型建筑工程项目等。我以为对中国建筑设计60年而言，不是只在过去“编年史”上增加21世纪以来的一大批新建筑，而是要从整个国家及城市文化的视角再去品评其新概念，并从中发现一批新建筑背后所反映的城市化进程及其新“风景”。

建筑中国60年的建筑分析不是独立的，它有赖于业内系统化的城市化演变评析，这种评析会使新建筑的出现变得有所依据。从大的视角看，新中国成立以来中国城市化经历了两大历程。其一是1949年—1979年的曲折历程，其中有正常上升期（1949年—1959年）、剧烈波动期（1958年—1965年）、徘徊停滞期（1966年—1978年）。其二是改革开放以来的城市化，我国城市人口比例从1980年的19.39%，提高到2000年的36.22%，超过了印度和一批低收入国家水平。但必须承认，在20世纪90年代迄今的时段中，虽然城市化率不断上升，但出现了不少没有特色的城市：大江南北，一眼望去，无论是办公建筑，还是大学校园类的作品，都太雷同，缺少个性设计的项目钻了加快城市化建设的“空子”，社会以最小的代价获取最大利益的浮躁心态，使建筑丧失了传承文化的功能，变成了不能表达语义的“同义词”的堆砌。城市里到处是“欧陆风格”的建筑，越来越无法掩饰住建筑文化本身内涵的贫乏。也有国内评论家在总结50年前的大城市建筑时说，面对城市面貌的巨大变化，喜之者欢呼其为“日新月异”，而厌之者称其为“面目全非”；而基本上国外对截至20世纪末新中国建筑的高度评价也一直停留在如北京50年代“国庆十大工程”等少数项目上。必须承认，是新北京、新奥运的追求，给北京城市面貌以几个点上的新奇变化。在奥林匹克公园出现了令世人瞩目的“国家体育场”、“国家游泳中心”、“国家体育馆”三大特色项目；在北京CBD出现了华贸中心建筑群及在颇受争议中胜出的CCTV大厦；而长安街上的国家大剧院“巨蛋”因其建筑与艺术、建筑与音乐的完美结合，也说服并启示了一大批传统观念影响下的不拥护者。如今它们已成为用建筑塑造并反映北京城市精神的项目，它们的品质及影响力越来越为世界所承认，不仅是中国北京当之无愧的标志性建筑，也令世界建筑界所仰慕。在用建筑项目去“盘点”历史的过程中，尤其发现我们之所以似乎找准了建筑创作的方向，其功绩得益于改革开放的国家精神，得益于我们广博地吸收并发展自身的建筑文化，得益于理性对待国外合作设计背景下的原创设计能力的再挖掘，这些都是有待于总结的建筑设计的发展史料。

当今，学术界有些令人担忧的情况，核心是学者缺乏社会责任感。本系列丛书强调：只有社会责任感，才会带来创新意识；只有社会责任感，才会将编撰工作视为一项服务于行业与社会的伟业而甘愿付出；只有社会责任感，才会无所畏惧形成可贵的求索精神；只有社会责任感，才会在著述中关注城市重大问题，进行科学而客观的分析，才会体现出学者及编者的社会职责。

3.“建筑中国六十年系列丛书”的分卷设计

中国建筑60年的历程是极其不平凡的，这不仅仅因为建筑作品是壮丽的画卷，更在于事件、人物、评论、图书、设计机构乃至分门别类的建筑的覆盖广博、史实发展与演变、建筑风格溯源、评述多元化等特点。最初设想的编撰体例是“60年作品+60位建筑师+60年命题”。但自“第二届中国建筑图书奖”评选公告发出后，特别是在马国馨院士和资深建筑学编审杨永生的鼓励下，才最后确定了如下内容。

“建筑中国六十年系列丛书”的宗旨：要让新中国60年建筑的经历不仅真正成为一种思想和

精神的财富，还要呼唤反省并回顾机制。因此，“建筑中国”一词具有新中国大厦奠基与新中国建筑作品建设的双重含义，前者更具宏观的精神，后者具有扎实的工程意义，为此该系列分成7卷。

第一卷 事件卷：《建筑创作》杂志已于2009年第1期始开辟“建筑中国六十年”专栏，其中用了5期全面盘点了60年建筑的大事记。我们的宗旨是不找寻与建筑相关的最喜之事、最痛之事、最悲之事、最奇之事等，而是忠实记录并总结那些60年来最可引发建筑界动荡、最令建筑界思考、最可代表建筑界社会贡献及影响力的事件，并从中汲取到力量。因此，本书的目的不仅是对业内负责，也希望公众从中倾听到来自建筑界的声音，并从中发现新闻点、文化点及知识点。为此，作者对事件的选取原则，不仅仅是建筑本身，还涉及与建筑相关的城市、文化、经济、社会等方面，并按时间之轴展开富于历史感的“图景”描述，并附有事件及事件延拓的各类文章。

第二卷 机构卷：机构学研究表明，设计单位是设计行业发展的根基。中国建筑设计60年，设计机构经历了事业型、事业单位企业化管理、事业改企业、建立现代企业制度等多个阶段。从发展模式上讲，国际通行的设计咨询模式，以美、欧为主的是国际大型工程公司、工程咨询设计公司、专业事务所。其中事务所是基础的、数量最大的、最普遍的设计单位组织形式。本书不仅综述了设计机构的演变史，还透析了工程设计机构的改制思路，进而给出有启发性的设计机构成功发展的数个丰富个案。

第三卷 作品卷：建筑学家邹德侬教授认为，建筑理论支持优秀作品。新中国建筑设计60年来，中国日益成为世界最大的建筑市场和工地，然而除华裔建筑师及当今某些实验型建筑师外，中国尚未出现与大国相匹配的令世界公认的优秀建筑大师。纵观各大出版社的建筑师作品集不下几百种之多，但我们缺少的是有创作观及理论支撑的作品集，只有这种作品集才能不仅指导创作，更指导创新意义上的深度实践。本书站在60年的历史视角上，通过作品评述及作品“鉴赏”分别对中国建筑代表作品给予褒奖、评析及反思。

第四卷 人物卷：用“代际”对建筑师进行群体性的命名与描述，似乎已成为当代建筑师研究的思维方式。纵观新中国60年的建筑师，无论是已过世的梁思成、刘敦桢，还是当代最活跃的中青年新秀，他们都留下求真、传道的魅力，通过对他们的介绍，不仅会有盛人“景观”的发现，更富于对深幽人性的一种砥砺。盘点新中国60年建筑的人物大系，已感到不少前辈的名字不仅社会生疏，甚至连业内的青年建筑师也未曾听说过，因此，本书采取口述历史等表达方式，去挖掘并追溯团队在那段时光中留存的属于中国建筑的珍贵“故事”，还以历史的本来面目，并摆脱“集体创作”的束缚。本书的编撰执著而不盲从、质疑而不虚妄，坚持一种追根究底的胆识及勇气，意在发现几代建筑师充满历史逻辑感的创作轨迹。

第五卷 评论卷：大国的崛起不仅仅表现在科技发达、物质丰裕及军事强盛，在很大程度上也应该体现于文化的繁荣，在这方面评论及批评的作用不能小视。以历史的眼光看，新中国60年，伴随着我国经济社会发展的一次次变革，建筑及建筑评论也成为社会敏感的神经，建筑评论形成了一个双重变奏式的嬗变发展曲线。2001年郑时龄院士出版《建筑批评学》，迄今成为我国第一部关于建筑批评的高水平学术专著。2003年3月创刊的《建筑创作》随刊《建筑师茶座》迄今已出版近80期，围绕建筑与建筑师、建筑与社会、建筑与文化展开了数十个专题，参与评论的建筑师及相关艺术家已超过500人，凸显了思想敏锐、观点鲜明、文笔犀利的大家风范。随着“茶座”的“开张”，我们更注重批评的姿态及方式，讲求批评的策略，坚决避免说“官话”及“一言堂”，给尖锐的批评声以阵地，并有意要形成评论“风暴”。实践中越发悟到：正确的建筑评论应坚持辩证观，避免批评的误解及误用，即坚持肯定与否定、真实澄清与价值判断、理论与实践相结合的批评方式。不仅增强批评的实效性，还要有鲜明的价值判断，如进入21世纪的新中国60年建筑评论，就不该忘记反思“大跃进”那些事，虽然许多做法是经济浩劫或称“建设性破坏”，虽然许多回溯与记忆已是一段段灰色调的，但其反思要点是要提醒人们决策民主化、科学化及公开化，任何城乡建设盲目追求“政绩”的“跃进式”做法都是不合理的。本书从这个层面选取了不少正反两方面的评论文章，重点不仅在记忆，更希望让读者看清建筑行业走过的60年的道路。

第六卷 遗产卷：同城乡新建筑不同，针对新中国60年建筑的《遗产卷》的确立有诸多考虑。首先是国家文物局单霁翔局长3本著作的启发：《城市化发展与文化遗产保护》（2006年6月版）、《从“功能城市”走向“文化城市”》（2007年6月版）、《从“文物保护”走向“文化遗产保护”》（2008年11月版）。他几次对我们强调要借全国第三次文物普查之机，整理新中国60年来尚未进入各级政府重点文物保护单位的建筑名录，这不仅对于全国文物普查有益，更对于推进建筑文化遗产保护有价值。此外，几年来北京、南京、天津、深圳、武汉、重庆等城市对文化遗产的“建设性破坏”个案都要求要强化城乡建设的文化遗产保护观念的普及与再教育。纵观新中国60年文化遗产建设的风风雨雨，虽屡有建树，但更屡见挫折。因此，本书的使命在于不仅要确立“建筑文化遗产”的理念，并梳理好60年文化遗产建筑在保护修复技术上的业绩与经验，也要指出若干教训与不足，借鉴国外成功做法，从而盘点出一份有参考价值的新中国建筑文化遗产保护名录。

第七卷 图书卷：从书本上学历史是一回事，从书本上读建筑历史则是另一回事。《图书卷》是一部讲说新中国60年建筑“图书史”的书，它并非如钟芳玲博士所著《书店风景》（中央编译出版社，2008年10月版）倡言的要定格住书店随时代而变的“风景”，而是要从审视丰厚的书页中，感悟到新中国60年建筑图书的发展历程。虽然每个时代都有自己的声音，但建筑图书所展示的作品及建筑学人的思想独白却可记录我们这个时代那不可磨灭的思想脉动。尽管我们的全部努力是求得用图书之窗展开建筑中国60年的作品、事件、人物、思潮等的记忆，但面对历史巨变，我们至多只能把握住一些“小书”或“小事”，书目也未必能全部囊括，但我们相信这本《图书卷》是“沧海一粟”，我们的努力是在彰显一种力量，即用建筑的阅读形成“抵抗遗忘本身就是一种道德的力量”。

4．“建筑中国六十年系列丛书”的自我评价

作为该系列丛书的策划者本不该自我吹嘘，但面对国家项目，面对犹如新中国的科技与文化档案，我以为该有勇气对已有成果做出定位与评介，这本身也许算是一种自我鉴定吧。

从学术及文献价值上看，该系列丛书有如下特点：

其一，该系列图书的创作本身就呼唤了久违了的文化原创力。文化的原创是文化生存发展的基本动力。尽管60年来中国的建筑设计作品呈现了前所未有的繁荣局面，但“跟风”现象也日益严重，相当多的项目有风格但缺少技术，从本质上反映出对国家建筑设计方针贯彻得不力，本系列的《事件卷》在此方面做出探索，使中国建筑设计60年的史实还原为真实的轨迹。

其二，该系列丛书力求达到较高的学术水准。其《作品卷》不仅划分出中国建筑创作的阶段，还细致盘点并归纳了经典中国建筑设计作品个案，尽管用21世纪初叶的观点看，有些项目技术与创作风格还有些过时或保守，但恰恰这一点才使整个“作品集”丰富且全面，才能从理论和实践上反映出中国建筑设计60年的新水平。

其三，该系列丛书的成功之处还在于盘点了中国有代表性的建筑设计机构。在全国1万多家设计机构中，近10年来由于外资及民营事务所的出现，极大地丰富了设计市场的环境，也重新划分了设计市场竞争的份额，它本质上带来了中国建筑设计管理的革命。

其四，“建筑中国60年”的历史是作品的历史，更是建筑师、工程师奋发成长的历史。历史总是日日翻过，页页翻过，但建筑师应留下他们的名字。该系列丛书的《人物卷》较充分地描述了这些建筑人物。尽管我不能说所列的人物有绝对权威，但它体现出作者史料新鲜、别具只眼、突出中青年建筑师的选取原则。在他们中间不仅有建筑师，还有高校著名教授；不仅有建筑设计大师，还有不少富于潜力的青年建筑师。正是靠《人物卷》的山垒海积的作品与创作理念之说，使本书的学术性及文献性较为扎实。

从建筑文化层面及借鉴性看，该系列丛书有如下特点：

其一，它用大量第一手整理的研究及采访素材，精彩勾勒出新中国60年的建筑文化概貌，如《遗产卷》，真实而客观评述了1949年来建筑文化遗产保护与发展历程，还大胆提出了以“历史、艺术、科学价值”为尺度的评价标准，从而使内容翔实且科学。

其二，丛书的《图书卷》开启了全面梳理中国建筑文化与学术历程的工作，用图书在文化上作总结，意在让历史经验照亮中国建筑文化的前程，用图书打开中国建筑设计历史之窗，因此，影响

力才会深远和扎实。在介绍由第一、第二届“中国建筑图书奖”发端的种种努力的同时，还用一定篇幅评价了作为建筑幕后“英雄”的一代代编辑者，从而形成并倡导着一个意义深远的建筑传播学的多层次模式。

其三，建筑评论伴随着新中国60年一直是业内外关注的大问题。从文化上讲，中国建筑文化之所以普及差、认知率低，在很大层面上与我们几十年来不注重建筑评论的缺憾有关。本丛书的《评论卷》未堆砌华丽辞藻，也未作夸大其词的渲染，它从尊重历史的观点出发选取了不同时代的建筑评论文章，在把握主旋律的同时让读者体会到与时代同步的中国建筑评论的发展，构筑起中国建筑文化的思想体系。

总之，这是一部以建筑的名义向新中国60年华诞致敬的大型系列出版物，它不是一套类似于建筑师随笔的个人情绪化的“小书”，而是集中反映“建筑中国60年”历程中的记忆、语言、文字、图片等精神财富的“大书”，不仅反映了建筑随时代变迁的发展，更可成为珍贵的建筑记忆及“教科书”，可看到中国一代代建筑师不无坎坷、在艰难中奋进的身影。

感谢住房和城乡建设部、北京市各级领导的大力支持，感谢中国建筑学会及建筑师分会对该选题的肯定与指导，感谢马国馨院士、资深建筑学编审杨永生，北京市建筑设计研究院朱小地院长、张宇副院长、邵韦平执行总建筑师等对本系列丛书方向从始至终的把握，更感谢《建筑创作》杂志社出任各分卷执行主编及美编的全体同事们的理解与全身心的投入，我深深为他们的工作精神、工作态度和效率而折服。这里还要感谢出版者天津大学出版社杨欢社长、韩振平副社长及每卷的责任编辑，没有他们超乎寻常的合作精神，这部“巨著”的出版是完全不可能的。这里也向更多应感谢的难以说全名字的作者及贡献者致敬，因为我们大家共同为“建筑中国60年”的伟业做了一件有价值的事。这里尤其要申明的是：为使这套缘于学术机构策划的丛书能尽可能代表中国建筑发展的历程，并替中国建筑60年经验总结做实事，七个分卷的执行主编在过去的十个月间倾力致函并联系全国各院及建筑师。但迄今遗憾地发现尚有部分单位及个人没有反馈，由于出版时间的要求，我们也只好忍痛割爱了，在此对本丛书未能囊括的内容深表歉意，只好待再版时补正了。同时，我也对本丛书在采编、访谈、资料整理、文字加工及版式设计诸方面尚存的不足深感惶恐，敬请各界多多指教。

愿本文成为全体编者的心声，愿该系列丛书为中国建筑60年留下有深度价值的“全景”记录。

金　磊

中国建筑学会建筑师分会理事

BIAD传媒《建筑创作》杂志社主编

2009年7月